普通高等教育“十二五”规划教材

建筑材料

（第二版）

主　编　李宏斌　任淑霞
副主编　朱连勇　胡　建　曾　赟　彭红涛

中国水利水电出版社
www.waterpub.com.cn

内 容 提 要

本书讲述了建筑工程中常用的各种材料的组成、种类、基本性质、技术标准、质量检验、保管和应用，以及材料的发展动态等。全书共分十一章，内容包括：建筑材料的基本性质、无机胶凝材料、普通混凝土、建筑砂浆、砌体材料、建筑钢材、沥青及沥青混合料、木材、合成高分子材料、建筑功能材料和建筑材料试验等。全书依据现行国家标准、规范和规程编写。在内容上注重联系工程实际，推陈出新。

本书可供高等院校土木工程、水利水电工程、农业水利工程及其他土木建筑类专业作为专业基础课程学习和考研复习，也可供函授、自学考试使用，并可供土木工程设计、施工、管理和监理等工程技术人员学习参考。

图书在版编目（CIP）数据

建筑材料/李宏斌，任淑霞主编．—2版．—北京：中国水利水电出版社，2014.6（2023.1重印）
普通高等教育"十二五"规划教材
ISBN 978-7-5170-2152-0

Ⅰ.①建… Ⅱ.①李…②任… Ⅲ.①建筑材料-高等学校-教材 Ⅳ.①TU5

中国版本图书馆CIP数据核字（2014）第131243号

书　　名	普通高等教育"十二五"规划教材 **建筑材料（第二版）**
作　　者	主编　李宏斌　任淑霞 副主编　朱连勇　胡建　曾贇　彭红涛
出版发行	中国水利水电出版社 （北京市海淀区玉渊潭南路1号D座　100038） 网址：www.waterpub.com.cn E-mail：sales@mwr.gov.cn 电话：（010）68545888（营销中心）
经　　售	北京科水图书销售有限公司 电话：（010）68545874、63202643 全国各地新华书店和相关出版物销售网点
排　　版	中国水利水电出版社微机排版中心
印　　刷	天津嘉恒印务有限公司
规　　格	184mm×260mm　16开本　20.75印张　492千字
版　　次	2013年1月第1版　2013年1月第1次印刷 2014年6月第2版　2023年1月第4次印刷
印　　数	7001—9000册
定　　价	**56.00**元

第二版前言

近几年我国建筑业一直保持快速发展的态势，促进了建筑材料产业的发展，建筑材料的种类大幅增加，材料的性能和质量明显提高，各类新技术、新工艺更是层出不穷，国家标准、行业标准和规范繁多且更新快。因此本教材在第一版基础上依据《砌筑砂浆配合比设计规程》（JGJ 98—2010)、《抹灰砂浆技术规程》（JGJ 220—2010)、《普通混凝土配合比设计规程》（JGJ 55—2011)、《混凝土质量控制标准》（GB 50164—2011)、《混凝土结构工程施工规范》（GB 50166—2011)、《普混凝土长期性能和耐久性能试验方法标准》（GB/T 50082—2009)、《混凝土实心砖》（GB/T 21144—2007)、《建设用卵石、碎石》（GB/T 14685—2011）对普通混凝土、建筑砂浆和砌体材料内容进行了修订、补充和更新。主要变更内容包括：砌筑砂浆的配合比设计、建筑砂浆的技术性能、抹面砂浆的技术要求及配合比；混凝土用石子的质量要求；混凝土实心砖。完善了混凝土配合比设计方法，补充了建筑砂浆的保水率试验。

本教材内容繁杂，理论、概念、符号繁多且各章节内容少有关联，初学者在学习时虽易看懂，但真正掌握确有难度。为了方便读者学习，编者特意编写了与本书配套的《建筑材料习题集》，每章节习题均有参考答案，并有模拟试题供读者练习和检测学习。

本教材第一版承蒙读者厚爱，第一版印数已售罄。第一版编写时由于作者水平所限，加之时间较为仓促，存在一些疏漏、错误，根据读者反馈意见，第二版对第一版中的书写和印刷错误一并进行了修订。

本次修订由李宏斌和任淑霞负责，虽进行认真修改，书中仍会存在一些不足和疏漏，敬请读者批评指正。特别是近年来，国家诸多规范和标准不断修订改版，许多名词术语和设计原则发生更改，教材编写内容时效性的相对滞后，仍需要进一步完善更新。

编　者

2014 年 5 月

第一版前言

建筑材料是建筑工程的物质基础，在建筑工程中占有极为重要的地位，对建筑工程的安全性、适用性、耐久性和工程造价等具有决定性作用。掌握建筑材料的基本知识和质量检验方法，对正确选择和合理使用材料以满足建筑工程的要求，非常重要。

“建筑材料”是土木工程专业、水利水电专业、农业水利工程专业以及土木建筑类其他专业学生必修的专业基础课程，课程的任务是使学生掌握建筑材料的基本知识，了解常用建筑材料的性能与应用，为学习后续专业课程打好基础，并培养学生的材料试验技能、科研能力和工作能力。

近年来，我国基础建设和工业与民用建筑快速发展，三峡水利工程、北京奥运会场馆、上海世博会场馆等标志性建筑的出现，展示了材料科学对新型建筑材料的促进作用，体现了建筑材料的发展趋势。近几年来国家为规范建材工业生产和应用，相继颁布和修订了一批标准。因此，本书结合建材科技和建材工业的发展，对建筑材料理论知识作了适度更新，内容上既注重介绍常用建筑材料，又强调新型节能环保绿色建材的推广应用，并采用了最新的国家标准和行业规范。

本书《建筑材料》，由河北农业大学李宏斌、山东农业大学任淑霞担任主编，新疆塔里木大学朱连勇、四川农业大学胡建、曾贇和中国农业大学彭红涛担任副主编，河北农业大学安保国参与编写。编写分工是：李宏斌编写绪论、第一章、第三章的第一节至第三节；任淑霞编写第二章、第九章；朱连勇编写第四章、第八章、第十章；胡建编写第三章的第四节、第五节及第五章；曾贇编写第七章、第十一章，彭红涛编写第六章，安保国参与编写第一章并审阅第十一章。全书由李宏斌统稿。本书编写过程中参阅了大量文献和国家标准规范，在此对各参考文献的作者表示衷心感谢。

由于建筑科学技术和建筑材料工业发展很快，新材料、新品种不断面世，而且建筑工程的各领域、各行业的技术标准不尽统一，加上编者的水平所限，书中的疏漏、不足之处恐难避免，敬请读者批评指正。

编　者

2012年12月

目　录

绪　论

建筑材料是土木工程中使用的各种材料和制品的总称，是构成土木工程建筑物的物质基础。其性能对于建筑物的各种性能具有重要影响，其质量更是决定工程质量和耐久性能的决定因素。为使建筑物获得结构安全、性能可靠、耐久、美观、经济适用的综合品质，必须合理选择与正确使用材料。建筑材料必须同时满足两个基本要求：

（1）满足建筑物和构筑物本身的技术性能要求，保证正常使用。

（2）在其使用过程中，能抵御周围环境的影响与有害介质的侵蚀，保证建筑物和构筑物的合理使用寿命，同时也不能对周围环境产生危害。

由于建筑材料品种繁多、性质各异，为便于掌握其应用规律，工程中常按不同的方法对建筑材料进行了分类，具体见表 0－1。

表 0－1　　建筑材料分类

<table>
<tr><td rowspan="14">按化学组成分类</td><td rowspan="8">无机材料</td><td rowspan="2">金属材料</td><td>黑色金属</td><td>钢、铁、不锈钢等</td></tr>
<tr><td>有色金属</td><td>铝、铜等及其合金</td></tr>
<tr><td rowspan="6">非金属材料</td><td>天然石材</td><td>砂、石及石材制品等</td></tr>
<tr><td>烧土制品</td><td>黏土砖、瓦、陶瓷制品等</td></tr>
<tr><td>胶凝材料及制品</td><td>石灰、石膏、水泥等</td></tr>
<tr><td>玻璃</td><td>普通平板玻璃、特种玻璃</td></tr>
<tr><td>无机纤维材料</td><td>石棉、岩棉、玻璃纤维等</td></tr>
<tr><td>混凝土及硅酸盐制品</td><td>混凝土、砂浆、蒸压灰砂砖、粉煤灰砖</td></tr>
<tr><td rowspan="3">有机材料</td><td>植物材料</td><td colspan="2">木材、竹材、植物纤维及其制品</td></tr>
<tr><td>沥青材料</td><td colspan="2">煤沥青、石油沥青及其制品等</td></tr>
<tr><td>合成高分子材料</td><td colspan="2">塑料、涂料、合成橡胶、胶黏剂等</td></tr>
<tr><td rowspan="3">复合材料</td><td>有机与无机非金属复合材料</td><td colspan="2">聚合物混凝土、玻璃纤维增强塑料、沥青混凝土等</td></tr>
<tr><td>金属与无机非金属复合材料</td><td colspan="2">钢筋混凝土、钢纤维混凝土等</td></tr>
<tr><td>金属与有机复合材料</td><td colspan="2">PVC 钢板、有机涂层铝合金板等</td></tr>
<tr><td rowspan="3">按使用功能分类</td><td>结构材料</td><td>如梁、板、柱、基础、框架及其他受力构件和结构等所用的材料</td><td colspan="2">砖、石、水泥、混凝土、钢筋混凝土和钢材等</td></tr>
<tr><td>墙体材料</td><td>砌筑承重墙和非承重墙所用材料</td><td colspan="2">普通黏土砖、灰砂砖、粉煤灰砌块、加气混凝土砌砖、轻骨料混凝土砌块、普通混凝土空心砌块等</td></tr>
<tr><td>功能材料</td><td>负担某些建筑功能的非承重用材料</td><td colspan="2">如防水材料、绝热材料、吸声材料、装饰材料等</td></tr>
</table>

纵观建筑发展史，建筑材料往往成为一个时代的标志。随着人类文明及科学技术的不断进步，建筑材料也在不断进步与更新换代，从石灰→水泥→混凝土→钢材，从草木结构→砖木结构→砖混结构→预应力混凝土结构→钢结构，从 1 万多年前的洞穴到 828m 高的世界第一高楼迪拜塔，新型建筑材料的发明和应用，都会促进建筑形式、规模和施工技术的进步。18～19 世纪，钢材、水泥、混凝土的相继问世，为现代土木工程建筑奠定了基础。进入 20 世纪后，材料科学和工程学的形成和发展，使建筑材料的品种不断增多，而且材料的性能和质量不断改善和提高，以有机材料为主的化学建材异军突起。

建筑材料用量大，资源和能源消耗巨大，其生产、使用和产生的建筑垃圾对环境的影响日益突出。随着社会的发展，更有效地利用地球有限的资源，全面改善和扩大人类工作和生存空间，建筑材料在原材料、生产工艺、性能及产品形式诸方面均将面临可持续发展和人类文明进步的严酷挑战。为满足未来建筑的更安全、舒适、美观、耐久，以及节能、环保、智能化的需求，建筑材料也应向轻质、高强、耐久、多功能、智能化方向发展，并最大限度节约资源、降低能源消耗和环境污染，开发研制高性能的绿色建材。

目前，我国建筑材料已经是世界上最大的生产国和消费国。主要建材产品水泥、钢材、平板玻璃、卫生陶瓷等产量多年位居世界第一位。随着北京奥运场馆、上海世博会场馆及杭州湾跨海大桥、三峡水利枢纽等工程设施的建设，我国自主研发了一批具有世界先进水平的新型建筑材料，标志着我国由建材生产大国正向建材强国迈进。

建筑材料的蓬勃发展，要求建筑材料必须标准化生产。标准化是现代社会化大生产的产物，也是科学管理的重要组成部分。标准化生产表明我国建筑材料生产已完成了从量到质的转变。建筑材料的技术标准，是产品质量的技术依据，生产企业必须按标准生产合格产品；使用者应按标准选用材料、按规范进行工程的设计与施工，以保证工程的安全、适用、耐用、经济。同时，技术标准也是产品质量检查、验收的依据。

我国建筑材料的技术标准分为国家标准、行业标准、地方标准和企业标准。中国国家质量技术监督局是国家标准化管理的最高机构，国家标准和行业标准属于全国通用标准，是国家指令性技术文件，各级生产、设计、施工等部门必须严格遵照执行，不得低于此标准。地方标准是地方主管部门发布的地方性技术文件。凡没有制定国家标准、行业标准的产品应制定企业标准，而企业标准所制定的技术要求应高于类似或相关产品的国家标准。各级标准代号见表 0-2。工程中可能涉及的其他标准有：国际标准，代号为 ISO；美国材料试验学会标准，代号为 ASTM；日本工业标准，代号为 JIS；德国工业标准，代号为 DIN；英国标准，代号为 BS；法国标准，代号为 NF 等。

本课程作为土木工程类专业的专业基础课程，通过本课程的学习，一方面为学习后继专业课程提供必要的基础知识；另一方面为将来从事土木建设工作中合理选择与正确使用材料，以及从事建筑材料科学研究，奠定一定的理论基础。可以说材料课程的作用是“启蒙教育”。主要讲述土木工程中常用的各种建筑材料的组成、生产、性质、应用及检验等方面的内容。学习应以材料的性质和合理选用为重点，了解各种材料的技术性能，并注意材料的成分、构造、生产过程等对其性能的影响；对于现场配制的材料，如普通混凝土、砂浆等应掌握其配合比设计的原理和方法。

表 0-2　　**各级标准代号**

<table>
<tr><th>标准种类</th><th>代号</th><th>表示内容</th><th>表示方法</th></tr>
<tr><td rowspan="2">国家标准</td><td>GB</td><td>国家强制性标准</td><td rowspan="12">由标准名称、部门代号、标准编号、颁布年份组成
例如：《通用硅酸盐水泥》（GB 175—2007）所表示的是
通用硅酸盐水泥—标准名称
GB—标准等级为国家强制标准
175—该产品的二级类目顺序号
2007—标准颁布年份为 2007 年</td></tr>
<tr><td>GB/T</td><td>国家推荐性标准</td></tr>
<tr><td rowspan="6">行业标准</td><td>JC</td><td>建材行业标准</td></tr>
<tr><td>JG</td><td>建设部行业标准</td></tr>
<tr><td>YB</td><td>冶金行业标准</td></tr>
<tr><td>JT</td><td>交通行业标准</td></tr>
<tr><td>SL</td><td>水利行业标准</td></tr>
<tr><td>SD</td><td>水电行业标准</td></tr>
<tr><td rowspan="2">地方标准</td><td>DB</td><td>地方强制性标准</td></tr>
<tr><td>DB/T</td><td>地方推荐性标准</td></tr>
<tr><td>企业标准</td><td>QB</td><td>企业制定并经批准的标准</td></tr>
</table>

本课程内容繁杂、涉及面广、符号定义繁多，在学习时应在首先掌握材料基本性质和相关理论的基础上，再熟悉常用材料的主要性能、技术标准及应用。学习中切忌死记硬背，因为在实际工程中，分析和处理建筑质量或某些工程技术问题，主要依靠对于材料知识的灵活运用。因此，要清楚地认识材料的组成、结构、构造及性能之间的因果关系，了解常用典型材料的应用规律和技术特点，通过工程实例，积累感性认识，培养分析和解决材料问题的能力。

试验课是本课程的重要教学环节，通过试验课学习，可加深对理论知识的理解，掌握材料基本性能的试验方法和质量评定方法，培养实践技能，并有助于培养科学研究能力、严谨的科学态度和求实的工作作风。在试验过程中，要严肃认真、细心观察，要了解试验条件对试验结果的影响，对试验结果作出正确的分析和判断。

璃、塑料、橡胶等。

（2）多孔结构：指具有粗大孔隙的结构，如加气混凝土、泡沫混凝土、泡沫塑料及人造轻质多孔材料。

（3）微孔结构：指具有微细孔隙的结构，如石膏制品、烧结黏土制品等。

材料的宏观结构按其组织构造特征分为：

（1）堆聚结构：指由集料与具有胶凝性或黏结性物质胶结而成的结构，例如水泥混凝土、砂浆、沥青混合料等。

（2）纤维结构：指由天然或人工合成纤维物质构成的结构，例如木材、玻璃钢、岩棉等。

（3）层状结构：指由天然形成或人工黏结等方法而将材料叠合而成的双层或多层结构，例如胶合板、纸面石膏板、复合保温墙板、铝塑复合板等人造板材。

（4）散粒结构：指由松散粒状物质所形成的结构，例如砂、石、粉煤灰、膨胀珍珠岩、膨胀蛭石等。

2. 细观结构

细观结构（亚微观结构）是指可用光学显微镜观察到的内部结构。一般可分辨的范围是 $1\sim10^{-3}$mm。

土木工程观察材料的细观结构，只能针对某种具体材料来进行分类研究。例如，天然岩石可分为矿物、晶体颗粒、非晶体组织；钢铁可分为铁素体、渗碳体、珠光体；木材可分为木纤维、导管、髓线、树脂道。

材料细观结构层次上的各种组织结构、性质和特点各异，它们的特征、数量和分布对建筑材料的性能有重要影响。

3. 微观结构

微观结构是指组成材料原子、分子的排列方式，结合状况等。可用高倍显微镜、电子显微镜或 X 射线衍射仪等手段来研究，其分辨尺寸范围在纳米（nm，10^{-6}mm）以上。

材料在微观结构层次上可分为晶体、非晶体及胶体。

（1）晶体。晶体是由离子、原子或分子等质点，在空间按一定方式重复排列而成的固体，具有特定的外形。这种有规则的排列称为晶体的空间格子（晶格）；构成晶格的最基本单元称为晶胞。晶体颗粒具有各向异性性质。但是在实际晶体材料中，晶粒的大小及排列方向往往是随机的，故晶体材料也可能是各向同性的。

晶体的物理力学性质，除与晶格形态有关外，还与质点间结合力有关。这种结合力称为化学键，可分为共价键、离子键、分子键及金属键。

按组成材料的晶体质点及化学键的不同，晶体可分为如下几种：

1）原子晶体：由原子以共价键构成的晶体，如石英及某些碳化物等。共价键的结合力很强，故原子晶体的强度高、硬度大，常为电、热的不良导体。

2）离子晶体：由正、负离子以离子键构成的晶体，多是无机非金属材料，如石膏、石灰、石材等。离子键的结合力也很强。离子晶体凝固时为脆硬固体，是电、热的不良导体，熔、溶时可导电。

3）金属晶体：由金属阳离子组成晶格，自由电子运动其间，阳离子与自由电子形成金属键，如钢铁材料等。金属键的结合力也较强。金属晶体常有较好的变形性能，具有导电及传热性质。

4）分子晶体：由分子以分子键（范德华力）构成的晶体，如合成高分子材料的晶体。分子键结合力低，分子晶体具有较大的变形性能，为电、热的不良导体。

在实际材料中，晶体结构的结合键常常是比较复杂的。往往都有各种晶格缺陷。主要包括点缺陷、线缺陷及面缺陷 3 种。

1）点缺陷：是指晶格中有空位和填隙原子。晶格间隙中嵌入的杂质原子（原子直径较小）称为填隙原子。填隙原子造成晶格畸变，使晶体强度增加、塑性降低。

2）线缺陷（位错）：是指晶体中存在着多余的半平面。位错使晶面容易滑移产生塑性变形。当晶体受力后，位错线很容易在晶粒内移动，产生了永久变形。位错是使晶体材料成为不完全弹性体的原因之一，也是影响晶体结晶生长、造成杂质在晶体中扩散并改变其性能的原因。

3）面缺陷：晶体材料中相邻两晶粒的晶格常存在相位差，在界面处原子排列不规则，称为面缺陷。面缺陷使界面处原子滑移困难。面缺陷使晶体材料强度提高、塑性降低。

此外，材料的性质还与晶粒大小及分布状态有关。一般晶粒越细、分布越均匀，材料的强度越高。

（2）玻璃体。玻璃体也称无定形体或非结晶体。非晶体没有特定的几何外形，是各向同性的。玻璃体通常是高温熔融物质急速冷却造成的结果，由于在内部蓄积着大量内能，因此，它是一种不稳定的结构，可逐渐地发生结构转化，具有较高的化学活性，是与其他物质起化学反应的原因之一。例如，水泥、玻璃、陶瓷、炉渣、火山灰等材料。

（3）胶体。以细小颗粒质点（胶粒）分散于连续介质中，形成的分散体系结构成为胶体，又称为胶凝材料。

在胶体结构中，若胶粒较少，则胶粒悬浮、分散在液体连续相中，称这种结构为溶胶结构。若胶粒较多，则胶粒在表面能作用下发生凝聚，彼此相连形成空间网状结构，形成固体或半固体状态，称此结构为凝胶结构。在特定的条件下，胶体也可形成溶胶—凝胶结构。

凝胶体中胶粒之间由范德华力结合。在搅拌、振动等剪切力的作用下，结合键很容易断裂，使凝胶变成溶胶，重新具有流动性。但静置一定时间后，溶胶又会恢复成凝胶。这一转变过程可以反复多次。溶胶—凝胶这种互变的性质称为触变性。

（二）材料的构造

材料的构造是指具有特定性质的材料结构单元的相互搭配情况。构造与结构相比，其所描述的是相同材料或不同材料间的搭配与组合关系。例如木材的宏观构造、微观构造就是指具有相同的结构单元——木纤维管胞，按不同的形态和方式在宏观和微观层次上的搭配和组合情况。它决定了木材的各向异性等一系列物理力学性质。例如，用不同材料组合而成的多功能复合墙板，通常由承受外力的结构层、保温层和装饰面层组成，充分发挥了不同材料的不同性质，它的构造赋予了复合墙板良好的保温隔热、隔声、防火、承重、装饰等功能和性质。

随着建筑材料科学与技术的发展，深入研究材料的组成、结构、构造和材料性能之间的关系，将会提升材料的性能和质量，更有效地利用资源，而且会不断研发适应现代建筑发展所需要的更新、更优的新型建材。

第二节　材料的基本物理性质

一、材料的密度、表观密度与堆积密度

（一）密度

密度是指材料在绝对密实状态下，单位体积的质量。单位为 g/cm^3 或 kg/m^3，常用 g/cm^3，按式（1－1）计算：

$$\rho=\frac{m}{V} \tag{1-1}$$

式中　ρ——密度，g/cm^3；

m——材料在干燥状态下的质量，g；

V——材料在绝对密实状态下的体积，cm^3。

绝对密实状态下的体积是指不包括孔隙在内的体积，即固体材料体积。除了钢材、玻璃等少数接近于绝对密实的材料外，绝大多数材料都有孔隙，如砖、石材等块状材料。在测定有孔隙的材料密度时，应把材料磨成细粉以排除其内部孔隙，经干燥至恒重后，用密度瓶（李氏瓶）测定其实际体积，该体积即可视为材料绝对密实状态下的体积。材料磨得愈细，测定的密度值愈精确。

（二）表观密度

表观密度是指材料在自然状态下单位体积的质量，单位 kg/m^3 或 g/cm^3，常用 kg/m^3，按式（1－2）计算：

$$\rho_0=\frac{m}{V_0} \tag{1-2}$$

式中　ρ_0——表观密度，kg/m^3 或 g/cm^3；

m——材料的质量，kg 或 g；

V_0——材料在自然状态下的体积，或称表观体积，m^3 或 cm^3。

材料在自然状态下的体积是指材料的实体积与材料内所含全部孔隙体积之和。当材料含有水分时，其自然状态下质量、体积的变化会导致表观密度的变化，故对所测定的材料而言，其表观密度必须注明含水状态。通常材料的表观密度是在气干状态下的表观密度，而在烘干状态下的表观密度，称为干表观密度。

对于外形规则的材料，其体积测定很简便。形状不规则材料的体积要采用排水法求得，但材料表面应预先涂上蜡，以防水分渗入材料内部而影响测定值。

（三）堆积密度

散粒材料在自然堆积状态下单位体积的质量称为堆积密度。可用式（1－3）计算：

$$\rho'_0=\frac{m}{V'_0} \tag{1-3}$$

式中　ρ_0'——堆积密度，kg/m^3；

m——材料的质量，kg；

V_0'——材料的堆积体积，m^3。

散粒材料在自然状态下的体积，包含颗粒内部的孔隙和颗粒之间空隙的体积。在自然状态下称松散堆积密度，若以捣实体积计算时，则称紧密堆积密度。工程上通常所说的堆积密度是指松散堆积密度。

土木工程中在计算材料用量、构件自重、配料计算以及确定堆放空间时，经常要用到材料的上述状态参数。常用建筑材料的密度、表观密度、堆积密度及孔隙率见表1-1。

表1-1　　常用建筑材料的密度、表观密度、堆积密度及孔隙率

材料名称	密　度 /($g\cdot cm^{-3}$)	表观密度 /($kg\cdot m^{-3}$)	堆积密度 (/$kg\cdot m^{-3}$)	孔隙率 /%
建筑钢材	7.8～7.9	7850	—	0
铝合金	2.70～2.90	2700～2900	—	0
花岗岩	2.60～2.90	2500～2800	—	0.5～1.0
石灰岩	2.45～2.75	2200～2600	1400～1700（碎石）	0.5～5.0
砂	2.50～2.60	—	1450～1650	—
黏土	2.50～2.70	—	1600～1800	—
水泥	3.00～3.20	—	1000～1300	—
烧结普通砖	2.50～2.80	1500～1800	—	20～40
普通混凝土	—	2300～2500	—	3～20
松木	1.55	380～700	—	55～75
石油沥青	0.95～1.10	—	—	0
天然橡胶	0.91～0.93	910～930	—	0
聚氯乙烯树脂	1.33～1.45	1300～1450	—	0

二、材料的孔隙率和空隙率

（一）孔隙率

孔隙率是指材料的孔隙体积占材料总体积的百分率。可用下式计算：

$$P=\frac{V_0-V}{V_0}\times100\%=\left(1-\frac{\rho_0}{\rho}\right)\times100\% \tag{1-4}$$

材料孔隙率的大小直接反映材料的密实程度，孔隙率小，则密实程度高。孔隙率相同的材料，它们的孔隙特征（即孔隙构造）可以不同。按孔隙的特征，材料的孔隙可分为连通孔和封闭孔两种，连通孔不仅彼此贯通且与外界相通，而封闭孔彼此不连通且与外界隔绝。按孔隙的尺寸大小，又可分为极微细孔隙、细小孔隙及粗大孔隙三种。孔隙率的大小及其孔隙特征影响材料的强度、吸水性、抗渗性、抗冻性和导热性等性质。一般而言，孔隙率较小，且连通孔较少的材料，其吸水性较小，强度较高，抗渗性和抗冻性较好，而保温隔热材料的孔隙率要较大。

（二）空隙率

空隙率是指散粒材料在堆积状态下，颗粒之间的空隙体积占堆积体积的百分率，以 P' 表示，按式（1－5）计算：

$$P'=\frac{V'_0-V_0}{V'_0}\times100\%=\left(1-\frac{\rho'_0}{\rho_0}\right)\times100\% \tag{1-5}$$

空隙率的大小反映了散粒材料的颗粒之间相互填充的密实程度。在配制混凝土时，砂、石的空隙率是作为控制混凝土中骨料级配与计算混凝土含砂率的重要依据。

三、材料与水有关的性质

（一）亲水性与憎水性

固体材料在空气中与水接触时，按其是否被水润湿分为亲水性材料与憎水性材料两类。大多数建筑材料都属于亲水性材料，如砖、混凝土、石材、木材等。沥青、塑料、橡胶等为憎水性材料。

材料产生亲水性的原因是因其与水接触时，材料与水分子之间的亲和力大于水分子之间的内聚力所致。当材料与水接触，材料与水分子之间的亲和力小于水分子之间的内聚力时，材料表现为憎水性。

材料被水湿润的情况可用润湿边角 θ 表示。当材料与水接触时，在材料、水、空气这三相体的交点处，作沿水滴表面的切线，此切线与材料和水接触面的夹角 θ，称为润湿边角，如图 1－1 所示。θ 角愈小，表明材料愈易被水润湿。实验证明，当 $\theta\leqslant90°$ 时［图 1－1（a）］，材料表面吸附水，材料能被水润湿而表现出亲水性，这种材料称为亲水性材料；$\theta>90°$ 时［图 1－1（b）］，材料表面不吸附水，此种材料称为憎水性材料。当 $\theta=0°$ 时，表明材料完全被水润湿。上述概念也适用于其他液体对固体的润湿情况，相应称为亲液材料和憎液材料。

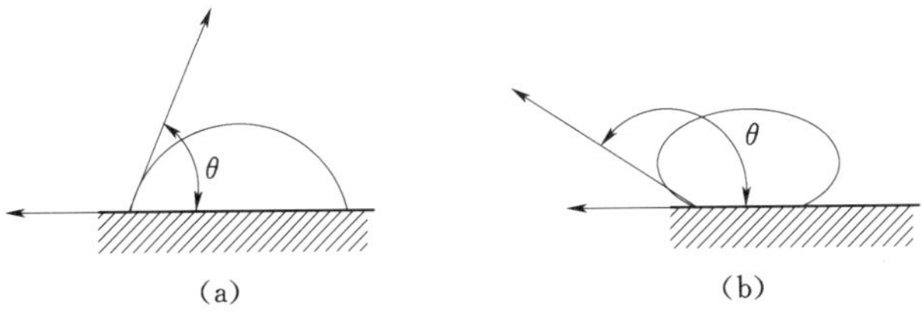

图 1－1　材料的润湿示意图
（a）亲水性材料；（b）憎水性材料

憎水性材料常被用作防水材料，或用作亲水性材料的覆面层，以提高其防水、防潮性能。

（二）吸水性与吸湿性

1. 吸水性

材料在水中能吸收水分的性质称为吸水性。吸水性用吸水率表示，有质量吸水率与体积吸水率两种表示方法。

（1）质量吸水率。质量吸水率是指材料在吸水饱和时，所吸水分的质量占材料干燥质量的百分率，用式（1－6）计算：

$$W_{质}=\frac{m_b-m_g}{m_g}\times 100\% \tag{1-6}$$

式中　$W_{质}$——材料的质量吸水率，%；

m_b——材料在吸水饱和状态下的质量，g；

m_g——材料在干燥状态下的质量，g。

(2) 体积吸水率。体积吸水率是指材料在吸水饱和时，所吸收的水分体积占干燥材料自然体积的百分率。用式 (1-7) 表示：

$$W_{体}=\frac{V_{水}}{V_0}\times 100\%=\frac{m_b-m_g}{V_0}\times\frac{1}{\rho_w}\times 100\% \tag{1-7}$$

式中　$W_{体}$——材料的体积吸水率，%；

V_0——干燥材料在自然状态下的体积，cm^3；

ρ_w——水的密度，g/cm^3，在常温下可取1.0。

土木工程用材料一般采用质量吸水率。

材料的吸水性与材料的孔隙率及孔隙特征有关。对于细微连通的孔隙，孔隙率愈大，则吸水率愈大。封闭的孔隙内水分不易进去，而开口大孔虽然水分易进入，但不易存留，只能润湿孔壁，所以吸水率仍然较小。各种材料的吸水率差异很大，如花岗岩的吸水率只有0.1%～0.7%，混凝土的吸水率为2%～3%，烧结普通黏土砖的吸水率为8%～20%，木材的吸水率可超过100%。

水对材料有许多不良的影响，它使材料的表观密度和导热性增大，强度降低，体积膨胀，易受冰冻破坏，因此材料吸水率大，对于材料性能而言是不利的。特别是湿胀干缩及冻融循环，对材料的耐久性有较严重影响。

2. 吸湿性

材料在潮湿空气中吸收水分的性质称为吸湿性。材料的吸湿性用含水率表示。含水率是指材料内部所含水分的质量占材料干燥质量的百分率。用式 (1-8) 表示：

$$W_{含}=\frac{m_h-m_g}{m_g}\times 100\% \tag{1-8}$$

式中　$W_{含}$——材料的含水率，%；

m_h——材料含水时的质量，g；

m_g——材料干燥至恒重时的质量，g。

材料的吸湿性随着空气湿度和环境温度的变化而改变，当空气湿度较大且温度较低时，材料的含水率较大，反之则小。材料中所含水分与周围空气的湿度相平衡时的含水率，称为平衡含水率。当材料吸湿达到饱和状态时的含水率即为吸水率。具有微小开口孔隙的材料，内表面积大，吸湿性强。

材料的吸湿性和吸水性一样均会对材料的性能产生不利影响。材料干湿交替还会引起其形状尺寸的改变而影响使用。

(三) 材料的耐水性

材料长期在水作用下不被破坏，强度也不显著降低的性质称为耐水性。材料的耐水性用软化系数表示，如式（1－9）所示：

$$K_{软}=\frac{f_b}{f_g} \tag{1-9}$$

式中　$K_{软}$——材料的软化系数；

f_b——材料在饱水状态下的抗压强度，MPa；

f_g——材料在干燥状态下的抗压强度，MPa。

软化系数的大小表示材料在浸水饱和后强度降低的程度。一般来说，材料被水浸湿后，强度均会有所降低。这是因为水分被组成材料的微粒表面吸附，形成水膜，削弱了微粒间的结合力。软化系数愈小，表示材料吸水饱和后强度下降愈多，即耐水性愈差。材料的软化系数在0～1之间。不同材料的软化系数值相差颇大，如黏土为0，而金属为1。土木工程中将软化系数不低于0.85的材料，称为耐水材料。长期处于水中或潮湿环境中的重要结构，必须选用软化系数为0.85～0.90的材料。用于受潮较轻或次要结构物的材料，其软化系数不宜小于0.75。

（四）抗渗性

材料抵抗压力水渗透的性质称为抗渗性。抗渗性通常用渗透系数表示。渗透系数的意义是：一定厚度的材料，在单位压力水头作用下，在单位时间内透过单位面积的水量。用式（1－10）表示：

$$K=\frac{Qd}{AtH} \tag{1-10}$$

式中　K——材料的渗透系数，cm/h；

Q——渗透水量，cm^3；

d——材料的厚度，cm；

A——渗水面积，cm^2；

t——渗水时间，h；

H——静水压力水头，cm。

渗透系数值愈大，表示渗透材料的水量愈多，即抗渗性愈差。

材料（如混凝土、砂浆）的抗渗性也可用抗渗等级表示。抗渗等级是以规定的试件，在标准试验条件下所能承受的最大水压力来确定，以符号“Pn”（水利水电工程用Wn表示）表示，其中n为该材料在标准试验条件下所能承受的最大水压力的10倍数，如P4、P6、P8、P10、P12等分别表示材料能承受0.4MPa、0.6MPa、0.8MPa、1.0MPa、1.2MPa的水压而不渗水。

材料的抗渗性与其孔隙率及孔隙特征有关。绝对密实的材料，具有封闭孔隙或极微细孔隙的材料，不透水或很难渗入，其抗渗性良好。而开口孔隙、粗大孔隙的材料，水最易渗入，故其抗渗性最差。

抗渗性是决定材料耐久性的重要因素。在设计地下结构、水工建筑物、压力管道、压力容器等结构时，均要求其所用材料具有一定的抗渗性能。抗渗性也是检验防水材料质量的重要指标。

（五）抗冻性

材料在吸水饱和状态下，经受多次冻融循环作用而不破坏，同时强度也不严重降低的性质称为材料的抗冻性。

材料的抗冻性用抗冻等级表示。抗冻等级是以规定的试件，在规定的试验条件下，测得其强度降低和重量损失不超过规定值，此时所能经受的冻融循环次数，用符号“Fn”（Dn）表示，其中 n 为最大冻融循环次数，如 F50、F200 等。

材料抗冻等级的选择，是根据结构物的种类、使用要求、气候条件等来决定。例如陶瓷面砖、轻混凝土等墙体材料，一般要求其抗冻等级为 F15 或 F25；用于桥梁和道路的混凝土应为 F50、F100 或 F200，而水工混凝土要求高达 F500。

材料受冻融破坏主要是因其孔隙中的水结冰所致。水结冰时体积增大约 9%，产生冻胀应力，当此应力超过材料的抗拉强度时，将产生局部开裂。随着冻融循环次数的增多，材料破坏加重。材料的抗冻性取决于其孔隙率、孔隙特征、充水程度和材料对冻胀应力的抵抗能力。如果孔隙未充满水，冻胀应力较小。极细的孔隙因孔壁对水的吸附力极大，吸附在孔壁上的水冰点很低，一般负温下不会结冰。粗大孔隙一般水分不会充满其中，对冻胀破坏可起缓冲作用。毛细孔隙易充满水分，又能结冰，对材料的冰冻破坏影响最大。若材料的变形能力大、强度高、软化系数大，则其抗冻性较高。一般认为软化系数小于 0.80 的材料，其抗冻性较差。

另外，从外界条件来看，材料受冻融破坏的程度，与冻融温度、结冰速度、冻融频繁程度等因素有关。环境温度愈低、降温愈快、冻融愈频繁，则材料受冻融破坏愈严重。材料的冻融破坏作用是从外表面开始产生剥落，逐渐向内部深入发展。

抗冻性良好的材料，对于抵抗大气温度变化、干湿交替等破坏作用的能力较强，所以抗冻性常作为考查材料耐久性的一项重要指标。在设计寒冷地区（冬季室外气温低于 −10℃的地区）及寒冷环境（如冷库）的建筑物时，必须要考虑材料的抗冻性。处于温暖地区的建筑物，虽无冰冻作用，但为抵抗大气的作用，确保建筑物的耐久性，也常对材料提出一定的抗冻性要求。

四、材料与热有关的性质

土木工程中的围护结构材料，除了必须满足必要的强度及其他性能要求外，为了降低建筑物的使用能耗，创造适宜的室内环境条件，常要求材料具有保温隔热等热工性质。常考虑的热工性质有材料的导热性、热容量和热变形性等。

1. 导热性

材料传导热量的能力称为导热性。材料的导热性可用导热系数表示。导热系数的物理意义是：厚度为 1m 的材料，当其相对两侧表面温度差为 1K 时，在 1s 时间内通过 $1m^2$ 面积的热量。用式（1-11）表示：

$$\lambda=\frac{Q\delta}{At(T_2-T_1)} \tag{1-11}$$

式中　λ——材料的导热系数，W/(m·K)；

Q——传导的热量，J；

δ——材料厚度，m；

A——热传导面积，m^2；

t——热传导时间，s；

T_2-T_1——材料两侧温度差，K。

材料的导热系数愈小，表示其导热性愈差，绝热性能愈好。通常把导热系数小于0.23的材料称为绝热材料。各种材料的导热系数差别很大，大致范围在0.029～3.5，如泡沫塑料为0.03～0.04，而普通混凝土为1.50～1.86。

导热性与材料的含水率、孔隙率与孔隙特征等有关。由于密闭空气的导热系数很小（为0.26），所以，材料的孔隙率较大者，其导热系数较小，但如果孔隙粗大或贯通，由于对流作用，材料的导热系数反而增高。材料受潮或受冻后，其热导率大大提高，这是由于水和冰的导热系数比空气的导热系数大很多（分别为0.58和2.20）。因此，绝热材料应经常处于干燥状态，以利于发挥材料的绝热效能。

2. 热容量

热容量是指材料受热时吸收热量或冷却时放出热量的能力，用比热“C”做参数。

$$C=\frac{Q}{m(T_2-T_1)} \tag{1-12}$$

式中　Q——材料的热容量，J；

m——材料的质量，g；

T_2-T_1——材料受热或冷却前后的温度差，K。

比热的物理意义是指质量为1kg的材料，在温度改变1K时所吸收或放出热量的大小。比热是反映材料的吸热或放热能力大小的物理量。不同的材料比热不同，即使是同一种材料，由于所处物态不同，比热也不同，例如，水的比热为4.19，而结冰后比热则是2.05。

材料的比热，对保持建筑物内部温度稳定有很大意义，比热大的材料，能在热流变动或采暖设备供热不均匀时，缓和室内的温度波动。

材料的导热系数和热容量是设计建筑物围护结构（墙体、屋盖）进行热工计算时的重要参数，设计时应选用导热系数较小而热容量较大的建筑材料，有利于保持建筑物室内温度的稳定性。同时，导热系数也是工业窑炉热工计算和确定冷藏绝热层厚度的重要数据。几种典型材料的热工性质指标见表1-2，由表可见，泡沫塑料的导热系数最小。

表1-2　　几种典型材料的热工性质指标

材料	导热系数 /[W/(m·K)]	比热 /[10^2J/(kg·K)]	材料	导热系数 /[W/(m·K)]	比热 /[10^2J/(kg·K)]
铜	370	3.8	松木（顺纹）	0.35	25
钢	58	4.6	松木（横纹）	0.17	25
花岗岩	3.28～3.49	8.5	泡沫塑料	0.03～0.04	13～17
普通混凝土	1.50～1.86	8.6	冰	2.20	20.5
普通黏土砖	0.42～0.63	8.4	水	0.58	42
泡沫混凝土	0.12～0.20	11.0	密闭空气	0.023	10
普通玻璃	0.70～0.80	8.4			

3. 温度变形性

温度变形性是指温度升高或降低时材料体积变化的特性。体积变化表现在单向尺寸时，为线膨胀或线收缩，相应的表征参数为线膨胀系数（α）。

材料温度变化时的单向线膨胀或线收缩量可用式（1-13）计算：

$$\Delta L=(T_2-T_1)\cdot\alpha\cdot L \tag{1-13}$$

式中　ΔL——线膨胀或线收缩量，mm 或 cm；

T_2-T_1——材料升（降）温前后的温度差，K；

α——材料在常温下的平均线膨胀系数，1/K；

L——材料原来的长度，mm 或 cm。

土木工程中，对材料的温度变形大多关心其某一单向尺寸的变化，因此，研究其平均线膨胀系数具有实际意义。例如分析混凝土路面、混凝土连续墙，以及大型建筑物纵向温度变形，以确定温度伸缩缝的位置和宽度。

材料的线膨胀系数与材料的组成和结构有关，常通过选择合适的材料来满足工程对温度变形的要求。

4. 耐燃性

耐燃性是指材料能经受高温或火的作用而不破坏，强度也不严重降低的性能。

根据耐燃性可分为不燃烧类、难燃烧类、燃烧类 3 大类材料。

不燃烧类：遇火或遇高温不易起火、不燃烧，且不碳化的材料。例如石材、混凝土、金属等无机类材料。

难燃烧类：遇火或遇高温不易燃烧、不碳化，只有火源持续存在时才能继续燃烧，火焰熄灭燃烧即停止的材料。例如沥青混凝土、经防火处理后的木材、某些合成塑料制品等。

燃烧类：遇火或遇高温容易引燃而着火，火源移去后，仍能继续燃烧的材料。例如木材、沥青、油漆、合成高分子黏结剂等有机类材料。

5. 耐火性

耐火性是指材料在长期高温作用下，保持其结构和工作性能的基本稳定而不损坏的性质。某些工程部位的材料通常要求其耐火性，如砌筑炉窑、锅炉炉衬、烟道等所有的材料。根据不同材料的耐火度，可将其划分为以下 3 大类。

（1）耐火材料：耐火度不低于 1580℃，如各类耐火砖；

（2）难熔材料：耐火度为 1350～1580℃，如耐火混凝土；

（3）易熔材料：耐火度低于 1350℃，如普通黏土砖。

第三节　材料的基本力学性质

材料的力学性质是指材料在外力作用下的变形及抵抗破坏的性质。

一、材料的强度和强度等级

（一）强度

材料在外力作用下抵抗破坏的能力，称为材料的强度。

强度以材料受外力破坏时单位面积上所承受的力的大小来表示。

当材料受外力作用时，其内部产生应力，外力增加，应力相应增大，直至材料内部质点间结合力不足以抵抗所作用的外力时，材料即发生破坏。材料破坏时的极限应力值就是材料的强度，也称极限强度。材料的强度是通过标准试件的破坏试验测得的。

根据外力作用形式的不同，材料的强度分为抗拉强度、抗压强度、抗剪强度及抗弯强度等，如图 1－2 所示。

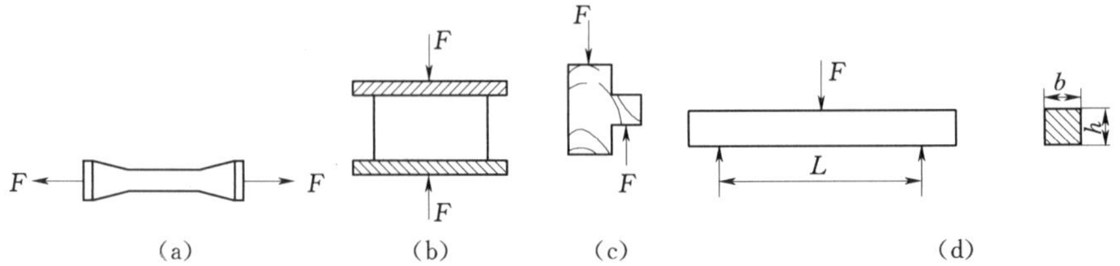

图 1－2　材料受力作用示意图

(a) 抗拉；(b) 抗压；(c) 抗剪；(d) 抗折

材料的抗压、抗拉和抗剪强度的计算公式为：

$$f=\frac{F_{max}}{A} \tag{1-14}$$

式中　f——材料的极限强度，N/mm^2；

F_{max}——试件破坏时的最大荷载，N；

A——试件受力面积，mm^2。

材料的抗弯强度与试件的几何外形及荷载施加的情况有关，对于矩形截面和条形试件，当其两支点间的中间作用一集中荷载和两个对称集中荷载时，其抗弯极限强度按式（1－15）和式（1－16）计算：

$$f=\frac{3F_{max}L}{2bh^2}\text{（单点集中荷载）} \tag{1-15}$$

$$f=\frac{F_{max}L}{bh^2}\text{（两点集中荷载）} \tag{1-16}$$

式中　f——材料的抗弯极限强度，N/mm^2；

F_{max}——试件破坏时的最大荷载，N；

L——试件两支点间的距离，mm；

b、h——试件截面的宽度和高度，mm。

材料的强度与其组成及结构有关，即使材料的组成相同，其构造不同，强度也不同。材料的孔隙率愈大，则强度愈低。一般表观密度大的材料，其强度也高。晶体结构的材料，其强度还与晶粒粗细有关，其中细晶粒的强度高。材料的强度还与其含水状态及温度有关，含有水分的材料，其强度较干燥时的低。温度升高时，材料的强度将降低，沥青混凝土尤为明显。

材料的强度与其测试所用的试件形状、尺寸有关，也与试验时加荷速度及试件表面性状有关。相同材料采用小试件测得的强度比大试件的高；加荷速度快者，强度值偏高；试件表面不平或表面涂润滑剂的，所测得强度值偏低。

由此可知，材料的强度是在特定条件下测定的数值。为了使试验结果准确，且具有可比性，在测定材料强度时，必须严格按照规定的标准试验方法进行。

（二）强度等级

各种材料的强度差别甚大。建筑材料按其强度值的大小划分为若干个强度等级，如烧结普通砖按抗压强度分为 5 个强度等级；硅酸盐水泥按抗压强度和抗折强度分为 4 个强度等级，普通混凝土按其抗压强度分为 12 个强度等级等。

建筑材料划分强度等级，对生产者和使用者均有重要意义，它可使生产者在控制质量时有据可依，从而保证产品质量；对使用者则有利于掌握材料的性能指标，以便于合理选用材料，正确地进行设计和便于控制工程施工质量。常用建筑材料的强度见表 1-3。

表 1-3　常用建筑材料的强度　单位：MPa

材　料	抗压强度	抗拉强度	抗弯强度
花岗岩	120.0～250.0	5.0～8.0	10.0～14.0
烧结普通砖	7.5～30.0	—	1.8～4.0
普通混凝土	7.5～60.0	1.0～4.0	2.0～8.0
松木（顺纹）	30.0～50.0	80.0～120.0	60.0～100.0
建筑钢材	235.0～1600.0	235.0～1600.0	—

（三）比强度

为了对不同强度的材料进行比较，可采用比强度这个指标。比强度反映材料单位体积质量的强度，其值等于材料强度与其表观密度之比。比强度是衡量材料轻质高强性能的重要指标。优质的结构材料，必须具有较高的比强度。几种主要材料的比强度见表 1-4。

表 1-4　几种主要材料的比强度

材　料	表观密度 ρ_0/(kg·m^{-3})	强度 f/MPa	比强度 f/ρ_0
低碳钢	7850	420	0.054
普通混凝土	2400	40	0.017
松木（顺纹抗拉）	500	100	0.200
松木（顺纹抗压）	500	36	0.070
玻璃钢	2000	450	0.225
烧结普通砖	1700	10	0.006

由表 1-4 中比强度数据可知，玻璃钢和木材是轻质高强的材料，它们的比强度大于低碳钢，而低碳钢的比强度大于普通混凝土。普通混凝土是表观密度大而比强度相对较低的材料，所以普通混凝土向轻质、高强发展是其发展趋势。

二、弹性与塑性

（一）弹性

材料在外力作用下产生变形，当外力取消后，材料变形即可消失并能完全恢复原来形状的性质，称为弹性。材料的这种当外力取消后瞬间内即可完全消失的变形，称为弹性变形。弹性变形属可逆变形，其数值大小与外力成正比，其比例系数 E 称为材料的弹性模量，如图 1-3 所示。材料在弹性变形范围内，弹性模量 E 为常数，其值等于应力 σ 与应

变 ε 的比值，即

$$E=\frac{\sigma}{\varepsilon} \tag{1-17}$$

式中　E——材料的弹性模量，MPa；

σ——材料的应力，MPa；

ε——材料的应变。

弹性模量是衡量材料抵抗变形能力的一个指标。E 值愈大，材料愈不易变形，亦即刚度好。弹性模量是结构设计时的重要参数。

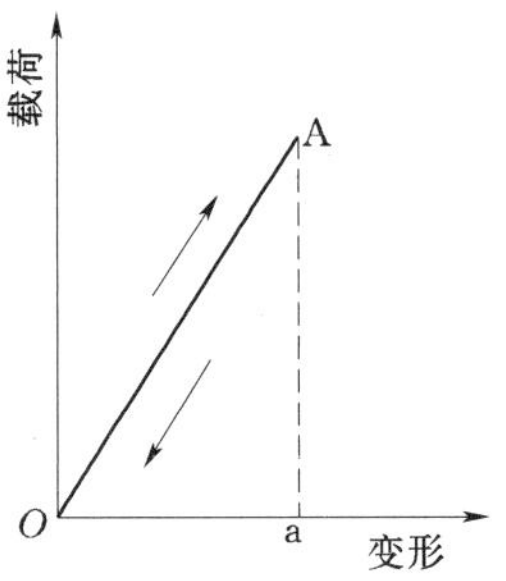

图 1-3　弹性变形图

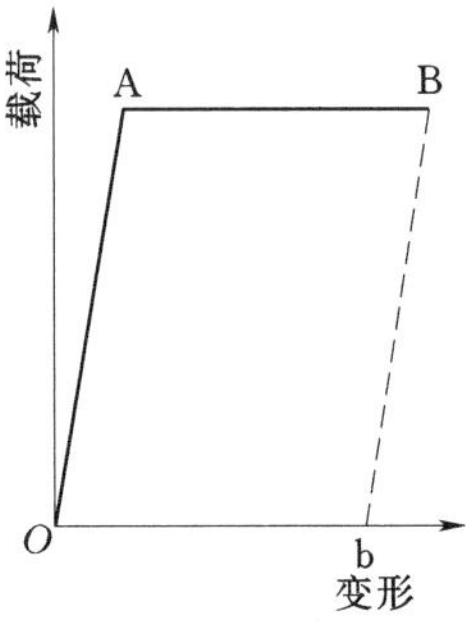

图 1-4　塑性材料的变形曲线

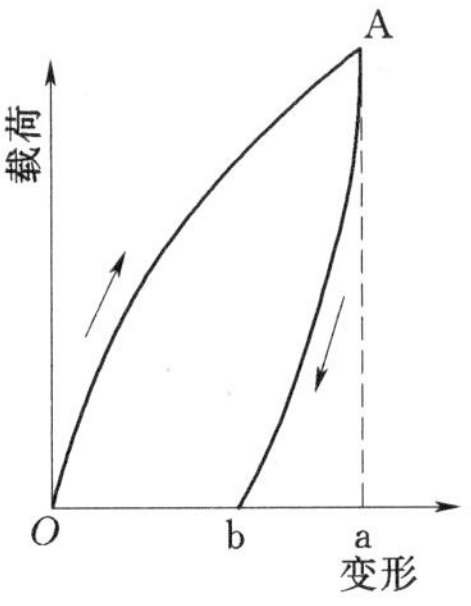

图 1-5　弹塑性材料的变形曲线

（二）塑性

在外力作用下材料产生变形，如果取消外力，仍保持变形后的形状尺寸，并且不产生裂缝的性质，称为塑性。这种不能恢复的变形称为塑性变形。塑性变形为不可逆变形，是永久变形。

实际上纯弹性变形的材料是没有的，通常一些材料在受力不大时，仅产生弹性变形；受力超过一定极限后，即产生塑性变形（图 1-4）。有些材料在受力时，如建筑钢材，当所受外力小于弹性极限时，仅产生弹性变形；而外力大于弹性极限后，则除了弹性变形外，还产生塑性变形。有些材料在受力后，弹性变形和塑性变形同时产生，当外力取消后，弹性变形会恢复，而塑性变形不能消失，如混凝土。弹塑性材料的变形曲线如图1-5所示，图中 ab 为可恢复的弹性变形，bO 为不可恢复的塑性变形。

三、脆性与韧性

（一）脆性

材料在外力作用下，当外力达到一定限度后，材料发生突然破坏，且破坏时无明显的塑性变形，这种性质称为脆性。具有这种性质的材料称脆性材料。

脆性材料抗压强度远大于抗拉强度，可高达数倍甚至数十倍，抵抗冲击荷载或振动荷载作用的能力很差。所以脆性材料不能承受振动和冲击荷载，也不宜用作受拉构件，只适于用作承压构件。建筑材料中大部分无机非金属材料均为脆性材料，如天然岩石、陶瓷、玻璃、普通混凝土等。

（二）韧性

材料在冲击或振动荷载作用下，能吸收较大的能量，产生一定的变形而不被破坏，这种性质称为韧性。如建筑钢材、木材等属于韧性较好的材料。

材料的韧性值用冲击韧性指标 α_K 表示。冲击韧性指标是指用带缺口的试件做冲击破坏试验时，断口处单位面积所吸收的功。其计算公式为：

$$\alpha_K=\frac{A_K}{A} \tag{1-18}$$

式中　α_K——材料的冲击韧性指标，J/mm^2；

A_K——试件破坏时所消耗的功，J；

A——试件受力净截面积，mm^2。

在土木工程中，对于要求承受冲击荷载和有抗震要求的结构，如吊车梁、桥梁、路面等所用的材料，均应具有较高的韧性。

四、材料的硬度与耐磨性

（一）硬度

硬度是指材料表面抵抗硬物压入或刻划的能力。

测定材料硬度的方法有多种，不同材料其硬度的测定方法不同，常用的有刻划法和压入法两种。刻划法常用于测定天然矿物的硬度，按刻划法矿物硬度分为 10 级（莫氏硬度），其硬度递增顺序为滑石 1 级、石膏 2 级、方解石 3 级、萤石 4 级、磷灰石 5 级、正长石 6 级、石英 7 级、黄玉 8 级、刚玉 9 级、金刚石 10 级。钢材、木材及混凝土等材料的硬度常用压入法测定，例如布氏硬度（布氏硬度值是以压痕单位面积上所受压力来表示）。

一般材料的硬度愈大，则其耐磨性愈好。工程中有时也可用硬度来间接推算材料的强度。

（二）耐磨性

耐磨性是材料表面抵抗磨损的能力。材料的耐磨性用磨损率（B）表示，其计算公式为：

$$B=\frac{m_1-m_2}{A} \tag{1-19}$$

式中　B——材料的磨损率，g/cm^2；

m_1、m_2——材料磨损前、后的质量，g；

A——试件受磨损的面积，cm^2。

材料的耐磨性与材料的组成成分、结构、强度、硬度等有关。在建筑工程中，对于用作踏步、台阶、地面、路面等的材料，应具有较高的耐磨性。水利工程中的输水涵洞闸门等受流水冲刷的部位，对耐磨性要求更高。一般来说，强度较高且密实的材料，其硬度较大，耐磨性较好。

第四节　材料的耐久性

材料的耐久性是指材料在使用过程中抵抗各种荷载和环境因素的长期作用，并保持其原有性能而不被破坏、不变质的能力。

耐久性是材料的一项综合性质，诸如抗冻性、抗风化性、抗老化性、耐化学腐蚀性等均属耐久性的范围。此外，材料的强度、抗渗性、耐磨性等也与材料的耐久性有着密切关系。

一、环境对材料的作用

在构筑物使用过程中，材料除内在原因使其组成、构造、性能发生变化以外，还长期受到周围环境及各种自然因素的作用而破坏。这些作用可概括为以下几方面。

1. 物理作用

包括环境温度、湿度的交替变化，即冷热、干湿、冻融等循环作用。材料在经受这些作用后，将发生膨胀、收缩，产生内应力。长期的反复作用，将使材料渐遭破坏。

2. 化学作用

包括大气和环境水中的酸、碱、盐等溶液或其他有害物质对材料的侵蚀作用，以及日光等对材料的作用，使材料产生本质的变化而破坏。

3. 机械作用

包括荷载的持续作用或交变作用引起材料的疲劳、冲击、磨损等破坏。

4. 生物作用

包括菌类、昆虫等的侵害作用，导致材料发生腐朽、蛀蚀等破坏。

各种材料耐久性的具体内容，因其组成和结构不同而异。例如钢材易氧化而锈蚀；无机非金属材料常因氧化、风化、碳化、溶蚀、冻融、热应力、干湿交替作用等而破坏；有机材料多因腐烂、虫蛀、老化而变质等。

二、材料耐久性的测定

对材料耐久性最可靠的判断，是对其在使用条件下进行长期观察和测定，但这需要很长时间。为此，近年来采用快速检验法，这种方法是模拟实际使用条件，将材料在实验室进行快速试验，根据试验结果对材料的耐久性作出判定。在实验室进行快速试验的项目主要有：干湿循环、冻融循环、碳化、加湿与紫外线干燥循环、盐溶液浸渍与干燥循环、化学介质浸渍等。

三、提高材料耐久性的主要措施及其重要意义

工程中改善材料耐久性的主要措施有：根据使用环境合理选择材料的品种；采取各种方法控制材料的孔隙率与孔隙特征；改善材料的表面状态，增强抵抗环境作用的能力。

耐久性是建筑材料的一项重要的技术性质。在设计和选用建筑材料时，必须考虑材料的耐久性问题。采用耐久性良好的建筑材料，对节约材料、保证建筑物长期正常使用、减少维修费用、延长建筑物使用寿命等，均具有十分重要的意义。

第二章　无机胶凝材料

【本章提要】 本章介绍了石灰、石膏及水玻璃等气硬性胶凝材料的生产、硬化机理、技术要求、性质与应用，并介绍了通用硅酸盐水泥的分类、生产、组成材料、技术要求、水化与凝结硬化、性能及应用，讲述了水泥的检测方法、运输、储存及水泥石的腐蚀与防止。并在通用硅酸盐水泥的基础上，介绍了几种其他品种水泥的主要性能及应用。

本章的重点是石灰、石膏的性质及应用，通用硅酸盐水泥的分类、技术要求、性能及应用，难点是硅酸盐水泥熟料的矿物组成、水化与凝结硬化机理、水泥石的腐蚀机理。水泥的品种繁多，建议学习时以硅酸盐水泥为基础，拓展至其他通用硅酸盐水泥，再拓展至其他品种水泥，采用点面结合、对比的学习方法。

在建筑工程中，凡是经过一系列物理、化学作用，能将散粒状材料（如砂、石子或陶粒等）或块状材料（如砖、石或砌块等）黏结成为整体的材料，称为胶凝材料。

胶凝材料根据其化学组成可分为无机胶凝材料和有机胶凝材料两大类，如表 2－1 所示。

表 2－1　胶凝材料的分类

胶凝材料
- 有机胶凝材料：沥青、各种树脂
- 无机胶凝材料
  - 气硬性：石灰、石膏、水玻璃等
  - 水硬性：各种水泥

有机胶凝材料是以天然的或合成的有机高分子化合物为主要成分的胶凝材料，常用的有沥青、各种合成树脂等。

无机胶凝材料是以无机化合物为主要成分的胶凝材料，根据其凝结硬化条件的不同，又可分为气硬性和水硬性两类。

气硬性胶凝材料只能在空气中硬化，也只能在空气中保持和发展其强度。常用的有石膏、石灰、水玻璃和菱苦土等，一般只适用于干燥环境中，而不宜用于潮湿环境，更不可用于水中。

水硬性胶凝材料既能在空气中，又能更好地在水中硬化、保持并继续发展其强度。常用的各种水泥，既适用于干燥环境，又适用于潮湿环境或水下工程。

第一节　气硬性胶凝材料

一、石灰

石灰是人类在建筑中最早使用的胶凝材料之一，由于其原材料蕴藏丰富、分布广泛、生产工艺简单、成本低廉、使用方便，所以至今仍广泛应用于各种工程中。

（一）石灰的原料、生产与分类

1. 石灰的原料

生产石灰的主要原料是以碳酸钙为主要成分的天然岩石，常用的有石灰石、白云石、白垩等。这些天然原料中常含有黏土杂质，一般要求黏土杂质控制在8%以内。生产石灰的原料，除了用天然原料外，另一种原料是利用化学工业副产品。例如，用电石（碳化钙）制取乙炔时的电石渣，其主要成分是氢氧化钙（消石灰）。

2. 石灰的生产

将石灰的原料石灰石在一定的温度下煅烧，碳酸钙将分解成为生石灰，其主要成分为氧化钙，化学反应表示如下：

$$CaCO_3 \xrightarrow{900℃} CaO + CO_2 \uparrow$$

在石灰的实际生产中，由于石灰石致密程度、块体大小及杂质含量不同，并考虑到热量损失，所以为了加速碳酸钙的分解，煅烧温度常控制在1000～1100℃。若煅烧温度过低或煅烧时间不充足，则碳酸钙不能完全分解，将生成“欠火石灰”，严重降低石灰利用率；若煅烧时间过长或温度过高，将生成颜色较深、密度较大、消化缓慢、体积收缩明显的“过火石灰”，使用时会影响工程质量。

3. 石灰的分类

《建筑生石灰》(JC/T 479—1992）规定，按氧化镁含量的多少，建筑生石灰可分为钙质和镁质两类。当石灰中MgO含量小于等于5%时，称为钙质石灰；当MgO含量大于5%时，称为镁质石灰。将煅烧成块状的生石灰经过不同的加工方法，还可得到石灰的另外几种产品。

（1）生石灰粉。由块状生石灰磨细而得的细粉，主要成分仍为CaO。

（2）消石灰。将生石灰用适量的水经消化和干燥而成的粉末，主要成分为$Ca(OH)_2$，也称熟石灰。

（3）石灰浆（石灰膏）。将块状生石灰用多量水（为石灰体积的3～4倍）消化或将消石灰粉和水拌合，所得的有一定稠度的可塑性浆体，主要成分为$Ca(OH)_2$和水。

（4）石灰乳。生石灰加较多的水消化而得的白色悬浮液，主要成分为$Ca(OH)_2$和水。

（二）石灰的熟化与硬化

1. 石灰的熟化

烧制成的生石灰为块状，在使用时必须加水进行熟化，使氧化钙消化成为粉状的“消石灰”，这一过程也称为石灰的“消化”。其化学反应为：

$$CaO + H_2O \longrightarrow Ca(OH)_2 + 64.9kJ$$

石灰的熟化过程会放出大量的热，熟化时体积增大1～2.5倍。在石灰熟化时，应注意加水速度。对活泼性大的石灰，如果加水速度过慢或加水量不足，则已消化的石灰颗粒生成的氢氧化钙包围在未消化颗粒的周围，使内部石灰不易消化，这种现象称为“过烧”；相反，对于活泼性差的石灰，如果加水的速度过快，则发热量少，水温过低，增加了未消化颗粒，这种现象称为“过冷”。

为了消除“过火石灰”的危害，石灰膏在使用之前应进行陈伏。陈伏是指石灰膏在储灰坑中放置两周以上的过程。若是用磨细生石灰粉生产石灰膏，则陈伏时间为2d以上。过火石灰在这一期间将慢慢熟化。陈伏期间，石灰膏表面应留有一层水分，使其与空气隔绝，以免与空气中的二氧化碳发生碳化反应。

2. 石灰的硬化

石灰的硬化过程包括干燥硬化（结晶作用）和碳化硬化（碳化作用）两个同时进行的过程。

（1）石灰浆的干燥硬化。由于水分的蒸发，氢氧化钙晶体从饱和溶液中析出，并产生“结晶强度”，结晶主要在石灰内部进行。但此时从溶液中析出的氢氧化钙数量不多，因此强度增长也不显著。

（2）石灰浆的碳化硬化。结晶后氢氧化钙与空气中的二氧化碳作用，生成不溶解于水的碳酸钙晶体，析出的水分逐渐被蒸发，产生“碳化强度”。其化学反应式为：

$$Ca(OH)_2+CO_2+nH_2O\xrightarrow{\text{碳化}}CaCO_3+(n+1)H_2O$$

这个反应在没有水分的条件下无法进行；当水分过多、二氧化碳渗入量少时，碳化仅限于表层；在孔壁充水而孔内无水的条件下碳化最快。石灰碳化硬化后，密实度进一步增加，强度进一步提高。因此，碳化层越厚，石灰强度越高。

（三）石灰的技术要求和技术指标

1. 石灰的技术要求

（1）有效氧化钙（CaO）和氧化镁（MgO）的含量。石灰中产生黏结性的有效成分是活性氧化钙和氧化镁，它们的含量是评价石灰质量好坏的主要指标。有效氧化钙的含量是指石灰中活性的游离氧化钙占石灰试样的质量百分率；氧化镁的含量是指石灰中氧化镁占石灰试样的质量百分率。

（2）生石灰产浆量和未消化残渣含量。产浆量是单位质量（1kg）的生石灰经消化后，所产生石灰浆体的体积（L）。石灰产浆量愈高，则表示石灰的质量愈好。未消化残渣含量是生石灰消化后，未能消化而存留在5mm圆孔筛上的残渣占试样的百分率。

（3）二氧化碳（CO_2）的含量。生石灰或生石灰粉中二氧化碳含量指标，是为了控制石灰石在煅烧时“欠火”造成产品中未分解完全的碳酸盐含量。二氧化碳含量越高，即表示未分解完全的碳酸盐含量越高，则有效氧化钙和氧化镁含量相对降低，从而影响石灰的胶结性能。

（4）消石灰粉游离水含量。消石灰粉中游离水的含量，指化学结合水以外的含水量。在理论上氢氧化钙中结合水占24.32%，但由于消化是一个放热反应，部分水被蒸发，所以实际加水量是理论值的一倍左右。多加的水残留于氢氧化钙中，残余的水分蒸发后，留下孔隙会加剧消石灰粉碳化现象的产生，从而影响其使用质量。

（5）细度。细度与石灰的质量有密切关系，现行标准中以0.9mm和0.125mm筛余百分率控制。0.125mm筛余量包括：消化过程中未消化的“过烧”石灰颗粒；含有大量钙盐的石灰颗粒；以及“欠火”石粒或未燃尽的煤渣等。

2. 石灰的技术指标

（1）建筑生石灰。

根据《建筑生石灰》（JC/T 479—1992）的规定，生石灰按有效氧化钙＋氧化镁含量、产浆量、未消化残渣和二氧化碳含量等 4 个项目的指标，分为优等品、一等品和合格品 3 个等级，见表 2－2。

表 2－2 建筑生石灰技术指标

项目		钙质生石灰			镁质生石灰		
		优等品	一等品	合格品	优等品	一等品	合格品
(CaO＋MgO) 含量/％	≥	90	85	80	85	80	75
未消化残渣含量（5mm 圆孔筛筛余量）/％	≤	5	10	15	5	10	15
CO_2 含量/％	≤	5	7	9	6	8	10
产浆量/($L \cdot kg^{-1}$)	≥	2.8	2.3	2.0	2.8	2.3	2.0

（2）建筑生石灰粉。

根据《建筑生石灰粉》（JC/T 480—1992）的规定，按有效氧化钙＋氧化镁含量、二氧化碳含量和细度等 3 个项目的指标，将生石灰粉分为优等品、一等品和合格品 3 个等级，见表 2－3。

表 2－3 建筑生石灰粉技术指标

项目			钙质生石灰			镁质生石灰		
			优等品	一等品	合格品	优等品	一等品	合格品
(CaO＋MgO) 含量/％		≥	85	80	75	80	75	70
CO_2 含量/％		≤	7	9	11	8	10	12
细度	0.9mm 筛筛余/％	≤	0.2	0.5	1.5	0.2	0.5	1.5
	0.125mm 筛筛余/％	≤	7.0	12.0	18.0	7.0	12.0	18.0

（3）建筑熟石灰粉。

根据《建筑熟石灰粉》（JC/T 481—1992）的规定，按氧化镁含量不同可分为钙质熟石灰粉（MgO 含量＜4％）、镁质熟石灰粉（4％≤MgO 含量＜24％）和白云石熟石灰粉（24％≤MgO 含量＜30％）3 类。按有效氧化钙＋氧化镁含量、游离水、体积安定性和细度等 4 个项目的指标，每一类分为优等品、一等品和合格品 3 个等级，见表 2－4。

表 2－4 建筑消石灰粉技术指标

项目			钙质消石灰			镁质消石灰			白云石消石灰		
			优等	一等	合格	优等	一等	合格	优等	一等	合格
(CaO＋MgO) 含量/％		≥	70	65	60	65	60	55	65	60	55
游离水/％			0.4～2.0			0.4～2.0			0.4～2.0		
体积安定性			合格	合格	—	合格	合格	—	合格	合格	—
细度	0.9mm 筛筛余/％	≤	0	0	0.5	0	0	0.5	0	0	0.5
	0.125mm 筛筛余/％	≤	3	10	15	3	10	15	3	10	15

（四）石灰的性质、应用与储存

1. 石灰的性质

（1）可塑性好。

生石灰熟化为石灰浆时，能形成颗粒极细（直径约为 1μm）的呈胶体分散状态的氢氧化钙，表面吸附一层厚厚的水膜，因此具有良好的可塑性。将石灰掺入水泥砂浆中，可显著改善其和易性。

（2）凝结硬化慢、强度低。

由于空气中二氧化碳含量低，石灰浆体碳化缓慢且仅限于表层，致密的碳化层既不利于二氧化碳渗入也不利于内部水分的蒸发。因此，石灰的凝结硬化缓慢，硬化后强度低。配合比为 1∶3（石灰∶砂）的石灰砂浆，28d 的强度仅有 0.2～0.5MPa。

（3）硬化时体积收缩大。

石灰在硬化过程中，由于大量的游离水蒸发，引起显著的体积收缩，使硬化石灰体表面出现大量的无规则裂纹，因此除调成石灰乳作薄层涂刷外，石灰不宜单独使用。实际工程中常加入适量纤维状材料（如麻刀、纸筋等）或骨料（砂）来抑制石灰的收缩。

（4）耐水性差。

石灰硬化缓慢，强度低。在潮湿环境条件下，未干燥硬化的石灰，由于水分无法蒸发而终止硬化。未碳化的氢氧化钙溶于水，使其强度降低甚至溃散。所以，石灰不宜在潮湿的环境中使用。在石灰中加入少量的磨细粒化高炉矿渣和粉煤灰，可提高石灰的耐水性。

2. 石灰的应用

石灰在建筑工程中应用广泛，主要有：

（1）石灰乳涂料和砂浆。

在熟石灰粉或石灰膏中加入过量的水，可配制成石灰乳涂料。

石灰膏可用于配制石灰砂浆和水泥石灰混合砂浆，具有很好的可塑性，主要用作砌筑砂浆和抹面砂浆。但是掺加石灰膏会降低水泥砂浆的强度和黏结力，并改变砂浆使用范围。

（2）石灰土和三合土。

将生石灰粉或熟石灰粉和黏土按一定比例［1∶(2～4) 体积比］混合，可配制成石灰土；如在石灰土中加入适量的砂、炉渣等材料即成为三合土，一般体积比约为 1∶2∶3。石灰土和三合土经夯实后可获得一定的强度和耐久性。因为石灰中氧化钙或者氢氧化钙与黏土中的二氧化硅和三氧化二铝，在有水存在条件下，反应生成具有水硬性的水化硅酸钙和水化铝酸钙，能把黏土颗粒黏结在一起，再经强力夯实，提高了密实度。因此提高了灰土的强度和耐久性。主要应用于建筑物基础和地面的垫层，还可用做道路路基。

（3）制作硅酸盐制品。

以生石灰粉或熟石灰粉与硅质材料（如粉煤灰、矿渣、砂等）为主要原材料，经配料、搅拌、成型和养护（一般采用蒸汽养护或蒸压养护）等工序，可制得硅酸盐制品。因为在蒸养或蒸压条件下，生成的主要产物为水化硅酸钙，因此得名。产品包括蒸压粉煤灰砖、蒸压灰砂砖和蒸压加气混凝土砌块，还可用于生产蒸压加气混凝土板材，主要用作墙体材料。

（4）加固地基。

块状生石灰可用于加固含水的软土地基，也称为石灰桩。将块状生石灰灌入桩孔内，由于生石灰的熟化膨胀而使地基密度提高。

3. 石灰的储存

块状生石灰在存放过程中，会缓慢吸收空气中的水分而自动熟化成消石灰粉，再与空气中的二氧化碳作用生成碳酸钙，失去胶结能力。因此储存石灰应注意防潮，储存期不宜过久。可将石灰熟化成石灰膏，把储存期变成陈伏期。由于石灰熟化过程中，放出大量的热并伴随着体积膨胀，所以储存和运输生石灰时应注意安全。

二、石膏

石膏胶凝材料是以硫酸钙为主要成分的无机气硬性胶凝材料。由于石膏胶凝材料及其制品具有许多优良的性质，原料来源丰富，生产能耗较低，因而在建筑工程中得到广泛应用。目前常用的石膏胶凝材料有建筑石膏、高强石膏等。

（一）石膏的原料、生产及品种

1. 石膏的原料

（1）天然二水石膏。

天然二水石膏（$CaSO_4 \cdot 2H_2O$）又称生石膏或软石膏。它是生产石膏胶凝材料的主要原料。纯净的天然二水石膏矿石呈无色透明或白色，常因含有各种杂质而呈灰色、褐色、黄色、红色、黑色等颜色。

（2）天然无水石膏。

天然无水石膏（$CaSO_4$）结构比天然二水石膏致密，质地较硬，难溶于水，又称硬石膏，一般作为生产水泥的原料。

（3）工业副产石膏。

工业副产石膏是指一些含有 $CaSO_4 \cdot 2H_2O$ 与 $CaSO_4$ 混合物的化工副产品及废渣，也可作为生产石膏的原料，例如磷石膏是制造磷酸时的废渣。此外还有盐石膏、硼石膏、钛石膏等。

2. 石膏的生产及品种

生产石膏胶凝材料的主要工序是破碎、加热与磨细，制备方法、加热方式和温度不同，可生产出不同性质的石膏胶凝材料。

（1）建筑石膏。

将主要成分为二水石膏的原材料加热至 107～170℃时，产物为 β 型半水石膏，其化学反应式如下：

$$CaSO_4 \cdot 2H_2O \xrightarrow{107\sim170^\circ C} \beta\text{—}CaSO_4 \cdot \frac{1}{2}H_2O + 1\frac{1}{2}H_2O$$

建筑石膏是以 β 型半水石膏为主要成分，不预加任何外加剂的粉状胶结料，主要用于制作石膏建筑制品。它的晶体较细，调制成一定稠度的浆体时需水量较大，大量水分在石膏硬化时蒸发，使石膏内部形成许多孔隙，强度较低。

（2）高强石膏。

若将二水石膏置于具有0.13MPa、124℃的过饱和蒸汽条件下蒸压，或置于某些盐溶液中沸煮，可获得晶粒较粗、较致密的α型半水石膏，即高强石膏。它与建筑石膏相比，高强石膏的晶粒较粗，需水量较小，硬化后的石膏内部孔隙较少，强度较高。

（二）建筑石膏的凝结与硬化

建筑石膏加水拌合，与水发生水化反应：

$$CaSO_4 \cdot \frac{1}{2}H_2O + 1\frac{1}{2}H_2O \longrightarrow CaSO_4 \cdot 2H_2O$$

当建筑石膏加水时，半水石膏迅速溶解并达到平衡状态，即饱和状态。由于半水石膏在水中的溶解度是二水石膏溶解度的4～5倍，故半水石膏的饱和溶液对于二水石膏来说就是过饱和溶液，因此发生了上述水化反应。二水石膏以胶体微粒形式从溶液中析出，从而破坏了半水石膏的溶解平衡，半水石膏继续溶解，达到平衡和水化。此循环过程一直进行到所有的半水石膏都转化为二水石膏为止。在此过程进行中，最初形成的可塑性浆体中的水分由于水化和蒸发而逐渐减少，二水石膏的胶体微粒不断增多，浆体稠度逐渐增大，直到完全失去可塑性，此过程称为石膏的凝结。随着浆体变稠，胶体微粒凝聚成晶体，晶体逐渐长大、共生和相互交错，浆体开始产生强度，最后发展成具有一定强度的固体，这一过程称为石膏的硬化过程。

（三）建筑石膏的技术要求

建筑石膏为白色粉末，密度为2.60～2.75g/cm^3，堆积密度为800～1000kg/m^3。按《建筑石膏》（GB/T 9776—2008）规定，建筑石膏根据2h抗折强度分为3.0、2.0和1.6共3个等级，其物理力学性能，见表2-5。

表2-5　建筑石膏的技术要求

技术要求		质量等级		
		优等品	一等品	合格品
2h强度/MPa	抗折强度 ≥	3.0	2.0	1.6
	抗压强度 ≥	6.0	4.0	3.0
细度/%	0.2mm方孔筛筛余 ≤	10		
凝结时间/min	初凝时间≥	3		
	终凝时间≤	30		

（四）建筑石膏的性质、应用与储存

1. 建筑石膏的性质

（1）凝结硬化快。

建筑石膏加水拌合后，凝结硬化快，凝结时间很短，一般终凝时间不超过半小时。由于建筑石膏的初凝时间很短，无法施工，工程中常加入适量硼砂、动物胶和柠檬酸等作为缓凝剂，以延缓凝结时间满足施工要求。

（2）凝结硬化时体积略膨胀。

建筑石膏浆体凝结硬化时体积微膨胀，一般膨胀量为0.5%～1%。此性质使石膏制品表面光滑细腻，形体饱满，干燥时不开裂。因此，建筑石膏可用于雕塑和建筑装饰制品。

（3）硬化后孔隙率高。

建筑石膏的理论需水量仅为18.6%，为满足施工要求的可塑性，加水量常为60%～80%。石膏硬化后由于多余水分的蒸发，在内部形成大量毛细孔，石膏制品孔隙率可达50%～60%，表观密度约800～1000kg/m^3。由此石膏制品具有以下性质：

1）强度低。一等品建筑石膏凝结硬化1d的强度为5～8MPa，7d后达到的最高强度为8～12MPa。

2）保温隔热性能好，吸声性强。硬化的建筑石膏中具有许多开口和闭口孔隙，因此其保温隔热性和吸声性能好，导热系数一般为0.121～0.205W/(m·K)。

3）吸湿性大，耐水性和抗冻性差。建筑石膏制品的吸湿性大，可调节室内的温湿度。但在潮湿条件下，石膏吸湿后，水分会减弱晶粒之间的联系，导致石膏的强度降低（软化系数约为0.3～0.45）。如果长时间浸在水中，会因为二水石膏晶体的离散，导致石膏破坏。石膏制品吸水后受冻，由于其孔隙率大、强度低，很容易因抗冻性差遭到破坏。

（4）防火性能好。

建筑石膏遇火时，二水石膏中的结晶水蒸发成水蒸气，吸收量热，可降低制品表面的温度；同时在其制品表面形成了水蒸气幕，能阻碍火势蔓延；脱水后的石膏制品隔热性能更好，形成隔热层且无有害气体产生。因此，建筑石膏制品防火性能好。

建筑石膏制品在防火的同时自身将被破坏，而且石膏制品不宜长期用于靠近65℃以上高温度部位，以免二水石膏在此温度作用下失去结晶水，从而失去强度。

（5）可加工性好。

建筑石膏硬化后具有良好的可加工性能，如可钉、可锯和可刨等，因此施工方便。

2. 建筑石膏的应用

（1）可配制成石膏腻子、砂浆和涂料，用于内墙的刮腻子、抹灰和粉刷涂料。

（2）可生产墙体材料如纸面石膏板、石膏空心板、纤维石膏板及石膏砌块等，均可用于内墙和隔墙，有些石膏板也可用作吊顶材料。石膏空心砌块，因质轻，绝热性好施工便捷，是一种应大力推广应用的新型墙体材料。

（3）可生产装饰石膏板、绝热板和吸音板等，用于室内装饰或作为内墙的内保温材料和吸音材料。

3. 建筑石膏的储存

建筑石膏在运输及储存时应注意防潮，一般储存3个月后，强度将降低30%左右。所以储存期超过3个月的建筑石膏应重新进行质量检验，以确定其等级。

三、水玻璃

水玻璃俗称泡花碱，属于气硬性胶凝材料，是一种能溶于水的硅酸盐。它是由不同比例的碱金属氧化物和二氧化硅结合而成，建筑工程中常用的是硅酸钠水玻璃（$Na_2O \cdot nSiO_2$）。

1. 水玻璃的生产

水玻璃的生产方法有湿法和干法两种。湿法是将石英砂加入到氢氧化钠溶液中，进行蒸压使其直接反应生成液态水玻璃；干法是把石英砂和碳酸钠按比例混合磨细，在1300～1400℃高温的熔炉内熔化，生成固态水玻璃。

水玻璃的模数指硅酸钠中氧化硅和氧化钠的分子数之比，一般在1.5～3.5之间。固体水玻璃在水中溶解的难易随模数而定，模数为 1 时能溶解于常温的水中，模数加大，则只能在热水中溶解；当模数大于 3 时，要在 4 个大气压以上的蒸汽中才能溶解于水。低模数水玻璃的晶体组分较多，黏结能力较差。模数越高，胶体组分相对增多，黏结能力、强度、耐酸性和耐热性越高，但难溶于水，不易稀释，不便施工。

建筑工程中常用的为液态水玻璃，其模数为 2.6～2.8。液态水玻璃由于含有不同杂质，会呈现出青灰色、绿色或微黄色，无色透明的最好。液态水玻璃可与水按任意比例混合。同一模数的液态水玻璃，其浓度越稠，则密度越大，黏结力越强。

2. 水玻璃的硬化

水玻璃在空气中吸收二氧化碳，生成无定型硅酸凝胶，因干燥而逐渐硬化，化学反应如下。

$$Na_2O \cdot nSiO_2 + CO_2 + mH_2O = nSiO_2 \cdot mH_2O + Na_2CO_3$$

水玻璃的硬化过程十分缓慢。为了加速水玻璃的硬化，常加入适量的氟硅酸钠作为促硬剂以加速无定形硅酸凝胶的析出，化学反应如下。

$$2(Na_2O \cdot nSiO_2) + Na_2SiF_6 + mH_2O = 6NaF + (2n+1)SiO_2 \cdot mH_2O$$

氟硅酸钠的适宜掺量为水玻璃质量的 13%～15%。若掺量过少，则使硬化速度缓慢，强度降低；掺量过多，会引起凝结速度过快，不便于施工，而且强度和抗渗性均降低。

3. 水玻璃的性质与应用

水玻璃有良好的黏结能力，硬化时析出的硅酸凝胶有堵塞毛细孔隙，防止水渗透的作用。水玻璃不燃烧，在高温下硅酸凝胶干燥得更加强烈，强度甚至有所增加。水玻璃具有很好的耐酸性能，能抵抗大多数无机酸和有机酸的作用。水玻璃在建筑工程中主要用于：

（1）涂刷材料表面，提高抗风化性能。

用水玻璃浸渍或涂刷多孔材料表面，可提高其密实度、强度、耐水性和抗风化性能。如涂刷硅酸盐制品、混凝土和砖等具有良好的效果。严禁用于浸渍或涂刷石膏制品，因为二者反应的产物硫酸钠会在孔隙内结晶膨胀，导致制品破坏。

（2）配制耐酸和耐热砂浆和混凝土。

以水玻璃为胶凝材料，与耐酸骨料可配制成耐酸砂浆和耐酸混凝土，应用于耐酸工程中；在水玻璃中加入耐热骨料可配制成耐热砂浆和耐热混凝土，长期在高温条件下，强度也不降低，应用于耐热工程中。

（3）配制防水剂。

以水玻璃为基料，掺入适量的两种、三种或四种矾配制成两矾、三矾或四矾防水剂。如在配制四矾防水剂时，先将明矾（钾铝矾）、蓝矾（硫酸铜）、红矾（重铬酸钾）和紫矾（铬矾）各 1 份，加入到 60 份 100℃水中溶解，然后将四矾水溶液放入 400 份水玻璃溶液中，搅拌均匀即可。四矾防水剂在 1min 内凝结，如将四矾防水剂与水泥浆混合，可用于堵塞漏洞、裂缝和局部抢修。因为凝结过快，不宜用于调配防水砂浆。

（4）加固地基。

将模数为 2.5～3 的液态水玻璃和氯化钙溶液交替压入地基，两种溶液发生化学反应如下：

$$Na_2O \cdot nSiO_2 + CaCl_2 + xH_2O \longrightarrow 2NaCl + nSiO_2 \cdot (x-1)H_2O + Ca(OH)_2$$

产物中的硅酸胶体，将土壤颗粒包裹并填充其孔隙；它是一种吸水膨胀的凝胶，可因吸收地下水而经常处于膨胀状态，阻止水分的渗透和使土壤固结。产物中的氢氧化钙也可与氯化钙反应生成氧氯化钙，同样也起胶结和填充孔隙的作用。

四、镁质胶凝材料

镁质胶凝材料主要化学成分为氧化镁，是一种白色或浅黄色粉末，又称菱苦土。它是一种气硬性胶凝材料，其原材料有天然菱镁矿、蛇纹石或者从海水中提炼的菱苦土等。菱苦土的生产与石灰相近，原料中的碳酸镁经高温（750～850℃）煅烧生成氧化镁。火候适当的菱苦土密度为 3.1～3.4g/cm^3，堆积密度一般为 800～900kg/m^3。

1. 菱苦土的水化及特性

菱苦土直接加水搅拌，生成氢氧化镁，松散无胶结能力。常用制备好的氯化镁、硫酸镁、氯化铁或硫酸亚铁等溶液拌和，其中效果最好的是氯化镁溶液。采用氯化镁拌和菱苦土时，凝结硬化快，硬化后强度可达 40～60MPa，常称为氯氧镁水泥。

硬化后的菱苦土具有一定强度；吸湿性强、耐水性差；硬化过程中体积微膨胀；硬化后呈弱碱性，对钢筋有腐蚀作用。

2. 菱苦土的应用

（1）地面材料。

用菱苦土、木屑、滑石粉和石英砂等制作的地面，具有隔热、防火、无噪声、防爆及一定弹性等特点。

（2）制作平瓦、波瓦等。

以玻璃纤维为加筋材料，可制成抗折强度高的玻纤波形瓦。掺入适量的粉煤灰、沸石粉等改性材料，并经过防水处理，可制成氯氧镁水泥平瓦、波瓦等。

（3）刨花板。

将刨花、亚麻或其他木质纤维材料与菱苦土混合后，压制成平板，主要用于墙的复合板、隔板和屋面板等。

菱苦土运输和储存时应避光和免于受潮，并不可久存。

第二节　通用硅酸盐水泥

水泥是国民经济建设的重要材料之一，是制造混凝土、钢筋混凝土、预应力混凝土构件的最基本组成材料。水泥品种非常多，按其组成成分分类，可分为硅酸盐类水泥、铝酸盐类水泥、硫铝酸盐类水泥和铁铝酸盐类水泥等。水泥按其性能及用途可分为通用水泥、专用水泥和特性水泥三类。土木工程中最常用的是通用硅酸盐水泥。国家标准《通用硅酸盐水泥》（GB 175－2007）对其定义、分类、组分与材料、技术要求和试验方法等作出了相关的规定。

一、通用硅酸盐水泥的定义、分类及生产概况

（一）定义

通用硅酸盐水泥（Common Portland Cement）是指以硅酸盐水泥熟料和适量的石膏及规定的混合材料制成的水硬性胶凝材料。

（二）分类

通用硅酸盐水泥按混合材料的品种和掺量分为硅酸盐水泥、普通硅酸盐水泥、矿渣硅酸盐水泥、火山灰质硅酸盐水泥、粉煤灰硅酸盐水泥和复合硅酸盐水泥 6 种。各品种的组分和代号，见表 2-6。

表 2-6　　通用硅酸盐水泥的组分和代号

品　种	代号	组分（质量分数）/%				
		熟料＋石膏	粒化高炉矿渣	火山灰质混合材料	粉煤灰	石灰石
硅酸盐水泥	P·Ⅰ	100	—	—	—	—
	P·Ⅱ	≥95	≤5	—	—	—
		≥95	—	—	—	≤5
普通硅酸盐水泥	P·O	≥80 且<95	>5 且≤20①			
矿渣硅酸盐水泥	P·S·A	≥50 且<80	>20 且≤50②	—	—	—
	P·S·B	≥30 且<50	>50 且≤70②	—	—	—
火山灰质硅酸盐水泥	P·P	≥60 且<80	—	>20 且≤40③	—	—
粉煤灰硅酸盐水泥	P·F	≥60 且<80	—	—	>20 且≤40④	—
复合硅酸盐水泥	P·C	≥50 且<80	>20 且≤50⑤			

①　本组分材料为符合标准的活性混合材料，其中允许用不超过水泥质量 8%且符合标准的非活性混合材料或不超过水泥质量 5%且符合标准的窑灰代替。

②　本组分材料为符合 GB/T 203 或 GB/T 18046 的活性混合材料，其中允许用不超过水泥质量 8%且符合标准的活性混合材料或非活性混合材料或窑灰中的任一种材料代替。

③　本组分材料为符合 GB/T 2847 的活性混合材料。

④　本组分材料为符合 GB/T 1596 的活性混合材料。

⑤　本组分材料为由两种（含）以上符合标准的活性混合材料或/和符合标准的非活性混合材料组成，其中允许用不超过水泥质量 8%且符合标准的窑灰代替。掺矿渣时混合材料掺量不得与矿渣硅酸盐水泥重复。

（三）生产概况

1. 通用硅酸盐水泥的生产原料

生产通用硅酸盐水泥的原料，主要有石灰质原料、黏土质原料及少量校正原料等。石灰质原料（如石灰石、白垩、石灰质凝灰岩等）主要提供氧化钙；黏土质原料（如黏土、黏土质页岩、黄土等）主要提供二氧化硅、三氧化二铝及少量的三氧化二铁。当以上两种原料化学组成不能满足要求时，还要加入少量校正原料（如铁矿粉、黄铁矿渣、砂岩等）进行调整。

2. 通用硅酸盐水泥的生产工艺

通用硅酸盐水泥的生产工艺，可以概括为“两磨一烧”，即水泥生料的配料与磨细；将生料煅烧使之部分熔融形成熟料；将熟料与适量石膏共同磨细，可制得 P·Ⅰ型硅酸盐水泥；熟料加入石膏和不同种类的混合材料粉磨，可制得不同品种的其他通用硅酸盐水泥。其生产工艺流程如图 2-1 所示。

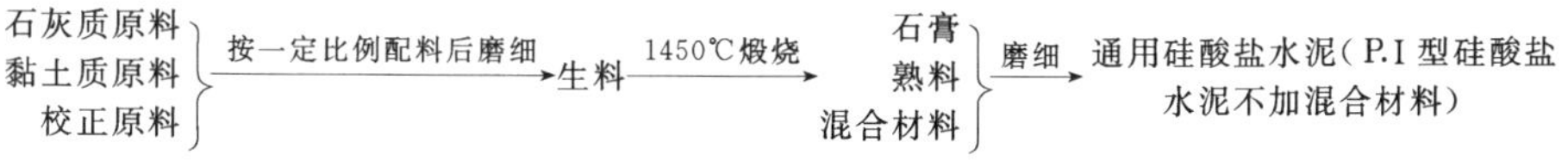

图 2-1　通用硅酸盐水泥的生产工艺流程

二、通用硅酸盐水泥的组成材料

（一）硅酸盐水泥熟料

硅酸盐水泥熟料的主要化学成分是由石灰质原料中的氧化钙（CaO）、由黏土质原料中的氧化硅（SiO_2）、氧化铝（Al_2O_3）和氧化铁（Fe_2O_3）。经过高温煅烧后，以上4种化学成分化合为熟料中的主要矿物组成：硅酸三钙（$3CaO \cdot SiO_2$，简式为C_3S）、硅酸二钙（$2CaO \cdot SiO_2$，简式为C_2S）、铝酸三钙（$3CaO \cdot Al_2O_3$，简式为C_3A）和铁铝酸四钙（$4CaO \cdot Al_2O_3 \cdot Fe_2O_3$，简式为$C_4AF$）。

硅酸盐水泥熟料的矿物组成和含量范围，见表2-7。其中硅酸三钙和硅酸二钙的总含量在70%以上，铝酸三钙和铁铝酸四钙的含量在25%左右。除了主要熟料矿物外，硅酸盐水泥熟料中还含有少量的游离氧化钙、游离氧化镁和碱等，它们的总含量一般不超过水泥质量的10%。

表2-7　硅酸盐水泥熟料的矿物组成

矿物组成	化学组成	简　式	含量/%
硅酸三钙	$3CaO \cdot SiO_2$	C_3S	37～60
硅酸二钙	$2CaO \cdot SiO_2$	C_2S	15～37
铝酸三钙	$3CaO \cdot Al_2O_3$	C_3A	7～15
铁铝酸四钙	$4CaO \cdot Al_2O_3 \cdot Fe_2O_3$	C_4AF	10～18

（二）石膏

（1）天然石膏。指符合GB/T 5483中规定的G类或M类二级（含）以上的石膏或混合石膏。

（2）工业副产石膏。指以硫酸钙为主要成分的工业副产物。采用前应经过试验证明对水泥性能无害。

（三）混合材料

在生产水泥时掺入的天然或人工的矿物质材料称为混合材料，其中有天然岩矿和工业废渣。在水泥熟料中掺加一定数量的混合材料，目的是为了改善水泥的某些性能、调节水泥的强度等级、节约水泥熟料、提高水泥产量、降低水泥成本、利用工业废渣等。

混合材料按其性能不同，可分为活性混合材料和非活性混合材料两大类，其中以活性混合材料用量最大。近年来也采用兼具有活性和非活性的窑灰。

1. 活性混合材料

所谓活性混合材料是指这类材料磨成粉末后，与石灰、石膏或硅酸盐水泥加水拌合后能发生水化反应，在常温下能生成具有水硬性的胶凝物质。符合GB/T 203、GB/T 18046、GB/T 1596、GB/T 2847标准要求的粒化高炉矿渣、粒化高炉矿渣粉、粉煤灰、火山灰质材料都属于活性混合材料。

（1）粒化高炉矿渣。

粒化高炉矿渣是在高炉冶炼生铁时，为了使铁矿石易于熔融，常加入一定量的石灰石作为助熔剂。在高温下石灰石分解出的氧化钙与铁矿石中的黏土质废渣化合，生成含有硅酸盐和铝酸盐的熔融矿渣，浮在铁水的表面，这些矿渣经骤冷处理，可成为质地疏松、多孔的细小颗粒，称为粒化高炉矿渣。粒化高炉矿渣的主要化学成分为二氧化硅、三氧化二铝和氧化钙，大约占90%以上，另外还有少量的氧化镁和三氧化二铁及其他杂质。

(2) 粉煤灰。

粉煤灰是火力发电厂以煤粉作燃料，煤粉在锅炉中燃烧后，由收尘器从烟气中收集的灰粉，它属于火山灰质混合材料的一种，为密实球形玻璃质结构，其化学成分主要是活性二氧化硅和活性三氧化二铝，其性质与火山灰质混合材料基本相同。

(3) 火山灰质混合材料。

凡天然或人工的以氧化硅、氧化铝为主要成分的物质材料，本身磨细加水拌合并不硬化，但与气硬性的石灰混合后，再加水拌合，则不但能在空气中硬化，而且在水中继续硬化的，称为火山灰质混合材料。

天然的火山灰质混合材料有火山灰、凝灰岩、浮石、沸石岩、硅藻土和硅藻石等；人工的火山灰质混合材料有烧黏土、煤矸石、粉煤灰、煤渣、页岩灰、硅质渣等。火山灰质混合材料按其活性成分及组成结构，又可分为含水硅酸质、火山玻璃质和烧黏土质混合材料。

2. 非活性混合材料

凡不具有活性或活性很低的人工或天然的矿物质材料，磨成细粉后与石灰、石膏或硅酸盐水泥加水拌合后，不能或很少生成水硬性的胶凝物质的材料，称为非活性混合材料。掺加非活性混合材料的目的主要是起填充作用、增加水泥产量、降低水泥强度等级、降低水泥成本和水化热、调节水泥的某些性质等。

常用的非活性混合材料有：活性指标分别低于GB/T 203、GB/T 18046、GB/T 1596、GB/T 2847标准要求的粒化高炉矿渣、粒化高炉矿渣粉、粉煤灰、火山灰质混合材料；石灰石和砂岩，其中石灰石中的三氧化二铝含量应小于等于2.5%。

3. 窑灰

窑灰是从水泥回转窑窑尾废气中收集的粉尘，应符合JC/T 742的规定。窑灰的性能介于活性混合材料与非活性混合材料之间，主要组成物质是碳酸钙、脱水黏土、玻璃态物质、氧化钙，另外还有少量的熟料矿物、碱金属硫酸盐和石膏等。

(四) 助磨剂

水泥粉磨时允许加入助磨剂，其加入量应不超过水泥质量的0.5%，助磨剂应符合JC/T 667的规定。

三、通用硅酸盐水泥的技术要求

(一) 化学指标

通用硅酸盐水泥化学指标，见表2-8。

(二) 碱含量（选择性指标）

碱含量是指水泥中氧化钠（Na_2O）和氧化钾（K_2O）的含量。近些年来，很多混凝土发生了碱集料反应，即水泥中的碱和集料中的活性二氧化硅反应，生成膨胀性的碱硅酸盐凝胶，导致混凝土开裂。因此，当使用活性骨料时，要使用低碱水泥。水泥中碱含量按$Na_2O+0.658K_2O$计算值表示。若使用活性骨料，用户要求提供低碱水泥时，水泥中的碱含量应不大于0.60%或由买卖双方协商确定。

表 2－8　　通用硅酸盐水泥的化学指标

<table>
<tr><th rowspan="2">品　种</th><th rowspan="2">代号</th><th colspan="5">化学指标（质量分数）/%</th></tr>
<tr><th>不溶物</th><th>烧失量</th><th>三氧化硫</th><th>氧化镁</th><th>氯离子</th></tr>
<tr><td rowspan="2">硅酸盐水泥</td><td>P·Ⅰ</td><td>≤0.75</td><td>≤3.0</td><td rowspan="3">≤3.5</td><td rowspan="3">≤5.0①</td><td rowspan="8">≤0.06③</td></tr>
<tr><td>P·Ⅱ</td><td>≤1.50</td><td>≤3.5</td></tr>
<tr><td>普通硅酸盐水泥</td><td>P·O</td><td>—</td><td>≤5.0</td></tr>
<tr><td rowspan="2">矿渣硅酸盐水泥</td><td>P·S·A</td><td>—</td><td>—</td><td rowspan="2">≤4.0</td><td>≤6.0②</td></tr>
<tr><td>P·S·B</td><td>—</td><td>—</td><td>—</td></tr>
<tr><td>火山灰质硅酸盐水泥</td><td>P·P</td><td>—</td><td>—</td><td rowspan="3">≤3.5</td><td rowspan="3">≤6.0②</td></tr>
<tr><td>粉煤灰硅酸盐水泥</td><td>P·F</td><td>—</td><td>—</td></tr>
<tr><td>复合硅酸盐水泥</td><td>P·C</td><td>—</td><td>—</td></tr>
</table>

① 如果水泥压蒸试验合格，则水泥中氧化镁的含量（质量分数）允许放宽至6.0%。

② 如果水泥中氧化镁的含量（质量分数）>6.0%时，需进行水泥压蒸安定性试验并合格。

③ 当有更低要求时，该指标由买卖双方确定。

（三）物理指标

1. 凝结时间

凝结时间是水泥从加水拌合开始，到水泥浆失去可塑性所需的时间。凝结时间分为初凝时间和终凝时间。初凝时间是从水泥加水到水泥浆开始失去塑性的时间；终凝时间是从水泥加水到水泥浆完全失去塑性的时间。

国家标准规定，水泥凝结时间用凝结时间测定仪进行测定。试样用标准稠度水泥净浆，实验温度控制在20±3℃，湿度大于90%。硅酸盐水泥的初凝时间不小于45min，终凝时间不大于390min。普通硅酸盐水泥、矿渣硅酸盐水泥、火山灰质硅酸盐水泥、粉煤灰硅酸盐水泥和复合硅酸盐水泥初凝时间不小于45min，终凝不大于600min。

水泥的凝结时间在施工中具有重要意义。初凝不宜过快是为了保证有足够的时间在初凝之前完成施工等各工序的操作；终凝不宜过迟是为了能尽早完成凝结硬化，以利于下一道工序及早进行。

2. 安定性

水泥的安定性是指水泥在凝结硬化过程中体积是否均匀变化的性能。如果水泥在凝结硬化过程中产生均匀的体积变化，则其安定性合格，否则为安定性不良。水泥安定性不良，会使水泥制品、混凝土构件产生膨胀性裂缝，影响工程质量，甚至引起严重的工程事故。

引起水泥安定性不良的原因有3个：

（1）熟料中游离氧化钙过多。水泥熟料中含有游离氧化钙，其中部分过烧的氧化钙在水泥凝结硬化后，会缓慢与水生成氢氧化钙。该反应体积膨胀，使水泥石发生不均匀体积变化。

（2）熟料中游离氧化镁过多。水泥中的氧化镁在水泥凝结硬化后，会与水生成氢氧化镁。该反应比过烧的氧化钙与水的反应更加缓慢，且体积膨胀，会在水泥硬化几个月后导致水泥石开裂。

（3）石膏掺量过多。当石膏掺量过多时，水泥硬化后，在有水存在的情况下，石膏会继续与固态的水化铝酸钙反应生成高硫型水化硫铝酸钙（即钙矾石），体积约增大1.5倍，引起水泥石开裂。

国家标准规定，水泥的安定性可采用沸煮法检验。沸煮法又包括试饼法和雷氏法两种。试饼法是将标准稠度的水泥净浆做成试饼，标准养护24h后在水中沸煮3h，用肉眼观察其表面是否有裂纹，用直尺检查是否有翘曲现象，两者均无的水泥称为安定性合格。雷氏法是测定水泥浆在雷氏夹中沸煮硬化后的膨胀值，其膨胀量在规定值内的为安定性合格。当试饼法和雷氏法两者结论有矛盾时，以雷氏法结论为准。

沸煮法只能检验水泥熟料中游离氧化钙过多的情况，而对游离氧化镁、石膏过量不适用。国家标准规定，在水泥生产中要严格控制游离氧化镁和石膏的含量，其中氧化镁和三氧化硫的含量在化学指标中已作定量限制。

3. 强度

水泥的强度是指水泥胶结能力的大小，这是评价水泥质量的重要指标，也是划分水泥强度等级的依据。

国家标准《水泥胶砂强度检验方法（ISO法）》（GB/T 17671—1999）规定，采用软练胶砂法测定水泥强度。该方法是由按质量计的1份水泥、3份中国ISO标准砂，用0.50的水灰比拌制的一组塑性胶砂，制成40mm×40mm×160mm的试件，将试件连模一起在湿润条件下养护24h，脱模后在标准温度（20℃±1℃）的水中养护，分别测定3d和28d的抗压强度和抗折强度，根据测定结果对照国家标准，确定硅酸盐水泥的强度等级。

各类、各强度等级水泥的各龄期强度，见表2-9，其中代号R表示早强型水泥。

表2-9　　通用硅酸盐水泥各龄期的强度要求

品种	强度等级	抗压强度/MPa		抗折强度/MPa	
		3d	28d	3d	28d
硅酸盐水泥	42.5	17.0	42.5	3.5	6.5
	42.5R	22.0		4.0	
	52.5	23.0	52.5	4.0	7.0
	52.5R	27.0		5.0	
	62.5	28.0	62.5	5.0	8.0
	62.5R	32.0		5.5	
普通硅酸盐水泥	42.5	17.0	42.5	3.5	6.5
	42.5R	22.0		4.0	
	52.5	23.0	52.5	4.0	7.0
	52.5R	27.0		5.0	
矿渣硅酸盐水泥 火山灰质硅酸盐水泥 粉煤灰硅酸盐水泥 复合硅酸盐水泥①	32.5	10.0	32.5	2.5	5.5
	32.5R	15.0		3.5	
	42.5	15.0	42.5	3.5	6.5
	42.5R	19.0		4.0	
	52.5	21.0	52.5	4.0	7.0
	52.5R	23.0		4.5	

① 表中复合硅酸盐水泥无32.5强度等级。

4. 细度（选择性指标）

水泥的细度是指水泥颗粒的粗细程度，它直接影响水泥的性能和使用。水泥颗粒越细，水泥与水接触面积越大，水化越充分，水化速度越快。所以，相同矿物组成的水泥，其细度愈大，早期强度愈高，凝结速度愈快，析水量愈少。

试验研究表明，水泥颗粒粒径在 45μm 以下，才能充分水化，在 75μm 以上，水化则不完全。水泥细度提高，可使水泥混凝土的强度提高，工作性能得到改善，但在空气中的硬化收缩性增大，使混凝土发生裂缝的可能性增加。此外，细度提高导致粉磨能耗增加，成本提高。

硅酸盐水泥和普通硅酸盐水泥的细度以比表面积表示，其比表面积不小于 $300m^2/kg$；矿渣硅酸盐水泥、火山灰质硅酸盐水泥、粉煤灰硅酸盐水泥和复合硅酸盐水泥的细度以筛余率表示，其 80μm 方孔筛筛余率不大于 10%或 45μm 方孔筛筛余率不大于 30%。

5. 水泥的水化热

水泥与水接触发生水化反应时所放出的热量，称为水泥的水化热。水泥的大部分水化热在凝结硬化的初期放出，如硅酸盐水泥，1～3d 龄期内水化放热量为总热量的 50%，7d 龄期为 75%。水化热的大小和释放速率，主要取决于水泥熟料的矿物组成、混合材料种类和数量、水泥的细度、外加剂的种类、养护条件等因素。一般水泥强度等级高，水化热大；水泥颗粒细，水化速度快；掺速凝剂时，其早期水化热多。

冬季施工，水化热有利于水泥的正常凝结硬化，防止产生冻害；而大体积混凝土施工，高水化热是不利的，容易产生温度应力裂缝。

6. 密度与堆积密度

硅酸盐水泥的密度一般为 $3.1\sim3.2g/cm^3$，普通硅酸盐水泥、复合硅酸盐水泥略低，矿渣硅酸盐水泥为 $2.8\sim3.0g/cm^3$，火山灰硅酸盐水泥、粉煤灰硅酸盐水泥为 $2.7\sim2.9g/cm^3$。水泥堆积密度除与矿物组成、细度有关外，主要取决于堆积的紧密程度。一般堆积密度为 $900\sim1200kg/m^3$，紧密状态下可达 $1600kg/m^3$。

水泥的密度、堆积密度是比较重要的两个物理指标，在进行混凝土、砂浆配合比设计和水泥贮运时都必须用到。

四、通用硅酸盐水泥的水化、凝结硬化与性能及应用

水泥与水发生的反应称为水泥的水化。通用硅酸盐水泥的水化过程及水化产物相当复杂，各种熟料矿物水化以及与混合材料的水化互有影响。

（一）硅酸盐水泥的水化

在硅酸盐水泥的水化过程中，就目前的认识，铝酸三钙立即发生水化反应，而后是硅酸三钙和铁铝酸四钙也很快水化，硅酸二钙水化最慢，生成了水化产物，并放出热量。水泥熟料单矿物水化反应式如下：

$$2(3CaO\cdot SiO_2)+6H_2O=\!=\!=3CaO\cdot 2SiO_2\cdot 3H_2O+3Ca(OH)_2$$

$$2(2CaO\cdot SiO_2)+4H_2O=\!=\!=3CaO\cdot 2SiO_2\cdot 3H_2O+Ca(OH)_2$$

$$3CaO\cdot Al_2O_3+6H_2O=\!=\!=3CaO\cdot Al_2O_3\cdot 6H_2O$$

$$4CaO\cdot Al_2O_3\cdot FeO+7H_2O=\!=\!=3CaO\cdot Al_2O_3\cdot 6H_2O+CaO\cdot Fe_2O_3\cdot H_2O$$

水泥熟料矿物中，硅酸三钙和硅酸二钙水化产物为水化硅酸钙和氢氧化钙，水化硅酸钙不溶于水，以胶粒析出，逐渐凝聚成凝胶体（C－S－H 凝胶），氢氧化钙在溶液中很快达到饱和，以晶体析出；铝酸三钙和铁铝酸四钙水化后生成水化铝酸三钙和水化铁酸钙，水化铝酸三钙以晶体析出，水化铁酸钙以胶粒析出，而后凝聚成凝胶。

由于在硅酸盐水泥熟料中掺入了适量石膏，石膏与水化铝酸三钙反应生成了高硫型的水化硫铝酸钙（$3CaO \cdot Al_2O_3 \cdot 3CaSO_4 \cdot 31H_2O$），以针状晶体析出，也称为钙矾石。当石膏耗尽后，部分高硫型的水化硫铝酸钙晶体转化为低硫型的水化硫铝酸钙晶体（$3CaO \cdot Al_2O_3 \cdot CaSO_4 \cdot 12H_2O$）。水泥中掺入适量石膏，与 C_3A 起反应，调节凝结时间，如不掺入石膏或石膏掺量不足时，水泥会发生速凝现象。

各种水泥熟料矿物的水化特性，见表 2－10。

表 2－10　　硅酸盐水泥熟料矿物的水化特性

性能＼矿物名称	硅酸三钙（C_3S）	硅酸二钙（C_2S）	铝酸三钙（C_3A）	铁铝酸四钙（C_4AF）
水化、硬化速度	快	慢	最快	快
28d 水化热	多	少	最多	中
强度	高	早期低，后期高	低	中
耐化学侵蚀性	中	良	差	优
干缩性	中	小	大	小

由表 2－9 可知，水泥中各熟料矿物的含量，决定着水泥某一方面的性能，当改变各熟料矿物的含量时，水泥性质即发生相应的变化。例如，提高熟料中 C_3S 和 C_3A 的含量，可以制得快凝快硬的水泥；减少 C_3A 和 C_3S 的含量，而提高 C_2S 的含量，可以制得水化热低的水泥。

综上所述，硅酸盐水泥与水作用后，生成的主要水化产物有：水化硅酸钙、水化铁酸钙凝胶体，氢氧化钙、水化铝酸钙和水化硫铝酸钙晶体。在完全水化的水泥石中，水化硅酸钙凝胶约占 70％，氢氧化钙晶体约占 20％，高硫型水化硫铝酸钙和低硫型水化硫铝酸钙约占 7％。

（二）硅酸盐水泥的凝结硬化

水泥用适量的水调和后，最初形成具有可塑性的浆体，随着时间的延长，水泥浆逐渐变稠失去塑性，但尚不具有强度的过程，称为水泥的“凝结”。随后产生明显的强度并逐渐发展成为坚硬的水泥石，此过程称为水泥的“硬化”。水泥的凝结硬化是人为地划分的，实际上是一个连续的复杂的物理化学变化过程。

水泥浆体由可塑态，逐渐失去塑性，进而硬化产生强度，这样一个物理化学变化过程，从物态变化可以分为四个阶段（即初始反应期、潜伏期、凝结期和硬化期）来描述。

水泥加水拌和，未水化的水泥颗粒分散在水中，成为水泥浆体，如图 2－2（a）所示。水泥颗粒的水化从其表面开始，水和水泥一接触，水泥颗粒表面的水泥熟料先溶解于水，然后立即与水开始反应，或水泥熟料在固态直接与水反应，形成相应的水化物，水化物溶解于水。由于各种水化物的溶解度很小，水化物的生成速度大于水化物向溶液中扩散的速度，一般在几分钟内，水泥颗粒周围的溶液成为水化物的过饱和溶液，先后析出水化硅酸钙凝胶、水化硫铝酸钙、氢氧化钙和水化铝酸钙晶体等水化产物，包在水泥颗粒的表面。在水化初期，水化物不多，包有水化物膜层的水泥颗粒之间还是分离的，因此水泥浆具有可塑性，如图 2－2（b）所示。

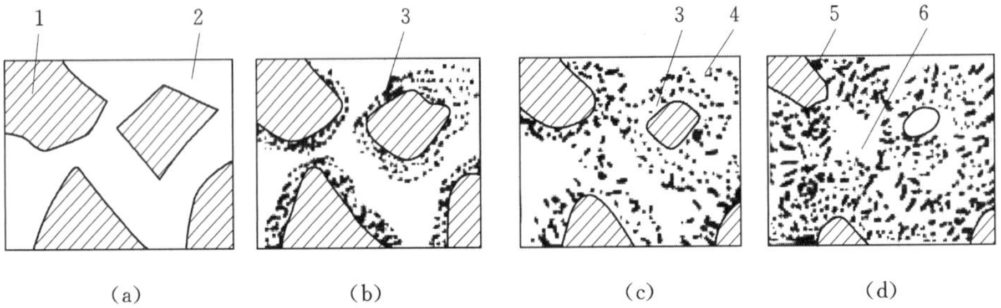

图 2－2　水泥凝结硬化过程示意图

（a）分散在水中未水化的水泥颗粒；（b）在水泥颗粒表面形成水化产物膜层；
（c）膜层增厚并互相连接；（d）水化产物进一步增多，填充毛细孔隙
1—水泥颗粒；2—水；3—凝胶；4—晶体；5—未水化的水泥颗粒内核；6—毛细孔

水泥颗粒不断被水化，随着水化时间的延长，新生水化物增多，使包在水泥颗粒表面的水化物膜层逐渐增厚，颗粒间的空隙逐渐缩小，而包有凝胶体的水泥颗粒则逐渐接近，以至相互接触，在接触点借助于范德华力，凝结成多孔的空间网络，形成凝聚结构，如图 2－2（c）所示。凝聚结构的形成，使水泥浆开始失去可塑性，也就是水泥达到初凝，但此时还不具有强度。

随着以上过程的不断进行，固态的水化物不断增多，颗粒间的接触点数目不断增加，结晶体和凝胶体互相贯穿形成的凝聚——结晶网状结构不断加强。而固相颗粒之间的空隙（毛细孔）不断减小，结构逐渐紧密，使水泥浆体完全失去可塑性，达到能担负一定荷载的强度，此时称为水泥的终凝，由此开始进入硬化阶段，如图 2－2（d）所示。

水泥的水化与凝结硬化是从水泥颗粒表面开始进行的，逐渐深入到水泥的内核。初始的水化速度较快，水化产物增长较快，水泥石的强度提高也快。由于水化产物增多，堆积在水泥颗粒周围，水分渗入到水泥颗粒内部的速度和数量大大减小，水化速度也随之大为降低，多数水泥颗粒内核很难完全水化。因此，硬化的水泥石中是由水化产物（凝胶体和晶体）、未水化的水泥颗粒内核、水（自由水和吸附水）和孔隙（毛细孔和凝胶孔）组成的非均质体。

（三）影响水泥凝结硬化的因素

水泥的凝结硬化过程，也就是水泥强度发展的过程。为了正确使用水泥，并能在生产中采取有效措施，调节水泥的性能，必须了解水泥凝结硬化的影响因素。影响水泥凝结硬化的因素，除矿物成分、细度、用水量外，还有养护时间、环境的温湿度以及石膏掺量等。

1．水泥矿物成分的影响

水泥的矿物组成成分及各组分的比例，是影响水泥凝结硬化的最主要因素。如前面所述，不同矿物成分单独和水反应时，所表现出来的特点是不同的。如水泥中提高 C_3A 的含量，将使水泥的凝结硬化加快，同时水化热加大。一般来讲，若在水泥熟料中掺加混合材料，将使水泥的抗侵蚀性提高，水化热降低，早期强度降低。

2．水泥细度的影响

水泥颗粒的粗细直接影响水泥的水化、凝结硬化、强度增长及水化热等。这是因为水泥颗粒越细，其总表面积越大，与水的接触面积也越多，因此水化迅速，凝结硬化也相应加快，早期强度较高。但是，水泥颗粒如果过细，易与空气中的水分及二氧化碳反应，致使水泥不宜久存，过细的水泥硬化时产生的收缩也较大，水泥磨的越细，消耗能量多，成本较高。

3．石膏掺量的影响

石膏称为水泥的缓凝剂，主要用于调节水泥的凝结时间，是生产水泥不可缺少的组分。水泥熟料在不加入石膏的情况下，与水拌和会立即产生凝结，同时放出热量。其主要原因是由于熟料中 C_3A 很快溶于水中，生成一种具有促凝作用的铝酸钙水化物，使水泥不能正常使用。

石膏起缓凝作用的机理是：水泥在水化时，石膏很快与 C_3A 作用产生很难溶于水的水化硫铝酸钙（钙矾石），它沉淀在水泥颗粒表面形成保护膜，从而阻碍了 C_3A 的水化反应并延缓了水泥的凝结时间。

石膏的掺量太少，缓凝效果不显著，过多掺入石膏，其本身会生成一种促凝物质，反而使水泥产生快凝。适宜的石膏掺量，主要取决于水泥中 C_3A 的含量和石膏中 SO_3 的含量，同时也与水泥细度及熟料中 SO_3 的含量有关。石膏掺量一般为水泥重量的3%～5%，具体掺量应通过试验确定。若水泥中石膏掺量超过规定的限量时，会引起水泥强度的降低，严重时会引起水泥体积安定性不良，使水泥石产生膨胀性破坏。

4．养护条件的影响

养护环境有足够的温度和湿度，有利于水泥的水化和凝结硬化过程，有利于水泥的早期强度发展。如果环境湿度十分干燥时，水泥中的水分蒸发迅速，导致水泥不能充分水化，同时硬化也将停止，严重时会使水泥石发生裂缝。通常，养护时温度升高，水泥的水化速度加快，早期强度发展也快。若在较低的温度下（>0℃）硬化，虽强度发展较慢，但其最终强度不受影响。当温度低于0℃以下时，水泥的水化反应停止，强度不但不会增长，甚至会因水结冰而导致水泥石结构破坏。

5．龄期的影响

水泥的水化、凝结硬化是一个较长时期内不断进行的过程，随着水泥颗粒内各熟料矿物水化程度的提高，凝胶体不断增加，毛细孔不断减少，使水泥石的强度随龄期增长而增加。实践证明：水泥一般在7d内的强度发展最快，28d内的强度发展较快，28d以后增长缓慢。

6．拌和用水量的影响

在水泥用量不变的情况下，增加拌和用水量，会增加硬化水泥石中的毛细孔，降低水泥石的强度，同时延长水泥的凝结时间。所以在实际工程中，水泥混凝土调整其流动性大小时，应在不改变水灰比的情况下，增减水泥浆的用量。为了保证混凝土的耐久性，还规定了最大水灰比和最小水泥用量。

7. 外加剂的影响

硅酸盐水泥的水化、凝结硬化受 C_3S、C_3A 的制约，凡对 C_3S 和 C_3A 的水化能产生影响的外加剂，都能改变硅酸盐水泥的水化、凝结硬化性能。如加入适量促凝剂（$CaCl_2$、Na_2SO_4 等）就能促进水泥的水化、凝结硬化，提高早期强度。相反，掺加缓凝剂（如木钙、糖蜜类等）就会延缓水泥的水化、凝结硬化，影响水泥早期强度的发展。

（四）硅酸盐水泥的特性与应用

硅酸盐水泥的特性与其应用是相适应的，硅酸盐水泥具有以下特性与应用：

（1）凝结硬化快，强度高。由于硅酸盐水泥熟料中硅酸三钙和铝酸三钙含量高，所以硅酸盐水泥凝结硬化快，早期和后期强度高，主要用于重要结构的高强混凝土、预应力混凝土和有早强要求的混凝土工程。

（2）抗冻性好。由于硅酸盐水泥凝结硬化快，早期强度高，适合冬期施工。因为强度和密实度高，所以抗冻性好，因此适用于寒冷地区和严寒地区遭受反复冻融的混凝土工程。

（3）耐磨性好。由于硅酸盐水泥强度高，密实因此耐磨性好，可应用于路面和机场跑道等混凝土工程中。

（4）抗碳化性能好。由于硅酸盐水泥凝结硬化后，水化产物中氢氧化钙浓度高，水泥石的碱度高，再加上硅酸盐水泥混凝土的密实度高，开始碳化生成的碳酸钙填充混凝土表面的孔隙，使混凝土表面更密实，有效地阻止了进一步碳化。

（5）耐腐蚀性差。由于硅酸盐水泥熟料中硅酸三钙和铝酸三钙含量高，其水化产物中易腐蚀的氢氧化钙和水化铝酸三钙含量高，因此耐腐蚀性差，不宜长期使用在含有侵蚀性介质（如软水、酸和盐）的环境中。

（6）水化热高。由于硅酸盐水泥熟料中硅酸三钙和铝酸三钙含量高，水化热高且释放集中，不宜用于大体积混凝土工程中。

（7）耐热性差。硅酸盐水泥混凝土在温度不高时（100～250℃之间），尚存的游离水使水泥水化继续进行，混凝土的密实度进一步增加，强度有所提高。当温度高于 250℃时，水泥中的水化产物氢氧化钙分解为氧化钙，如再遇到潮湿的环境，氧化钙熟化体积膨胀，使混凝土遭到破坏。当水泥受热约 300℃时，水泥石中的部分结晶体水化物开始脱水，体积收缩，强度开始下降。温度达 700～1000℃时，强度降低很多，甚至完全破坏。因此，硅酸盐水泥不宜应用于有耐热性要求的混凝土工程中。

（五）掺混合材料通用硅酸盐水泥的性能及应用

Ⅰ型硅酸盐水泥不掺混合材料，Ⅱ型硅酸盐水泥仅掺少于 5%的混合材料，因此它的水化主要为硅酸盐水泥熟料及适量石膏与水发生的水化反应。普通硅酸盐水泥的混合材料掺量也相对较少，对水化影响不大，其性能与硅酸盐水泥接近。

其他掺混合材料通用硅酸盐水泥因混合材料掺量较大，硅酸盐水泥熟料先水化，即硅酸三钙和硅酸二钙与水反应会生成水化硅酸钙凝胶和氢氧化钙，其中的氢氧化钙再与混合材料中活性的 SiO_2 及 Al_2O_3 发生水化反应，称为“二次水化反应”。通常，掺入较多的混合材料会使水泥的水化速度减慢，对水泥的早期强度有影响；另外，发生的“二次水化反应”会降低水泥石中氢氧化钙的含量，对水泥性能会有较大的影响。水泥中掺入不同的混合材料，因水化反应有一定差异，水泥性能会有较大的差别。

1. 矿渣水泥、火山灰质水泥、粉煤灰水泥的共同特点

（1）凝结硬化速度慢，早期强度低，但后期强度较高。由于这 3 种水泥的熟料含量较少，早强的熟料矿物量即相应减少，而“二次水化反应”在熟料水化之后才开始进行，因此这 3 种水泥的凝结硬化慢、早期强度低，均不适合有早强要求的混凝土工程。

（2）抗腐蚀能力强。3 种水泥水化后的水泥石中，易遭受腐蚀的成分相应减少，其原因：一是“二次水化反应”消耗了易受腐蚀的 $Ca(OH)_2$，致使水泥石中 $Ca(OH)_2$ 的含量减少；二是这 3 种水泥中熟料含量少，水化后水化铝酸钙的含量也相应减少。因此，这 3 种水泥的抗腐蚀能力均比硅酸盐水泥和普通水泥强。适宜水工、海港等受软水和硫酸盐腐蚀的混凝土工程。

当火山灰质水泥采用的火山灰质混合材料为烧黏土质和黏土质凝灰岩时，由于这类混合材料中活性 Al_2O_3 多，使水化产物中水化铝酸钙含量增多，其含量甚至高于硅酸盐水泥。因此，这类火山灰质水泥不耐硫酸盐腐蚀。

（3）水化热低。这 3 种水泥中熟料含量少，因而放热量高的矿物成分 C_3S 和 C_3A 含量就少，因此这 3 种水泥水化放热速度慢，放热量低，适宜大体积混凝土工程。

（4）硬化时对温湿度敏感性强。

这 3 种水泥水化时对养护温度很敏感，低温情况下凝结硬化速度显著减慢，不宜进行冬季施工。而在湿热条件下（如采用蒸汽养护），可明显加快“二次水化反应”的速度，凝结硬化速度可大大加快，可获得比硅酸盐水泥更为明显的强度增长效果，所以适合于采用蒸汽养护的混凝土预制构件厂。

（5）抗碳化能力差。这 3 种水泥的水化产物中 $Ca(OH)_2$ 较少，水泥石的碳化速度较快，对防止混凝土中钢筋的锈蚀不利；又因碳化会造成其他水化产物的分解，使硬化的水泥石表面产生“起粉”现象。所以，这 3 种水泥不宜用于二氧化碳浓度较高的环境。

（6）抗冻性差。由于这 3 种水泥掺入了较多的混合材料，水泥的强度等级有所降低；且水泥需水量增加，水分蒸发后造成毛细孔通道粗大和增多，对混凝土抗冻不利，因此这三种水泥不宜用于严寒地区，特别是严寒地区水位经常变动的部位。

2. 矿渣水泥、火山灰质水泥、粉煤灰水泥各自具有的特点

（1）矿渣水泥的耐热性好，保水性差，干缩较大，抗渗性差。由于硬化后，矿渣水泥石中的氢氧化钙含量减少，且矿渣本身又耐热，因此矿渣水泥耐热性好，适宜用于高温环境。而由于矿渣水泥中的矿渣不容易磨细，其颗粒平均粒径大于硅酸盐水泥的粒径，且磨细后具有尖锐棱角，因此矿渣水泥保水性差、易泌水、抗渗性差。

（2）火山灰质水泥具有较高的抗渗性。由于火山灰质水泥密度较小，水化需水量较大，其拌和物不易产生泌水，硬化后的水泥石较密实。因此火山灰质水泥具有良好的抗渗性，适用于有抗渗性要求的混凝土工程中。

另外，火山灰质水泥在干热条件下容易产生干缩裂缝。同时，在干燥空气中，火山灰质水泥石中水化硅酸钙与二氧化碳反应，在硬化的水泥石表面生成碳酸钙和二氧化硅等粉状物质，此现象称为“起粉”。在实际混凝土工程中，为防止火山灰质水泥形成干缩裂缝和起粉，应加强养护，并适当延长保湿时间。因此火山灰质水泥不适合于干燥环境中的混凝土工程。

（3）粉煤灰水泥的抗裂性较好。由于粉煤灰具有独特的球形玻璃态结构，吸附水的能力差，粉煤灰水泥的标准稠度需水量小（与矿渣水泥和火山灰质水泥相比），因此干缩小、抗裂性好，适用于有抗裂性要求的混凝土工程中。

复合硅酸盐水泥是掺两种或两种以上混合材料的水泥，其性能取决于所掺混合材料的种类、掺量及相对比例，使用时应针对工程的性质加以选用。

将掺混合材料通用硅酸盐水泥的性能特点及适用、不适用范围汇总见表 2－11。

表 2－11　其他品种通用硅酸盐水泥的性能及适用、不适用范围

品　种	性　能	适用范围	不适用范围
普通硅酸盐水泥	与硅酸盐水泥基本相同	与硅酸盐水泥基本相同	与硅酸盐水泥基本相同
矿渣硅酸盐水泥	早期强度较低，后期强度增长快；水化热低；耐腐蚀性较强；抗冻性较差；干缩性较大；抗碳化性能差；耐磨性较差；抗渗性差；耐热性好；湿热养护效果好	大体积混凝土工程；受侵蚀的混凝土；耐热混凝土；蒸汽养护的构件	有抗碳化要求的混凝土；有抗渗要求的混凝土；早强混凝土
火山灰质硅酸盐水泥	早期强度较低，后期强度增长快；水化热低；耐腐蚀性较强；抗冻性较差；干缩性较大；抗碳化性能差；耐磨性较差；抗渗性好；湿热养护效果好	大体积混凝土工程；受侵蚀的混凝土；抗渗混凝土；蒸汽养护的构件	有抗冻要求的混凝土；有抗碳化要求的混凝土；早强混凝土；干燥气候条件下的混凝土
粉煤灰硅酸盐水泥	早期强度较低，后期强度增长快；水化热低；耐腐蚀性较强；抗冻性较差；抗碳化性能差；耐磨性较差；抗渗性差；干缩性小，抗裂性好；湿热养护效果好	大体积混凝土工程；受侵蚀的混凝土；蒸汽养护的预制构件；承受荷载较迟的混凝土	有抗冻要求的混凝土；有抗碳化要求的混凝土；干燥气候条件下的混凝土；路面混凝土；早强混凝土
复合硅酸盐水泥	早期强度较低，后期强度增长快；水化热低；耐腐蚀性较强；抗冻性较差；抗碳化性能差；耐磨性较差；湿热养护效果好	大体积混凝土工程；受侵蚀的混凝土；蒸汽养护的预制构件	有抗冻要求的混凝土；有抗碳化要求的混凝土；干燥气候条件下的混凝土；路面混凝土

五、通用硅酸盐水泥的选用

以上 6 种通用硅酸盐水泥，广泛应用在我国混凝土及钢筋混凝土工程中。针对一些混凝土及钢筋混凝土工程，在选用水泥时，应考虑混凝土的工程结构特点及工程所处环境，在满足上述条件下尽量降低成本。关于通用水泥的选用，见表 2－12。

表 2-12　　通用水泥的选用

混凝土工程特点及所处环境条件			优先选用	可以选用	不宜选用
普通混凝土	1	在普通气候环境中的混凝土	普通硅酸盐水泥	矿渣硅酸盐水泥 火山灰质硅酸盐水泥 粉煤灰硅酸盐水泥 复合硅酸盐水泥	
	2	在干燥环境中的混凝土	普通硅酸盐水泥	矿渣硅酸盐水泥 硅酸盐水泥	火山灰质硅酸盐水泥 粉煤灰硅酸盐水泥 复合硅酸盐水泥
	3	在高湿环境中或长期处于水中的混凝土	矿渣硅酸盐水泥	普通硅酸盐水泥 火山灰质硅酸盐水泥 粉煤灰硅酸盐水泥 复合硅酸盐水泥 硅酸盐水泥	
	4	厚大体积的混凝土	矿渣硅酸盐水泥 火山灰质硅酸盐水泥 粉煤灰硅酸盐水泥 复合硅酸盐水泥	普通硅酸盐水泥	硅酸盐水泥
有特殊要求的混凝土	1	要求快硬的混凝土	硅酸盐水泥	普通硅酸盐水泥	矿渣硅酸盐水泥 火山灰质硅酸盐水泥 粉煤灰硅酸盐水泥 复合硅酸盐水泥
	2	高强（大于 C60 等级）混凝土	硅酸盐水泥	普通硅酸盐水泥 矿渣硅酸盐水泥	火山灰质硅酸盐水泥 粉煤灰硅酸盐水泥
	3	严寒地区露天混凝土、寒冷地区处在水位升降范围内的混凝土	普通硅酸盐水泥	矿渣硅酸盐水泥 硅酸盐水泥	复合硅酸盐水泥 火山灰质硅酸盐水泥 粉煤灰硅酸盐水泥
	4	严寒地区处在水位升降范围内的混凝土	硅酸盐水泥	普通硅酸盐水泥	复合硅酸盐水泥 火山灰质硅酸盐水泥 粉煤灰硅酸盐水泥 矿渣硅酸盐水泥
	5	有抗渗要求的混凝土	普通硅酸盐水泥 火山灰质硅酸盐水泥	硅酸盐水泥 粉煤灰硅酸盐水泥	矿渣硅酸盐水泥
	6	有耐磨性要求的混凝土	硅酸盐水泥 普通硅酸盐水泥	矿渣硅酸盐水泥	火山灰质硅酸盐水泥 粉煤灰硅酸盐水泥

六、水泥石的腐蚀与防止

（一）水泥石的腐蚀

通用硅酸盐水泥硬化后形成的水泥石，在正常的环境条件下，有较好的耐久性。但当水泥石长期处于有某些腐蚀性介质环境中时，会引起水泥石强度降低，严重的甚至引起混凝土的破坏，这种现象称为水泥石的腐蚀。

水泥石的腐蚀主要有：软水腐蚀、酸性腐蚀、盐类腐蚀和强碱腐蚀等。

1. 软水腐蚀（溶出性侵蚀）

软水腐蚀又称淡水侵蚀或溶出性侵蚀。雨水、雪水、蒸馏水、工业冷凝水及含重碳酸盐很少的河水及湖水都属于软水。当水泥石长期与这些水分相接触时，水泥中的氢氧化钙最先溶出（每升水中能溶解氢氧化钙1.3g以上）。在静水及无压力水作用下，由于周围的水易被溶出的氢氧化钙所饱和而使溶解作用停止，溶出仅限于结构的表面，所以影响不大。但是，若水泥石在流动的水中或有压力的水中，溶出的氢氧化钙不断被冲走。由于石灰浓度的继续降低，还会引起其他水化物的分解溶解。侵蚀作用不断深入内部，使水泥空隙增大，强度逐渐下降，使水泥石结构遭受进一步破坏，以致全部溃裂。

溶出性侵蚀的强弱程度，与水质的暂时硬度（每升水中重碳酸盐含量以CaO计为10mg时）有关。当水质较硬时，氢氧化钙的溶解度较小，同时水中的重碳酸盐与水泥石中的氢氧化钙反应，生成几乎不溶于水的碳酸钙，沉积在水泥石的孔隙内，不仅起到密实的作用，而且还可阻止外界水的渗入和内部氢氧化钙的溶出。其化学反应方程式为：

$$Ca(OH)_2 + Ca(HCO_3)_2 = 2CaCO_3 + 2H_2O$$

在实际工程中，将与软水接触的水泥构件事先在空气中硬化一定时间，形成碳酸钙外壳，可对溶出性侵蚀起到防止作用。

2. 碳酸性腐蚀

在工业污水、地下水中常溶解有较多的二氧化碳。水中的二氧化碳与水泥石中的氢氧化钙反应，所生成的碳酸钙如继续与含碳酸的水作用，则变成易溶解于水的碳酸氢钙，由于碳酸氢钙的溶失以及水泥石中其他产物的分解，而使水泥石结构破坏。其化学反应方程式为：

$$Ca(OH)_2 + CO_2 + H_2O = CaCO_3 + 2H_2O$$

$$CaCO_3 + CO_2 + H_2O \rightleftharpoons Ca(HCO_3)_2$$

碳酸钙与含碳酸的水进行的反应，是一种可逆反应。当水中的二氧化碳含量较多时，上述反应向右进行，将水泥石中微溶于水的氢氧化钙转变为易溶于水的碳酸氢钙，从而加速了溶解速度，使水泥石的孔隙增加。同时，由于氢氧化钙浓度的降低，也会引起其他水化物的分解，使腐蚀作用进一步加剧。

3. 一般酸性腐蚀

在工业废水、地下水、沼泽水中常含有一定量的无机酸和有机酸。各种酸类对水泥石均有不同程度的侵蚀作用。它们与水泥石中的氢氧化钙作用后生成的化合物，或者易溶于水，或者产生体积膨胀，导致水泥石破坏。并且由于氢氧化钙被大量消耗，引起水泥石的碱度降低，促使其他水化物大量分解，从而会引起水泥石强度的急剧下降。

各类酸中对水泥石腐蚀作用最快的是无机酸中的盐酸、氢氟酸、硝酸、硫酸等，有机酸中的醋酸、蚁酸和乳酸等。如盐酸（HCl）和硫酸（H_2SO_4）与水泥石中的氢氧化钙作用，分别生成易溶于水的氯化钙（$CaCl_2$）和体积膨胀的二水石膏（$CaSO_4 \cdot 2H_2O$）：

$$2HCl + Ca(OH)_2 = CaCl_2 + 2H_2O$$

$$H_2SO_4 + Ca(OH)_2 = CaSO_4 \cdot 2H_2O$$

生成的二水石膏或者在水泥石孔隙中产生膨胀破坏，或者再与水泥石中的水化铝酸钙作用，生成高硫型水化硫铝酸钙，其破坏性更大。

4. 强碱腐蚀

碱类溶液在浓度不大时，一般对水泥石没有大的侵蚀作用，可以认为是无害的。但铝酸盐含量较高的硅酸盐水泥在遇到强碱（NaOH、KOH）时，会受到侵蚀破坏。其化学反应式为：

$$3CaO \cdot Al_2O_3 + 6NaOH = 3Na_2O \cdot Al_2O_3 + 3Ca(OH)_2$$

以上反应生成的铝酸钠易溶于水。当水泥石被 NaOH 浸透后，又在空气中干燥，水泥石中 NaOH 会与空气中的 CO_2 作用，$2NaOH + CO_2 = Na_2CO_3 + H_2O$，生成的 Na_2CO_3 在水泥石毛细孔中结晶沉积，使水泥石胀裂。

5. 硫酸盐腐蚀

绝大多数的硫酸盐（硫酸钡除外）对水泥石都有显著的侵蚀作用，这主要是由于硫酸盐与水泥石中的氢氧化钙起置换反应，生成硫酸钙（二水石膏），硫酸钙再与水泥石中固态的水化铝酸钙作用，生成比原体积增加 1.5 倍以上的高硫型水化硫铝酸钙。

$$3CaO \cdot Al_2O_3 \cdot 6H_2O + 3(CaSO_4 \cdot 2H_2O) + 19H_2O = 3CaO \cdot Al_2O_3 \cdot 3CaSO_4 \cdot 31H_2O$$

高硫型水化硫铝酸钙也称钙矾石，为针状晶体，体积膨胀较大（1.5～2.5 倍），对水泥石有极大的破坏作用，所以俗称“水泥杆菌”。总之，硫酸盐的腐蚀实质上是一种膨胀性化学腐蚀。

6. 镁盐的腐蚀

在地下水、海水及某些工业废水中，常有氯化镁、硫酸镁等镁盐存在，这些镁盐会与水泥石中的氢氧化钙反应，生成可溶性钙盐及无胶结能力的松散物氢氧化镁，其化学反应方程式为：

$$Ca(OH)_2 + MgCl_2 = CaCl_2 + Mg(OH)_2$$

$$Ca(OH)_2 + MgSO_4 = CaSO_4 \cdot 2H_2O + Mg(OH)_2$$

因此，硫酸镁对水泥石起镁盐和硫酸盐的双重腐蚀作用。

综上所述，从结果来看，水泥石腐蚀的类型可分为两类：一类是水泥中的某些水化产物逐渐溶失；另一类是水泥的水化产物与腐蚀性介质反应，产物或是易溶于水，或是松散无胶结能力，或是结晶膨胀。

在实际工程中，由于环境介质比较复杂，单一介质对水泥石造成的腐蚀几乎不存在，而是几种腐蚀类型同时存在，相互影响。造成水泥石腐蚀的外在原因为腐蚀性介质；内在原因包括两方面：一方面是水泥石中存在着氢氧化钙和水化铝酸钙等易腐蚀的组分；另一方面是水泥石本身不密实，内部存在很多腐蚀性介质容易进入的毛细孔通道。

（二）水泥石腐蚀的防止

实际工程中针对具体情况可采取以下防止措施。

1. 合理选择水泥品种

根据侵蚀环境特点，合理选用水泥品种。如当水泥石遭受软水侵蚀时，可选用水化物中氢氧化钙含量较少的水泥（如选用硅酸三钙含量低的水泥）；当水泥石遭受硫酸盐侵蚀时，可选用铝酸三钙含量较低的抗硫酸盐水泥；又如选用掺混合材料水泥，可提高水泥的抗腐蚀能力。

2. 提高水泥石密实度

提高施工质量，以提高水泥石的密实度，这是防止水泥石腐蚀的重要措施。水泥石的密实度越高，其抗渗透能力越强，环境中的侵蚀介质越难渗入。因此，在施工中应合理选择水泥混凝土的配合比，尽量降低水灰比，改善集料级配，掺加外加剂等措施提高其密实度。另外，还可在混凝土表面进行碳化处理，使其表面进一步密实，也可减少侵蚀介质渗入内部。

3. 表面加作保护层

当侵蚀作用较强，上述防止措施不能奏效时，可在水泥石的表面加一层耐侵蚀介质的材料，如耐酸石材、玻璃、陶瓷、沥青、涂料、塑料等。

七、水泥的验收、包装与标志、运输与储存

水泥是土木工程建设中最重要的材料之一，是决定混凝土性能和价格的重要原料，在工程中，水泥的验收、运输与储存是保证工程质量、杜绝质量事故的重要措施。

1. 水泥的验收

水泥的出厂检验项目为化学指标、凝结时间、安定性和强度。检验结果符合化学指标、凝结时间、安定性和强度的规定为合格品，检验结果不符合化学指标、凝结时间、安定性和强度中的任何一项技术要求为不合格品。经确认水泥各项技术指标及包装质量符合要求时方可出厂。

2. 水泥的包装与标志

水泥可以散装或袋装，袋装水泥每袋净含量为50kg，且应不少于标志质量的99%；随机抽取20袋的总质量（含包装袋）应不少于1000kg。

水泥包装袋上应清楚标明：执行标准、水泥品种、代号、强度等级、生产者名称、生产许可证标志（QS）及编号、出厂编号、包装日期、净含量。包装袋两侧应根据水泥的品种采用不同的颜色印刷水泥名称和强度等级，硅酸盐水泥和普通硅酸盐水泥采用红色，矿渣硅酸盐水泥采用绿色；火山灰质硅酸盐水泥、粉煤灰硅酸盐水泥和复合硅酸盐水泥采用黑色或蓝色。

散装发运时应提交与袋装标志相同内容的卡片。

3. 水泥的运输与储存

水泥在运输与储存时不得受潮和混入杂物，应按不同品种、强度等级和出厂日期分别加以标明、分别堆放、不得混装。堆放时应离墙和门窗的距离大于200mm，地面应垫高300mm以上。水泥储存时应先存先用，对散装水泥应分库存放，而袋装水泥一般堆放高度不超过10袋。不同品种、不同生产厂家的水泥不得混用。

水泥存放不可受潮，受潮的水泥表现为结块，凝结速度减慢，强度降低。对于结块水泥的处理方法为：有结块但无硬块时，可压碎粉块后按实测强度等级使用；对部分结成硬块的，可筛除或压碎硬块后，按实测强度等级用于非重要的部位，如垫层、散水及填充墙的砌筑砂浆不能用于主体结构混凝土中。对于大部分结块的，不能作水泥用，可作混合材料掺入到水泥中，掺量不超过25%。水泥的储存期不宜太久，常用袋装水泥一般不超过3个月，因为3个月后水泥强度会降低10%～20%，6个月后降低15%～30%，1年后降低25%～40%，铝酸盐水泥一般不超过2个月。密闭保存的散袋水泥的储存期可延长。过期水泥应重新检测，按实测强度使用。

第三节 其他品种水泥

在实际工程中，除使用通用水泥外，有时还使用一些特性水泥和专用水泥。

一、铝酸盐水泥

铝酸盐水泥是以石灰石和铝矾土为主要原料，经煅烧至全部或部分熔融，得到以铝酸钙为主要矿物的熟料，经磨细而成的水硬性胶凝材料，代号为CA。铝酸盐水泥是一种硬化快、早期强度高、水化热高、耐热和耐腐蚀性能好的水泥。

根据《铝酸盐水泥》（GB 201—2000）的规定，按 Al_2O_3 含量铝酸盐水泥可分为4类：①CA－50（50%≤Al_2O_3＜60%）；②CA－60（60%≤Al_2O_3＜68%）；③CA－70（68%≤Al_2O_3＜77%）；④CA－80（77%≤Al_2O_3）。

1. 铝酸盐水泥的矿物成分、水化与凝结硬化

铝酸盐水泥的主要矿物成分为铝酸一钙（$CaO \cdot Al_2O_3$，简写为CA）和二铝酸一钙（$CaO \cdot 2Al_2O_3$，简写为CA_2），还含有少量的硅酸二钙和其他铝酸盐。

铝酸盐水泥的水化，主要是铝酸一钙的水化过程及其水化产物结晶，铝酸一钙硬化快，是铝酸盐水泥的主要强度来源。其水化受温度影响较大，在温度较低（低于30℃时）时，水化产物主要是水化铝酸钙（CAH_{10}）和水化铝酸二钙（C_2AH_8）；温度较高（在30℃以上）时，水化产物主要是水化铝酸三钙（C_3AH_6）。二铝酸一钙硬化缓慢，早期强度低，而后期强度逐渐增长，具有较好的耐高温性能。整个水化过程进行迅速，并且放出大量的热。水化5～7d以后，水化产物的数量基本不增加了。因此，铝酸盐水泥早期强度增长很快，以后强度增长相当缓慢并趋于稳定；因水化铝酸钙（CAH_{10}）和水化铝酸二钙（C_2AH_8）不稳定，随着时间逐渐转化为强度较低的水化铝酸三钙（C_3AH_6），导致水泥石随时间延长强度下降显著。一般5年以上的铝酸盐水泥混凝土，其剩余强度约为其强度等级的50%甚至更低。

2. 铝酸盐水泥的技术要求

铝酸盐水泥的密度和堆积密度与硅酸盐水泥相近，其细度、凝结时间及各龄期强度，见表2-13。

3. 铝酸盐水泥的特性和应用

（1）铝酸盐水泥凝结硬化快，早期强度发展迅速，适用于紧急抢修工程和有早强要求的混凝土工程。

（2）铝酸盐水泥水化时，集中放出大量的水化热，1d放出的水化热为总热量的70%～80%，因此适用于冬季施工的混凝土工程，不宜用于大体积混凝土工程中。

(3) 铝酸盐水泥的水化产物中没有易受侵蚀的组分氢氧化钙，而且水泥石结构密实，

表 2-13　铝酸盐水泥的技术指标

性能指标		铝酸盐水泥类型			
		CA—50	CA—60	CA—70	CA—80
细度		比表面积不小于 $300m^2/kg$ 或 0.045mm 筛余不大于 20%			
凝结时间	初凝时间 (min)，不早于	30	60	30	30
	终凝时间 (h)，不迟于	6	18	6	6
抗压强度/MPa	6h	20	—	—	—
	1d	40	20	30	25
	3d	50	45	40	30
	28d	—	85	—	—
抗折强度/MPa	6h	3.0	—	—	—
	1d	5.5	2.5	5.0	4.0
	3d	6.5	5.0	6.0	5.0
	28d	—	10.0	—	—

因此可用于有抗渗性和抗软水、酸和盐侵蚀要求的混凝土工程中。铝酸盐水泥在碱性环境中容易腐蚀，应避免与碱性介质接触。

(4) 铝酸盐水泥当温度升高时 (30℃以上)，水化产物会发生晶型转化导致强度降低。在湿热养护条件下，强度降低更为明显。因此，铝酸盐水泥不宜用于高温施工的工程，更不适合湿热养护的混凝土工程，也不宜用于长期程中结构。

(5) 虽然铝酸盐水泥不宜在高温条件下施工，但是硬化的铝酸盐水泥石具有较高的耐热性。因为在高温条件下，硬化水泥石中的组分发生了固相反应形成陶瓷胚体，在1300℃时也具有较高强度。因此，铝酸盐水泥可制成使用温度达 1300～1400℃ 的耐热混凝土。

(6) 铝酸盐水泥与硅酸盐水泥或石灰相混不但产生闪凝，而且由于生成高碱性的水化铝酸钙，使混凝土开裂破坏。因此，施工时除不得与石灰和硅酸盐水泥混合外，也不得与尚未硬化的硅酸盐水泥接触使用。

二、白色硅酸盐水泥

白色硅酸盐水泥即将适当成分的生料烧至部分熔融，得到以硅酸钙为主要成分、铁质含量少的熟料，加入适量的石膏，磨成细粉，制成的白色水硬性胶凝材料，简称白水泥。它与常用的硅酸盐水泥的主要区别在于氧化铁 (Fe_2O_3) 的含量只有后者的 1/10 左右。水泥中氧化铁含量 3%～4%时，水泥呈暗灰色；氧化铁含量 0.45%～0.70%时，水泥呈淡绿色；氧化铁含量 0.35%～0.40%以下时，水泥略带淡绿、接近白色。因此，严格控制水泥中的含铁量是白水泥生产中的一项主要技术措施。

1. 特点及用途

白水泥具有强度高、色泽洁白等特点，所以可配制各种彩色砂浆及彩色涂料，用于装饰工程的粉刷；制造有艺术性的各种白色和彩色混凝土或钢筋混凝土等的装饰结构部件；

制造各种颜色的干粘石、水磨石、斩假石及人造石材等制品；配制彩色水泥。

2. 主要技术要求

按《白色硅酸盐水泥》（GB/T 2015—2005）标准，白水泥分32.5、42.5和52.5共3个强度等级，其技术性能见表2-14。

表2-14　白水泥的技术性能

项　目	技术指标			
白度	水泥白度值应不低于87			
细度	0.080mm方孔筛筛余不得超过10%			
凝结时间	初凝不得早于45min，终凝不得迟于10h			
安定性	用沸煮法检验必须合格			
氧化镁（MgO）含量	熟料中MgO含量不得超过5.0%			
三氧化硫（SO_3）含量	水泥中SO_3含量不得超过3.5%			
强度等级/MPa	抗压强度/MPa		抗折强度/MPa	
	3d	28d	3d	28d
32.5	12.0	32.5	3.0	6.0
42.5	17.0	42.5	3.5	6.5
52.5	22.0	52.5	4.0	7.0

3. 白水泥在应用中的注意事项

（1）在制备混凝土时粗细骨料宜采用白色或彩色大理石、石灰石、石英砂和各种颜色的石屑，不能掺合其他杂质，以免影响其白度及色彩。

（2）白水泥的施工和养护方法与通用水泥相同。但施工时底层及搅拌工具必须清洗干净，否则将影响白水泥的装饰效果。

（3）配制彩色水泥浆刷浆时，须保证基层湿润，并养护涂层。为加速涂层的凝固，可在水泥浆中加入1%～2%（占水泥重量）的无水氯化钙，提高水泥浆的黏结力，以解决水泥浆脱粉、被冲洗脱落的问题。

（4）制品表面白霜的出现会影响其白度及鲜艳度，防止白霜的有效方法有：

1）使集料颗粒级配合理。

2）在不影响和易性的前提下尽量减少用水量，施工时尽可能提高砂浆或混凝土的密实度。

3）掺用能够与白霜发生化学反应的物质（如碳酸铵、丙烯酸钙等）。

4）对表面进行处理，涂刷密封剂（如石蜡乳液）。

5）蒸汽养护能有效防止水泥制品初期白霜的产生。

三、抗硫酸盐硅酸盐水泥

根据《抗硫酸盐硅酸盐水泥》（GB 748—2005）规定，按抗硫酸盐侵蚀程度可分为中抗硫酸盐硅酸盐水泥和高抗硫酸盐硅酸盐水泥两类。以适当成分的硅酸盐水泥熟料，加入适量石膏磨细制成的具有抵抗中等浓度硫酸根离子侵蚀的水硬性胶凝材料，称为中抗硫酸盐硅酸盐水泥，简称中抗硫水泥，代号P·MSR。以适当成分的硅酸盐水泥熟料，加入适量石膏磨细制成的具有抵抗较高浓度硫酸根离子侵蚀的水硬性胶凝材料，称为高抗硫酸盐硅酸盐水泥，简称高抗硫水泥，代号 P·HSR。

中抗硫酸盐水泥中 C_3S 小于等于 55.0%，C_3A 小于等于 5.0%；高抗硫酸盐水泥中 C_3S 小于等于 50.0%，C_3A 小于等于 3.0%。

水泥中烧失量应小于等于 3.0%。

水泥中 MgO 的含量应小于等于 5.0%。如果水泥经过压蒸安定性试验合格，则水泥中 MgO 的含量允许放宽到 6.0%。

水泥中 SO_3 含量应小于等于 2.5%。

水泥比表面积应小于等于 $280m^2/kg$。

初凝应不早于 45min，终凝应不迟于 10h。

安定性用沸煮法检验，必须合格。

水泥的强度等级与各龄期强度应不低于表 2-15 数值。

中抗硫酸盐水泥 14d 线膨胀率应不大于 0.060%；高抗硫酸盐水泥 14d 线膨胀率应不大于 0.040%。

表 2-15　抗硫酸盐硅酸盐水泥的强度等级与各龄期的强度

分　类	强度等级	抗压强度/MPa		抗折强度/MPa	
		3d	28d	3d	28d
中抗硫酸盐水泥	32.5	10.0	32.5	2.5	6.0
高抗硫酸盐水泥	42.5	15.0	42.5	3.0	6.5

抗硫酸盐水泥适用于一般受硫酸盐侵蚀的海港、水利、地下、隧涵、道路和桥梁基础等工程设施。

四、膨胀和自应力水泥

膨胀水泥是在硬化过程中不仅不产生体积收缩、而且具有一定膨胀性能的水泥。

按胶结材料不同，膨胀水泥可分为硅酸盐型膨胀水泥、铝酸盐型膨胀水泥和硫铝酸盐型膨胀水泥。用硅酸盐水泥熟料、铝酸盐水泥和二水石膏按适当比例共同粉磨或分别研磨再混合均匀，可制得硅酸盐型膨胀水泥。由于水泥水化后生成钙矾石、水化氢氧化钙等水化产物，因这些水化生成物的体积均大于原固相的体积，所以造成硬化水泥浆体的体积膨胀。用高铝水泥熟料和二水石膏按适当比例，再加入助磨剂经过磨细，制成铝酸盐型膨胀水泥。用中、低品位的矾土、石灰和石膏为原料，适当配合磨细后经煅烧得到的以硫铝酸钙、硅酸二钙为主要矿物熟料，再配以二水石膏磨细制得的具有膨胀性的水硬性胶凝材料，称为硫铝酸盐型膨胀水泥。

按膨胀值不同，膨胀水泥可分为收缩补偿水泥和自应力水泥。收缩补偿水泥的膨胀性能较弱，膨胀时所产生压应力大致能抵消水泥干缩所引起的应力，可防止混凝土产生干缩裂缝。自应力水泥具有较强的膨胀性能，当它用于钢筋混凝土中时，由于它具有膨胀性能，使钢筋受到较大的拉应力，而使混凝土受到相应的压应力。当外界因素使混凝土结构产生拉应力时，就可被预先具有的压应力抵消或降低。这种靠水泥自身水化产生膨胀来张拉钢筋达到预应力称为自应力，混凝土中所产生的压应力数值即为自应力值。

膨胀水泥可用于防渗混凝土工程、填筑混凝土结构或构件接缝、管道接头、结构修补与加固和浇注机器底座地脚螺栓等。自应力水泥主要用于生产自应力钢筋混凝土压力管。

五、道路硅酸盐水泥

1. 道路硅酸盐水泥的定义

以适当成分的生料烧至部分熔融，所得以硅酸钙为主要成分和较多量的铁铝酸四钙的硅酸盐熟料，称为道路硅酸盐水泥熟料。由道路硅酸盐水泥熟料、0～10%的活性混合材料和适量石膏磨细制成的水硬性胶凝材料，称为道路硅酸盐水泥（简称道路水泥）。道路水泥熟料中铝酸三钙的含量不得大于5.0%，铁铝酸四钙的含量不得小于16%。

2. 道路硅酸盐水泥的技术要求

《道路硅酸盐水泥》（GB 13693—2005）有关技术要求如下：

（1）氧化镁含量。道路水泥中氧化镁的含量不得超过5%。

（2）三氧化硫含量。道路水泥中三氧化硫含量不得超过3.5%。

（3）烧失量。烧失量不得大于3.0%。

（4）比表面积。比表面积为300～450m^2/kg。

（5）凝结时间。初凝时间不得早于1.5h，终凝时间不得迟于10h。

（6）体积安定性。用沸煮法检验必须合格。

（7）干缩率。28d干缩率应不大于0.10%。

（8）耐磨性。28d磨耗量应不大于3.00kg/m^2。

（9）碱含量。由供需双方商定。若使用活性集料，用户要求提供低碱水泥时，水泥中的碱含量应不超过0.60%。

（10）强度。道路水泥分为32.5、42.5和52.5共3个强度等级，各龄期强度值，见表2-16。

表2-16　　道路水泥各龄期强度表

强度等级	抗压强度/MPa		抗折强度/MPa	
	3d	28d	3d	28d
32.5	16.0	32.5	3.5	6.5
42.5	21.0	42.5	4.0	7.0
52.5	26.0	52.5	5.0	7.5

3. 道路硅酸盐水泥的性质与应用

道路硅酸盐水泥是一种强度高、特别是抗折强度高、耐磨性好、干缩性小、抗冲击性好、抗冻性和抗硫酸盐腐蚀性比较好的专用水泥。它适用于道路路面、机场跑道道面、城市广场地坪等工程。由于道路水泥具有干缩性小、耐磨、抗冲击等特性，可减少水泥混凝土路面的裂缝和磨耗等病害，减少维修费用，延长路面使用年限，因而获得显著的社会效益和经济效益。

六、砌筑水泥

凡是以活性混合材料为主要原材料，加入少量的硅酸盐水泥熟料和适量石膏共同磨细制成的水硬性胶凝材料称为砌筑水泥，代号 M。砌筑水泥中混合材料掺加量应大于 50%，允许掺入适量的石灰石或窑灰。砌筑水泥主要用于配制砌筑砂浆和抹面砂浆，不能用于结构混凝土。

《砌筑水泥》(GB/T 3183—2003) 主要技术要求有：0.08mm 方孔筛筛余不大于 10%；初凝时间不得早于 45min，终凝时间不得迟于 12h；体积安定性用沸煮法检验必须合格，且水泥中 SO_3 含量不得超过 4.0%；保水率应不低于 80%；砌筑水泥分为 12.5 和 22.5 两个强度等级，各龄期强度值，见表 2-17。

表 2-17 砌筑水泥各龄期强度表

强度等级	抗压强度/MPa		抗折强度/MPa	
	7d	28d	7d	28d
12.5	7.0	12.5	1.5	3.0
22.5	10.0	22.5	2.0	4.0

七、中热硅酸盐水泥、低热硅酸盐水泥和低热矿渣硅酸盐水泥

中热硅酸盐水泥是由适当成分的硅酸盐水泥熟料加入适量石膏磨细制成的具有中等水化热的水硬性胶凝材料，简称中热水泥，代号 P·MH。中热水泥熟料中硅酸三钙的含量应不超过 55%，铝酸三钙的含量应不超过 6%，游离氧化钙的含量应不超过 1.0%。

低热硅酸盐水泥是由适当成分的硅酸盐水泥熟料加入适量石膏磨细制成的具有低水化热的水硬性胶凝材料，简称低热水泥，代号 P·LH。低热水泥熟料中硅酸二钙的含量应不小于 40%，铝酸三钙的含量应不超过 6%，游离氧化钙的含量应不超过 1.0%。

低热矿渣硅酸盐水泥是由适当成分的硅酸盐水泥熟料加入矿渣和适量石膏磨细而成的具有低水化热的水硬性胶凝材料，简称低热矿渣水泥，代号 P·SLH。矿渣掺量为水泥质量的 20%～60%，允许用不超过混合材料总量 50%的粒化电炉磷渣或粉煤灰代替部分高炉矿渣。铝酸三钙的含量应不超过 8%，游离氧化钙的含量应不超过 1.2%，氧化镁的含量不宜超过 5.0%；如果水泥经压蒸安定性试验合格，则熟料中的氧化镁含量允许放宽到 6.0%。

《中热硅酸盐水泥、低热硅酸盐水泥、低热矿渣硅酸盐水泥》(GB 200—2003) 有关技术要求如下：

水泥中三氧化硫的含量应不大于 3.5%；水泥的比表面积应不低于 $250m^2/kg$；初凝应不早于 60min，终凝应不迟于 12h；安定性用沸煮法检验应合格。

水泥的强度等级按规定龄期的抗压强度和抗折强度划分，各龄期的强度值应不低于表 2-18 数值。

表 2-18 中热水泥、低热水泥和低热矿渣水泥各龄期的强度要求

品种	强度等级	抗压强度/MPa			抗折强度/MPa		
		3d	7d	28d	3d	7d	28d
中热水泥	42.5	12.0	22.0	42.5	3.0	4.5	6.5
低热水泥	42.5	—	13.0	42.5	—	3.5	6.5
低热矿渣水泥	32.5	—	12.0	32.5	—	3.0	5.5

水泥的各龄期水化热应不大于表 2－19 数值。

表 2－19　　水泥强度等级的各龄期水化热

品　种	强度等级	水化热/(kJ·kg^{-1})	
		3d	7d
中热水泥	42.5	251	293
低热水泥	42.5	230	260
低热矿渣水泥	32.5	197	230

这 3 种水泥适用于要求水化热较低的大坝和大体积混凝土工程。

第三章 普通混凝土

【本章提要】 本章是建筑材料课程的重点内容，主要介绍普通混凝土的组成材料及技术质量要求，新拌混凝土的工作性能及评定指标，硬化混凝土的力学性能、变形性能、耐久性能及其影响因素；混凝土配合比设计方法及混凝土质量控制，并简要介绍了其他品种混凝土。本章论述的理论内容较多且具有较强的实用性，理解掌握有难度，宜结合工程实例学习。通过本章学习，应能够根据结构设计要求合理选择混凝土原材料并设计配合比，应能够运用混凝土性能理论知识和试验技能分析评定混凝土拌合物质量和硬化后混凝土常见质量问题。

第一节 概　　述

混凝土（ Concrete ）是由胶凝材料（胶结料）、集料（骨料）和水及其他材料，按适当比例配制并硬化而成的具有所需的形体、强度和耐久性的人造石材。

土木工程中常用的混凝土有水泥混凝土、沥青混凝土和聚合物混凝土等。

普通水泥混凝土是以水泥为主要胶凝材料制成的混凝土，是应用最广泛、使用量最大的建筑材料。

一、水泥混凝土的发展概况

19 世纪 30 年代水泥混凝土的出现，特别是钢筋混凝土的诞生，成为近代建筑史的标志和里程碑。随着混凝土技术的不断进步，水泥混凝土在土木工程各领域的应用不断扩展，目前已经成为工业与民用建筑、公路桥梁、水利、海洋、矿山和地下工程的主导材料。

20 世纪 90 年代以前，混凝土的发展只重视强度的提高，而忽视混凝土耐久性，导致建筑物在设计使用年限内因施工不良、设计不当和化学腐蚀、钢筋锈蚀、碱集料反应、冻融破坏等因素，投入巨额维护维修费用，甚至不得不提前拆除重建，特别是道路、桥梁、水利和海洋工程的破坏更为突出。近年来，我国的“短寿建筑”数量增多，损失巨大，浪费惊人。国内外的历史教训警示我们应重视混凝土的耐久性。因此，近十多年来高性能混凝土作为一种具有高耐久性、高强度、高工作性及高体积稳定性的混凝土得以发展和使用，并已经研究出超高性能混凝土。在高层建筑、大跨桥梁、海上建筑、公路等建设中采用愈来愈多，即使在一般建筑中也已经使用 C80，甚至 C100 以上的高强混凝土，取得了良好的经济效益。

随着混凝土外加剂和高性能矿物掺合料的逐渐推广使用，有效地改善了混凝土的各方面性能，进一步扩大了混凝土的使用范围。

二、混凝土的分类

混凝土的种类很多，一般可按以下方法分类。

（一）按表观密度分类

（1）重混凝土。指干表观密度大于 2800kg/m^3 的混凝土，通常采用高密度集料（重晶石和铁矿石）或同时采用重水泥（如钡水泥、锶水泥）配制而成，主要用作辐射屏蔽结构材料。

（2）普通混凝土。指干表观密度为 2000～2800kg/m^3 的水泥混凝土，主要以砂、石子和水泥配制而成，是土木工程中最常用的混凝土品种。

（3）轻混凝土。指干表观密度小于 1950kg/m^3 的混凝土，包括轻骨料混凝土、多孔混凝土和大孔混凝土等，主要用作轻质结构（大跨度）材料和隔热保温材料。

（二）按胶凝材料的品种分类

通常根据主要胶凝材料的品种，并以其名称命名，如水泥混凝土、沥青混凝土、聚合物混凝土等。有时也以加入的特种改性材料命名，如水泥混凝土中掺入钢纤维时，称为钢纤维混凝土；水泥混凝土中掺大量粉煤灰时则称为粉煤灰混凝土等。

（三）按使用功能和特性分类

按使用部位、功能和特性通常可分为：结构混凝土、道路混凝土、水工混凝土、耐热混凝土、耐酸混凝土、防辐射混凝土、补偿收缩混凝土、防水混凝土、纤维混凝土、聚合物混凝土、高强混凝土和高性能混凝土等。

（四）按强度等级分类

按抗压强度分为低强混凝土（＜C30）、中强混凝土（C30～C60）、高强混凝土（≥C60）、超高强混凝土（≥C100）。

（五）按生产和施工方法分类

按生产和施工方法不同可分为预拌混凝土（商品混凝土）、泵送混凝土、自密实混凝土、喷射混凝土、压力灌浆混凝土（预填骨料混凝土）、碾压混凝土和水下不分散混凝土等。

三、普通混凝土的特点

普通混凝土即水泥混凝土，“混凝土”一词在土木工程中常简化为“砼”。

（一）普通混凝土的主要优点

（1）原材料来源丰富，造价低廉。混凝土中约 70%以上的材料是砂石料，属地方性材料，可就地取材，避免远距离运输，因而价格低廉。

（2）施工方便。混凝土拌和物具有良好的流动性和可塑性，可根据工程需要浇筑成各种形状尺寸的构件及构筑物。既可现场浇筑成型，也可预制。

（3）性能可根据需要设计调整。通过调整各组成材料的品种和数量，特别是掺入不同外加剂和掺合料，可获得不同施工和易性、强度、耐久性或具有特殊性能的混凝土，满足工程的不同要求。

（4）抗压强度高，匹配性好，与钢筋及钢纤维等有牢固的黏结力。混凝土的抗压强度一般在 7.5～60MPa 之间。当掺入高效减水剂和掺合料时，强度可达 100MPa 以上。而且混凝土与钢筋具有良好的匹配性，浇筑成钢筋混凝土后，可以有效地改善抗拉强度低的缺陷，使混凝土能够应用于各种结构部位。

（5）耐久性好。原材料选择正确、配比合理、施工养护良好的混凝土具有优异的抗渗性、抗冻性和耐腐蚀性能，且对钢筋有保护作用，可保持混凝土结构长期使用性能稳定。

（6）耐火性良好，维修费少。

（二）普通混凝土存在的主要缺点

（1）自重大，比强度低。

（2）抗拉强度低，抗裂性差。混凝土抗拉强度一般只有抗压强度的1/10～1/20，易开裂。

（3）硬化缓慢、生产周期长。

（4）收缩变形大。水泥水化、凝结硬化引起的自身收缩和干燥收缩达500×10^{-6}m/m以上，易产生混凝土收缩裂缝。

（5）导热系数大，保温隔热性能较差。

这些缺陷正随着混凝土技术的不断发展而逐渐得以改善，但在目前工程实践中还应注意其不良影响。

四、对普通混凝土的基本要求

（1）满足便于搅拌、运输和浇捣密实的施工和易性。

（2）满足设计要求的强度，安全承载。

（3）满足工程所处环境条件所必需的耐久性。

（4）满足上述3项要求的前提下，最大限度降低水泥用量，节约成本，即经济合理性。

为了满足上述4项基本要求，就必须研究原材料性能，研究影响混凝土和易性、强度、耐久性、变形性能的主要因素；研究配合比设计原理、混凝土质量波动规律以及相关的检验评定标准等，这正是本章介绍的重点内容。

第二节　普通混凝土的组成材料

普通混凝土的基本组成材料是水泥、细集料（天然砂、机制砂等）、粗集料（石子等）和水，另外还掺加适量外加剂、掺合料。各组成材料在混凝土中起着不同的作用：砂、石等在混凝土中起骨架作用，因此也称为骨料，骨料还可对混凝土的变形起稳定性作用。水泥和水形成水泥浆，包裹在集料表面，并填充集料间的空隙，在混凝土硬化前起润滑作用，赋予混凝土拌和物一定的流动性以便于施工操作；在混凝土硬化后，水泥浆形成的水泥石又起胶结作用，把砂、石等骨料胶结成为坚硬的整体，并产生力学强度。

外加剂和掺合料，称为混凝土的第五、六组分，它们能有效地改善混凝土的性能，减少水泥用量，并改善混凝土的施工工艺。外加剂和掺合料更是配制高强混凝土、泵送混凝土、高性能混凝土时必不可少的组分。

混凝土的性能在很大程度上取决于组成材料的性能。因此必须根据工程性质、设计要求和施工现场条件合理选择原材料的品种、质量和用量。要做到合理选择原材料，首先必须了解组成材料的性质、作用原理和质量要求。

一、水泥

水泥在混凝土中是最主要的材料，正确、合理地选择水泥的品种和强度等级，是影响混凝土强度、耐久性及经济性的重要因素。

（一）水泥品种的选择

水泥品种的选择主要根据工程结构特点、工程所处环境及施工条件，依据各种水泥的特性，合理选择。对于一般建筑结构和预制构件的普通混凝土宜采用通用硅酸盐水泥；高强混凝土和有抗冻性要求的混凝土宜采用硅酸盐水泥和普通硅酸盐水泥；有预防碱骨料反应的混凝土宜采用碱含量低于0.6%的水泥；大体积的混凝土工程宜选择中热、低热硅酸盐水泥或低热矿渣硅酸盐水泥，详见水泥的有关章节。

另外，还应考虑外加剂和不同水泥品种之间适应性存在差异的问题。

（二）水泥强度等级的选择

水泥强度等级的选择原则为：混凝土设计强度等级越高，则水泥强度等级也宜越高；设计强度等级低，则水泥强度等级也相应低。通常要求水泥的强度是混凝土强度的1.5～2.0倍；配制高强混凝土，可取0.9～1.5倍。这样要求的目的是保证混凝土中有足够的水泥，既不过多，也不过少。因为水泥用量过多（低强水泥配制高强度混凝土），不仅不经济，而且会使混凝土收缩和水化热增大，对耐久性不利。水泥用量过少（高强水泥配制低强度混凝土），混凝土的粘聚性变差，不易获得均匀密实的混凝土，严重影响混凝土的耐久性。

二、细骨料（砂）

混凝土用骨料，按其公称粒径大小不同分为细骨料和粗骨料。粒径在0.15～4.75mm之间的骨料称为细骨料，粒径大于4.75mm的称为粗骨料。粗、细骨料的总体积占混凝土体积的70%～80%，因此，骨料的性能对所配制的混凝土有很大影响。

砂按产源分为天然砂、人工砂两类。天然砂包括河砂、湖砂、山砂、淡化海砂；人工砂包括机制砂和混合砂。

砂按技术要求分为Ⅰ类、Ⅱ类、Ⅲ类。Ⅰ类宜用于强度等级大于C60的混凝土；Ⅱ类宜用于强度等级C30～C60及有抗冻、抗渗或其他要求的混凝土；Ⅲ类宜用于强度等级小于C30的混凝土和建筑砂浆。

海砂可用于配制素混凝土，但不能直接用于配制钢筋混凝土，主要是氯离子含量高，容易导致钢筋锈蚀，如要使用，必须经过淡水冲洗，使有害成分含量减少到限值以下。

山砂可以直接用于一般混凝土工程，但因山砂中含泥量及有机质等有害杂质较多，当用于重要结构物时，必须通过坚固性试验和碱活性试验。

人工砂是指经除土处理的机制砂、混合砂的统称。机制砂指由机械破碎、筛分制成、粒径小于4.75mm的岩石颗粒，但不包括软质岩、风化岩石的颗粒；混合砂指由机制砂和天然砂混合制成的砂。人工砂的原料为尾矿、卵石等，来源广泛，特别是在天然砂源缺乏及有大量尾矿、卵石需要处理和利用的地区，人工砂更具备发展条件。近些年来，针对建筑业对砂石的需求日益增大而优质砂源日渐枯竭的现状，为保护环境，满足混凝土质量要求，特别是满足配制高性能混凝土的用砂要求，人工砂的用量逐年增长，人工砂替代自然砂是大势所趋。人工砂在应用中存在的主要问题是粗度大和石粉含量高，可通过改进设备技术予以解决。

河砂由于长期受水流的冲刷作用，颗粒表面比较圆滑、洁净，且产源较广，目前土木工程中一般多采用河砂作细骨料。

混凝土用砂的质量和技术要求主要有以下几方面。

1. 砂的质量和技术指标

混凝土用砂应颗粒坚实、清洁、不含杂质。但砂中常含有一些有害物质，会降低混凝土强度和耐久性，必须按照《建设用砂》（GB/T 14684—2011）的规定严格控制其含量。

有害物质产生危害包括：泥和泥块阻碍水泥浆与砂粒结合，降低强度并增加混凝土用水量，从而增大混凝土收缩；云母表面光滑，为层状、片状物质，与水泥浆黏结力差，易风化；有机质、硫化物及硫酸盐对水泥起腐蚀作用；氯盐会腐蚀钢筋。

（1）天然砂中含泥量和泥块含量。含泥量是指天然砂中粒径小于 75μm 的颗粒含量。泥块含量是指砂中原粒径大于 1.18mm，经水浸洗、手捏后小于 600μm 的颗粒含量。含泥量和泥块含量应符合表 3－1 的规定。

表 3－1　天然砂中含泥量和泥块含量

类别	Ⅰ	Ⅱ	Ⅲ
含泥量（按质量计，%）	≤1.0	≤3.0	≤5.0
泥块含量（按质量计，%）	0	≤1.0	≤2.0

注　有抗冻、抗渗或其他特殊要求的小于或等于 C25 混凝土用砂，其含泥量不应大于 3.0%，泥块含量不应大于 1.0%。

（2）机制砂中石粉含量和泥块含量。机制砂 MB 值小于等于 1.4 或快速法试验合格时，石粉含量和泥块含量应符合表 3－2 的规定。机制砂 MB 值大于 1.4 或快速法试验不合格时，石粉含量和泥块含量应符合表 3－3 的规定。

表 3－2　石粉含量和泥块含量（机制砂 MB 值小于等于 1.4 或快速法试验合格）

类别	Ⅰ	Ⅱ	Ⅲ
MB 值	≤0.5	≤1.0	≤1.4 或合格
石粉含量（按质量计，%）	≤10		
泥块含量（按质量计，%）	0	≤1.0	≤2.0

表 3－3　石粉含量和泥块含量（机制砂 MB 值大于 1.4 或快速法试验不合格）

类别	Ⅰ	Ⅱ	Ⅲ
石粉含量（按质量计，%）	≤1.0	≤3.0	≤5.0
泥块含量（按质量计，%）	≤0	≤1.0	≤2.0

注　MB 值即亚甲蓝值，是用于判定机制砂中粒径小于 75μm 颗粒的吸附性能的指标。

(3) 砂的坚固性。砂的坚固性是指在自然风化和其他外界物理化学因素作用下抵抗破裂的能力。

砂是由天然岩石经自然风化作用而成，机制砂也会含大量风化岩体，在冻融或干湿循环作用下有可能继续风化，因此对某些重要工程或特殊环境下工作的混凝土用砂，应做坚固性检验。如有抗疲劳、耐磨、抗冲击要求的混凝土，严寒地区室外工程，并处于湿潮或干湿交替状态下的混凝土，有腐蚀介质存在或处于水位升降区的混凝土等。坚固性采用硫酸钠溶液浸泡→烘干→浸泡循环试验法检验。测定5个循环后的重量损失率。砂的质量损失应符合表3-4的规定。机制砂除了要满足表3-4的要求，压碎指标还应符合表3-5的规定。

表3-4　砂的坚固性指标

类别	Ⅰ	Ⅱ	Ⅲ
质量损失/%	≤8		≤10

表3-5　砂的压碎指标

类别	Ⅰ	Ⅱ	Ⅲ
单级最大压碎指标/%	≤20	≤25	≤30

(4) 有害物质。当砂中含有云母、轻物质、有机物、硫化物及硫酸盐等有害物质时，其含量应符合表3-6的规定。

表3-6　砂中的有害物质含量

类　　别	Ⅰ	Ⅱ	Ⅲ
云母（按质量计，%）	≤1.0	≤2.0	
轻物质（按质量计，%）	≤1.0		
硫化物及硫酸盐含量（按 SO_3 质量计，%）	合格		
氯化物（以氯离子质量计，%）	≤0.01	≤0.02	≤0.06
贝壳（按质量计，%）	≤3.0	≤5.0	≤8.0

注　贝壳含量仅适用于海砂，其他砂种不作要求。对于有抗冻、抗渗要求的混凝土用砂，其云母含量不应大于1.0%。

(5) 碱集料反应。对于长期处于潮湿环境的重要混凝土结构用砂，应进行骨料的碱活性检验。经碱集料反应试验后，试件应无开裂、酥裂、胶体外溢等现象，在规定的试验龄期膨胀率应小于0.1%。碱活性检验判断为有潜在危害时，应控制混凝土中的碱含量不超过3kg/m³，或采用能抑制碱—骨料反应的有效措施。

(6) 砂的表观密度、松散堆积密度和空隙率。砂的表观密度、松散堆积密度和空隙率应符合下面的规定：

表观密度不小于2500kg/m³；松散堆积密度不小于1400kg/m³；空隙率不大于44%。

当地的砂中有害物质含量多时，又无合适砂源时，可以过筛并用清水冲洗后使用。

2. 颗粒形状及表面特征

河砂和海砂经水流冲刷，颗粒多为近似球状，且表面少棱角、较光滑，配制的混凝土流动性往往比山砂或机制砂好，但与水泥的黏结性能相对较差；山砂和机制砂表面较粗糙，多棱角，故混凝土拌和物流动性相对较差，但与水泥的黏结性能较好。水灰比相同时，山砂或机制砂配制的混凝土强度略高；而流动性相同时，因山砂和机制砂用水量较大，故混凝土强度相近。

3. 粗细程度与颗粒级配

砂的粗细程度是指不同粒径的砂粒混合后的平均粗细程度。通常用细度模数表示，其值并不等于平均粒径，但能较准确反映砂的粗细程度。细度模数越大，表示砂越粗。在相同砂用量条件下，细砂的总表面积较大，粗砂的总表面积较小。当混凝土中采用较细的砂时，因其总表面积较大，为保证混凝土骨料之间的充分润滑和黏结，包裹砂表面的水泥浆量就较多。一般用粗砂配制混凝土比用细砂所用水泥量要省。但砂子过粗，则颗粒间难以相互嵌固，使混凝土内部结构难以形成稳定的相互嵌固堆聚结构，拌出的混凝土黏聚性较差，易产生离析、泌水现象。因此，混凝土用砂不宜过细，也不宜过粗，宜用中砂。

砂的颗粒级配是指不同粒径的砂粒搭配的比例情况。良好的级配指粗颗粒的空隙恰好由中颗粒填充，中颗粒的空隙恰好由细颗粒填充，如此逐级填充（图 3-1）使砂形成较致密的堆积状态，空隙率达到较小值。在混凝土中砂粒之间的空隙是由水泥浆所填充，为节省水泥和提高混凝土的强度，就应尽量减少砂粒之间的空隙，就必须有大小不同的颗粒合理搭配。

砂的细度模数并不能反映砂的级配优劣，细度模数相同的砂，其级配不一定相同，而且还可能存在较大差异。因此，混凝土用砂应同时考虑细度模数和颗粒级配。若砂的级配不良，可采用人工掺配的方法来改善，即将粗砂、细砂按适当比例进行掺和使用。在实际工程中，由于连年采砂，致使很多地区的砂偏细，级配也不合格，通常就采用人工掺配方法满足混凝土用砂的要求。其中将机制砂和细砂混合以提高粗细程度和改善级配的方法正被普遍应用。

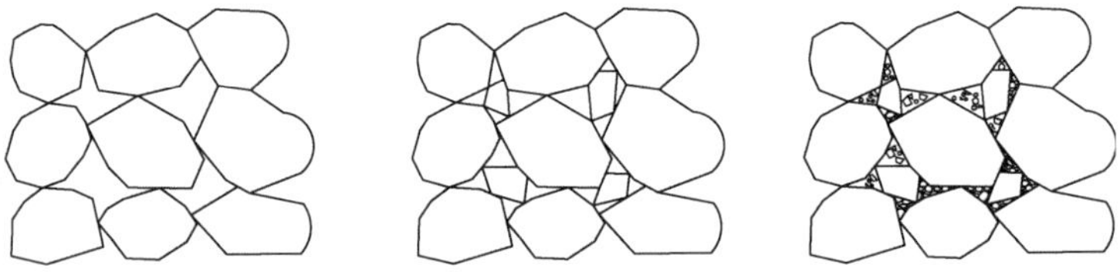

(a)　　(b)　　(c)

图 3-1　砂颗粒级配示意图

(1) 细度模数和颗粒级配的测定。砂的粗细程度和颗粒级配用筛分析方法测定，用细度模数表示粗细，用级配区表示砂的级配。根据《建设用砂》（GB/T 14684—2011）规定，筛分析是用一套孔径为 4.75mm、2.36mm、1.18mm、0.60mm、0.30mm 和 0.15mm 的方孔标准筛，将 500g 干砂由粗到细依次过筛（详见试验），称量各筛上的筛余量 m_n（g），计算各筛上的分计筛余率（各筛上的筛余量占砂样总质量的百分率）和累计筛余率（各筛和比该筛粗的所有分计筛余百分率之和），其计算关系见表 3-7。

表 3-7 累计筛余百分率与分计筛余百分率计算关系

筛孔尺寸/mm	筛余量/g	分计筛余/%	累计筛余/%
4.75	m_1	a_1	$A_1=a_1$
2.36	m_2	a_2	$A_2=a_1+a_2=A_1+a_2$
1.18	m_3	a_3	$A_3=a_1+a_2+a_3=A_2+a_3$
0.60	m_4	a_4	$A_4=a_1+a_2+a_3+a_4=A_3+a_4$
0.30	m_5	a_5	$A_5=a_1+a_2+a_3+a_4+a_5=A_4+a_5$
0.15	m_6	a_6	$A_6=a_1+a_2+a_3+a_4+a_5+a_6=A_5+a_6$

细度模数根据式（3-1）计算（精确至 0.01）：

$$M_x=\frac{(A_2+A_3+A_4+A_5+A_6)-5A_1}{100-A_1} \tag{3-1}$$

根据细度模数将混凝土用砂分为：粗砂（3.1～3.7）、中砂（2.3～3.0）、细砂（1.6～2.2）。

砂的颗粒级配根据 0.60mm 筛孔对应的累计筛余百分率 A_4，分成Ⅰ区、Ⅱ区和Ⅲ区 3 个级配区，见表 3-8。级配良好的粗砂应落在Ⅰ区；级配良好的中砂应落在Ⅱ区；细砂则在Ⅲ区。普通混凝土用砂的颗粒级配，应处于 3 个级配区中的任何 1 个中，才符合级配要求。实际使用的砂颗粒级配可能不完全符合要求，除了 4.75mm 和 0.60mm 对应的累计筛余率外，其余允许有不超过 5%的超界，当某一筛档累计筛余率超界 5%以上时，说明砂级配很差，视作不合格。

以累计筛余百分率为纵坐标，筛孔尺寸为横坐标，根据表 3-8 的级配区可绘制Ⅰ、Ⅱ、Ⅲ级配区的筛分曲线，如图 3-2 所示。在筛分曲线上可以直观地分析砂的颗粒级配优劣。

表 3-8 砂的颗粒级配区范围

筛孔尺寸/mm	累计筛余/%					
	天然砂			机制砂		
	Ⅰ区	Ⅱ区	Ⅲ区	Ⅰ区	Ⅱ区	Ⅲ区
9.50	0	0	0	0	0	0
4.75	10～0	10～0	10～0	10～0	10～0	10～0
2.36	35～5	25～0	15～0	35～5	25～0	15～0
1.18	65～35	50～10	25～0	65～35	50～10	25～0
0.60	85～71	70～41	40～16	85～71	70～41	40～16
0.30	95～80	92～70	85～55	95～80	92～70	85～55
0.15	100～90	100～90	100～90	97～85	94～80	94～75

注 Ⅰ区人工砂中 150μm 筛孔的累计筛余可以放宽到 100～85，Ⅱ区人工砂中 150μm 筛孔的累计筛余可以放宽到 100～80，Ⅲ区人工砂中 150μm 筛孔的累计筛余可以放宽到 100～75。

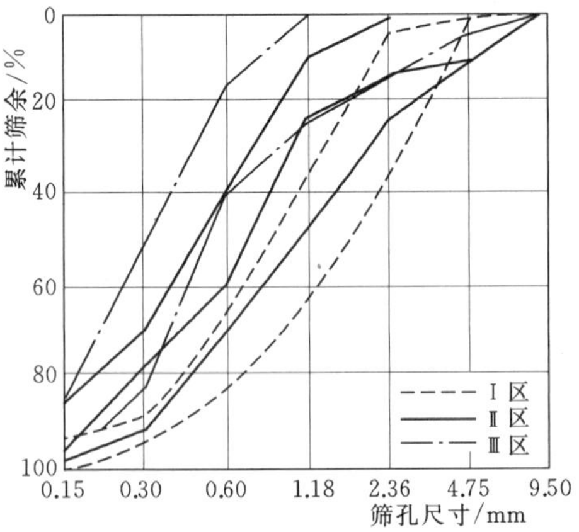

图 3-2　砂的筛分曲线

配制混凝土时宜优先选用Ⅱ区砂。当采用Ⅰ区砂时，应提高砂率，并保持足够的水泥用量，满足混凝土的和易性要求；当采用Ⅲ区砂时，宜适当降低砂率。

工程中常用到的人工砂，一般粗颗粒含量较多，若小于 160μm 的石粉含量过少，则即使是砂子为细度模数较好的中砂，也会导致混凝土拌合物的黏聚性较差；但若石粉含量过多，又会使混凝土的单位用水量增大，不利于节约水泥并会影响混凝土的强度和耐久性。所以一般将人工砂中小于 160μm 的石粉含量控制在 6%～18%。

对于泵送混凝土，细骨料对混凝土的可泵性有很大影响。混凝土拌合物之所以能在管道中输送，主要是由于粗骨料被包裹在砂浆中，且粗骨料是悬浮于砂浆中的，由砂浆直接与管壁接触起到润滑作用。因此，泵送混凝土宜选用中砂，细度模数为 2.5～3.5，通过 0.30mm 筛孔的砂不应少于 15%，通过 0.15mm 筛孔的砂不应少于 5%。若含量过低，输送管易阻塞，拌合物难以泵送。但细砂过多以及黏土、粉尘含量太大也是有害的，因为细砂含量过大则需要较多的水，并形成黏稠的拌合物，输送阻力大大增加，需要较高的泵送压力。

【例 3-1】 某混凝土工程用河砂，经筛分析法试验，测得各号筛上的筛余量列于表 3-9。试评定该砂的粗细程度和级配情况。

表 3-9　　筛分析试验结果

筛孔尺寸/mm	4.75	2.36	1.18	0.60	0.30	0.15	底盘	合计
筛余量/g	28	58	73	157	118	55	10	499

解： 1）分计筛余率和累计筛余率计算结果列于表 3-10。

表 3-10　　分计筛余率和累计筛余率计算结果

筛孔尺寸/mm	4.75	2.36	1.18	0.60	0.30	0.15
分计筛余率/%	6	12	15	31	24	11
累计筛余率/%	6	18	33	64	88	99

2）计算细度模数：

$$M_x=\frac{(A_2+A_3+A_4+A_5+A_6)-5A_1}{100-A_1}$$

$$=\frac{(18+33+64+88+99)-5\times 6}{100-6}$$

$$=2.89$$

3）确定级配区：该砂样在 0.60mm 筛上的累计筛余率 $A_4=64$ 落在Ⅱ区，其他各筛上的累计筛余率也均落在Ⅱ区规定的范围内，因此判定该砂颗粒级配为Ⅱ区级配。

4）结果评定：该砂的细度模数为2.89，属中砂。

（2）砂的掺配使用。配制普通混凝土的砂宜优先选择Ⅱ区级配砂和中砂。但实际工程中往往出现砂偏细或偏粗的情况。当粗砂和细砂可同时提供时，宜将细砂和粗砂按一定比例掺配使用，这样既可调整 M_x，也可改善砂的级配，有利于节约水泥，提高混凝土性能。掺配比例可根据砂资源状况，粗细砂各自的细度模数及级配情况，通过试验和计算确定。

4. 砂的含水状态

砂的含水状态有如下4种，如图3－3所示。

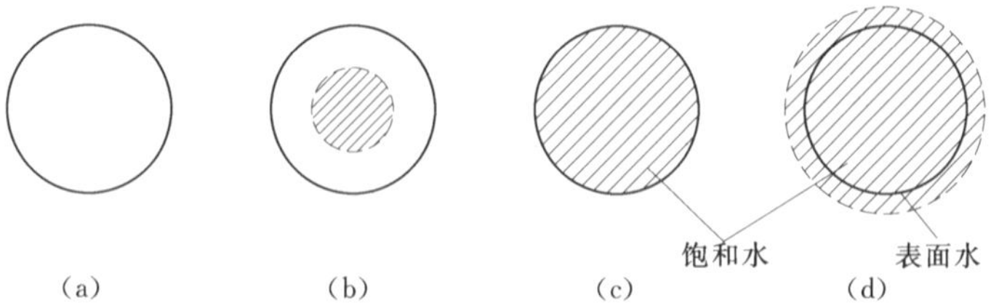

图3－3　骨料含水状态示意图

（1）绝干状态：砂粒内外不含任何水，通常在105±5℃条件下烘干而得，如图3－3（a）所示。

（2）气干状态：砂粒表面干燥，内部孔隙中部分含水。指室内或室外（天晴）空气平衡的含水状态，其含水量的大小与空气相对湿度和温度密切相关，如图3－3（b）所示。

（3）饱和面干状态：砂粒表面干燥，内部孔隙全部吸水饱和。

（4）湿润状态：砂粒内部吸水饱和，表面还含有部分表面水，如图3－3（d）所示。施工现场，特别是雨后常出现此种状况。

在拌制混凝土时，由于骨料（砂、石子）含水状态的不同，将影响混凝土的用水量和骨料的用量。骨料在饱和面干状态时的含水率，称为饱和面干吸水率。在计算混凝土中各材料的配合比时，如以饱和面干骨料为基准，则不会影响混凝土用水量和骨料用量，因为饱和面干骨料既不从混凝土中吸取水分，也不向混凝土拌合物中释放水分。因此一些大型水利工程、道路工程常以饱和面干骨料为基准，这样混凝土的用水量和骨料用量的控制比较准确。而在一般工业与民用建筑工程中设计混凝土配合比时，常以干燥状态骨料为基准。这是因为坚固的骨料其饱和面干吸水率一般不超过2%，而且在工程施工中，必须经常测定骨料的含水率，以及时调整混凝土组成材料实际用量的比例，从而保证混凝土的质量。

当细骨料被水湿润有表面水膜时，常会出现砂的堆积体积增大的现象。砂的这种性质在验收材料和配制混凝土按体积定量配料时具有重要意义。

三、粗骨料

颗粒粒径大于4.75mm的骨料为粗骨料。混凝土工程中常用的粗骨料有碎石和卵石两大类。碎石为岩石（有时采用大块卵石，称为碎卵石）经破碎、筛分而得；卵石多为自然形成的河卵石经筛分而得。通常根据卵石和碎石的技术要求分为Ⅰ类、Ⅱ类和Ⅲ类。Ⅰ

类用于强度等级大于C60的混凝土；Ⅱ类用于强度等级C30～C60及抗冻抗渗或其他重要混凝土；Ⅲ类用于强度等级小于C30的混凝土。

粗骨料的主要技术指标有：

（一）有害杂质

与细骨料中的有害杂质一样，主要有黏土、硫化物及硫酸盐、有机物等。

（1）碎石或卵石中含泥量和泥块含量应符合表3-11的规定。

表3-11　碎石或卵石中含泥量

混凝土强度等级	≥C60	C55～C30	≤C25
含泥量（按质量计,%）	<0.5	<1.0	<1.5
泥块含量（按质量计,%）	=0	<0.5	<0.7

注　1. 对于有抗冻、抗渗或其他特殊要求的混凝土，其所用碎石或卵石中含泥量不应大于1.0%、泥块含量不应大于0.5%。

2. 当所含泥是非黏土质的石粉时，其含泥量由表3-9中的0.5%、1.0%、2.0%，分别提高到1.0%、1.5%、3.0%。

（2）碎石或卵石中的硫化物和硫酸盐含量以及卵石中有机物等有害物质含量，应符合表3-12的规定。

表3-12　碎石或卵石中的有害物质含量

项　　目	Ⅰ　类	Ⅱ　类	Ⅲ　类
硫化物及硫酸盐含量（折算成SO_3，按质量计,%）	<0.5	<1.0	<1.0
卵石中有机物含量（用比色法试验）	颜色应不深于标准色。当颜色深于标准色时，应配制成混凝土进行强度对比试验，抗压强度比应不低于0.95		

当碎石或卵石中含有颗粒状硫酸盐或硫化物杂质时，应进行专门检验，确认能满足混凝土耐久性要求后，方可采用。

（3）对于长期处于潮湿环境的重要结构混凝土，其所使用的碎石或卵石应进行碱活性检验。

进行碱活性检验时，首先应采用岩相法检验碱活性骨料的品种、类型和数量。当检验出骨料中含有活性二氧化硅时，应采用快速砂浆棒法和砂浆长度法进行碱活性检验；当检验出骨料中含有活性碳酸盐时，应采用岩石柱法进行碱活性检验。

经上述检验，当判定骨料存在潜在碱—碳酸盐反应危害时，不宜用作混凝土骨料；否则，应通过专门的混凝土试验，做最后评定。

当判定骨料存在潜在碱—硅反应危害时，应控制混凝土中的碱含量不超过$3kg/m^3$，或采用能抑制碱—骨料反应的有效措施。

（二）颗粒形状及表面特征

粗骨料的颗粒形状以近立方体或近球状体为最佳，但在岩石破碎生产碎石的过程中往往产生一定量的针、片状，颗粒使骨料的空隙率增大，并降低混凝土的强度，特别是抗折强度。针状是指长度大于该颗粒所属粒级平均粒径的2.4倍的颗粒；片状是指厚度小于平均粒径 0.4 倍的颗粒。针片状颗粒含量要符合表 3－13 的要求，而高强混凝土的针片状颗粒含量不宜大于 5%。

表 3－13　　针、片状颗粒含量

混凝土强度等级	≥C60	C55～C30	≤C25
针、片状颗粒含量（按质量计,%）	<5	<15	<25

粗骨料的表面特征指表面粗糙程度。碎石表面比卵石粗糙，且多棱角，因此，拌制的混凝土拌合物流动性较差，但与水泥黏结强度较高，配合比相同时，混凝土强度相对较高。卵石表面较光滑，少棱角，因此拌合物的流动性较好，但黏结性能较差，强度相对较低。但若保持流动性相同，由于卵石可比碎石用水量有所减少，可一定程度地提高混凝土强度。

（三）粗骨料最大粒径

混凝土所用粗骨料的公称粒级上限称为最大粒径。骨料粒径越大，其表面积越小，通常空隙率也相应减小，因此所需的水泥浆或砂浆数量也可相应减少，有利于节约水泥、降低成本，并改善混凝土性能。所以在条件许可的情况下，应尽量选择较大粒径的骨料。但对于用普通混凝土配合比设计方法配制结构混凝土，尤其是高强混凝土时，当粗骨料的最大粒径超过 40mm 后，由于减少用水量获得的强度提高，被较少的黏结面积及大粒径骨料造成不均匀性的不利影响所抵消，因而并没有什么好处。同时在实际工程上，骨料最大粒径也受到多种条件的限制，并且对运输和搅拌都不方便。

粗骨料的最大粒径会对混凝土的强度产生影响。对于水泥用量较少的中、低强度混凝土，D_M 增大时，混凝土强度将增大；而对于水泥用量较多的高强度混凝土，D_M 增至 40mm 时，混凝土强度最高，D_M 大于 40mm 后混凝土强度会有所降低。

骨料最大粒径也直接影响混凝土的耐久性。最大粒径大，则对混凝土的抗冻性、抗渗性有不良的影响，尤其会显著降低混凝土的抗气蚀性。因此，在混凝土配合比设计时，粗骨料最大粒径 D_M 的选用应以满足混凝土性能要求为前提。如对大体积混凝土，在条件许可的情况下，在最大粒径 150mm 范围内，应尽可能选用较大值；对高强混凝土及有抗气蚀性要求的外部混凝土，粗骨料最大粒径应不超过 25mm；对港工混凝土，粗骨料最大粒径应不超过 80mm。

另外，粗骨料最大粒径的选用，还应考虑混凝土结构或构件的断面尺寸、配筋情况及施工条件等的限制。混凝土粗骨料最大粒径 D_M 不得超过构件截面最小尺寸的 1/4，且不得超过钢筋最小净距的 3/4；对混凝土实心板，D_M 不宜超过板厚的 1/3，且不得超过 40mm。

对于泵送混凝土，为防止混凝土泵送时管道堵塞，其粗骨料的最大粒径与输送管内径之比应符合表 3－14 的要求。但粗骨料的粒径越小，空隙率就越大，从而增加了细骨料的体积，加大了水泥用量。所以为了改善混凝土的可泵性，而无原则地减少粗骨料的粒径，既不经济也无必要。

对大体积混凝土（如混凝土坝或围堤）或疏筋混凝土，为了减少水泥用量，降低混凝土的温度和收缩应力，常用较大的石块作骨料。但往往受到搅拌设备和运输、成型设备条

表 3-14 粗骨料的最大粒径与输送管内径之比

石子品种	泵送高度	最大粒径与输送管内径之比	石子品种	泵送高度	最大粒径与输送管内径之比
碎石	<50	≤1∶3	卵石	<50	≤1∶2.5
	50～100	≤1∶4		50～100	≤1∶3
	>100	≤1∶5		>100	≤1∶4

件的限制。根据《水工混凝土施工规范》（DL/T 5144—2001）要求，当混凝土拌和机的容量为 0.8～1m³ 时，D_M 不宜大于 80mm，当拌和机的容量大于 1m³ 时，D_M 不宜大于 150mm，否则容易打坏搅拌机叶片。当采用常规皮带输送机运输混凝土时，D_M 不宜大于 80mm，当采用深槽皮带、胎带机、塔带机运输混凝土时，D_M 不宜大于 150mm。另外，大型水利工程等的大体积混凝土，常使用毛石（形状不规则的大石块，一般尺寸在一个方向达 300～400mm，质量约 20～30kg）来填充，常称作毛石混凝土或抛石混凝土。

（四）粗骨料的颗粒级配

粗骨料的级配原理与细骨料基本相同，即将大小石子适当搭配，使粗骨料的空隙率及表面积都比较小，以减少水泥用量，保证混凝土质量。

石子的粒级分为连续粒级和间断级配（单粒级）两种。连续粒级指粗骨料按颗粒尺寸由小到大连续分级，每一粒径级占有一定比例。间断级配是各粒径级石子不相连，即抽去中间的一级、二级石子，一般从 1/2 最大粒径开始至 D_{max}。间断级配用于组成具有要求级配的连续粒级，也可与连续粒级混合使用，以改善级配或配成较大密实度的连续粒级。单粒级一般不宜单独用来配制混凝土，如必须单独使用，则应作技术经济分析，并通过试验证明不发生离析或影响混凝土的质量。

石子的级配与砂的级配一样，也是通过筛分析试验确定，采用筛孔的公称直径为 2.5mm、5.0mm、10.0mm、16.0mm、20.0mm、25.0mm、31.5mm、40.0mm、50.0mm、63.0mm、80.0mm 和 100.0mm（方孔筛筛孔边长分别为 2.36mm、4.75mm、9.5mm、16.0mm、19.0mm、26.5mm、31.5mm、37.5mm、53.0mm、63.0mm、75.0mm 和 90.0mm）等 12 个筛子及底盘，并按需要选用相应筛号进行筛分，累计筛余百分率的计算与细骨料相同。碎石和卵石级配均应符合表 3-15 的要求。

表 3-15 碎石或卵石的颗粒级配范围

级配情况	公称粒级/mm	累计筛余百分率（按质量计，%）											
		方孔筛筛孔边长尺寸/mm											
		2.36	4.75	9.5	16.0	19.0	26.5	31.5	37.5	53.0	63.0	75.0	90.0
连续粒级	5～16	95～100	85～100	30～60	0～10	0	—	—	—	—	—	—	—
	5～20	95～100	90～100	40～80	—	0～10	0	—	—	—	—	—	—
	5～25	95～100	90～100	—	30～70	—	0～5	0	—	—	—	—	—
	5～31.5	95～100	90～100	70～90	—	15～45	—	0～5	0	—	—	—	—
	5～40	—	95～100	70～90	—	30～65	—	—	0～5	0	—	—	—

续表

级配情况	公称粒级/mm	累计筛余百分率（按质量计，%）											
		方孔筛筛孔边长尺寸/mm											
		2.36	4.75	9.5	16.0	19.0	26.5	31.5	37.5	53.0	63.0	75.0	90.0
单粒级	5～10	95～100	80～100	0～15	0	—	—	—	—	—	—	—	—
	10～16	—	95～100	80～100	0～15	—	—	—	—	—	—	—	—
	10～20	—	95～100	85～100	—	0～15	0	—	—	—	—	—	—
	16～25	—	—	95～100	55～70	25～40	0～10	—	—	—	—	—	—
	16～31.5	—	95～100	—	85～100	—	—	0～10	0	—	—	—	—
	20～40	—	—	95～100	—	80～100	—	—	0～10	0	—	—	—
	40～80	—	—	—	—	95～100	—	—	70～100	—	30～60	0～10	0

（五）粗骨料的强度

为保证混凝土的强度，要求粗骨料质地致密，具有足够的强度。碎石和卵石的强度可用岩石的抗压强度或压碎值指标两种方法表示。当混凝土强度等级大于或等于 C60 时，应进行岩石抗压强度检验。岩石强度首先应由生产单位提供，工程中可采用压碎值指标进行质量控制。

岩石的抗压强度采用直径和高度均为 50mm 的圆柱体或边长为 50mm 的立方体试样测定。一般要求岩石的抗压强度（饱水）应比所配制的混凝土设计强度高 30%；且要求岩浆岩不宜低于 80MPa（饱水），变质岩不宜低于 60MPa，沉积岩不宜低于 30MPa。

压碎值指标是将石子装入专用试样筒中，施加荷载至 200kN，卸载后用孔径 2.36mm 的筛子筛去被压碎的细粒，其压碎的细颗粒占试样质量的百分数，即为压碎指标。压碎值越小，表示石子强度越高，反之亦然。碎石或卵石的压碎值指标应符合表 3-16 和表 3-17 的规定。

表 3-16　碎石的压碎值指标

岩石品种	混凝土强度等级	碎石压碎值指标/%
沉积岩	C60～C40	≤10
	≤C35	≤16
变质岩或深成的火成岩	C60～C40	≤12
	≤C35	≤20
喷出的火成岩	C60～C40	≤13
	≤C35	≤30

注　沉积岩包括石灰岩、砂岩等；变质岩包括片麻岩、石英岩等；深成的火成岩包括花岗岩、正长岩、闪长岩、橄榄岩等；喷出的火成岩包括玄武岩和辉绿岩等。

表 3-17　卵石的压碎值指标

混凝土强度等级	≥C60	C55～C30
压碎值指标/%	≤12	≤16

（六）粗骨料的坚固性

坚固性是卵石、碎石在自然风化和其他外界物理、化学因素作用下抵抗破裂的能力。

骨料由于干湿循环或冻融交替等作用引起体积变化会导致混凝土破坏。具有某些特殊孔结构的岩石会表现出不良的体积稳定性。骨料越密实、强度越高、吸水率越小，其坚固性越好；而结构疏松，矿物成分越复杂、构造不均匀，其坚固性越差。有抗冻、耐磨、抗冲击性能要求的混凝土所用粗骨料，要求测定其坚固性，指标与砂相似，即用硫酸钠溶液法检验。在硫酸钠饱和溶液中经 5 次循环浸渍后的质量损失不应超过表 3-18 的规定值。

表 3-18　碎石或卵石的坚固性指标

混凝土所处的环境条件及其性能要求	5 次循环浸渍后的质量损失/%
在严寒及寒冷地区室外使用，并经常处于潮湿或干湿交替状态下的混凝土；有腐蚀性介质作用或经常处于水位变化区的地下结构或有抗疲劳、耐磨、抗冲击等要求的混凝土	<8
在其他条件下使用的混凝土	<12

（七）粗骨料的表观密度、松散堆积密度和空隙率

用于拌制混凝土的碎石、卵石表观密度应大于 $2500kg/m^3$，松散堆积密度应大于 $1350kg/m^3$，空隙率宜小于 47%。

四、拌合用水

根据《混凝土拌和用水标准》（JGJ 63—2006）的规定，凡符合国家标准的生活饮用水，均可拌制各种混凝土。海水中含有硫酸盐、镁盐和氯化物，对水泥石有侵蚀作用，对钢筋也会造成锈蚀，因此可拌制素混凝土，但不宜拌制有饰面要求的素混凝土；未经处理的海水严禁拌制钢筋混凝土和预应力混凝土。

对混凝土拌合及养护用水的质量要求是：不得影响混凝土的和易性及凝结；不得有损于混凝土强度发展；不得降低混凝土的耐久性、加快钢筋腐蚀及导致预应力钢筋脆断；不得污染混凝土表面。

近年来，为节约水资源，建筑工程用水开始使用中水及工业废水，但其水中物质含量限值应符合表 3-19 的要求。在对水质有怀疑时，应将该水与蒸馏水或饮用水进行水泥凝结时间、砂浆或混凝土强度对比试验。测得的初凝时间差和终凝时间差不得大于 30min，其初凝和终凝时间还应符合水泥国家标准的规定。用该水制成的砂浆或混凝土 28d 抗压强度应不低于蒸馏水或饮用水制成的砂浆或混凝土抗压强度的 90%。

表 3-19　混凝土用水中物质含量限值

项　　目	预应力混凝土	钢筋混凝土	素混凝土
pH 值	≥5.0	≥4.5	≥4.5
不溶物/$(mg \cdot L^{-1})$	≤2000	≤2000	≤5000
可溶物/$(mg \cdot L^{-1})$	≤2000	≤5000	≤10000
氯化物（Cl^-）/$(mg \cdot L^{-1})$	≤500	≤1000	≤3500
硫酸盐（SO_4^{2-}）/$(mg \cdot L^{-1})$	≤600	≤2000	≤2700
碱含量/$(mg \cdot L^{-1})$	≤1500	≤1500	≤1500

注　1. 使用钢丝或经热处理钢筋的预应力混凝土，氯离子含量不得超过 350mg/L。

2. 对于设计使用年限为 100 年的结构混凝土，氯离子含量不得超过 500mg/L。

3. 碱含量按 $Na_2O+0.658K_2O$ 计算值来表示。采用非碱活性骨料时，可不检验碱含量。

值得注意的是，在野外或山区施工采用天然水拌制混凝土时，均应对水的有机质、Cl^-和SO_4^{2-}含量等进行检测，合格后方能使用。特别是某些污染严重的河道或池塘水，一般不得用于拌制混凝土。混凝土拌和用水不应有漂浮明显的油脂和泡沫，不应有明显的颜色和异味。

五、混凝土外加剂

外加剂是指能有效改善混凝土某项或多项性能的一类材料。其掺量一般只占水泥量或胶凝材料总量的5%以下，却能显著改善混凝土的和易性、强度、耐久性或调节凝结时间及节约水泥。外加剂的应用促进了混凝土技术的飞速进步，技术经济效益十分显著，使得高强高性能混凝土的生产和应用成为现实，并解决了许多工程技术难题。如远距离运输和高耸建筑物的泵送问题；紧急抢修工程的早强速凝问题；大体积混凝土工程的水化热问题；纵长结构的收缩补偿问题；地下建筑物的防水抗渗问题等。

20世纪混凝土技术取得进展的3个里程碑是：①水灰比定则（1918年，Abrams），为配合比设计奠定了基础；②引气剂应用（20世纪50年代），使混凝土抵抗冻融能力大大提高，改变了混凝土技术的面貌；③高效减水剂（20世纪60年代），使水泥分散，水灰比得以降低，混凝土强度和耐久性得以提高，对混凝土技术带来的冲击更为明显，是混凝土技术另一次重大突破。混凝土技术是伴随外加剂的发展和使用而发展的。

外加剂是除水泥、砂、石、水之外的混凝土必不可少的第五种组成材料。混凝土外加剂的品种很多，一般根据其主要功能分类：

（1）改善混凝土流变性能的外加剂：主要有减水剂、引气剂、泵送剂等。

（2）调节混凝土凝结硬化性能的外加剂：主要有缓凝剂、速凝剂、早强剂等。

（3）调节混凝土含气量的外加剂：主要有引气剂、加气剂、泡沫剂等。

（4）改善混凝土耐久性的外加剂：主要有引气剂、防水剂、阻锈剂等。

（5）提供混凝土特殊性能的外加剂：主要有防冻剂、膨胀剂、着色剂、引气剂和泵送剂等。

下面介绍建筑工程中常用的混凝土外加剂品种。

（一）减水剂

减水剂是外加剂中应用最多的一种。减水剂品种很多，根据减水效果分为普通减水剂和高效减水剂两大类；按凝结时间分为标准型、早强型、缓凝型三种；按是否引气可分为引气型和非引气型两种。

1. 减水剂的主要功能

（1）配合比不变时显著提高流动性。在用水量及水灰比不变时，混凝土坍落度可增大100～200mm，且不影响混凝土的强度。

（2）流动性和水泥用量不变时，可减少用水量（约10%～15%），降低水灰比，可降低孔隙率，改善孔隙结构，提高强度（约15%～20%）和耐久性。

（3）保持流动性和强度不变（即水灰比不变）时，可以在减少拌和水量的同时，相应减少水泥用量。

2. 减水剂的作用机理

减水剂提高混凝土拌合物流动性的作用机理主要包括分散作用和润滑作用两方面。减水剂实际上为一种表面活性剂，其分子由亲水基团和憎水基团两个部分组成。其憎水基团定向吸附于水泥颗粒表面，亲水基团指向水溶液，使水泥颗粒表面带有相同电荷，如图3-4所示。

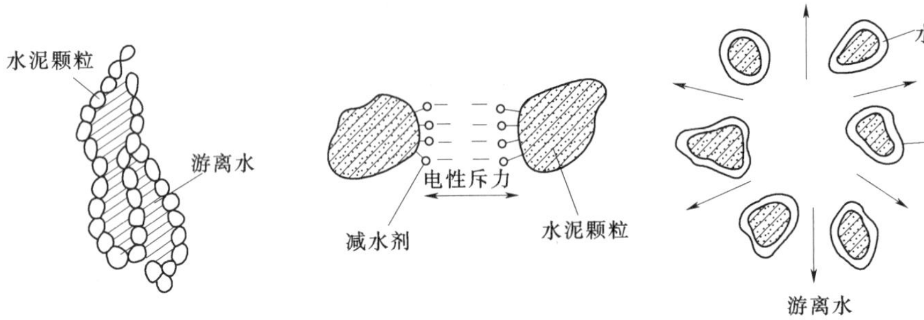

图 3-4　水泥浆的絮凝结构和减水剂作用示意图

减水剂的作用机理表现在以下 3 个方面。

(1) 分散作用。水泥加水拌和后，由于水泥颗粒分子引力的作用，使水泥浆形成絮凝结构，使 10%～30%的拌合水被包裹在水泥颗粒之中，不能参与自由流动和润滑作用，从而影响了混凝土拌和物的流动性［图 3-4 (a)］。当加入减水剂后，由于减水剂分子能定向吸附于水泥颗粒表面，使水泥颗粒表面带有同一种电荷（通常为负电荷），形成静电排斥作用，促使水泥颗粒相互分散，絮凝结构破坏，释放出被包裹部分水，参与流动，从而有效地增加混凝土拌合物的流动性［图 3-4 (b)］。

(2) 润滑作用。减水剂中的亲水基极性很强，因此水泥颗粒表面的减水剂吸附膜能与水分子形成一层稳定的溶剂化水膜［图 3-4 (c)］，这层水膜具有很好的润滑作用，能有效降低水泥颗粒间的滑动阻力，从而使混凝土流动性进一步提高。

(3) 减水剂降低表面张力，水泥颗粒更易湿润，使水化比较充分，从而提高混凝土的强度。

3. 常用减水剂品种

混凝土工程中常用减水剂分为普通减水剂和高效减水剂两类。

普通减水剂：木质素磺酸盐类，包括木质素磺酸钙、木质素磺酸钠、木质素磺酸镁及丹宁等。

高效减水剂有：

1) 多环芳香族磺酸盐类：萘和萘的同系磺化物与甲醛缩合的盐类、氨基磺酸盐等。

2) 水溶性树脂磺酸盐类：磺化三聚氰胺树脂、磺化古码隆树脂等。

3) 脂肪族类：聚羧酸盐类、聚丙烯酸盐类、脂肪族羟甲基磺酸盐高缩聚物等。

4) 其他品种，如改性木质素磺酸钙、改性丹宁等。

(1) 木质素系减水剂。木质素系减水剂主要有木质素磺酸钙（简称木钙，代号 MG），木质素磺酸钠（木钠）和木质素磺酸镁（木镁）3 大类。工程上最常使用的为木钙。

MG是由生产纸浆的木质废液，经中和发酵、脱糖、浓缩、喷雾干燥而制成的棕黄色粉末。MG属缓凝引气型减水剂，掺量宜控制在0.2%～0.3%之间，超掺有可能导致凝结硬化时间延长，并影响强度和施工进度，严重时导致工程质量事故。

MG的减水率约为10%～15%，保持流动性不变，可提高混凝土强度10%～20%；若不减水则可增大混凝土坍落度约80～100mm；若保持和易性与强度不变时，可节约水泥5%～10%。

MG主要适用于夏季混凝土施工、滑模施工、大体积混凝土和泵送混凝土施工，也可用于一般混凝土工程。木钙减水剂不宜单独用于冬季施工，在日最低气温低于5℃时，应与早强剂或防冻剂复合使用。MG不宜用于蒸汽养护混凝土制品和工程，以免蒸养后混凝土表面出现酥松现象。木钙减水剂也不宜用于预应力混凝土。

木质素磺酸盐减水剂属阴离子型表面活性剂，目前，在我国混凝土领域，该类减水剂仍然是应用面广、生产量大、成本低的普通减水剂。虽然木质素磺酸盐减水剂应用广泛，但是当混凝土要求有较大和易性时，随着木质素磺酸盐剂量的增加会带来过分缓凝和引气等问题，限制了其应用。但因价格较低，对其进行改性处理的研究已经取得成果。

（2）萘磺酸盐系减水剂。萘磺酸盐系减水剂简称萘系减水剂，它是以工业萘或由煤焦油中分馏出含萘的同系物分馏后为原料，经磺化、缩合等一系列复杂的工艺制成的棕黄色粉末或液体。其主要成分为β-萘磺酸盐甲醛缩合物。品种很多，如FDN、NNO、NF、MF、UNF、XP、SN－Ⅱ、建1、NHJ等。

萘系减水剂多数为非引气型高效减水剂，适宜掺量为0.5%～1.2%，减水率可达15%～30%，相应地可提高28d强度10%以上，或节约水泥10%～20%。

萘系减水剂对钢筋无锈蚀作用，具有早强功能。但混凝土的坍落度经时损失较大，故实际生产的萘系减水剂，大多数为复合型的，通常与缓凝剂或引气剂复合。

萘系减水剂对不同品种水泥的适应性较强，适用于配制高强、早强、流态和蒸养混凝土，也可用于一般工程。

（3）树脂系减水剂。树脂系减水剂为磺化三聚氰胺甲醛树脂减水剂，通常称为密胺树脂系减水剂。主要以三聚氰胺、甲醛和亚硫酸钠为原料，经磺化、缩聚等工艺生产而成的棕色液体。最常用的有SM树脂减水剂。

SM为非引气型早强高效减水剂，性能优于萘系减水剂，但目前价格较高，适宜掺量0.5%～2.0%，减水率可达20%～27%，最高可达30%。混凝土3d强度提高30%～100%，28d强度可提高20%～30%，长期强度也能提高，且可显著提高混凝土的抗渗、抗冻性和弹性模量。

掺SM减水剂的混凝土黏聚性较大，可泵性较差，且坍落度经时损失（混凝土拌和物坍落度随混凝土停放时间延长而降低）也较大，且价格较高，使用受到一定限制。目前主要用于配制高强混凝土、早强混凝土、流态混凝土、蒸汽养护混凝土和铝酸盐水泥耐火混凝土等。

（4）糖蜜类减水剂。糖蜜类减水剂是以制糖业的糖渣和废蜜为原料，经石灰中和处理而成的棕色粉末或液体。国产品种主要有3FG、TF和ST等。

糖蜜减水剂与MG减水剂性能基本相同，但缓凝作用比MG强，故通常作为缓凝剂使用。适宜掺量0.2%～0.3%，减水率10%左右。主要用于大体积混凝土、大坝混凝土和有缓凝要求的混凝土工程。

(5) 氨基磺酸盐减水剂。氨基磺酸盐是一种非引气型可溶性树脂减水剂（代号AS-PF）。适宜掺量0.5%～1.0%，减水率可达13%～27%；掺量为1.5%时减水率达34%；坍落度损失小，90min混凝土坍落度基本不变，适用于配制水灰比较小的高性能混凝土。氨基磺酸盐减水剂含碱量低，有利于防止碱—骨料反应；但其缺点是对掺量敏感，掺量稍过量就容易泌水。当与萘系减水剂复合时，混凝土既不泌水，也不发黏，坍落度损失又小。故工程应用中常与萘系减水剂复合，用于大流动度混凝土与高性能混凝土。

(6) 聚羧酸盐类减水剂。聚羧酸盐类减水剂是新一代高效减水剂，现已被广泛采用，适用于高性能混凝土。聚羧酸盐类物质具有独特的蜂窝分子结构，具有以下特点：掺量低；减水率高（可达30%～40%）；坍落度损失小（1～2h坍落度基本不损失）；提高混凝土后期强度（28d强度增长20%以上）；与各种类型的水泥、外加剂适应性好；能提高用以替代水泥的粉煤灰及磨细矿渣的掺加量。

聚羧酸减水剂的性能优越，绿色环保，但价格也较高，是对传统减水剂技术的突破，具有广阔的发展潜力及市场前景。目前，该减水剂多与萘系减水剂、引气剂等复合使用，使混凝土的各项性能更优。

(7) 复合减水剂。单一减水剂往往很难满足不同工程性质和不同施工条件的要求，因此，减水剂研究和生产中往往复合各种其他外加剂，组成早强型减水剂、缓凝型减水剂、引气型减水剂、缓凝引气型减水剂等。

4. 减水剂的掺入方法

外加剂的掺入方法对其作用效果有时影响很大，因此应根据外加剂的种类和形态及具体情况选用掺入方法。外加剂掺量应以胶凝材料总量的百分比表示，或以mL/kg胶凝材料表示。

掺入方法有先掺法、同掺法、滞水法和后掺法。

先掺法：将减水剂与水泥混合后再与骨料、水一起搅拌。由于减水剂不易分散均匀，搅拌时间应适当延长。不溶于水的粉末状外加剂多采用先掺法。

同掺法：是将外加剂先溶于水形成溶液后再加入拌合物中一起搅拌。这种方法使用方便，计量准确且易搅拌均匀，在工程中常用。

滞水法：在搅拌过程中减水剂滞后1～3min加入。因搅拌时间延长，一般不常用，适宜拌制轻骨料混凝土。

后掺法：指在混凝土拌合物运送到浇筑地点后，才加入减水剂再次搅拌均匀进行浇筑。此法可避免混凝土在运输过程中的分层、离析和坍落度损失，提高减水剂的使用效果，改善减水剂对水泥的适应性。但需二次或多次搅拌，适用于商品混凝土（运距远），且有混凝土搅拌运输车。

液体减水剂宜与拌合水同时加入搅拌机内，粉剂减水剂宜与胶凝材料同时加入搅拌机内，需二次添加外加剂时，应通过试验确定，混凝土搅拌均匀方可出料，掺加外加剂的混凝土搅拌时间应延长1～2min。

根据工程需要，减水剂可与其他外加剂复合使用。其掺量应根据试验确定。配制溶液时，如产生絮凝或沉淀等现象，应分别配制溶液并分别加入搅拌机内。

普通减水剂宜用于日最低气温5℃以上施工的混凝土，不宜单独用于蒸养混凝土；高效减水剂宜用于日最低气温0℃以上施工的混凝土。掺普通减水剂、高效减水剂的混凝土采用自然养护时，应加强初期养护；采用蒸养时，混凝土应具有必要的结构强度才能升温，蒸养制度应通过试验确定。

（二）早强剂

早强剂是指能加速混凝土早期强度发展的外加剂。主要作用机理是加速水泥水化速度，加速水化产物的早期结晶和沉淀。主要功能是缩短混凝土施工养护期，加快施工进度，提高模板的周转率。主要适用于有早强要求的混凝土工程及低温、负温施工混凝土、有防冻要求的混凝土、预制构件、蒸汽养护等。早强剂的主要品种有氯盐、硫酸盐和有机胺3大类，但更多使用的是它们的复合早强剂。

掺入混凝土后对人体产生危害或对环境产生污染的化学物质严禁用作早强剂。含有六价铬盐、亚硝酸盐等有害成分的早强剂严禁用于饮水工程及与食品相接触的工程。硝铵类严禁用于办公、居住等建筑工程。

1. 氯化钙早强剂

氯盐类早强剂主要有$CaCl_2$、NaCl、KCl、$AlCl_3$和$FeCl_3$等。工程上最常用的是$CaCl_2$，为白色粉末，适宜掺量0.5%～3%。由于Cl^-对钢筋有腐蚀作用，故钢筋混凝土中掺量应控制在1%以内。$CaCl_2$早强剂能使混凝土3d强度提高50%～100%，7d强度提高20%～40%，但后期强度不一定提高，甚至可能低于基准混凝土。此外，氯盐类早强剂对混凝土耐久性有一定影响，因此$CaCl_2$早强剂及氯盐复合早强剂不得在下列工程中使用：

（1）环境相对湿度大于8%、水位升降区、露天结构或经常受水淋的结构。这主要是防止泛卤。

（2）镀锌钢材或铝铁相接触部位及有外露钢筋埋件而无防护措施的结构。

（3）含有酸碱或硫酸盐侵蚀介质中使用的结构。

（4）环境温度高于60℃的结构。

（5）使用冷拉钢筋或冷拔低碳钢丝的结构。

（6）给排水构筑物、薄壁构件、中级和重级吊车、屋架、落锤或锻锤基础。

（7）预应力混凝土结构。

（8）含有活性骨料的混凝土结构。

（9）电力设施系统混凝土结构。

此外，为消除$CaCl_2$对钢筋的锈蚀作用，通常要求与阻锈剂亚硝酸钠复合使用。

2. 硫酸盐类早强剂

硫酸盐类早强剂主要有硫酸钠（即元明粉，俗称芒硝）、硫代硫酸钠、硫酸钙、硫酸铝及硫酸铝钾（即明矾）等。建筑工程中最常用的为硫酸钠早强剂。

硫酸钠对钢筋无锈蚀作用，适用于不允许掺用氯盐的混凝土。硫酸钠为白色粉末，适宜掺量为0.5%～2.0%，当掺量为1%～1.5%时，达到混凝土设计强度70%的时间可缩短一半左右。早强效果不及$CaCl_2$。对矿渣水泥混凝土早强效果较显著，但后期强度略有下降。硫酸钠早强剂在预应力混凝土结构中的掺量不得大于1%；潮湿环境中的钢筋混凝土结构中掺量不得大于1.5%；但由于它与氢氧化钙作用生成强碱NaOH，为防止碱骨料反应，硫酸钠严禁用于含有活性骨料的混凝土，同时严格控制最大掺量，应注意不能超量掺加，以免导致混凝土产生后期膨胀开裂破坏，强度下降；并防止混凝土表面产生“白霜”，影响外观和表面装饰。此外，硫酸钠早强剂不得用于下列工程：

（1）与镀锌钢材或铝铁相接触部位的结构及外露钢筋预埋件而无防护措施的结构。

（2）使用直流电源的工厂及电气化运输设施的钢筋混凝土结构。

3. 有机胺类早强剂

有机胺类早强剂主要有三乙醇胺、三异醇胺等，工程上最常用的为三乙醇胺。三乙醇胺为无色或淡黄色油状液体，呈碱性，易溶于水。三乙醇胺的掺量极微，一般为水泥重的0.02%～0.05%，虽然早强效果不及$CaCl_2$，但后期强度不下降并略有提高，且无其他影响混凝土耐久性的不利作用。但掺量不宜超过0.1%，否则可能导致混凝土后期强度下降。掺用时可将三乙醇胺先用水按一定比例稀释，以便于准确计量。此外，为改善三乙醇胺的早强效果，通常与其他早强剂复合使用。

4. 复合早强剂

为了克服单一早强剂存在的各种不足，发挥各自特点，通常将三乙醇胺、硫酸钠、氯化钙、氯化钠、石膏及其他外加剂复配组成复合早强剂效果大大改善，有时可产生超叠加作用。

（三）缓凝剂

缓凝剂是指能延缓混凝土凝结时间，并对混凝土后期强度发展无不利影响的外加剂。

1. 工程中常用的缓凝剂

常用的缓凝剂是木钙和糖蜜，其中糖蜜的缓凝效果最好。木钙的掺量为水泥质量的0.2%～0.3%，糖蜜的掺量0.1%～0.3%，延缓混凝土凝结时间2～4h。

柠檬酸、酒石酸及酒石酸钾钠等有更强烈的缓凝作用。当掺量为0.03%～0.10%时，可使水泥凝结时间延长数小时至十几小时。由于延缓了水泥的水化作用，可降低水泥的早期水化热。但掺用柠檬酸的混凝土拌合物，泌水性较大，黏聚性较差，硬化后混凝土的抗渗性稍差。

三聚磷酸钠，为白色粉末，能溶于水，掺量为1.0%左右，是无机缓凝剂之一，常与其他外加剂复合使用。

2. 缓凝剂的适用范围

（1）缓凝剂、缓凝减水剂及缓凝高效减水剂可用于大体积混凝土、碾压混凝土、炎热气候条件下施工的混凝土、大面积浇筑的混凝土、避免冷缝产生的混凝土、需较长时间停放或长距离运输的混凝土、自流平免振混凝土、滑模施工或拉模施工的混凝土及其他需要延缓凝结时间的混凝土。缓凝高效减水剂可制备高强高性能混凝土。

（2）缓凝剂、缓凝减水剂及缓凝高效减水剂宜用于日最低气温5℃以上施工的混凝土，不宜单独用于有早强要求的混凝土及蒸养混凝土。

（3）柠檬酸及酒石酸钾钠等缓凝剂不宜单独用于水泥用量较低、水灰比较大的贫混凝土。

（4）当掺用含有糖类及木质素磺酸盐类物质的外加剂时应先做水泥适应性试验，合格后方可使用。

3. 缓凝剂的使用要求

（1）缓凝剂、缓凝减水剂及缓凝高效减水剂的品种及掺量应根据环境温度、施工要求的混凝土凝结时间、运输距离、停放时间、强度等来确定。

（2）掺缓凝剂、缓凝减水剂及缓凝高效减水剂的混凝土浇筑、振捣后，应及时抹压并始终保持混凝土表面潮湿，终凝以后应浇水养护，当气温较低时，应加强保温保湿养护。

（四）引气剂

1. 引气剂作用原理及常用品种

引气剂是指在混凝土搅拌过程中，能引入大量分布均匀的、稳定而封闭的微小气泡的外加剂。由于大量微小、封闭并均匀分布的气泡的存在，使混凝土的某些性能得到明显改善或改变。引气剂可以减少混凝土拌合物的泌水、离析，改善和易性，并能显著提高硬化混凝土抗冻性、耐久性。目前，应用较多的引气剂为松香热聚物、松香皂、烷基苯磺酸盐等。混凝土工程中可采用由引气剂与减水剂复合而成的引气减水剂。引气剂的技术效果：

（1）改善混凝土拌合物的和易性。

（2）显著提高混凝土的抗渗性、抗冻性。

（3）降低混凝土强度。一般混凝土的含气量每增加1%时，其抗压强度将降低4%～6%，抗折强度降低2%～3%。

2. 引气剂的适用范围

引气剂及引气减水剂，可用于抗冻混凝土、抗渗混凝土、抗硫酸盐混凝土、泌水严重的混凝土、贫混凝土、轻骨料混凝土、人工骨料配制的普通混凝土、高性能混凝土以及有饰面要求的混凝土。但不宜用于蒸养混凝土及预应力混凝土，必要时，应经试验确定。

3. 混凝土含气量控制

掺引气剂及引气减水剂混凝土的含气量，不宜超过表3-20规定的含气量。

表3-20　　掺引气剂及引气减水剂混凝土的含气量

粗骨料最大粒径/mm	20（19）	25（22.4）	40（37.5）	50（45）	80（75）
混凝土含气量/%	5.5	5.0	4.5	4.0	3.5

注　括号内数值为《建筑用卵石、碎石》标准中标准筛的尺寸。

4. 引气剂的使用要求

（1）引气剂及引气减水剂，宜采用同掺法掺加。

（2）引气剂可与减水剂、早强剂、缓凝剂、防冻剂复合使用。配制溶液时，如产生絮凝或沉淀等现象，应分别加入搅拌机内。

（3）掺引气剂及引气减水剂混凝土，必须采用机械搅拌，搅拌时间及搅拌量应通过试验确定。出料到浇筑的停放时间也不宜过长，采用插入式振捣时，振捣时间不宜超过20s。

（五）防冻剂

防冻剂是能使混凝土在负温下硬化，并在规定养护条件下达到预期性能的外加剂。常用的防冻剂有氯盐类、氯盐阻锈类、无氯盐类。防冻剂用于负温条件下施工的混凝土。

防冻剂适用范围：

（1）含亚硝酸盐、碳酸盐的防冻剂严禁用于预应力混凝土结构。

（2）含有六价铬盐、亚硝酸盐等有害成分的防冻剂，严禁用于饮水工程及与食品相接触的工程。

（3）含有硝铵、尿素等产生刺激性气味的防冻剂，严禁用于办公、居住等建筑工程。

（4）有机化合物类防冻剂可用于素混凝土、钢筋混凝土及预应力混凝土工程。

（5）对水工、桥梁及有特殊抗冻融性要求的混凝土工程，应通过试验确定防冻剂品种及掺量。

防冻剂的选用应符合下列规定：在日最低气温为－5～－10℃、－10～－15℃、－15～－20℃，采用保温措施时，宜分别采用规定温度为－5℃、－10℃、－15℃的防冻剂；掺防冻剂的混凝土宜选用硅酸盐水泥、普通硅酸盐水泥。

目前，国产防冻剂品种适用于0～－15℃的气温，当在更低气温下施工时，应增加其他混凝土冬季施工措施。

（六）速凝剂

速凝剂是指能使混凝土迅速凝结硬化的外加剂。速凝剂主要有无机盐和有机物两类。我国常用的速凝剂是无机盐类，主要有红星Ⅰ型、711型、728型、8604型等。

速凝剂掺入混凝土后，能使混凝土在5min内初凝，1h就可产生强度，1d强度提高2～3倍，但后期强度会有所下降，28d强度约为不掺时的80%～90%。

速凝剂主要用于矿山井巷、铁路隧道、饮水涵洞、地下工程以及喷锚支护时的喷射混凝土或喷射砂浆工程中。

（七）膨胀剂

掺入混凝土中后能使其产生补偿收缩或微膨胀的外加剂称为膨胀剂。

混凝土工程常用的膨胀剂种类有：硫铝酸钙类；硫酸铝钙—氧化钙类；氧化钙类。

（1）膨胀作用原理：硫铝酸钙类膨胀剂加入混凝土中以后，其中的无水硫铝酸钙可产生水化并能与水泥水化产物反应，生成三硫型水化硫铝酸钙（钙矾石），使水泥石结构固相体积明显增加而导致宏观体积膨胀。氧化钙类膨胀剂的膨胀作用，主要是利用CaO水化生成$Ca(OH)_2$晶体过程中体积增大的效果，使混凝土产生结构密实或宏观体积膨胀。

（2）膨胀剂的适用范围：

1）膨胀剂的适用范围应符合表3-21的规定。

表3-21　膨胀剂的适用范围

用途	适用范围
补偿收缩混凝土	地下、水中、海水中、隧道等构筑物，大体积混凝土（除大坝外），配筋路面和板、屋面与厕浴间防水、构件补强、渗漏修补、预应力混凝土、回填槽等
填充用膨胀混凝土	结构后浇带、隧洞堵头、钢管与隧道之间的填充等
灌浆用膨胀砂浆	机械设备的底座灌浆、地脚螺栓的固定、梁柱接头、构件补强、加固等
自应力混凝土	仅用于常温下使用的自应力钢筋混凝土压力管

2）含硫铝酸钙类、硫铝酸钙—氧化钙类膨胀剂的混凝土（砂浆）不得用于长期环境

温度为80℃以上的工程。

3）含氧化钙类膨胀剂配制的混凝土（砂浆）不得用于海水或有侵蚀性水的工程。

4）掺膨胀剂的大体积混凝土，其内部最高温度应符合有关标准的规定，混凝土内外温差宜小于25℃。

（3）膨胀剂的使用。补偿收缩混凝土的膨胀剂掺量不宜大于12%，不宜小于6%；填充用膨胀混凝土的膨胀剂掺量不宜大于15%，不宜小于10%。

膨胀剂可与其他混凝土外加复合使用，品种和掺量应通过试验确定。膨胀剂不宜与氯盐类外加剂复合使用，与防冻剂复合使用时应慎重。

浇筑完成后，应立即保湿覆盖，养护期不宜少于7d。

（八）泵送剂

泵送剂是指在新拌混凝土泵送过程中能显著改善其泵送性能的外加剂。

泵送剂主要是改善新拌混凝土和易性的外加剂，它所改进的主要是新拌混凝土在输送过程中的均匀稳定性和流动性，与减水剂的性能有所差别。

混凝土工程中，可采用由减水剂、保水剂、引气剂等复合而成的泵送剂。

（九）防水剂

在混凝土中掺入防水剂，能够减少混凝土孔隙和填塞毛细管通道，以阻止水分渗透。防水剂一般分为无机防水剂、有机防水剂及复合防水剂。

常用的种类有以下几种。

无机化合物类：氯化铁、硅灰粉末、锆化合物等。

有机化合物类：脂肪酸及其盐类、有机硅表面活性剂（甲基硅醇钠、乙基硅醇钠、聚乙基羟基硅氧烷）、石蜡、地沥青、橡胶及水溶性树脂乳液等。

混合物类：无机类混合物、有机类混合物、无机类与有机类混合物。

复合类：上述各类与引气剂、减水剂、调凝剂等外加剂复合的复合型防水剂。

防水剂可用于工业与民用建筑的屋面、地下室、隧道、巷道、给排水池、水泵站等有防水抗渗要求的混凝土工程。含氯盐的防水剂可用于素混凝土、钢筋混凝土工程，严禁用于预应力混凝土工程。

六、混凝土掺合料

为改善混凝土性能、节约水泥、调节混凝土强度等级，在混凝土拌和时加入的天然或者人工矿物材料，统称为混凝土掺合料。掺合料能显著改善混凝土的和易性，提高混凝土的密实度、抗渗性、耐腐蚀性和强度，应用十分普遍，是混凝土的第六组分。混凝土掺合料分为活性矿物掺合料和非活性矿物掺合料。非活性矿物掺合料基本不与水泥组分起反应，如磨细石灰石、硬矿渣等。活性矿物掺合料本身不硬化或硬化速度很慢，但是，能与水泥水化生成的$Ca(OH)_2$反应，生成具有胶凝能力的水化产物。活性矿物掺合料主要有粉煤灰、粒化高炉矿渣（磨细矿渣粉）、硅灰、天然火山灰质材料（如沸石岩粉、凝灰岩粉等）等，其中粉煤灰的应用最为普遍。

（一）粉煤灰

粉煤灰是火力发电厂排放出来的烟道灰，其主要成分为SiO_2、Al_2O_3以及少量FeO、CaO、MgO等。以直径在几个微米的实心和空心玻璃微珠体及少量莫来石、石英等结晶物质组成。粉煤灰由于所使用煤的差别造成其成分含量波动较大。目前虽然大量用于混凝土中，但多数用于C40以下的混凝土中。

粉煤灰按其排放方式的不同，分为干排灰与湿排灰两种。湿排灰内含水量大，活性降低较多，质量不如干排灰。按收集方法的不同，分静电收尘灰和机械收尘灰两种。静电收尘灰颗粒细、质量好。机械收尘灰颗粒粗、质量较差，经磨细处理的称为磨细灰、未经加工的称为原状灰。

1. 粉煤灰的质量要求

粉煤灰对于混凝土性能的改善在很大程度上取决于粉煤灰的品质，而粉煤灰的品质又取决于所燃煤的品种（化学成分）、烧结程度和形成状态等因素。当粉煤灰的CaO含量高于10%，通常将其称为高钙粉煤灰（C类灰）。一般由褐煤燃烧形成的粉煤灰呈黄色、浅黄色或褐黄色，具有火山灰活性，并具有自硬性。由烟煤和无烟煤燃烧形成的粉煤灰呈灰色或深灰色，氧化钙含量低，被称为低钙灰（F类灰），它虽然具有火山灰活性，但不具有自硬性。有些电厂在燃煤过程中会添加部分石灰石粉以达到脱硫的目的，也会使氧化钙含量较高，通常称为“增钙粉煤灰”或“改性粉煤灰”。目前我国大部分电厂的粉煤灰为低钙粉煤灰。其密度一般为1.95～2.40g/cm^3，干松堆积密度为550～800kg/m^3。

细度是评定粉煤灰品质的重要指标之一。粉煤灰中实心微珠颗粒最细、表面光滑，是粉煤灰中需水量最小、活性最高的成分，如果粉煤灰中实心微珠含量较多、未燃尽碳及不规则的粗颗粒含量较少时，粉煤灰就较细，品质较好。未燃尽的碳粒，颗粒较粗，可降低粉煤灰的活性，增大需水性，是有害成分，可用烧失量来评定。多孔玻璃体等非球形颗粒，表面粗糙、粒径较大，可增加需水量，当其含量较多时，粉煤灰品质下降。SO_3是有害成分，应限制其含量。

《用于水泥混凝土中的粉煤灰》（GB 1596—2005）对粉煤灰的质量指标作了严格的规定，并根据细度、需水量比、烧失量、含水量和三氧化硫含量等指标，将其划分为Ⅰ级、Ⅱ级、Ⅲ级3个级别，见表3-22。

表3-22　拌制混凝土和砂浆用粉煤灰技术要求

质量指标		粉煤灰等级		
		Ⅰ	Ⅱ	Ⅲ
细度（0.045mm方孔筛筛除）（≤,%）		12	25	45
烧失量（≤,%）		5	8	15
需水量比（≤,%）		95	105	115
三氧化硫（≤,%）		3		
含水量		1		
游离氧化钙（≤,%）	F类灰	1		
	C类灰	4		
安定性（雷氏夹沸煮后增加距离）（≤,%）		5		

注　代替细骨料或主要用以改善和易性的粉煤灰不受此限制。

按《粉煤灰混凝土应用技术规范》（GBJ 146—90）规定：Ⅰ级粉煤灰适用于钢筋混凝土和跨度小于6m的预应力钢筋混凝土；Ⅱ级粉煤灰适用于钢筋混凝土和无筋混凝土；

Ⅲ级粉煤灰适用于无筋混凝土。对强度等级大于等于 C30 的无筋粉煤灰混凝土，宜采用Ⅰ级、Ⅱ级粉煤灰。

2. 粉煤灰掺入混凝土中的作用与效果

粉煤灰掺入混凝土后，不仅可以取代部分水泥，降低混凝土的成本，保护环境，而且能改善混凝土的一系列性能，具有明显的技术经济效益。

粉煤灰是通过“形态效应”、“活性效应”和“微集料效应”而发生作用。

粉煤灰的“形态效应”，即微珠效应，粉煤灰中含有 70%以上的玻璃微珠，粒形完整，表面光滑，质地致密。在混凝土中能起到减水作用、致密作用和匀质作用，改变拌合物的流变性质、初始结构，尤其对泵送混凝土，能起到良好的润滑作用。

粉煤灰的“活性效应”又称为“火山灰效应”。粉煤灰含有大量活性 SiO_2 及 Al_2O_3 与 $Ca(OH)_2$ 等碱性物质发生水化反应，生成水化硅酸钙、水化铝酸钙等胶凝物质，可提高混凝土（后期）强度。二次水化产物堵塞毛细孔隙，提高了密实度，并由于氢氧化钙的减少，从而提高混凝土的抗腐蚀能力。

粉煤灰的“微集料效应”粉煤灰中粒径很小的微珠和碎屑，能明显的改善和增强混凝土结构强度，提高匀质性和致密性。

在上述粉煤灰的三大效应中，形态效应是物理效应，活性效应是化学效应，而微集料效应既有物理效应又有化学效应。这三种效应相互关联，互为补充。粉煤灰的品质越高，效应越大。

综上所述，粉煤灰掺入混凝土的作用和效果可概括为以下几点：

（1）改善混凝土拌合物的和易性。掺加适量的粉煤灰可以改善混凝土拌合料的流动性、黏聚性和保水性，特别是对泌水有明显的抑制作用，使混凝土拌和料易于泵送、浇筑成型，并可减少坍落度的经时损失。

（2）降低水化放热量。掺加粉煤灰后可减少水泥用量，且粉煤灰水化放热量很少，从而减少了水化放热量，可减少温度裂缝。这对大体积混凝土工程特别有利，所以水利水电工程多采用大掺量粉煤灰。

（3）提高混凝土的耐久性。由于二次水化作用，混凝土的密实度提高，同时二次水化反应使得易受腐蚀的氢氧化钙数量降低，因此可提高混凝土的抗渗性和抗腐蚀性。同时由于粉煤灰比表面积大，吸附能力强，可以吸附水泥中的碱，并与碱发生水化反应而消耗其数量，因此可以抑制或减少碱集料反应。

近年来，我国水泥含碱量的增加、混凝土中水泥用量的提高及含碱外加剂的普遍应用，更增加了碱集料反应破坏的潜在危险。在混凝土中掺加粉煤灰，可以有效地防止碱集料反应，提高混凝土的耐久性。

（4）可以提高混凝土的后期强度。粉煤灰对水泥颗粒有物理分散作用，使水泥水化更充分。在混凝土中掺入粉煤灰后，随着粉煤灰掺量的增加，早期强度（28d 以前）逐减，而后期强度逐渐增加。粉煤灰对混凝土的强度有三重影响：减少用水量，增大胶结料含量和通过长期火山灰反应提高强度。

（5）体积变形减小。粉煤灰的减水效应使得粉煤灰混凝土的干缩减小。密实度提高使徐变降低。

3. 粉煤灰的掺加方法

混凝土中掺入粉煤灰的效果，与粉煤灰的掺入方法有关。常用的掺加方法有：等量取代法、超量取代法和外加法。

等量取代法：是指以等质量粉煤灰取代混凝土中的水泥。由于混凝土中水泥用量的减少，可节约水泥并减少混凝土放热量，还可以改善和易性，提高抗渗性，适用于掺Ⅰ级粉煤灰的混凝土、超强混凝土及大体积混凝土。

超量取代法：指掺入的粉煤灰量超过取代的水泥量，超出的粉煤灰取代同体积的砂，其超量系数按规定选用，目的是为了保持混凝土28d强度及和易性不变。

外加法：又称为粉煤灰代砂法，指在保持混凝土中水泥用量不变的情况下，外掺一定数量的粉煤灰，取代混凝土中的部分砂用量。

粉煤灰在混凝土中使用，应遵照《粉煤灰混凝土应用技术规范》（GBJ 146—90）进行。粉煤灰在混凝土中取代水泥量（以质量计）应符合表3-23的限定。

表3-23　　粉煤灰取代水泥的最大限量

混凝土种类	粉煤灰取代水泥的最大限量/%			
	硅酸盐水泥	普通水泥	矿渣水泥	火山灰水泥
预应力钢筋混凝土	25	15	10	—
钢筋混凝土 高强度混凝土 高抗冻混凝土 蒸养混凝土	30	25	20	15
中、低强度混凝土 泵送混凝土 大体积混凝土 水下混凝土 地下混凝土 压浆混凝土	50	40	30	20
碾压混凝土	65	55	45	35

注　当混凝土中钢筋保护层厚度小于50mm时，粉煤灰取代水泥的最大限量应比表中规定的相应值减少5%。

混凝土中掺入粉煤灰时，常与减水剂或引气剂等外加剂同时掺用，称为双掺技术。其他掺合料通常也都采用双掺技术。减水剂的掺入可以克服某些粉煤灰增大混凝土需水量的缺点；引气剂的掺入，可以解决粉煤灰混凝土抗冻性较差的问题；在低温条件下施工时，宜掺入早强剂或防冻剂。混凝土中掺入粉煤灰后，会使混凝土的抗碳化性能降低，不利于防止钢筋锈蚀。为改善混凝土抗碳化性能，也应采用双掺措施，或在混凝土中掺入阻锈剂。

粉煤灰主要用于泵送混凝土、大体积混凝土、抗渗混凝土、抗硫酸盐和抗软水侵蚀混凝土、蒸养混凝土、轻骨料混凝土、地下和水下工程混凝土、碾压混凝土等。随着混凝土技术的发展，掺量在50%以上的大掺量粉煤灰混凝土越来越多地得到应用。

（二）粒化高炉矿渣粉

将粒化高炉矿渣经干燥、磨细达到相当细度且符合相应活性指数的粉状材料，其细度大于 $350m^2/kg$，一般为 $400\sim600m^2/kg$。试验显示，当矿渣粉的细度在 $350\sim400m^2/kg$ 以上，活性才易激发。粒化高炉矿渣粉根据细度、活性指数和流动性比等技术指标，分为 S105、S95 和 S75 3 个级别，其质量应符合《用于水泥和混凝土中的粒化高炉矿渣粉》（GB/T 18046—2000）的要求。

粒化高炉矿渣粉可以等量取代 15%～50%的水泥，并降低水化热、提高抗渗性和耐蚀性（混凝土的干缩率显著减小）、抑制碱骨料反应和提高长期强度等，可用于钢筋混凝土和预应力钢筋混凝土工程。大掺量粒化高炉矿渣粉混凝土特别适用于大体积混凝土、地下和水下混凝土、耐硫酸盐混凝土等。

（三）硅灰

硅灰又称硅粉，是从生产硅铁或硅钢时排放的烟气中收集到的颗粒极细的烟尘。硅灰的颗粒极细，呈玻璃球状，其粒径为 $0.1\sim1.0\mu m$，是水泥粒径的 1/50～1/100，比表面积为 $18.5\sim20m^2/g$，密度为 $2.1\sim2.2g/cm^3$，堆积密度为 $250\sim300kg/m^3$。硅粉中无定形二氧化硅含量一般为 85%～95%，具有很高的活性。由于比表面积高，需水量大，作为混凝土掺合料，必须与高效减水剂配合使用，才能保证混凝土的和易性。

掺入硅灰，能改善混凝土的孔结构，提高混凝土抗渗性、抗冻性及抗腐蚀性，提高耐久性。另外混凝土的抗冲磨性随硅粉掺量的增加而提高，故适用于水工建筑物的抗冲刷部位及高速公路路面。

硅灰可提高混凝土强度，硅灰主要用于配制高强、超高强混凝土和高性能混凝土，掺入水泥质量 5%～10% 的硅灰，可配制出抗压强度达 100MPa 的超高强混凝土。掺入水泥质量 20%～30%的硅灰，则可配制出抗压强度达 200～800MPa 的活性粉末混凝土。

硅灰用作混凝土掺合料，可改善混凝土拌合物的黏聚性和保水性，采用双掺技术，适宜配制高流态混凝土、泵送混凝土及水下灌注混凝土。

掺入水泥质量 4%～6% 的硅灰，可有效抑制碱骨料反应。

（四）沸石粉

沸石粉是天然的沸石岩磨细而成的一种火山灰质铝硅酸盐矿物掺合料。颜色为白色，含有一定量活性二氧化硅和三氧化铝，能与水泥水化生成的氢氧化钙反应，生成胶凝物质。

沸石粉用作混凝土掺合料可改善混凝土和易性，提高混凝土强度、抗渗性和抗冻性，抑制碱骨料反应。主要用于配制高强混凝土、流态混凝土及泵送混凝土。沸石粉具有很大的内表面积和开放性孔结构，还可用于配制调湿等功能的混凝土。

（五）超细微粒掺合料

硅灰是理想的超细微粒掺合料，但其资源有限，因此，采用超细粉磨的高炉矿渣、粉煤灰或沸石粉等作为超细微粒掺合料，它们经超细粉磨后具有很高的活性和极大的表面能，可以弥补硅灰资源的不足，满足配制不同性能要求的高性能混凝土的需求，常用于配制高强、超高强混凝土和高性能混凝土。超细微粒掺合料的材料组成不同，其作用也有所差别，通常具有以下几方面的作用：

（1）改善混凝土的流变性，可配制大流动性且不离析的泵送混凝土和自密实混凝土。

（2）显著改善混凝土的力学性能，可配制100MPa以上的超高强混凝土。

（3）显著改善混凝土的耐久性，可减小混凝土的收缩，提高抗冻、抗渗性能。

超细微粒掺合料的生产成本低于水泥，使用超细微粒掺合料，可取得显著的技术经济效果，是配制高强、超高强混凝土和高性能混凝土的行之有效、经济实用的技术途径。

第三节 普通混凝土的主要技术性质

混凝土的主要技术性质包括混凝土拌合物的和易性、凝结特性，硬化混凝土的强度、耐久性及变形性能。

一、混凝土拌合物的和易性

混凝土拌合物是指由水泥、粗细骨料及水等组分，经拌制均匀而成的塑性混凝土混合料，又称新拌混凝土。

（一）和易性的概念

和易性是指混凝土拌合物能保持其组成成分均匀，不发生分层、离析、泌水等现象，便于施工操作，并能获得质量均匀、成型密实的混凝土的性能，也称工作性。

和易性是一项综合技术性能，包括流动性、黏聚性和保水性3个方面。

1. 流动性

流动性是指混凝土拌合物在自重或外力作用下，能产生流动并均匀密实地填充模型的性能。流动性的大小，反映拌合物的稀稠程度，关系着施工振捣的难易和浇筑的质量。

（1）拌合物太稠，混凝土难以振捣密实，易造成内部孔隙增多。

（2）拌合物过稀，易分层离析，影响硬化后混凝土的均匀性。

2. 黏聚性

黏聚性是指混凝土拌合物内部组分间具有一定的黏聚力，在运输和浇筑过程中不致发生分层离析现象，而使混凝土能保持整体均匀的性能。

黏聚性不好，砂浆与石子容易分离，振捣后会出现蜂窝、孔洞等现象，严重影响混凝土工程质量。

3. 保水性

保水性是指混凝土拌合物具有一定的保持水分的能力，在施工过程中不致产生严重的泌水现象。在施工过程中，保水性差的新拌混凝土中的一部分水易从内部析出至表面，在水渗流之处留下许多毛细管孔道，成为以后混凝土内部的透水通道。另外，在水分上升的同时，一部分水还会滞留在石子及钢筋的下缘形成水隙，从而减弱石子或钢筋与水泥浆之间的黏结力。而且水分及泡沫等轻物质浮在表面，易导致混凝土表面干缩开裂，还会使混凝土上下浇筑层之间形成薄弱的夹层。这些都将影响混凝土的密实及均匀性，并降低混凝土的强度和耐久性。

混凝土拌合物的流动性、黏聚性和保水性三者的关系是既互相关联，又互相矛盾。如：流动性较大时，往往黏聚性和保水性差，反之亦然。一般黏聚性好，保水性也较好。

因此，所谓的拌合物和易性良好，就是使这三方面的性能，在某种具体条件下得到统一，达到均为良好的状况。也就是指既具有满足施工要求的流动性，又具有良好的黏聚性和保水性。良好的和易性既是施工的要求也是获得质量均匀密实混凝土的基本保证，和易性合格的混凝土才能进行浇筑成型。

（二）和易性的检测和评定

混凝土拌合物和易性是一项极其复杂的综合指标，通常通过测定流动性，再辅以经验目测评定其黏聚性和保水性，从而综合评定混凝土和易性。流动性的测定方法有坍落度法、维勃稠度法、探针法、斜槽法、流出时间法和凯利球法等 10 多种。在土木工程建设中，根据现行标准《普通混凝土拌合物性能试验方法》（GB/T 50080—2002），普通混凝土最常用的是坍落度法和维勃稠度法。

1. 坍落度法

坍落度法检测混凝土拌合物和易性，是将新拌混凝土分 3 层装入坍落度筒中，如图 3－5所示，每层插捣 25 次，抹平后垂直提起坍落度筒，混凝土则在自重作用下坍落，测量筒高与坍落后混凝土试体最高点之间的高差，即为新拌混凝土的坍落度，以 mm 为单位。以坍落度代表混凝土的流动性，坍落度越大，则流动性越好。

黏聚性通过观察坍落度测试后混凝土所保持的形状，或用捣棒敲击侧面后的形状判定。用捣棒在已坍落的混凝土拌合物锥体侧面轻轻敲打，如果锥体渐渐下沉，表示黏聚性良好；如果突然倒塌，部分崩裂或石子离析，则为黏聚性不好的表现，如图 3－6 所示。

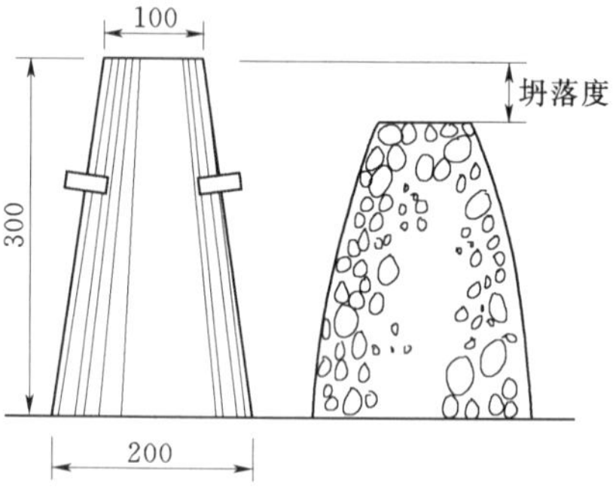

图 3－5　混凝土拌合物坍落度测定

图 3－6　混凝土拌合物黏聚性不良

保水性是以水或稀浆从混凝土锥体底部析出的量大小评定。当提起坍落度筒后如有较多的稀浆从底部析出，锥体部分的拌合物也因失浆而骨料外露，则表明保水性不好。如无稀浆或仅有少量稀浆自底部析出，则表明保水性良好。

坍落度检验适用于坍落度值大于等于 10mm 且骨料最大粒径不大于 40mm 的拌合物。对于泵送高强混凝土和自密实混凝土宜采用坍落度扩展度检测。坍落扩展度即测量坍落后混凝土的扩展直径，取最大和最小两个方向的直径（二者差值不超过 50mm）的平均值。扩展度值越大，则表明其流动性就越高。如果发现粗骨料在中央堆集或边缘有水泥浆析出，表示此混凝土抗离析性不好，即黏聚性较差。

对坍落度小于 10mm 的干硬性混凝土，坍落度值已不能准确反映其流动性大小，一般采用维勃稠度法测定。

2. 维勃稠度法

维勃稠度法是采用维勃稠度仪测定。其方法是：将坍落度筒放在直径为 240mm、高度为 200mm 圆筒中，圆筒安装在专用的振动台上，按坍落度试验的方法将新拌混凝土装入坍落度筒内后再拔去坍落筒，并在新拌混凝土顶上置一透明圆盘。开动振动台并记录时间，从开始振动至透明圆盘底面被水泥浆布满瞬间止，所经历的时间，以 s 计（精确至 1s），即为新拌混凝土的维勃稠度值。时间越短，流动性越好；时间越长，流动性越差。维勃稠度试验如图 3－7 所示。

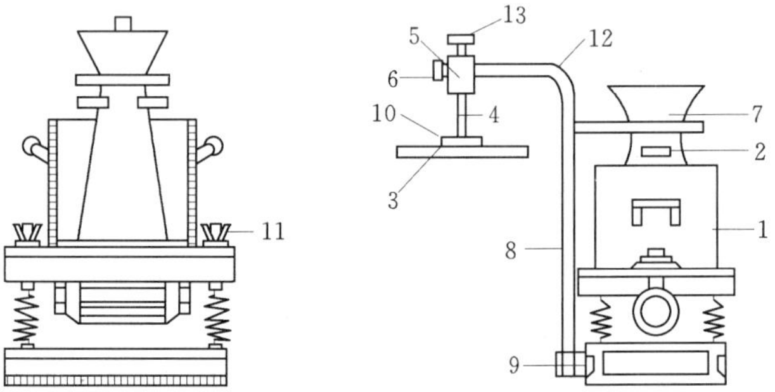

图 3－7 维勃稠度试验仪

1—容器；2—坍落度筒；3—圆盘；4—滑棒；5—套筒；6、13—螺栓；7—漏斗；8—支柱；9—定位螺丝；10—荷重；11—元宝螺丝；12—旋转架

维勃稠度法只适用于维勃稠度在 5～30s 之间的，骨料最大粒径不大于 40mm 混凝土拌合物。

混凝土拌合物坍落度等级、维勃稠度等级和扩展度等级划分，见表 3－24～表 3－26，混凝土拌合物稠度允许偏差见表 3－27。

表 3－24 坍落度等级划分

等级	坍落度/mm
S1	10～40
S2	50～90
S3	100～150
S4	160～210
S5	≥220

表 3－25 维勃稠度等级划分

等级	维勃稠度/s
V0	≥31
V1	30～21
V2	20～11
V3	10～6
V4	5～3

表 3－26 扩展度等级划分

等级	扩展度/mm	等级	扩展度/mm
F1	≤340	F4	490～550
F2	350～410	F5	560～620
F3	420～480	F6	≥630

表 3-27 混凝土拌合物稠度允许偏差

拌合物性能		允许偏差		
坍落度/mm	设计值	≤40	50~90	≥100
	允许偏差	±10	±20	±30
维勃稠度/s	设计值	≥11	10~6	≤5
	允许偏差	±3	±2	±1
扩展度/mm	设计值	≥350		
	允许偏差	±30		

3. 泵送混凝土的可泵性测定

利用混凝土泵和管道输送浇筑的混凝土，称为泵送混凝土。经研究表明，混凝土拌合物在泵送过程中的摩擦阻力是拌合物的流动性（坍落度）与稳定性（压力泌水值）的综合反映，而且流动性与稳定性又有一定关系。因此，混凝土拌合物的可泵性一般用坍落度和相对压力泌水率两个指标来评定。

稳定性常用相对压力泌水率（S_{10}）来评定，试验仪器采用普通混凝土压力泌水仪。相对压力泌水率的测定方法是：将混凝土拌合物装入料筒内，加压至 3.5MPa，分别读取加压至 10s 和 140s 的泌水量 V_{10} 和 V_{140}。混凝土相对泌水率 $S_{10}=V_{10}/V_{140}$（%）。

S_{10} 越小，混凝土稳定性越好，S_{10} 一般不宜超过 40%。

当混凝土较长距离运输或自搅拌出机至浇筑时间间隔较长时，应考虑混凝土拌合物的坍落度经时损失的影响，保证混凝土的正常施工。泵送混凝土拌合物的坍落度经时损失不宜大于 30mm。

（三）坍落度的选择

混凝土拌合物应在满足施工要求的前提下，尽可能采用较小的坍落度。泵送混凝土坍落度不宜大于 180mm；泵送高强混凝土的扩展度不宜小于 550mm；自密实混凝土的扩展度不宜小于 600mm。

实际施工时采用的坍落度可根据构件截面尺寸、钢筋疏密程度、捣实方式、运输距离及气候条件选择。坍落度可参考表 3-28 选用。

泵送混凝土选择坍落度除考虑振捣方式外，还要考虑其可泵性。坍落度过小，泵送所需压力大，泵送困难，影响泵送效率；坍落度过大，易产生泌水、离析，阻塞管道。泵送混凝土的坍落度可按《混凝土泵送施工技术规程》（JGJ/T 10—2011）的规定选用。对不同泵送高度，入泵时混凝土的坍落度，可按表 3-29 选用。

表 3-28 混凝土浇筑时的坍落度

项目	结构种类	坍落度/mm
1	基础或地面等的垫层、无配筋的大体积结构（挡土墙、基础等）或配筋稀疏的结构	10~30
2	板、梁或大型及中型截面的柱子等	30~50
3	配筋密列的结构（薄壁、斗仓、筒仓、细柱等）	50~70
4	配筋特密的结构	70~90

表 3-29　　不同泵送高度入泵时混凝土的坍落度选用值

泵送高度/m	30 以下	30～60	60～100	100 以上
坍落度/mm	100～140	140～160	160～180	180～200

（四）影响和易性的主要因素

1. 水泥浆数量

混凝土拌合物保持水灰比不变的情况下，水泥浆用量越多，流动性越大，反之越小。但水泥浆用量过多，拌合物易出现流浆、泌水现象，使黏聚性及保水性变差，对强度及耐久性产生不利影响。水泥浆用量过小，用于填充骨料空隙的浆少，包裹骨料的润滑层也达不到足够厚度，流动性和黏聚性变差。

因此，水泥浆不能用量太少，但也不能太多，应以满足拌合物和易性要求为宜。

2. 水泥浆的稠度

当水泥浆用量一定时，水泥浆的稠度决定于水灰比大小。水灰比（W/C）为用水量与水泥质量之比。

在水泥用量和骨料用量不变的情况下，水灰比增大，相当于单位用水量增大，水泥浆很稀，拌合物流动性也随之增大，反之亦然。用水量增大带来的负面影响是严重降低混凝土的保水性，增大泌水，同时使黏聚性也下降，产生流浆及离析现象，严重影响混凝土的强度。但水灰比也不宜太小，否则因流动性过低影响混凝土振捣密实，易产生麻面和孔洞。合理的水灰比是混凝土拌合物流动性、保水性和黏聚性的良好保证。故水灰比大小应根据混凝土强度和耐久性要求合理选用，取值范围为 0.40～0.75 之间。

无论是水泥浆的数量还是水泥浆的稠度，实际上对混凝土拌合物流动性起决定作用的是单位体积用水量的多少，即恒定用水量法则：在配制混凝土时，若所用粗、细骨料种类及比例一定，水灰比在一定范围内（0.4～0.8）变动时，为获得要求的流动性，所需拌合用水量基本是一定的。即骨料一定时，混凝土的坍落度只与单位用水量有关。但在实际工程中，为增大拌合物的流动性而增加用水量时，必须保持水灰比不变，相应地增加水泥用量，否则将严重影响混凝土质量。

3. 含砂率（简称砂率）

砂率是指混凝土中砂的质量占砂、石总质量的百分率。砂率对和易性的影响非常显著，并影响拌合物的水泥用量。

砂率过大，石子含量相对过少，骨料的空隙率及总表面积都较大，在水灰比和水泥用量一定的条件下，混凝土拌合物干稠，流动性显著降低；砂率过小，砂浆数量不足，不能在石子周围形成足够的砂浆润滑层，拌合物的流动性降低，且严重影响黏聚性和保水性，使石子分离、水泥浆流失，甚至出现溃散现象。

若保持混凝土拌合物流动性不变，因砂率不合理，会使混凝土的水泥浆用量显著增大。因此，砂率不能过大，也不能过小，应采取合理砂率。

合理砂率是指在水泥用量及用水量一定的情况下，能使混凝土拌合物获得最大的流动性，且能保持黏聚性及保水性良好时的砂率值。或指混凝土拌合物获得所要求的流动性及良好的黏聚性及保水性，而水泥用量为最少时的砂率值。砂率与坍落度的关系如图 3-8

所示，砂率与水泥用量的关系如图3-9所示。

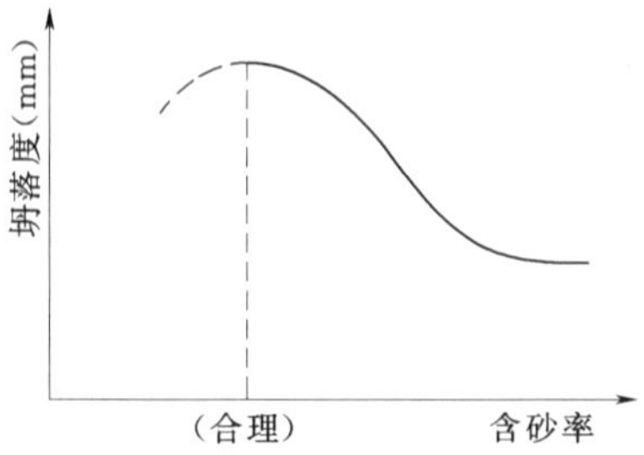

图3-8　砂率与坍落度的关系
(水与水泥用量一定)

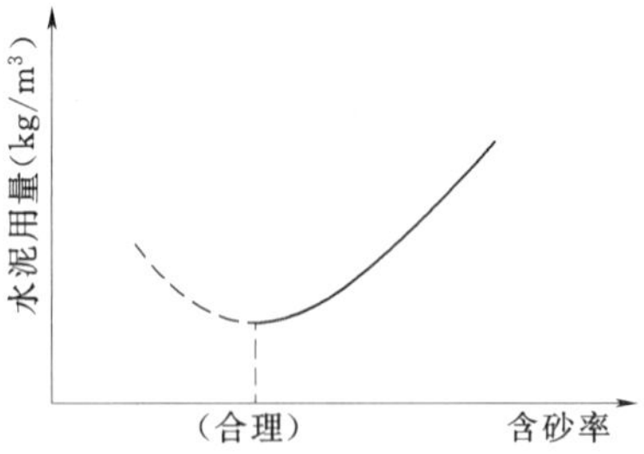

图3-9　砂率与水泥用量的关系
(达到相同的坍落度)

合理砂率可通过试验确定，在大型混凝土工程中经常采用。对普通混凝土工程可根据经验或参照表3-30［《普通混凝土配合比设计规程》(JGJ 55—2011)］选用，水工混凝土参照表3-31依据《水工混凝土试验规程》(SL 352—2006)、《水工混凝土配合比设计规程》(DL/T 5330—2005)选用。

表3-30　普通混凝土砂率选用表　%

水胶比 W/B	卵石最大粒径/mm			碎石最大粒径/mm		
	10	20	40	16	20	40
0.40	26～32	25～31	24～30	30～35	29～34	27～32
0.50	30～35	29～34	28～33	33～38	32～37	30～35
0.60	33～38	32～37	31～36	36～41	35～40	33～38
0.70	36～41	35～40	34～39	39～44	38～43	36～41

注　1. 表中数值系中砂的选用砂率。对细砂或粗砂，可相应地减少或增大砂率。
2. 本砂率适用于坍落度为10～60mm的混凝土。坍落度大于60mm时，可经试验确定，或以表中数值为基础，坍落度每增大20mm，砂率增大1%的幅度调整；坍落度小于10mm时，砂率应经试验确定。
3. 采用人工砂配制混凝土时，砂率值应适当增大。
4. 掺有各种外加剂或掺合料时，其合理砂率值应经试验或参照其他有关规定选用。

影响合理砂率大小的因素很多，可概括为：

粗骨料最大粒径较大、级配较好时，由于粗骨料的空隙率较小，可采用较小的砂率。

砂的细度模数较小时，由于砂中细颗粒较多，混凝土拌合物的黏聚性易于保证，可采用较小的砂率。

表3-31　水工混凝土砂率初选表　%

混凝土种类	水胶比	骨料最大粒径/mm			
		20	40	80	150
常态混凝土	0.40	36～38	30～32	24～26	20～22
	0.50	38～40	32～34	26～28	22～24
	0.60	40～42	34～36	28～30	24～26
	0.70	42～44	36～38	30～32	26～28

续表

混凝土种类	水胶比	骨料最大粒径/mm			
		20	40	80	150
碾压混凝土	0.40		32～34	27～29	
	0.50		34～36	29～32	
	0.60		36～38	32～34	
	0.70		38～40	34～36	

注 1. 本表适用于卵石、细度模数为2.6～2.8的天然中砂拌制的混凝土。
2. 本表中的碾压混凝土适用于维勃稠度值为5～12s。
3. 砂的细度模数每增减0.1，砂率相应增减0.5%～1.0%。
4. 使用碎石时，砂率需增加3%～5%。
5. 使用人工砂时，砂率需增加2%～3%。
6. 掺用引气剂时，砂率可减小2%～3%；掺用粉煤灰时，砂率可减小1%～2%。

水灰比较小时，水泥浆较稠，由于混凝土拌合物的黏聚性和保水性容易得到保证，故可采用较小的砂率。

当掺用引气剂、减水剂等外加剂，或掺加粉煤灰等掺合料时，可适当减小砂率。

当施工要求混凝土拌合物流动性较大时，为保证黏聚性和保水性，宜采用较大的砂率。

一般情况下，在保证混凝土拌合物不离析，能很好地浇灌、捣实的条件下，应尽量选用较小的砂率，以减少水泥用量。

4. 单位用水量

单位用水量是混凝土流动性的决定因素。用水量增大，流动性随之增大。但用水量大带来的不利影响是保水性和黏聚性变差，易产生泌水分层离析，从而影响混凝土的匀质性、强度和耐久性。大量的实验研究证明在原材料品质一定的条件下，单位用水量一旦选定，单位水泥用量增减50～100kg/m^3，混凝土的流动性基本保持不变，这一规律称为固定用水量定则。这一定则对普通混凝土的配合比设计带来极大便利，即可通过固定用水量保证混凝土坍落度的同时，调整水泥用量，即调整水灰比，来满足强度和耐久性要求。在进行混凝土配合比设计时，单位用水量可根据施工要求的坍落度和粗骨料的种类、规格，根据《普通混凝土配合比设计规程》（JGJ 55—2011）按表3-32选用，水工混凝土（依据《水工混凝土试验规程》（SL 352—2006）、《水工混凝土配合比设计规程》（DL/T 5330—2005）按表3-33选用，再通过试配调整，最终确定单位用水量。

5. 浆骨比

浆骨比是指水泥浆用量与砂石用量之比值。在混凝土凝结硬化之前，水泥浆主要赋予其流动性，在混凝土凝结硬化以后，主要赋予其黏结强度。在水灰比一定的前提下，浆骨比越大，即水泥浆量越大，混凝土流动性越大。通过调整浆骨比大小，既可以满足流动性要求，又能保证良好的黏聚性和保水性。浆骨比不宜太大，否则易产生流浆现象，使黏聚性下降。浆骨比也不宜太小，否则因骨料间缺少黏结体，拌合物易发生崩塌现象。因此，合理的浆骨比是混凝土拌和物和易性的良好保证。

表 3-32　　**混凝土单位用水量选用表**　　单位：kg/m^3

项　目	指标	卵石最大粒径/mm				碎石最大粒径/mm			
		10	20	31.5	40	16	20	31.5	40
坍落度/mm	10～30	190	170	160	150	200	185	175	165
	35～50	200	180	170	160	210	195	185	175
	55～70	210	190	180	170	220	205	195	185
	75～90	215	195	185	175	230	215	205	195
维勃稠度/s	16～20	175	160	—	145	180	170	—	155
	11～15	180	165	—	150	185	175	—	160
	5～10	185	170	—	155	190	180	—	165

注　1. 本表用水量系采用中砂时的平均取值，如采用细砂，每立方米混凝土用水量可增加 5～10kg，采用粗砂时则可减少 5～10kg。
2. 掺用各种外加剂或掺合料时，可相应增减用水量。
3. 本表适用于水灰比在 0.40～0.80 范围的混凝土，不适用于水灰比小于 0.40 时的混凝土以及采用特殊成型工艺的混凝土。

表 3-33　　**水工混凝土初选用水量**　　单位：kg/m^3

混凝土种类	拌合物稠度		卵石最大粒径/mm				碎石最大粒径/mm			
	项目	指标	20	40	80	150	20	40	80	150
常态混凝土	坍落度/mm	10～30	160	140	120	105	175	55	135	20
		30～50	165	145	125	110	180	160	140	125
		50～70	170	150	130	115	185	165	145	130
		70～90	175	155	135	120	190	170	150	135
碾压混凝土	维勃稠度/s	10～20	—	110	95	—	—	120	105	—
		5～10	—	115	100	—	—	130	110	—
		1～5	—	120	105	—	—	135	115	—

注　1. 本表适用于骨料含水状态为饱和面干状态。
2. 常态混凝土是指混凝土拌合物坍落度为 10～100mm 的混凝土；碾压混凝土是指利用振动碾振动压实的混凝土。
3. 本表适用于细度模数为 2.6～2.8 的天然中砂。当使用细砂或粗砂时，对采用坍落度控制的普通混凝土，用水量需增加或减少 3～5kg/m^3，对采用维勃稠度控制碾压混凝土，用水量需增加或减少 5～10kg/m^3。
4. 采用人工砂时，用水量需增加 5～10kg/m^3。
5. 掺入火山灰质掺合料时，用水量需增加 10～20kg/m^3；采用Ⅰ级粉煤灰时，用水量可减少 5～10kg/m^3。
6. 采用外加剂时，用水量应根据外加剂的减水率作适当调整，外加剂的减水率应通过试验确定。
7. 水灰比小于 0.4 的混凝土以及采用特殊成型工艺的混凝土，用水量应通过试验确定。

6. 组成材料性质的影响

（1）水泥品种及细度。水泥品种不同时，达到相同流动性的需水量往往不同，从而影响混凝土流动性。另一方面，不同水泥品种对水的吸附作用往往不等，从而影响混凝土的保水性和黏聚性。如火山灰水泥、矿渣水泥配制的混凝土流动性比普通水泥小。在流动性相同的情况下，矿渣水泥的保水性能较差，黏聚性也较差。同品种水泥越细，流动性越差，但黏聚性和保水性越好。

（2）骨料的品种和粗细程度。卵石表面光滑，碎石粗糙且多棱角，因此卵石配制的混凝土流动性较好，但黏聚性和保水性则相对较差。河砂与山砂的差异与上述相似。对级配符合要求的砂石料来说，粗骨料粒径越大，砂子的细度模数越大，则流动性越大，但黏聚性和保水性有所下降，特别是砂的粗细程度，在砂率不变的情况下，影响更加显著。

（3）外加剂。外加剂对拌合物的和易性有显著的影响作用。在拌制混凝土时，加入少量外加剂能使混凝土拌合物在不增加水和水泥用量的条件下，获得良好的和易性，不仅增加流动性，并有效地改善黏聚性和保水性。改善混凝土和易性的外加剂主要有减水剂、引气剂、泵送剂等。

（4）时间和温度。混凝土拌合物随着时间的延长，由于水泥水化和水分蒸发，混凝土的流动性逐渐下降。

混凝土拌合物的和易性也受温度等环境因素的影响，气温高、湿度小、风速大，水分蒸发及水化反应加快，也会加速流动性的损失。因此施工中必须考虑环境条件的变化，采取相应的措施。

（五）混凝土和易性的调整和改善措施

（1）当混凝土流动性小于设计要求时，为了保证混凝土的强度和耐久性，不能单独加水，必须保持水灰比不变的条件下，增加水泥和水的用量，即增加水泥浆数量。

（2）当坍落度大于设计要求，并且黏聚性和保水性良好时，可在保持砂率不变的前提下，增加砂石用量（实际上相当于减少水泥浆数量）。若坍落度大且黏聚性不良，可适当提高砂率，即只增加砂的用量。

（3）采用级配良好的砂、石料，选用细度模数适宜的中砂，尽量采用最大粒径较大的石子。

（4）采用合理砂率，并尽可能采用较低的砂率。

（5）掺用外加剂（减水剂或引气剂）和矿物掺合料，是改善混凝土和易性的最有效措施。

（六）混凝土的凝结时间

混凝土拌合物的凝结时间与水泥的凝结时间有相似之处，但混凝土拌合物的凝结时间会受到其他因素的影响，影响混凝土实际凝结时间的因素主要有水灰比、水泥品种、水泥细度、外加剂、掺合料和气候条件等。如水灰比增大，凝结时间延长；早强剂、速凝剂使凝结时间缩短；缓凝剂则使凝结时间大大延长。

混凝土的凝结时间分初凝和终凝。初凝指混凝土加水至失去塑性所经历的时间，亦即表示施工操作的时间极限；终凝指混凝土加水到产生强度所经历的时间。初凝时间应适当长，以便于施工操作，特别是商品混凝土长距离运输和炎热高温的夏季施工时；终凝与初凝的时间差则越短越好。

混凝土凝结时间的测定通常采用贯入阻力法。

二、硬化混凝土的性能

（一）混凝土的强度

强度是硬化混凝土最重要的性质，混凝土的其他性能与强度均有密切关系，混凝土的强度也是配合比设计、施工控制和质量检验评定的主要技术指标。混凝土的强度主要有抗压强度、抗折强度、抗拉强度、抗剪强度以及握裹钢筋强度。其中抗压强度值最大，故结构工程上混凝土主要承受压力。抗压强度也是最主要的强度指标，混凝土的抗压强度与其他强度间有一定的相关性，可以根据抗压强度的大小来估计其他强度值。

1. 混凝土的立方体抗压强度和强度等级

立方体抗压强度标准值系指对按标准方法制作和养护的边长为150mm的立方体试件，在28d龄期或设计规定龄期，用标准试验方法测得的具有95%保证率的抗压强度值。以 f_{cu} 表示。混凝土强度等级按立方体抗压强度标准值划分。混凝土强度等级有C10、C15、C20、C25、C30、C35、C40、C45、C50、C55、C60、C65、C70、C75、C80、C85、C90、C95、C100共19个等级。《混凝土结构设计规范》（GB 50010—2010）规定的结构混凝土强度等级有C15～C80共14个等级。“C”为混凝土强度符号，“C”后面的数字为混凝土立方体抗压强度标准值。

而对于水利工程混凝土来说，其结构复杂，所以不同工程部位有不同保证率（P）要求，如大体积混凝土一般要求 $P=80\%$，体积较大的钢筋混凝土工程要求 $P=85\%\sim90\%$，薄壁结构工程要求 $P=95\%$等。而且，对于水工大体积混凝土而言，设计龄期一般不采用28d，而普遍采用90d或180d龄期。因此水工混凝土强度等级常用 $C_{90}30$、$C_{180}40$、…方式表示，其含义是保证率为80%情况下，90d龄期的立方体抗压强度标准值为30MPa、180d龄期的立方体抗压强度标准值为40MPa……

强度等级的选择主要根据建筑物的重要性、结构部位和荷载情况确定。

素混凝土结构的混凝土强度等级不应低于C15；钢筋混凝土结构的混凝土强度等级不应低于C20；采用强度等级40MPa及以上的钢筋时，混凝土强度等级不应低于C25。

预应力混凝土结构的混凝土强度等级不宜低于C40；且不应低于C30。

承受重复荷载的钢筋混凝土构件，混凝土强度等级不应低于C30。

2. 轴心抗压强度

轴心抗压强度也称为棱柱体抗压强度。混凝土的立方体抗压强度只是评定强度等级的一个标志，不能直接用来作为结构设计的依据。由于实际结构物（如柱）多为棱柱体构件，为了符合工程实际，在结构设计中混凝土受压构件的计算采用混凝土的轴心抗压强度。轴心抗压强度的测定是采用150mm×150mm×300mm的棱柱体试件，经标准养护到28d测试而得。轴心抗压强度设计值以 f_c 表示，轴心抗压强度标准值以 f_{ck} 表示。

同一材料的轴心抗压强度小于同截面的立方体强度，实验表明，在立方体抗压强度 $f_{cu}=10\sim55$MPa的范围内，其比值大约为0.7～0.8。这是因为抗压强度试验时，试件在上下两块钢压板的摩擦力约束下，侧向变形受到限制，即“环箍效应”，如图3-10所示，立方体试件整体受到环箍效应的限制，测得的强度相对较高。而棱柱体试件的中间区域未受到“环箍效应”的影响，属纯压区，测得的强度相对较低，如图3-11所示。当钢压板与试件之间涂上润滑剂后，摩擦阻力减小，环箍效应减弱，立方体抗压强度与棱柱体抗压强度趋于相等。

混凝土标准试件的轴心抗压强度与标准试件的立方体抗压强度之间有着密切的关系，根据《混凝土结构设计规范》（GB 50010—2010）混凝土的轴心抗压强度标准值 f_{ck} 和轴心抗压强度设计值以 f_c 按表3-34采用。

表 3-34 混凝土轴心抗压强度标准值 单位：MPa

混凝土强度等级	C15	C20	C25	C30	C35	C40	C45	C50	C55	C60	C65	C70	C75	C80
f_{ck}	10.0	13.4	16.7	20.1	23.4	26.8	29.6	32.4	35.5	38.5	41.5	44.5	47.4	50.2
f_c	7.2	9.6	11.9	14.3	16.7	19.1	21.1	23.1	25.3	27.5	29.7	31.8	33.8	35.9

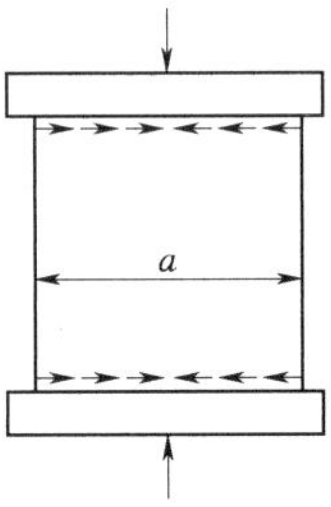

图 3-10 压板对试件的约束作用

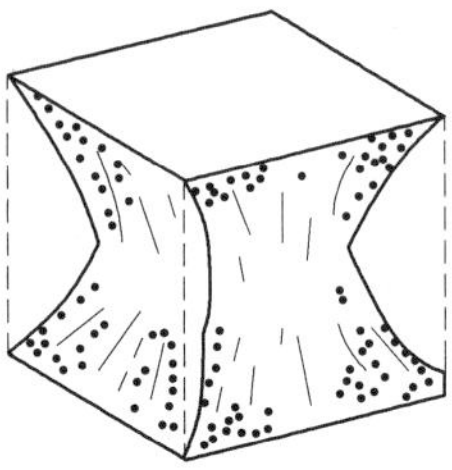

图 3-11 “环箍效应”下的试件破坏

3. 抗拉强度

混凝土的抗拉强度很小，只有抗压强度的 1/20～1/10。为此，在钢筋混凝土结构设计中，一般不考虑承受拉力，而是通过配置钢筋，由钢筋来承担结构的拉力。但抗拉强度对混凝土的抗裂性具有重要作用，它是结构设计中裂缝宽度和裂缝间距计算控制的主要指标，也是抵抗由于收缩和温度变形而导致开裂的主要指标。

用轴向拉伸试验测定混凝土的抗拉强度，由于荷载不易对准轴线而产生偏拉，且夹具处由于应力集中常发生局部破坏，因此试验测试非常困难，测试值的准确度也较低，故国内外普遍采用劈裂法间接测定混凝土的抗拉强度，即劈裂抗拉强度。

劈拉试验的标准试件尺寸为边长 150mm 的立方体，在上下两相对面的中心线上施加均布线荷载，使试件内竖向平面上产生均布拉应力，此拉应力可通过弹性理论计算得出，用式（3-2）计算如下：

$$f_{ts}=\frac{2P}{\pi A}=0.637\frac{P}{A} \tag{3-2}$$

式中 f_{ts}——混凝土劈裂抗拉强度，MPa；

P——破坏荷载，N；

A——试件劈裂面积，mm^2。

劈拉法不但大大简化了试验过程，而且能较准确地反应混凝土的抗拉强度。试验研究表明，轴拉强度低于劈拉强度，两者的比值约为 0.8～0.9。

在混凝土结构设计中，可根据《混凝土结构设计规范》（GB 50010—2010）按表 3-35 来选取混凝土的轴心抗拉强度标准值 f_{tk} 和轴心抗拉强度设计值 f_t。

表 3-35 混凝土轴心抗拉强度标准值 单位：MPa

混凝土强度等级	C15	C20	C25	C30	C35	C40	C45	C50	C55	C60	C65	C70	C75	C80
f_{tk}	1.27	1.54	1.78	2.01	2.20	2.39	2.51	2.64	2.74	2.85	2.93	2.99	3.05	3.11
f_t	0.91	1.10	1.27	1.43	1.57	1.71	1.80	1.89	1.96	2.04	2.09	2.14	2.18	2.22

4. 抗折强度

混凝土的抗折强度标准试件尺寸为150mm×150mm×550mm的小梁，在标准条件下养护28d，按三分点加荷方式测定抗折破坏荷载，如图3-12所示，根据下式计算抗折强度：

$$f_{cf}=\frac{PL}{bh^2} \tag{3-3}$$

式中　f_{cf}——抗折强度，MPa；

P——破坏荷载，N；

L——支座间距，mm；

b、h——试件的宽度和高度，mm。

如采用跨中单点加荷得到的抗折强度，应乘以折算系数0.85。当试件尺寸为非标准试件时，应乘以尺寸换算系数。

5. 影响混凝土强度的主要因素

影响混凝土强度的因素很多，从内因来说主要有水泥强度、水灰比和骨料质量；从外因来说，则主要有施工条件、养护温度和湿度、龄期、试验条件和外加剂等。分析影响混凝土强度各因素的目的，在于可根据工程实际情况，采取相应技术措施，提高混凝土的强度。

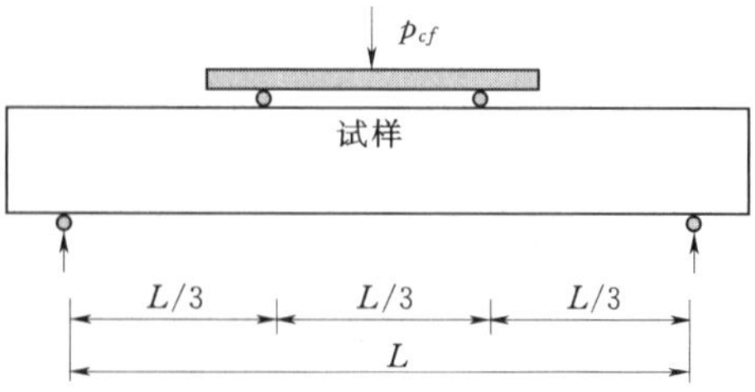

图3-12　混凝土三分点抗折试验装置示意图

（1）水泥强度和水灰比（水胶比）。混凝土的强度主要来自水泥石以及与骨料之间的黏结强度。水泥强度越高，则水泥石自身强度及与骨料的黏结强度就越高，混凝土强度也越高，试验证明，混凝土强度与水泥强度成正比关系。

水泥完全水化的理论需水量约为水泥质量的23%左右，但实际拌制混凝土时，为获得良好的和易性，水灰比大约在0.40～0.65之间，多余水分蒸发后，在混凝土内部留下孔隙，且水灰比越大，留下的孔隙越大，使有效承压面积减少，混凝土强度也就越小。另一方面，多余水分在混凝土内的迁移过程中遇到粗骨料时，由于受到粗骨料的阻碍，水分往往在其底部积聚，形成水泡，极大地削弱砂浆与骨料的黏结强度，使混凝土强度下降。因此，在水泥强度和其他条件相同的情况下，水灰比越小，混凝土强度越高，水灰比越大，混凝土强度越低。但水灰比太小，混凝土过于干稠，不能保证振捣均匀密实，强度反而降低。试验证明，在相同的情况下，混凝土的强度（f_{cu}）与水灰比呈有规律的曲线关系，而与灰水比则呈线性关系。如图3-13所示，通过大量试验资料的数理统计分析，建立了混凝土强度经验公式（3-4）（又称鲍罗米公式）。为提高混凝土的强度和耐久性，满足施工工作性能要求以及某些特殊性能要求，混凝土中常掺加一定数量的矿物掺合料，这些矿物掺合料具有活性成分，能有条件地发生水化反应，与水泥合称为混凝土的胶凝材料，此时的水灰比相应改为水胶比。水胶比是指混凝土中用水量与胶凝材料用量的质量比。

$$f_{cu}=\alpha_a f_b\left(\frac{B}{W}-\alpha_b\right) \tag{3-4}$$

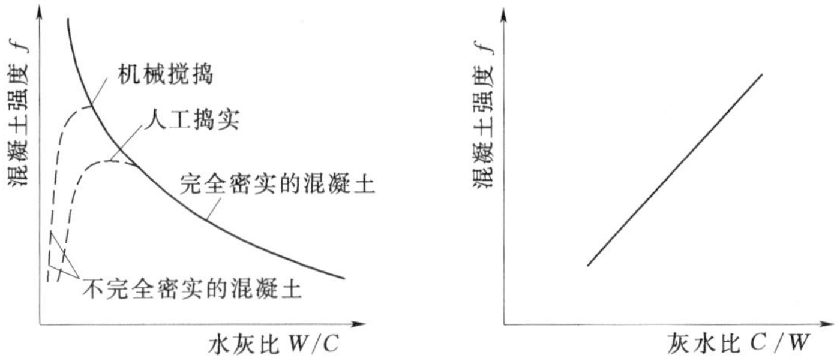

图 3-13　混凝土强度与水灰比及灰水比的关系

式中　f_{cu}——混凝土的立方体抗压强度，MPa；

B/W——混凝土胶水比；即 $1m^3$ 混凝土中胶凝材料与水用量之比，其倒数是水胶比；

α_a、α_b——回归系数，与骨料种类有关；

f_b——胶凝材料（水泥与矿物掺合料按使用比例混合）28d 胶砂强度，MPa。

回归系数 α_a 和 α_b 可通过试验或本地区经验确定，若缺乏统计资料，可按表 3-36 取用。

表 3-36　　回归系数 α_a、α_b 选用表

系数 \ 粗骨料品种	碎石	卵石
α_a	0.53	0.49
α_b	0.20	0.13

上面的经验公式，一般只适用于流动性混凝土和低流动性混凝土，不适用于干硬性混凝土。

混凝土强度经验公式为配合比设计和质量控制带来极大便利。例如，当选定水泥强度等级（或强度）、水灰比（水胶比）和骨料种类时，可以推算混凝土 28d 强度值。又例如，根据设计要求的混凝土强度值，在原材料选定后，可以估算应采用的水灰比（水胶比）值。

（2）骨料的品质。骨料中的有害物质含量高，则混凝土强度低。骨料自身强度不足，也可能降低混凝土强度，在配制高强混凝土时尤为突出。

骨料的颗粒形状和表面粗糙度对强度影响较为显著，如碎石表面较粗糙，多棱角，与水泥砂浆的机械啮合力（即黏结强度）提高，混凝土强度较高。相反，卵石表面光洁，强度也较低，这一点在混凝土强度公式中的骨料系数已有所反映。但若保持流动性相等，水泥用量相等时，由于卵石混凝土可比碎石混凝土适当少用部分水，即水灰比略小，此时，两者强度相差不大。砂的作用效果与粗骨料类似。

当粗骨料中针片状颗粒含量较高时，将降低混凝土强度，对抗折强度的影响更显著。所以在骨料选择时要尽量选用接近球状体的颗粒。

（3）施工条件。施工条件主要指搅拌和振捣成型。一般来说机械搅拌比人工搅拌均匀，因此强度也相对较高；搅拌时间越均匀，混凝土强度越高。

投料方式对强度也有一定影响，采用分次投料搅拌工艺，能比一次全部投料搅拌提高强度 10%左右。

一般情况下，采用机械振捣比人工振捣均匀密实，强度也略高。而且机械振捣允许采用更小的水灰比，获得更高的强度。此外，高频振捣，多频振捣和二次振捣工艺等，均有利于提高强度。

（4）养护条件。混凝土浇筑成型后的养护温度、湿度是决定强度发展的主要外部因素。

养护环境温度高，水泥水化速度加快，混凝土强度发展也快，早期强度高；反之亦然。但是，当养护温度超过40℃以上时，虽然能提高混凝土的早期强度，但28d以后的强度通常比20℃标准养护的低。若温度在冰点以下，不但水泥水化停止，而且有可能因冰冻导致混凝土结构疏松，强度严重降低，尤其是早期混凝土应特别加强防冻措施。

湿度通常指的是空气相对湿度。相对湿度低，空气干燥，混凝土中的水分挥发加快，致使混凝土缺水而停止水化，混凝土强度发展受阻。另一方面，混凝土在强度较低时失水过快，极易引起干缩开裂，影响混凝土耐久性。因此，应特别加强混凝土早期的浇水养护，确保混凝土内部有足够的水分使水泥充分水化。根据有关规定和经验，在混凝土浇筑完毕后12h内应开始对混凝土加以覆盖或浇水，养护开始的具体时间应根据实际情况而定。对硅酸盐水泥、普通水泥和矿渣水泥配制的混凝土浇水养护不得少于7d；使用粉煤灰水泥和火山灰水泥，以及掺有缓凝剂、膨胀剂、大量掺合料或有防水抗渗要求的混凝土浇水养护不得少于14d。

混凝土的养护除自然养护外，常在冬期施工和预制件厂采取湿热处理。湿热处理可分为蒸汽养护和蒸压养护两类。

蒸汽养护就是将成型后的混凝土制品放在100℃以下的常压蒸汽中进行养护，以加快混凝土强度发展的速度。混凝土经16～20h的蒸汽养护后，其强度可达到标准养护条件下28d强度的70％～80％。

蒸压养护是将混凝土在175℃温度和0.8MPa的蒸压釜中进行养护，这种方法对掺有混合材料的水泥更为有效。

在温度高、湿度小的环境，以及多风天气，应根据实际情况增加浇水次数，或采取可靠的保湿措施。低温环境或冬期施工，禁止洒水养护。对于大体积混凝土、早强混凝土、抗渗混凝土等特殊混凝土工程，应制定可靠的养护制度。

（5）龄期。龄期是指混凝土在正常养护下所经历的时间。随养护龄期增长，水泥水化程度提高，凝胶体增多，自由水和孔隙率减少，密实度提高，混凝土强度也随之提高。最初的7～14d内强度增长较快，而后增幅减少，28d以后，强度增长更趋缓慢，但如果养护条件得当，则在较长时间内仍将有所增长。

普通硅酸盐水泥配制的混凝土，在标准养护下，混凝土强度的发展大致与龄期（d）的对数成正比关系，因此可根据某一龄期的强度推定另一龄期的强度。特别是以早期强度推算28d龄期强度。如式（3-5）所示：

$$f_{cu,28}=\frac{\lg 28}{\lg n}f_{cu,n} \tag{3-5}$$

式中　$f_{cu,28}$、$f_{cu,n}$——28d和第n天时的混凝土抗压强度，$n\geqslant 3$。

当采用早强型普通硅酸盐水泥时，由3～7d强度推算28d强度会偏大。

混凝土实际养护时，强度增长受多种因素影响，用上面经验公式所估算的强度与实测强度存在一定差异，应以实测强度为评定依据。

根据上式，可根据早期强度估算混凝土 28d 的强度；或推算 28d 前混凝土达到某一强度所需的养护天数，如确定生产施工进度：混凝土的拆模、构件的起吊、放松预应力钢筋、制品堆放、出厂等的日期。

【例 3-2】 某混凝土在标准条件（温度 20℃±3℃，湿度大于 95%）下养护 7d 测得抗压强度为 26.0MPa，试估算该混凝土 28d 的抗压强度值。

解：

$$f_{cu,28}=\frac{\lg 28}{\lg n}f_{cu,n}=\frac{\lg 28}{\lg 7}\times 26=44.5\ (\text{MPa})$$

（6）外加剂和掺合料。

现代混凝土常掺加外加剂和掺合料来改变混凝土的强度及强度发展进程。

在混凝土中掺入减水剂，可在保证相同流动性前提下，减少用水量，降低水灰比，从而提高混凝土的强度。掺入早强剂，则可有效加速水泥水化速度，提高混凝土早期强度。

掺加粉煤灰、矿粉等掺合料，会提高混凝土强度，掺加硅灰等超细掺合料可配制高强、超高强混凝土。

（7）试验条件对测试结果的影响。

混凝土强度是根据破坏性试验测得的，试验条件会影响测试结果。试验条件是指试件的尺寸、形状、表面状态、含水率和加载速度等。

1）试件尺寸：试验表明，试件的尺寸越小，测得的强度相对越高，这是由于两方面原因：一是“环箍效应”，二是大试件内存在孔隙、裂缝或局部缺陷的几率增大，使强度降低。因此，当采用非标准尺寸试件时，要乘以尺寸换算系数。100mm×100mm×100mm 立方体试件换算成 150mm 边长立方体标准试件时，应乘以系数 0.95；200mm×200mm×200mm 的立方体试件的尺寸换算系数为 1.05。

2）试件形状：主要指棱柱体和立方体试件之间的强度差异。由于“环箍效应”的影响，棱柱体强度较低，这在前面已有分析。

3）表面状态：表面平整，则受力均匀，强度较高；而表面粗糙或凹凸不平，则受力不均匀，强度偏低。若试件表面涂润滑剂及其他油脂物质时，“环箍效应”减弱，强度较低。

4）含水状态：混凝土含水率较高时，由于软化作用，强度较低；而混凝土干燥时，则强度较高。且混凝土强度等级越低，差异越大。

5）加载速度：根据混凝土受压破坏理论，混凝土破坏是在变形达到极限值时发生的。当加载速度较快时，材料变形的增长落后于荷载的增加速度，故破坏时的强度值偏高；相反，当加载速度很慢，混凝土将产生徐变，使强度偏低。

综上所述，混凝土的试验条件，将在一定程度上影响混凝土强度测试结果，因此，试验时必须严格执行有关标准规定。

6. 提高混凝土强度的措施

根据上述影响混凝土强度的因素分析，提高混凝土强度可从以下几方面采取措施：

（1）采用高强度等级水泥。

（2）尽可能降低水灰比，或采用干硬性混凝土。

（3）采用优质砂石骨料（有害杂质少，级配良好，粒径适当），选择合理砂率。

（4）采用机械搅拌和机械振捣，确保搅拌均匀性和振捣密实性，加强施工管理。

（5）改善养护条件，保证合理的温度和湿度条件，必要时可采用湿热养护。

（6）掺入合适的外加剂和掺合料。

（二）混凝土的变形性能

混凝土在凝结硬化过程和凝结硬化以后，均将产生一定量的体积变形。主要包括化学收缩、干湿变形、自收缩、温度变形及荷载作用下的变形。

1. 化学收缩

由于水泥水化产物的体积小于反应前水泥和水的总体积，从而使混凝土出现体积收缩。这种由水泥水化和凝结硬化而产生的自身体积减缩，称为化学收缩。其收缩值随混凝土龄期的增加而增大，大致与时间的对数成正比，亦即早期收缩大，后期收缩小。收缩量与水泥用量和水泥品种有关。水泥用量越大，化学收缩值越大。这一点在富水泥浆混凝土和高强混凝土中尤应引起重视。化学收缩是不可逆变形。

2. 干湿变形——湿胀干缩

干燥混凝土吸湿或吸水后，其干缩变形可得到部分恢复，这种变形称为混凝土的湿胀。混凝土的湿胀变形量很小，对混凝土的性能基本上无影响。对于已干燥的混凝土，即使长期泡在水中，仍有部分干缩变形不能完全恢复，残余收缩约为总收缩的30%～50%。这是因为干燥过程中混凝土的结构和强度均发生了变化。但若混凝土一直在水中硬化时，体积不变，甚至略有膨胀，这是由于凝胶体吸水产生的溶胀作用，与化学收缩并不矛盾。

因混凝土内部水分蒸发引起的体积变形，称为干燥收缩。干缩变形对混凝土危害较大，干缩能使混凝土表面产生较大的拉应力而导致开裂，从而使混凝土的抗渗、抗冻、抗侵蚀等耐久性能降低。在混凝土凝结硬化初期，如空气过于干燥或风速大、蒸发快，可导致混凝土塑性收缩裂缝。在混凝土凝结硬化以后，当收缩值过大，收缩应力超过混凝土极限抗拉强度时，可导致混凝土干缩裂缝。因此，混凝土的干燥收缩在设计时和实际工程中必须十分重视。结构设计中常采用的混凝土干缩率为（1.5～2.0）$\times10^{-4}$，即每米收缩0.15～0.2mm。

3. 自收缩

由于自收缩在普通混凝土中占总收缩的比例较小，几乎被忽略不计。但随着低水胶比高强高性能混凝土的应用，混凝土的自收缩问题重新得以关注。自收缩和干缩产生机理在实质上可以认为是一致的，常温条件下主要由毛细孔失水，形成水凹液面而产生收缩应力。所不同的只是自收缩是因水泥水化导致混凝土内部缺水，外部水分未能及时补充而产生，这在低水胶比高强高性能混凝土中是极其普遍的。干缩则是混凝土内部水分向外部挥发而产生。研究结果表明，当混凝土的水胶比低于0.3时，自收缩率高达200×10^{-6}～400×10^{-6}。此外，胶凝材料的用量增加和硅灰、磨细矿粉的使用都将增加混凝土的自收缩值。

影响混凝土收缩值的因素主要有：

（1）水泥用量。砂石骨料的收缩值很小，故混凝土的干缩主要来自水泥浆的收缩，水泥浆的收缩值可达2000×10^{-6}m/m以上。在水灰比一定时，水泥用量越大，混凝土干缩值也越大。故在配制高强混凝土时，尤其要控制水泥用量。相反，若骨料含量越高，水泥用量越少，则混凝土干缩越小。对普通混凝土而言，相应的干缩比为混凝土：砂浆：水泥浆＝1：2：4 左右。混凝土的极限收缩值约为 $(500\sim900)\times10^{-6}$m/m。

(2) 水灰比。在水泥用量一定时，水灰比越大，意味着多余水分越多，蒸发收缩值也越大。因此要严格控制水灰比，尽量降低水灰比。

(3) 水泥品种、细度和强度。一般情况下，采用矿渣水泥、火山灰水泥配制的混凝土，其收缩率明显大于采用普通水泥配制的混凝土。水泥颗粒愈细，混凝土干缩率越大；高强度水泥比低强度水泥收缩大。

(4) 环境条件。气温越高、环境湿度越小或风速越大，混凝土的干燥速度越快，在混凝土凝结硬化初期特别容易引起干缩开裂，故必须加强早期浇水养护。空气相对湿度越低，最终的极限收缩也越大。

(5) 骨料的影响。骨料用量少的混凝土，干缩率较大；骨料的弹性模量越小，混凝土的干缩率越大，故轻骨料混凝土的收缩比普通混凝土大得多；用吸水率大、含泥量大的骨料，混凝土的干缩率较大。

(6) 施工质量的影响。在水中养护或在潮湿条件下养护可大大减小混凝土的干缩率；采用湿热处理养护，也可有效减小混凝土的干缩率。延长养护时间能推迟干缩变形的发生和发展，但影响较小。

4. 温度变形

混凝土也具有热胀冷缩的性质，这种热胀冷缩的变形称为温度变形。混凝土的温度膨胀系数约为 $(6\sim12)\times10^{-6}$，常取 10×10^{-6}m/m·℃。即温度每升高或降低 1℃，长 1m 的混凝土将产生 0.01mm 的膨胀或收缩变形。混凝土的温度变形对大体积混凝土、纵长结构混凝土及大面积混凝土工程等极为不利，极易产生温度裂缝。如纵长 100m 的混凝土，温度升高或降低 30℃则将产生 30mm 的膨胀或收缩，在完全约束条件下，混凝土内部将产生 7.5MPa 左右拉应力，足以导致混凝土开裂。故纵长结构或大面积混凝土均要采取设置伸缩缝、配置温度钢筋等措施，防止混凝土开裂。

混凝土是热的不良导体，散热较慢，在混凝土硬化初期，水泥水化释放的大量水化热将在混凝土内部蓄积而使混凝土的内部温度升高，这种现象对大体积混凝土来说尤为明显，有时可使内外温差达到 20℃以上。水泥用量越多，水化放热量越大，内外温差越大。较大的混凝土内外温差将使内部混凝土的体积产生较大膨胀，而外部混凝土随气温降低而收缩，致使外部混凝土产生拉应力，严重时将导致混凝土产生裂缝——即“温度裂缝”。因此，对大体积混凝土工程，必须设法采取有效措施，以减少因温度变形而引起的混凝土质量问题，如采用低热水泥，减少水泥用量，掺加缓凝剂，采用人工降温，设温度伸缩缝，以及在结构内配置温度钢筋等。

5. 荷载作用下的变形

(1) 短期荷载作用下的变形。混凝土在外力作用下的变形包括弹性变形和塑性变形两部分。塑性变形主要由水泥凝胶体的塑性流动和各组成成分间的滑移产生，所以混凝土是一种弹塑性材料，在短期荷载作用下，混凝土既产生可以恢复的弹性变形，又产生不可恢复的塑性变形，其应力与应变关系为一条曲线，如图 3－14 所示。

(2) 混凝土的静力弹性模量。弹性模量为应力与应变之比值。对纯弹性材料来说，弹性模量是一个定值，而对混凝土这一弹塑性材料来说，不同应力水平的应力与应变之比值为变数。应力水平越高，塑性变形比重越大，故测得的比值越小。因此，我国标准规定，混凝土的弹性模量是以棱柱体（150mm×150mm×300mm）试件抗压强度的40%作为控制值，在此应力水平下重复加荷—卸荷3次以上，以基本消除塑性变形后测得的应力—应变之比值，是一个条件弹性模量，在数值上近似等于初始切线的斜率。表达式为：

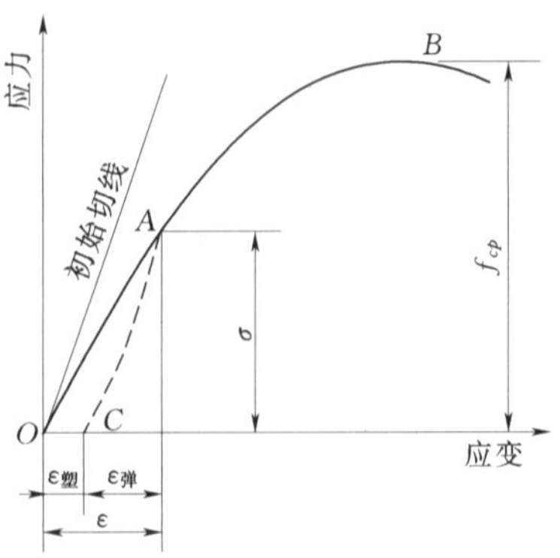

图3-14　混凝土在荷载作用下的应力—应变关系

$$E_h=\frac{\sigma}{\varepsilon} \tag{3-6}$$

式中　E_h——混凝土静力抗压弹性模量，MPa；

σ——混凝土的应力取40%的棱柱体强度，MPa；

ε——混凝土应力为σ时的弹性应变，m/m无量纲。

混凝土弹性模量与混凝土强度有密切关系，当缺乏试验资料时，根据《混凝土结构设计规范》（GB 50010—2010）按表3-37选用。

表3-37　　**混凝土弹性模量**　　单位：$\times10^4$MPa

强度等级	C15	C20	C25	C30	C35	C40	C45	C50	C55	C60	C65	C70	C75	C80
弹性模量	2.20	2.55	2.80	3.00	3.15	3.25	3.35	3.45	3.55	3.60	3.65	3.70	3.75	3.80

在实际工程中，不同用途的混凝土结构，对混凝土弹性模量的要求是不一样的。对于一般建筑物的混凝土结构，要求在受力时仅产生较小的变形，即须有足够的刚度，所以要求混凝土具有足够高的弹性模量；但对于水利水电工程中的混凝土防渗墙来说，为了保持混凝土防渗墙刚性体与坝基柔性体间在受力过程中的变形协调性，要求混凝土在受力时能承受较大的变形，所以要求混凝土具有较小的弹性模量。

影响弹性模量的因素主要有：

1）混凝土强度越高，弹性模量越大。C10～C60混凝土的弹性模量约在1.75×10^4～3.60×10^4MPa。

2）骨料含量越高，骨料自身的弹性模量越大，则混凝土弹性模量越大。

3）混凝土水灰比越小，混凝土越密实，弹性模量越大。

4）混凝土养护龄期越长，弹性模量也越大。

5）早期养护温度较低时，弹性模量较大，亦即蒸汽养护混凝土的弹性模量较小。

6）掺入引气剂将使混凝土弹性模量下降。

（3）长期荷载作用下的变形——徐变。

混凝土在一定的应力水平（如50%～70%的极限强度）下，保持荷载不变，随着时间的延续而增加的变形称为徐变。其特征是加荷早期的徐变增加较快，后期减缓，2～3年后趋于稳定。徐变产生的原因主要是凝胶体的黏性流动和滑移。混凝土在卸荷后，一部分变形瞬间恢复，这一变形小于最初加荷时产生的弹塑性变形。在卸荷后一定时间内，变形还会缓慢恢复一部分，称为徐变恢复。最后残留部分的变形称为残余变形。混凝土的徐变一般可达 $300\times10^{-6}\sim1500\times10^{-6}$ m/m。

混凝土的徐变在不同结构物中有不同的作用。对普通钢筋混凝土构件，能消除混凝土内部温度应力和收缩应力，减弱混凝土的开裂现象。对预应力混凝土结构，混凝土的徐变使预应力损失大大增加，这是极其不利的。因此预应力结构一般要求较高的混凝土强度等级以减小徐变及预应力损失。

影响混凝土徐变变形的因素主要有：

1）水泥用量越大（水灰比一定时），徐变越大。

2）水灰比越小，徐变越小。

3）龄期长、结构致密、强度高，则徐变小。

4）骨料用量多，骨料弹性模量高，级配好，最大粒径大，则徐变小。

5）应力水平越高，徐变越大。

（三）混凝土的耐久性

混凝土的耐久性是指在外部和内部不利因素的长期作用下，保持其原有设计性能和使用功能的性质。耐久性是混凝土结构经久耐用的重要指标。外部因素指的是酸、碱、盐的腐蚀作用，冰冻破坏作用，水压渗透作用，碳化作用，干湿循环引起的风化作用，荷载应力作用和振动冲击作用等。内部因素主要指的是碱骨料反应和自身体积变化。根据混凝土所处的环境条件不同，混凝土耐久性应考虑的因素也不同。通常用混凝土的抗渗性、抗冻性、抗碳化性能、抗腐蚀性能和碱骨料反应综合评价混凝土的耐久性。

《混凝土结构设计规范》（GB 50010—2010）对混凝土结构耐久性作了明确界定，共分为 5 大环境类别，见表 3-38。

表 3-38　混凝土结构的环境类别

环境类别		条件
一		室内干燥环境；无侵蚀性静水浸没环境
二	a	室内潮湿环境；非严寒和非寒冷地区与无侵蚀性的水或土壤直接接触的环境； 非严寒和非寒冷地区的露天环境；严寒和寒冷地区的冰冻线以下与无侵蚀性的水或土壤直接接触的环境
二	b	干湿交替环境；水位频繁变动环境；严寒和寒冷地区的露天环境； 严寒和寒冷地区的冰冻线以上与无侵蚀性的水或土壤直接接触的环境
三	a	严寒和寒冷地区冬季水位变动区环境；受除冰盐影响环境；海风环境
三	b	盐渍土环境；受除冰盐作用环境；海岸环境
四		海水环境
五		受人为或自然的侵蚀性物质影响的环境

注　1. 室内潮湿环境是指构件表面经常处于结露或湿润状态的环境。

2. 严寒和寒冷地区的划分应符合国家标准《民用建筑热工设计规范》（GB 50176）的有关规定。

3. 海岸环境和海风环境宜根据当地情况，考虑主导风向及结构所处迎风、背风部位等因素的影响，由调查研究和工程经验确定。

4. 受除冰盐影响环境是指受到除冰盐盐雾影响的环境；受除冰盐作用环境是指被除冰盐溶液溅射的环境以及使用除冰盐地区的洗车房、停车楼等建筑。

5. 暴露的环境是指混凝土结构表面所处的环境。

一类、二类和三类环境中，设计使用年限为50年的结构混凝土的耐久性应符合表3-39的规定。

表3-39　结构混凝土的耐久性基本要求

环境类别		最大水胶比	最低混凝土强度等级	最大氯离子含量/%	最大碱含量/(kg·m^{-3})
一		0.60	C20	0.30	不限制
二	a	0.55	C25	0.20	3.0
	b	0.50（0.55）	C30（C25）	0.15	
三	a	0.45（0.50）	C35（C30）	0.15	
	b	0.40	C40	0.15	

注　1. 氯离子含量系指其占胶凝材料总量的百分比。
2. 预应力构件混凝土中最大氯离子含量为0.06%，最低混凝土强度等级宜按表中的规定提高两个等级。
3. 素混凝土结构的水胶比和最低强度等级的要求可适当放松。
4. 当有可靠工程经验时，二类环境中的最低混凝土强度等级可降低一个等级。
5. 处于严寒和寒冷地区二b、三a类环境中的混凝土应使用引气剂，并可采用括号中的有关参数。
6. 当使用非碱活性骨料时，对混凝土中的碱含量可不作限制。

对一类环境中，设计使用年限为100年的结构混凝土，应符合下列规定：钢筋混凝土结构的最低混凝土强度等级为C30；预应力混凝土结构为C40；最大氯离子含量为0.06%；宜使用非碱活性骨料，当使用碱活性骨料时，最大碱含量为3.0kg/m^3；保护层厚度相应增加40%；使用过程中应定期维护。

对二类和三类环境中设计使用年限为100年的混凝土结构，应采取专门有效措施。

三类环境中的结构构件，其受力钢筋宜采用环氧树脂涂层带肋钢筋；对预应力钢筋、锚具及连接器，应采取专门防护措施。

四类和五类环境中的混凝土结构，其耐久性要求应符合有关标准的规定。

1. 混凝土的抗渗性

混凝土的抗渗性是指抵抗压力液体（水、油、溶液等）渗透作用的能力。抗渗性是决定混凝土耐久性最主要的技术指标。因为混凝土抗渗性好，即混凝土密实性高，外界腐蚀介质不易侵入混凝土内部，从而抗腐蚀性能就好。同样，水不易进入混凝土内部，冰冻破坏作用和风化作用就小。因此混凝土的抗渗性可以认为是混凝土耐久性指标的综合体现。对一般混凝土结构，特别是地下建筑、水池、水塔、水管、水坝、排污管渠、油罐以及港工、海工混凝土结构，更应保证混凝土具有足够的抗渗性能。

混凝土的抗渗性能用抗渗等级表示。因现行行业规范不同，抗渗等级符号的表示方法也不同，如“Sn”、“Pn”、“Wn”。防水工程的抗渗等级符号分为P6、P8、P10和P12，分别表示混凝土能抵抗0.6、0.8、1.0MPa和1.2MPa的水压力而不渗漏。水利水电工程用混凝土抗渗等级分为W2、W4、W6、W8、W10、W12六级，抗渗等级不小于W6级的混凝土称为抗渗混凝土。

混凝土结构设计中，抗渗等级的选择应根据混凝土的用途、承受的水压等选用。过去按《地下工程防水技术规范》（GBJ 108—87）和《高层建筑混凝土结构技术规程》（JGJ 3—2002）规定的按最大水头与防水混凝土厚度的比值确定混凝土的设计抗渗等级，其值偏高，施工困难，混凝土质量难以保证。现行《地下工程防水技术规范》（GB 50108—2001）改为按工程的埋置深度来确定混凝土的设计抗渗等级，见表3-40。

表3-40　　防水混凝土工程设计抗渗等级

埋置深度/m	<10	10～20	20～30	30～40
抗渗等级	P6	P8	P10	P12

影响混凝土抗渗性的主要因素有：

（1）水灰比和水泥用量。水灰比和水泥用量是影响混凝土抗渗透性能的最主要指标。水灰比越大，多余水分蒸发后留下的毛细孔道就多，亦即孔隙率大，又多为连通孔隙，故混凝土抗渗性能越差。特别是当水灰比大于0.6时，抗渗性能急剧下降。因此，为了保证混凝土的耐久性，对水灰比必须加以限制。如某些工程从强度计算出发可以选用较大水灰比，但为了保证耐久性又必须选用较小水灰比，此时只能提高强度、服从耐久性要求。为保证混凝土耐久性，水泥用量的多少，在某种程度上可由水灰比表示。因为混凝土达到一定流动性的用水量基本一定，水泥用量少，亦即水灰比大。《普通混凝土配合比设计规程》（JGJ 55—2000）中对水灰比值作了如表3-41所示的限制。

（2）骨料含泥量和级配。骨料含泥量高，则总表面积增大，混凝土达到同样流动性所需用水量增加，毛细孔道增多；另一方面，含泥量大的骨料界面黏结强度低，也将降低混凝土的抗渗性能。若骨料级配差，则骨料空隙率大，填满空隙所需水泥浆增多，同样导致毛细孔增加，影响抗渗性能。如水泥浆不能完全填满骨料空隙，则抗渗性能更差。

表3-41　　抗渗混凝土最大水灰比

混凝土抗渗等级	最大水灰比	
	C20～C30混凝土	C30以上混凝土
W6	0.60	0.55
W8～W12	0.55	0.50
W12以上	0.50	0.45

（3）施工质量和养护条件。搅拌均匀、振捣密实是混凝土抗渗性能的重要保证。适当的养护温度和浇水养护是保证混凝土抗渗性能的基本措施。如果振捣不密实留下蜂窝、孔洞，抗渗性就严重下降，如果温度过低产生冻害或温度过高产生温度裂缝，抗渗性能严重降低。如果浇水养护不足，混凝土产生干缩裂缝，也严重降低混凝土抗渗性能。因此，要保证混凝土良好的抗渗性能，施工养护是一个极其重要的环节。

此外，水泥的品种、混凝土拌合物的保水性和黏聚性等，对混凝土抗渗性能也有显著影响。

掺加矿物掺合料，能提高混凝土密实度，细化孔隙，改善孔结构和骨料与水泥石界面的过渡区结构，也可提高抗渗性。

提高混凝土抗渗性的措施，除了对上述相关因素加以严格控制外，可通过掺入引气剂或引气减水剂提高抗渗性。其主要作用机理是引入微细封闭孔隙、阻断连通毛细孔道，同时降低水灰比。但对长期处于潮湿和严寒环境中混凝土的含气量应分别不小于4.5%

（D_{max}=40mm）、5.5%（D_{max}=25mm）、5.0%（D_{max}=20mm）。

2. 混凝土的抗冻性

混凝土的抗冻性是指混凝土在吸水饱和状态下，能经受多次冻融循环而不破坏，同时也不严重降低强度的性能。

混凝土冻融破坏的机理，主要是内部毛细孔中的水结冰时产生9%左右的体积膨胀，在混凝土内部产生膨胀应力，当这种膨胀应力超过混凝土局部的抗拉强度时，就可能产生微细裂缝，在反复冻融作用下，混凝土内部的微细裂缝逐渐增多和扩大，最终导致混凝土强度下降，或混凝土表面（特别是棱角处）产生酥松剥落，直至完全破坏。

混凝土抗冻性以抗冻等级表示。抗冻等级是以28d龄期的标准试件在吸水饱和后于−25～+20℃的冻融液中进行反复冻融循环，以达到相对动弹性模量下降至初始值的60%或质量损失率达5%中任一条件时，所能承受的最大冻融循环次数来确定。混凝土工程的结构（包括构件）混凝土基本采用抗冻等级（快冻法），符号为F；建材行业的混凝土制品基本上还沿用抗冻标号（慢冻法），符号为D；混凝土的抗冻等级可分为：F10、F15、F25、F50、F100、F150、F200、F250和F300九级，分别表示混凝土能够承受反复冻融循环的次数为10、15、25、50、100、150、200、250次和300次。水利工程混凝土的抗冻等级可分为：F50、F100、F150、F200、F250和F300六级。抗冻等级≥F50的混凝土称为抗冻混凝土。

影响混凝土抗冻性的主要因素有：

（1）水灰比或孔隙率。水灰比大，则孔隙率大，吸水率也增大，冰冻破坏严重，抗冻性差。

（2）孔隙特征。连通毛细孔易吸水饱和，冻害严重。若为封闭孔，则不易吸水，冻害就小。故加入引气剂能提高抗冻性。若为粗大孔隙，则混凝土一离开水面水就流失，冻害就小。

（3）吸水饱和程度。若混凝土的孔隙非完全吸水饱和，冰冻过程产生的冰胀压力促使水分向孔隙处迁移，从而降低冰冻膨胀应力，对混凝土破坏作用就小。

（4）混凝土的自身强度。在相同的冰冻破坏应力作用下，混凝土强度越高，冻害程度也就越低。

此外还与降温速度和冰冻温度有关。

从上述分析可知，要提高混凝土抗冻性，关键是提高混凝土的密实性，即降低水灰比；加强施工养护，提高混凝土的强度和密实性，同时也可掺入引气剂等改善孔结构。

3. 混凝土的抗碳化性能

（1）混凝土碳化机理。混凝土碳化是指混凝土内水化产物$Ca(OH)_2$与空气中的CO_2在一定湿度条件下发生化学反应，产生$CaCO_3$和水的过程。反应式如下：

$$Ca(OH)_2+CO_2+H_2O=CaCO_3+2H_2O$$

碳化使混凝土的碱度下降，故也称混凝土中性化。碳化过程是由表及里逐步向混凝土内部发展的，碳化深度大致与碳化时间的平方根成正比，可用下式表示：

$$L=K\sqrt{t} \tag{3-7}$$

式中　L——碳化深度，mm；

t——碳化时间，d；

K——碳化速度系数。

碳化速度系数与混凝土的原材料、孔隙率和孔隙构造、CO_2 浓度、温度、湿度等条件有关。在外部条件（CO_2 浓度、温度、湿度）一定的情况下，它反映混凝土的抗碳化能力强弱。其值越大，混凝土碳化速度越快，抗碳化能力越差。

快速碳化试验碳化深度小于 20mm 的混凝土，其抗碳化性能较好，通常可满足大气环境下 50 年的耐久性要求。在大气环境下，有其他腐蚀介质侵蚀的影响，混凝土的碳化会发展得快一些，此种情况下快速碳化试验碳化深度小于 10mm 的混凝土的碳化性能良好。

（2）碳化对混凝土性能的影响。碳化作用对混凝土的负面影响主要有两方面：一是碳化作用使混凝土的收缩增大，导致混凝土表面产生拉应力，从而降低混凝土的抗拉强度和抗折强度，严重时直接导致混凝土开裂。由于开裂降低了混凝土的抗渗性能，使得 CO_2 和其他腐蚀介质更易进入混凝土内部，加速碳化作用，降低耐久性。二是碳化作用使混凝土的碱度降低，失去混凝土强碱环境对钢筋的保护作用，导致钢筋锈蚀膨胀，严重时，使混凝土保护层沿钢筋纵向开裂，直至剥落，进一步加速碳化和腐蚀，严重影响钢筋混凝土结构的力学性能和耐久性能。

碳化作用对混凝土有利的两个方面是：一是碳化生成的 $CaCO_3$ 能填充混凝土中的孔隙，使密实度提高；另一方面，碳化作用释放出的水分有利于促进未水化水泥颗粒的进一步水化。因此，碳化作用能适当提高混凝土的抗压强度，但对混凝土结构而言，碳化作用造成的危害远远大于抗压强度的提高。

（3）影响混凝土碳化速度的主要因素。

1）混凝土的水灰比。水灰比是影响混凝土碳化速度的最主要因素，水灰比的大小主要影响混凝土孔隙率和密实度，水灰比大，混凝土的碳化速度就快。

2）水泥品种和用量。硅酸盐水泥和普通硅酸盐水泥的水化产物中 $Ca(OH)_2$ 含量高，碳化同样深度所消耗的 CO_2 量要求多，相当于碳化速度减慢。而矿渣水泥、火山灰水泥、粉煤灰水泥、复合水泥以及高掺量混合材料配制的混凝土，$Ca(OH)_2$ 含量低，碱度低，故碳化速度相对较快。

水泥用量大，碳化速度相对较慢。

3）施工养护。搅拌均匀、振捣密实、养护良好的混凝土碳化速度较慢。

蒸汽养护的混凝土碳化速度相对较快。

4）环境条件。空气中 CO_2 的浓度大，碳化速度加快。

当空气相对湿度为 50%～75%时，碳化速度最快。当相对湿度小于 20%时，由于缺少水环境，碳化终止；当相对湿度达 100%或水中混凝土，由于 CO_2 不易进入混凝土孔隙内，碳化也将停止。

（4）提高混凝土抗碳化性能的措施。从上述影响混凝土碳化速度的因素分析可知，提高混凝土抗碳化性能的关键是提高混凝土的密实性，降低孔隙率，阻止 CO_2 向混凝土内部渗透。提高混凝土碳化性能的主要措施有：

1）根据环境条件合理选择水泥品种。

2）使用减水剂、引气剂等外加剂降低水灰比或改善孔隙结构。

3）采用水灰比小、单位水泥用量较大的混凝土配合比，提高混凝土的密实度。

4）保证混凝土浇筑振捣质量，加强养护。

5）在混凝土表面涂刷保护层，防止 CO_2 侵入等。

4. 混凝土的碱—骨料反应

碱—骨料反应是指混凝土内水泥中所含的碱（K_2O 和 Na_2O），与骨料中的活性 SiO_2 发生化学反应，在骨料表面形成碱—硅酸凝胶，吸水后将产生 3 倍以上的体积膨胀，从而导致混凝土膨胀开裂而破坏。碱—骨料反应速度极慢，但造成的危害极大，一般要经过若干年后才会发现，而一旦发生则很难修复。从外观上看，在少钢筋约束的部位多产生网状裂缝，在受钢筋约束的部位多沿主筋方向开裂，很多情况下还可看到从裂缝溢出白色或透明胶体的痕迹。

发生碱—骨料反应必须具备的 3 个条件是：①混凝土中含碱量较高［水泥含碱当量 $(Na_2O+0.658K_2O)\%>0.6\%$，或混凝土中含碱量超过 $3.0kg/m^3$］；②骨料中含有相当数量活性成分；③潮湿环境，有充分的水分或湿空气供应。

因此，对水泥中碱含量 $>0.6\%$；骨料中含有活性 SiO_2 且在潮湿环境或水中使用的混凝土工程，必须加以重视。大型水工结构、桥梁结构、高等级公路、飞机场跑道一般均要求对骨料进行碱活性试验或对水泥的碱含量加以限制。

避免碱—骨料反应的措施有：

（1）尽量采用非活性骨料。

（2）选用低碱水泥，并严格控制混凝土中总的含碱量。

（3）在混凝土中掺入适量的粉煤灰、磨细矿渣等掺合料，可延缓或抑制混凝土的碱—骨料反应。

（4）改善混凝土的结构。如在混凝土中掺用引气剂，使其中含有大量均匀分布的微小气泡，可减小膨胀破坏作用；保证施工质量，防止因振捣不密实产生的蜂窝麻面及因养护不当产生的干缩裂缝等，能防止水分侵入混凝土内部，从而起到制止碱—骨料反应的作用。

（5）改善混凝土的使用条件。应尽量使混凝土结构处于干燥状态，特别是要防止经常受干湿交替变化，必要时还可以在混凝土表面进行防水处理。

5. 抗磨性及抗气蚀性

抗磨性是路面、机场跑道和桥梁混凝土的重要性能指标之一，这类工程均要求混凝土具有较好的耐磨性能。受挟砂高速水流冲刷的桥墩、溢洪道表面、管渠、河坝用混凝土、受反复冲击动荷载及循环磨损的道路路面混凝土，要求具有较高的抗冲刷耐磨性。混凝土的抗磨性与混凝土强度、原材料的特性及配比等密切相关。选用坚硬耐磨的骨料与颗粒分布较宽、强度等级较高的硅酸盐水泥配制成的高强度混凝土，若经振捣密实、并保证表面平整光滑，则具有较高的耐磨性。对于有抗磨要求的混凝土，其强度等级应不低于 C35。对于受磨损特别严重的部位，可采用耐磨性较强的材料加以防护。

对于表面凹凸不平、断面突变或急速转弯的渠道、溢洪道等结构体，当高速水流流经时会出现气蚀现象，在结构体表面产生高频、局部、具有冲击性的应力而剥蚀混凝土。气蚀现象的产生与建筑物类型、水流条件等因素有关。解决气蚀问题的方法是在设计、施工及运行中消除发生气蚀的原因，并在结构体过水表面采用抗气蚀性较好的材料。对混凝土来说，提高抗气蚀性的主要途径是采用C50以上等级的混凝土，控制粗骨料的最大粒径不大于20mm，掺用硅粉和高效减水剂，严格控制施工质量，保证所浇筑混凝土结构密实、表面光滑平整。

6. 抗侵蚀性

当混凝土所处的环境水有侵蚀性时，混凝土便会遭受侵蚀，通常有软水侵蚀、硫酸盐侵蚀、镁盐侵蚀、碳酸侵蚀、一般酸类侵蚀与强碱侵蚀等，其侵蚀机理详见第二章水泥相关章节。海水中的氯离子还会对钢筋起锈蚀作用，促使混凝土破坏。

一般在混凝土处于硫酸盐侵蚀环境时会对混凝土的抗硫酸盐性能提出要求，一般而言，抗硫酸盐等级为KS120的混凝土具有较好的抗硫酸盐侵蚀性能，抗硫酸盐等级超过KS150的混凝土具有优异的抗硫酸盐侵蚀性能。

混凝土氯离子迁移系数往往是针对海洋等氯离子侵蚀环境的控制指标，此类环境的工程由于耐久性需要，一般都掺入较多的矿物掺合料，规定84d龄期指标相对比较合理，目前84d龄期指标已经被工程广泛采用。一般而言，84d龄期的氯离子迁移系数小于$2.5\times10^{-12}m^2/s$，表明混凝土具有较好的抗氯离子渗透性能。系数小于$1.5\times10^{-12}m^2/s$，表明混凝土具有优异的抗氯离子渗透性能。当采用电通量作为混凝土抗氯离子渗透性能的指标控制时，对于大掺量矿物掺合料（混凝土中水泥混合料与矿物掺合料之和超过胶凝材料用量的50%）的混凝土，28d的试验结果可能不能准确反映混凝土真实的氯离子渗透性能，故允许采用56d的测试值进行判定，见表3-42、表3-43。

表3-42　　抗氯离子渗透性等级与混凝土耐久性水平关系

等级代号	Ⅰ	Ⅱ	Ⅲ	Ⅳ	Ⅴ
耐久性水平	差	较差	较好	好	很好

表3-43　　电通量的等级划分

电通量/C	>4000	2000～4000	1000～2000	100～1000	<100
氯离子渗透性评价	高	中等	低	很低	可忽略

混凝土的抗侵蚀性与所用水泥品种、混凝土的密实程度和孔隙特征有关。与硅酸盐水泥和普通水泥相比，矿渣水泥、火山灰质水泥、粉煤灰水泥和复合水泥的抗侵蚀性较好；结构密实和具有封闭孔隙的混凝土，环境水不易侵入，故其抗侵蚀性较好。所以，提高混凝土抗侵蚀性的措施，主要是合理选择水泥品种，降低水灰比，提高混凝土密实度和改善孔隙结构。

7. 提高混凝土耐久性的措施

虽然混凝土工程因所处环境和使用条件不同，有不同的耐久性要求，但就影响混凝土耐久性的因素来说，混凝土的密实度是关键，因此提高混凝土的耐久性可以从以下几方面进行：

（1）控制混凝土最大水灰比和最小水泥用量。

（2）合理选择水泥品种。

（3）选用品质良好、级配合格的骨料。

(4) 加强施工质量控制。

(5) 采用适宜的外加剂。

(6) 掺入粉煤灰、磨细矿粉、硅灰或沸石粉等活性混合材料。

耐久性是一项长期性能，而破坏过程又十分复杂。因此，要较准确地进行测试及评价，还存在着不少困难。现在只是采用快速模拟试验，对在一个或少数几个破坏因素作用下的一种或几种性能变化，进行对比并加以测试的方法还不够理想，评价标准也不统一，对于破坏机理及相似规律更缺少深入的研究，因此到目前为止，混凝土的耐久性还难于预测。除了试验室快速试验以外，进行长期暴露试验和工程实物的观测，从而积累长期数据，将有助于耐久性的正确评定。

第四节 混凝土配合比设计

一、混凝土的质量控制

(一) 混凝土质量波动的原因与规律

在混凝土生产过程中，混凝土的质量波动是不可避免的，因此必须对混凝土的质量进行及时的检测和控制，以保证混凝土的质量，从而保证结构工程质量。

引起混凝土质量波动的主要原因包括以下三个方面：

(1) 材料的质量波动。

如水泥的品种与强度的改变，砂、石的种类和质量（包括有害杂质的含量、颗粒级配、细度模数、粒径、粒形等）的变化，尤其是骨料含水率的变化会改变水胶比，从而对混凝土质量产生较大的影响。

(2) 施工及养护阶段的质量波动。

如水胶比的改变，各组成材料的计量误差，搅拌时间不一致，混凝土拌和物浇筑后振捣密实程度不同，混凝土在养护过程中温度、湿度环境条件的变化等均会对混凝土的质量产生影响。

(3) 试验条件变化引起的质量波动。

在制作混凝土标准试件时，取样的方法、成型时密实程度、养护的条件、抗压强度试验时荷载的加荷速度以及试验人员本身的误差等都会对混凝土的质量产生影响。

在正常的施工条件下，对于混凝土材料的许多影响因素都是随机的，混凝土的强度变化也是随机的。测定混凝土强度时，若以混凝土的强度为横坐标，以某一强度出现的概率为纵坐标，绘制出的强度概率分布曲线一般接近正态分布曲线（如图 3-15 所示）。

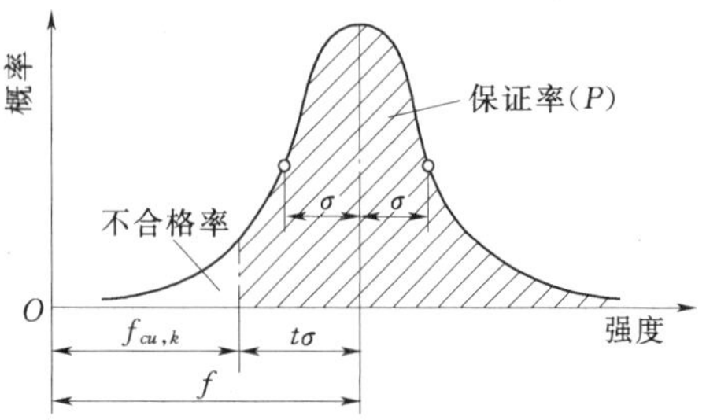

图 3-15 正态分布曲线

从图 3-15 中可知，正态分布曲线愈窄而高，相应的标准差值（拐点离对称轴的距离）越小，说明混凝土的强度越集中于平均强度附近，混凝土的均匀性好，质量波动小，施工质量水平较高；相反，如曲线宽而矮，表明混凝土强度数据的离散性大，混凝土的质量波动大，均匀性差，施工质量水平差。

（二）混凝土质量评定指标

由于混凝土强度波动规律满足正态分布规律，在正常连续生产的情况下，可用数理统计的方法对混凝土的质量进行评定。常用的评定指标有混凝土的平均强度、强度标准差、变异系数和强度保证率等。

1. 强度平均值$\overline{f_{cu}}$

同一批混凝土，在某一统计期内连续取样制作多组试件（每组 3 块），测得各组试件的标准立方体抗压强度值分别为 $f_{cu,1}$、$f_{cu,2}$、$f_{cu,3}$、…、$f_{cu,n}$，求算术平均值，即得平均强度$\overline{f_{cu}}$，可用式（3－8）表示。

$$\overline{f_{cu}} = \frac{f_{cu,1} + f_{cu,2} + f_{cu,3} + \cdots + f_{cu,n}}{n} = \frac{1}{n}\sum_{i=1}^{n} f_{cu,i} \tag{3-8}$$

式中　$f_{cu,i}$——每一组试件的标准立方体抗压强度值，MPa；

$\overline{f_{cu}}$——n 组试件的强度平均值，MPa。

平均强度反映混凝土总体强度的平均值，但不反映混凝土强度的波动情况。反映混凝土强度波动的指标是标准差和变异系数。

2. 标准差 σ

混凝土的强度标准差又称均方差，是强度分布曲线上拐点距离强度平均值间的距离，σ 值愈小，则强度概率分布曲线愈窄而高，说明强度的离散程度愈小，混凝土的质量愈均匀，反之则刚好相反。可按式（3－9）计算混凝土的强度标准差。

$$\sigma = \sqrt{\frac{\sum_{i=1}^{n}(f_{cu,i} - \overline{f}_{cu})^2}{n-1}} \tag{3-9}$$

式中　$f_{cu,i}$——统计周期内同一品种混凝土第 i 组试件的强度值，MPa；

$\overline{f}_{cu}$——统计周期内同一品种混凝土 n 组试件的强度平均值，MPa；

n——统计周期内同品种混凝土试件的总组数。

3. 变异系数 C_v

$$C_v = \frac{\sigma}{\overline{f_{cu}}} \tag{3-10}$$

变异系数即为标准差与平均强度比值，实际上反映了相对于平均强度而言，混凝土强度的变异程度。其值愈小，说明混凝土的质量愈均匀，波动愈小，施工管理水平愈高。如强度标准差 σ 相同的两批混凝土，第一批混凝土的平均强度为 30MPa，第二批混凝土的平均强度为 40MPa，很明显变异系数小的第二批混凝土的质量均匀性要优于第一批混凝土。

二、普通混凝土配合比设计

混凝土配合比设计就是根据工程要求、结构形式和施工条件来确定混凝土各组成材料数量之间的比例关系。常用的表示方法有两种：一种是以每立方米混凝土中各组成材料的质量表示，水泥 310kg、粉煤灰 110g、砂 520kg、石子 1190kg、水 180kg；另一种是以各组成材料相互间的质量比来表示（通常以水泥质量为 1），将上述各材料用量换算成质量比，水泥：粉煤灰：砂：石子：水＝1：0.36：1.68：3.84：0.58。

（一）混凝土配合比设计的资料准备

混凝土配合比设计是建立在各种基本资料和设计要求的基础上的计算过程，要根据现场的原材料情况求出符合工程要求的配合比，在进行配合比设计前应做如下资料准备：

（1）了解工程设计要求的混凝土强度等级，以便确定混凝土配制强度；如有施工单位过去施工的类似混凝土的强度数据资料，还应求出混凝土强度标准差 σ。

（2）了解工程所处环境对混凝土耐久性的要求，如抗渗等级，抗侵蚀性等，以便确定所配制混凝土的最大水胶比和最小水泥用量。

（3）了解结构构件断面尺寸及钢筋配置情况，以便确定混凝土粗骨料的最大粒径。

（4）了解混凝土施工方法及管理水平，以便选择混凝土拌合物坍落度及混凝土强度标准。

（5）掌握各种原材料的性能指标：

1）水泥——品种、强度等级（实测强度）、密度。

2）砂、石骨料——种类、表观密度、堆积密度、级配、最大粒径、含水率等。

3）拌合用水——水质情况。

4）外加剂——品种、性能、适宜掺量。

5）掺合料——粉煤灰、矿渣、硅粉等矿物掺合料的细度、活性指数、质量等级等。

（二）混凝土配合比的设计要求

混凝土配合比的设计要求，就是要根据工程特点、原材料的质量、施工方法等因素，合理选择原材料，并确定出能满足工程要求的各项组成材料的用量和技术经济指标。其具体要求可总结为以下几个方面：

（1）要使混凝土的强度达到设计要求。

（2）要使混凝土的和易性满足施工要求。

（3）要使混凝土的耐久性（如抗渗等级、抗侵蚀性等）满足规定的要求。

（4）符合经济原则，尽量节约水泥，降低混凝土的成本（包括材料、劳动力和能耗的节约）。

（三）混凝土配合比设计的 3 个基本参数

混凝土配合比设计实际上就是确定配制 $1m^3$ 混凝土所需要的胶凝材料、水、砂与石子四种基本材料用量之间的 3 个比例关系，即水胶比、单位用水量和砂率这 3 个基本参数。通常根据强度和耐久性确定水胶比；根据和易性要求和粗骨料品种规格，确定合理砂率和单位用水量。

（四）混凝土配合比设计的步骤

根据《普通混凝土配合比设计规程》（JGJ 55—2011）的规定，普通混凝土配合比设计可分为以下 4 个步骤。

第一步：根据原材料的技术性质和对混凝土的技术要求，通过计算或者查找相关表格，求出混凝土的初步配合比。

第二步：经实验室的试配，确定满足和易性要求的基准配合比。

第三步：经混凝土强度、混凝土拌合物表观密度校核后，得出强度和表观密度都满足要求的实验室配合比。

第四步：根据现场砂石实际含水率，扣减砂石含水量后得出施工配合比。

1. 初步配合比计算

（1）混凝土配制强度（$f_{cu,o}$）的确定。

根据《混凝土配合比设计规程》（JGJ 55—2011）规定，当混凝土的设计强度等级小于C60时，配制强度按式（3-11）计算：

$$f_{cu,o} \geqslant f_{cu,k} + 1.645\sigma \tag{3-11}$$

式中　$f_{cu,o}$——混凝土配制强度，MPa；

$f_{cu,k}$——混凝土标准立方体抗压强度标准值，MPa；

σ——混凝土强度标准差，MPa。

当设计强度等级大于或等于C60时，配制强度应按下式计算：

$$f_{cu,o} \geqslant 1.15 f_{cu,k} \tag{3-12}$$

当现场条件与试验室条件有显著差异时，或者配制C30级及其以上强度等级的混凝土，工程验收可能采用非统计方法评定，以及重要工程和对混凝土有特殊要求时，应提高混凝土的配制强度。

混凝土强度标准差σ应根据施工单位近期的同一品种混凝土强度统计资料用式（3-9）计算确定。

计算混凝土强度标准差σ时，强度试件组数不应少于25组。对于强度等级不大于C30的混凝土：当σ计算值不小于3.0MPa时，应按式（3-9）计算结果取值；当σ计算值小于3.0MPa时，σ应取3.0MPa。对于强度等级大于C30且小于C60的混凝土：当σ计算值不小于4.0MPa时，应按式（3-9）计算结果取值；当σ计算值小于4.0MPa时，σ应取4.0MPa。

如果施工单位不具备近期同一品种混凝土的统计资料计算混凝土强度标准差时，其强度标准差σ可按表3-44取值。

表3-44　　**σ 值**　　单位：MPa

混凝土强度等级	≤C20	C25～C45	C50～C55
σ	4.0	5.0	6.0

（2）初步水胶比（W/B）的确定。

混凝土强度等级不大于C60时，根据胶凝材料28d胶砂强度f_b，混凝土配制强度$f_{cu,o}$和粗骨料种类，初步水胶比应按式（3-13）计算：

$$\frac{W}{B} = \frac{\alpha_a f_b}{f_{cu,o} + \alpha_a \alpha_b f_b} \tag{3-13}$$

式中　α_a、α_b——回归系数；

f_b——胶凝材料（水泥与矿物掺合料按使用比例混合）28d胶砂强度（MPa），试验方法应按现行国家标准《水泥胶砂强度检验方法（ISO法）》（GB/T 17671）执行；当无实测值时，可按式（3-14）计算确定：

$$f_b = \gamma_f \gamma_s f_{ce} \tag{3-14}$$

式中　γ_f、γ_s——粉煤灰影响系数和粒化高炉矿渣粉影响系数，可按表3-45选用；

f_{ce}——水泥28d胶砂抗压强度，MPa，可实测，也可按式（3-15）计算选用。

表 3-45 粉煤灰影响系数（γ_f）和粒化高炉矿渣粉影响系数（γ_s）

掺　量	粉煤灰影响系数 γ_f	粒化高炉矿渣粉影响系数 γ_s	掺　量	粉煤灰影响系数 γ_f	粒化高炉矿渣粉影响系数 γ_s
0	1.00	1.00	30	0.70～0.75	0.90～1.00
10	0.90～0.95	1.00	40	0.60～0.65	0.80～0.90
20	0.80～0.85	0.95～1.00	50	—	0.70～0.85

注 1. 采用Ⅰ级、Ⅱ级粉煤灰宜取上限值。
2. 采用 S75 级粒化高炉矿渣粉宜取下限值，采用 S95 级粒化高炉矿渣粉宜取上限值，采用 S105 级粒化高炉矿渣粉可取上限值加 0.05。
3. 当超出表中的掺量时，粉煤灰和粒化高炉矿渣粉影响系数应经试验确定。

当水泥 28d 胶砂抗压强度（f_{ce}）无实测值时，可按式（3-15）计算：

$$f_{ce}=\gamma_c f_{ce,g} \tag{3-15}$$

式中 γ_c——水泥强度的富余系数，可按实际统计资料确定；当缺乏实际统计资料时，也可按表 3-46 选用；

$f_{ce,g}$——水泥强度等级值，MPa。

表 3-46 水泥强度等级值的富余系数（γ_c）

水泥强度等级值	32.5	42.5	52.5
富余系数	1.12	1.16	1.10

注意，当水胶比计算出来后，还应按表 3-39 和表 3-48 进行混凝土耐久性校核，若求得的水胶比大于规定的最大水胶比值时，应取表中规定的最大水胶比值。

（3）$1m^3$ 混凝土用水量（m_{w0}）的确定。

1）若水胶比在 0.4～0.8 范围内时，根据粗骨料的品种、粒径及施工要求的混凝土拌合物坍落度值，其用水量可按表 3-32 选取。

2）若水胶比小于 0.4，则应通过实验确定。

流动性和大流动性混凝土（坍落度大于 90mm），以表 3-32 中坍落度 90mm 为基础，每增 20mm 用水量增加 5kg 得出未掺外加剂用水量。当坍落度增大到 180mm 以上时，随坍落度相应增加的用水量可减少。

3）若掺外加剂时的混凝土用水量可按式（3-16）计算：

$$m_{wa}=m_{wo}(1-\beta) \tag{3-16}$$

式中 m_{wa}——掺外加剂混凝土每立方米混凝土的用水量，kg；

m_{wo}——未掺外加剂混凝土每立方米混凝土的用水量，kg；

β——外加剂的减水率，%，应经混凝土试验确定。

4）每立方米混凝土中外加剂用量（m_{ao}）应按式（3-17）计算：

$$m_{ao}=m_{bo}\beta_a \tag{3-17}$$

式中 m_{ao}——每立方米混凝土中外加剂用量，kg/m^3；

m_{bo}——每立方米混凝土中胶凝材料用量，kg/m^3；

β_a——外加剂掺量，%，应经混凝土试验确定。

（4）$1m^3$ 混凝土胶凝材料用量（m_{bo}）的确定。

根据已选定的混凝土用水量 m_{wo} 和水胶比（W/B）可按下式计算胶凝材料用量：

$$m_{bo}=\frac{m_{wo}}{W/B} \tag{3-18}$$

式中 m_{bo}——每立方米混凝土中胶凝材料用量，kg/m³，可按表 3-47 和表 3-48 进行复核；

m_{wo}——每立方米混凝土的用水量，kg/m³；

W/B——混凝土水胶比。

表 3-47 混凝土的最小胶凝材料用量

最大水灰胶比	最小胶凝材料用量/(kg·m⁻³)		
	素混凝土	钢筋混凝土	预应力混凝土
0.60	250	280	300
0.55	280	300	300
0.50	320		
≤0.45	330		

注 摘自《普通混凝土配合比设计规程》(JGJ 55—2011) 本表适用于强度等级≥C20 的混凝土，强度等级≤C15 的混凝土除外。

表 3-48 单位体积混凝土的胶凝材料的用量

最低强度等级	最大水胶比	胶凝材料最小用量/(kg·m⁻³)	胶凝材料最大用量/(kg·m⁻³)
C25	0.60	260	400
C30	0.55	280	
C35	0.50	300	
C40	0.45	320	450
C45	0.40	340	
C50	0.36	360	480
≥C55	0.36	380	500

注 摘自《混凝土结构耐久性设计规范》(GB/T 50476—2008)。

每立方米混凝土的矿物掺合料用量 (m_{fo}) 应按下式计算：

$$m_{fo}=m_{bo}\beta_f \tag{3-19}$$

式中 m_{fo}——每立方米混凝土中矿物掺合料用量，kg/m³；

β_f——矿物掺合料掺量 (%)，可按表 3-49 和表 3-50 来确定。

表 3-49 钢筋混凝土中矿物掺合料最大掺量

矿物掺合料种类	水胶比	最大掺量/%	
		硅酸盐水泥	普通硅酸盐水泥
粉煤灰	≤0.40	≤45	≤35
	>0.40	≤40	≤30
粒化高炉矿渣粉	≤0.40	≤65	≤55
	>0.40	≤55	≤45

续表

矿物掺合料种类	水胶比	最大掺量/%	
		硅酸盐水泥	普通硅酸盐水泥
钢渣粉	—	≤30	≤20
磷渣粉	—	≤30	≤20
硅灰	—	≤10	≤10
复合掺合料	≤0.40	≤60	≤50
	>0.40	≤50	≤40

注 1. 采用其他通用硅酸盐水泥时，宜将水泥混合材掺量20%以上的混合材量计入矿物掺合料。

2. 复合掺合料各组分的掺量不宜超过单掺时的最大掺量。

3. 在混合使用两种或两种以上矿物掺合料时，矿物掺合料总掺量应符合表中复合掺合料的规定。

表3-50　预应力钢筋混凝土中矿物掺合料最大掺量

矿物掺合料种类	水胶比	最大掺量/%	
		硅酸盐水泥	普通硅酸盐水泥
粉煤灰	≤0.40	≤35	≤30
	>0.40	≤25	≤20
粒化高炉矿渣粉	≤0.40	≤55	≤45
	>0.40	≤45	≤35
钢渣粉	—	≤20	≤10
磷渣粉	—	≤20	≤10
硅灰	—	≤10	≤10
复合掺合料	≤0.40	≤50	≤40
	>0.40	≤40	≤30

注 1. 采用其他通用硅酸盐水泥时，宜将水泥混合材掺量20%以上的混合材量计入矿物掺合料。

2. 复合掺合料各组分的掺量不宜超过单掺时的最大掺量。

3. 在混合使用两种或两种以上矿物掺合料时，矿物掺合料总掺量应符合表中复合掺合料的规定。

每立方米混凝土的水泥用量（m_{co}）应按下式计算：

$$m_{co}=m_{bo}-m_{fo} \tag{3-20}$$

式中　m_{co}——每立方米混凝土中水泥用量，kg/m^3。

若胶凝材料中未添加粉煤灰、粒化高炉矿渣粉等矿物掺合料，式（3-13）中水胶比即为水灰比，则式（3-18）中计算出的胶凝材料用量即为水泥用量。

（5）砂率（S_P）的确定。

合理的砂率值主要根据混凝土拌合物的坍落度、黏聚性及保水性等特性来确定，尽量选用较小砂率，以减少水泥用量。确定砂率的方法通常有查表法和计算法。

1）查表法：根据粗骨料的种类、最大粒径和混凝土水胶比值，查表3-30确定。如表中没有对应的粗骨料最大粒径值或混凝土水胶比值，则可用内插法求出合适的砂率值。

2）计算法：根据以砂填充石子空隙，并稍有富余，以拨开石子的原则来确定。根据此原则可列出砂率计算公式如下：

$$S_P=\beta\frac{m_{so}}{m_{so}+m_{go}}=\beta\frac{\rho'_{so}\cdot V'_{so}}{\rho'_{so}\cdot V'_{so}+\rho'_{go}\cdot V'_{go}}$$

$$=\beta\frac{\rho'_{so}\cdot V'_{so}\cdot P'}{\rho'_{so}\cdot V'_{so}\cdot P'+\rho'_{go}\cdot V'_{go}}=\beta\frac{\rho'_{so}\cdot P'}{\rho'_{so}\cdot P'+\rho'_{go}} \tag{3-21}$$

$$V'_{so}=V'_{go}P' \tag{3-22}$$

式中 S_P——砂率，%；

m_{so}、m_{go}——每立方米混凝土中砂及石子用量，kg；

V'_{so}、V'_{go}——每立方米混凝土中砂及石子松散体积，m^3；

ρ'_{so}、ρ'_{go}——砂和石子堆积密度，kg/m^3；

P'——石子空隙率，%；

β——砂浆剩余系数，一般取 1.1～1.4。

(6) 粗骨料（m_{go}）和细骨料（m_{so}）用量的确定。

求砂用量和石子用量有两种方法，一种方法是体积法，另一种方法是重量法（假定表观密度法），其中体积法为最基本的方法。

1）体积法：假定捣实后的混凝土拌合物的体积等于各组成材料的绝对体积加上混凝土拌合物内空气体积之和。据此原理，可按下式计算：

$$\frac{m_{co}}{\rho_c}+\frac{m_{fo}}{\rho_f}+\frac{m_{go}}{\rho_g}+\frac{m_{so}}{\rho_s}+\frac{m_{wo}}{\rho_w}+0.01\alpha=1 \tag{3-23}$$

$$S_P=\frac{m_{so}}{m_{so}+m_{go}}\times100\% \tag{3-24}$$

式中 m_{co}——每立方米混凝土的水泥用量，kg；

m_{go}——每立方米混凝土的石子用量，kg；

m_{so}——每立方米混凝土的砂用量，kg；

m_{wo}——每立方米混凝土的水用量，kg；

ρ_c——水泥密度（可取 2900～3100kg/m^3），kg/m^3；

ρ_f——矿物掺合料密度，kg/m^3；

ρ_g——粗骨料的表观密度，kg/m^3；

ρ_s——细骨料的表观密度，kg/m^3；

ρ_w——水的密度（可取 1000kg/m^3），kg/m^3；

α——混凝土的含气量百分数（在不使用引气型外加剂时，α 可取 1）。

粗骨料和细骨料的表观密度 ρ_g 与 ρ_s 应按现行行业标准《普通混凝土用砂石质量及检验方法标注》（JGJ 52—2006）规定的方法测定。

2）质量法：当混凝土所用的原材料种类不变时，则捣实后混凝土拌合物的表观密度基本保持不变。据此原理，首先假定出混凝土拌和物的表观密度 ρ_{cc}，就可得到下式：

$$m_{fo}+m_{co}+m_{go}+m_{so}+m_{wo}=\rho_{cc} \tag{3-25}$$

$$S_P=\frac{m_{so}}{m_{so}+m_{go}}\times100\%$$

假定的混凝土拌合物的表观密度 ρ_{cc}，可根据本单位积累的资料确定，如缺乏资料，可根据骨料的表观密度、粒径和混凝土强度等级，在 2350～2450kg/m^3 范围内选取。

通过以上 6 个步骤即可将混凝土组成材料的质量全部求解出来，得到初步配合比，供试配用。

2. 配合比的试配、调整与确定

（1）配合比的试配、调整。初步配合比是借助于一些经验公式和数据计算出来的，或是利用经验资料查得的，因而不一定符合实际情况，必须通过试拌调整，直到混凝土拌合物的和易性符合要求为止，然后提出供检验混凝土强度用的基准配合比。

1）和易性的调整（确定基准配合比）。

按计算配合比称取材料进行试拌，然后测定混凝土拌合物的坍落度，并检查其黏聚性和保水性能好坏。当拌合物的和易性不能满足要求时，应予以调整。混凝土拌合物和易性调整的方法如下：

a. 当坍落度小于设计要求时，应保持水胶比不变，增加水泥浆的用量。

b. 当坍落度大于设计要求时，应保持砂率不变，同时增加砂、石用量（相当于减少水泥浆的用量）。

c. 当黏聚性和保水性不好时（通常是砂用量偏少），可适当增加砂用量（即增大砂率）。

d. 当拌合物中砂浆数量显得过多时，可单独加入适量的石子（即减小砂率）。

混凝土拌合物的和易性满足要求后的混凝土配合比就叫基准配合比。当试拌调整工作完成后，应测出混凝土拌合物的表观密度（$\rho_{c,t}$）。

2）强度的校核（确定试验室配合比）。

按基准配合比配制的混凝土的强度不一定满足设计要求，所以应检验混凝土的强度。一般采用 3 个不同的配合比，其中一个为基准配合比，另外两个配合比的水胶比值，应比基准配合比分别增加及减少 0.05，其用水量应该与基准配合比相同，砂率值可分别增加或减少 1%。每种配合比制作一组（3 个）标准试块，标准条件下养护 28d 试压（在制作混凝土强度试块时，尚需检验混凝土拌合物的和易性及测定表观密度，并以此结果作为代表这一配合比的混凝土拌合物的性能）。

（2）实验室配合比的确定。用作图法或计算法求出与混凝土配制强度（$f_{cu,o}$）相对应的灰水比值，并按下列原则确定 1m^3 混凝土中各组成材料的用量：

用水量（m_w）和外加剂用量（m_a）在试拌配合比的基础上，应根据确定的水胶比加以适当调整。

胶凝材料用量（m_b）取用水量乘以经试验定出的为达到 $f_{cu,o}$ 所必需的胶水比值。

粗、细骨料用量（m_g 及 m_s）取基准配合比中的粗、细骨料用量，并按定出的水胶比值做适当的调整。

（3）混凝土表观密度的校正。

按初步配合比配制的混凝土拌合物还必须进行表观密度的校核，否则将出现“负方”或“超方”现象，即按初步配合比配制出来的 1m^3 混凝土拌合物，其实际体积少于或少于 1m^3，其步骤如下：

计算出混凝土的计算表观密度值（$\rho_{c,c}$）：

$$\rho_{c,c}=m_c+m_f+m_g+m_s+m_w \tag{3-26}$$

将混凝土的实测表观密度值（$\rho_{c,t}$）除以 $\rho_{c,c}$ 得出校正系数 δ，即

$$\delta=\frac{\rho_{c,t}}{\rho_{c,c}} \tag{3-27}$$

当 $\rho_{c,t}$ 与 $\rho_{c,c}$ 之差的绝对值不超过 $\rho_{c,c}$ 的 2%时，由以上定出的配合比，即为确定的设计配合比；若两者之差超过 2%时，则要将已定出的混凝土配合比中每项材料用量均乘以校正系数 δ，即为最终定出的设计配合比。配合比调整后，应测定拌合物水溶性氯离子含量，试验结果应符合《普通混凝土配合比设计规程》（JGJ 55—2011）的规定。

3. 施工配合比

前面介绍的混凝土初步配合比、基准配合比和实验室配合比的计算中，砂、石材料的用量都是以干燥状态下质量为基准的，但工地现场的骨料通常会含有水分，因此必须将实验室配合比换算为考虑骨料含水量的施工配合比。

现假定工地测出的砂的含水率为 $a\%$、石子的含水率为 $b\%$，则将上述实验室配合比换算为施工配合比，其材料的称量应为

$$m_c'=m_c(\mathrm{kg})$$

$$m_s'=m_s(1+a\%)(\mathrm{kg})$$

$$m_g'=m_g(1+b\%)(\mathrm{kg})$$

$$m_w'=m_w-m_s\times a\%-m_g\times b\%(\mathrm{kg})$$

施工现场存放的砂、石的含水情况常有变化，应按实际变化情况随时进行修正。

（五）普通混凝土配合比设计实例

某工程现浇钢筋混凝土构件，混凝土柱截面最小尺寸为 300mm，钢筋间距最小尺寸为 60mm。该柱不受雨雪影响，混凝土设计等级为 C20。采用 32.5 强度等级的复合硅酸盐水泥，实测强度为 36.7MPa，密度为 3.1g/cm^3，未添加矿物掺合料；砂子为中砂，表观密度为 2650kg/m^3，堆积密度为 1500kg/m^3；石子为碎石，表观密度为 2700kg/cm^3，堆积密度为 1550kg/m^3。混凝土要求坍落度 35～50mm，施工采用机械搅拌，机械振捣，施工单位无混凝土强度标准差的历史统计资料。

试设计混凝土配合比（按干燥材料计算）。

施工现场砂含水率 3%，碎石含水率 1%，求施工配合比。

（1）初步配合比的确定（$f_{cu,o}$）。

1）配制强度的确定。

$$f_{cu,o}\geqslant f_{cu,k}+1.645\sigma$$

由于施工单位没有 σ 的统计资料，查表 3-42 可得，$\sigma=4.0$，同时 $f_{cu,k}=20$MPa，代入上式，得

$$f_{cu,o}\geqslant 20+1.645\times 4=26.6(\mathrm{MPa})$$

2）确定水胶比（W/B）由于混凝土强度低于 C60，因此：

$$\frac{W}{B}=\frac{\alpha_a f_b}{f_{cu,o}+\alpha_a\alpha_b f_b}$$

采用碎石，$\alpha_a=0.53$；$\alpha_b=0.20$。

实测 $f_b=\gamma_f\gamma_s f_{ce}=f_{ce}=36.7\text{MPa}$，代入上式，得

$$\frac{W}{C}=\frac{W}{B}=\frac{0.53\times36.7}{26.6+0.53\times0.2\times36.7}=0.64$$

根据表 3－37 耐久性能要求，W/C 不大于 0.60，取 $W/C=0.60$。

3）确定单位用水量（m_{wo}）

确定粗集料最大粒径：根据《混凝土结构工程施工质量验收规范》（GB 50204—2011），粗集料最大粒径不超过结构截面最小尺寸的 1/4，并不得大于钢筋最小净距的3/4，即：

$$D_{\max}\leqslant(1/4)\times300=75(\text{mm})$$

同时：

$$D_{\max}\leqslant(3/4)\times60=45(\text{mm})$$

因此，粗集料最大粒径按公称粒级应选用 $D_{\max}=40\text{mm}$，即采用 5～40mm 的碎石集料。

查表 3－32，选用单位用水量 175kg/m^3。

4）计算水泥用量。

$$m_{co}=\frac{m_{wo}}{W/C}=\frac{175}{0.60}=292\text{kg/m}^3$$

对照表 3－47、表 3－48，本工程要求最小水泥用量为 260kg/m^3，故选水泥用量为 292kg/m^3。

5）确定砂率。查表 3－30，砂率范围为 33%～38%。

$$P'=\left(1-\frac{1.55}{2.7}\right)\times100\%=0.43$$

采用砂率公式计算得：

$$S_P=\beta\frac{\rho'_{so}\cdot P'}{\rho'_{so}\cdot P'+\rho'_{go}}=1.2\times\frac{1.5\times0.43}{1.5\times0.43+1.55}=35\%$$

根据查表 3－30 或计算取 $S_P=35\%$。

6）计算砂、石用量（采用体积法）。

$$\frac{m_{co}}{\rho_c}+\frac{m_{go}}{\rho'_g}+\frac{m_{so}}{\rho'_s}+\frac{m_{wo}}{\rho_w}+0.01\alpha=\frac{292}{3100}+\frac{m_{go}}{2700}+\frac{m_{so}}{2650}+\frac{175}{1000}+0.01\times1=1$$

$$S_P=\frac{m_{so}}{m_{so}+m_{go}}\times100\%=0.35$$

解方程组得：

$$m_{so}=676\text{kg/m}^3\quad m_{go}=1257\text{kg/m}^3$$

经初步计算，每立方米混凝土材料用量为：水泥 292kg；水 175kg；砂 676kg；石子 1257kg。

（2）配合比的调整。

1）和易性的调整。

按初步配合比，称取 15L 混凝土的材料用量：水泥为 4.38kg，水为 2.63kg，砂为 10.14kg，石子 18.86kg。按规定方法拌合，测得坍落度为 10mm，达不到规定坍落度 30～50mm，保持水胶比 0.60 不变同时增加水泥和水各 5%，则水泥用量为 4.6kg，水为

2.76kg，经拌合测得坍落度为35mm，混凝土黏聚性、保水性均良好。经调整后的各项材料用量：水泥4.6kg，水2.76kg，砂10.14kg，石子18.86kg，材料总量为36.36kg。

2）强度校核。采用水胶比为0.55、0.60和0.65的3个不同的配合比，配制3组混凝土试件，并检验和易性（因 $W/B=0.60$ 的基准配合比已检验，可不再检验），测混凝土拌合物表观密度，分别制作混凝土试块，标养28d，然后测强度，其结果如表3-51所示。

表3-51　　混凝土28d强度值

水胶比	坍落度/mm	表观密度/$(kg\cdot m^{-3})$	28d强度/MPa
0.55	30	2460	32.3
0.60	35	2455	28.7
0.65	42	2450	25.8

根据试验结果，选水胶比为0.60的基准配合比为试验室配合比。按实测表观密度校核。

3）表观密度的校正。

计算表观密度
$$\rho_{c,c}=m_c+m_f+m_g+m_s+m_w$$
$$=306+184+676+1257=2423kg/m^3$$

校正系数
$$\delta=\frac{\rho_{c,t}}{\rho_{c,c}}=\frac{2455}{2423}=1.01$$

并且
$$\frac{2455-2423}{2423}=1.3\%$$

由于混凝土表观密度的实测值与计算值之差不超过计算值的2%，所以前面的计算配合比即为确定的设计配合比。

即：水泥306kg、砂676kg、石1257kg、水184kg。

（3）施工配合比换算。

根据施工现场砂含水率3%，碎石含水率1%，则施工配合比为：

$m_c'=306kg$

$m_s'=m_s(1+a\%)=676\times(1+3\%)=696kg$

$m_g'=m_g(1+b\%)=1257\times(1+1\%)=1270kg$

$m_w'=m_w-m_s\times a\%-m_g\times b\%=184-676\times3\%-1257\times1\%=151kg$

即确定的混凝土施工配合为：水泥306kg、砂696kg、石1270kg、水151kg。

质量比为：1∶2.28∶4.15∶0.49

三、掺减水剂混凝土配合比设计

掺减水剂的混凝土配合比设计是在基准混凝土（未掺减水剂的混凝土）配合比的基础上，再进行必要的计算调整即可。

（1）若掺减水剂混凝土只为了改善新拌混凝土的和易性时，混凝土中各材料用量与基准混凝土相同，为了保持良好的黏聚性和保水性，应适当增加砂率，根据修改后的砂率重新计算粗、细骨料的用量。

根据前面介绍的C20普通混凝土，若加入某种减水剂的目的是为了提高拌合物的和易性，则各种材料用量可按以下步骤计算：

水泥用量不变　$m_c=306\text{kg/m}^3$

用水量不变　$m_w=184\text{kg/m}^3$

砂率提高5%，则 $S_P=40\%$

砂石总质量　$m_s+m_G=2423-306-184=1933\text{kg/m}^3$

砂用量　$m_s=1933\times40\%=773\text{kg/m}^3$

石用量　$m_G=1933-773=1160\text{kg/m}^3$

（2）若掺减水剂为了提高混凝土强度，混凝土表观密度实测值为 ρ_t，减水剂的减水率为 $a\%$，掺量为 $b\%$，则水泥用量不变。

用水量　$m_W=m_{w0}\times(1-a\%)$

减水剂用量（m_b 为胶凝材料总量）　$m_b\times b\%$

砂、石总质量　$m_s+m_G=\rho_t-m_b-m_W$

砂率适当减小到 S'_P

砂用量　$m_s=(\rho_t-m_b-m_W)\times S'_P$

石用量　$m_G=(\rho_t-m_b-m_W)\times(1-S'_P)$

在上述例题中，若减水剂其掺量为水泥用量的0.5%，减水率可达10%，可在上述配合比（试验室）设计的基础上进行如下考虑。

水泥用量不变，$m_c=306\text{kg/m}^3$

用水量　$m_W=184\times(1-10\%)=166\text{kg/m}^3$

减水剂用量　$306\times0.5\%=1.53\text{kg}$

砂率减小3%　$S_P=32\%$

砂石总用量　$m_s+m_G=2455-306-166=1983\text{kg/m}^3$

则　$m_s=1983\times32\%=635\text{kg/m}^3$

$m_G=1983\times(1-32\%)=1348\text{kg/m}^3$

四、泵送混凝土的配合比设计

将搅拌好的混凝土，采用混凝土输送泵沿管道输送和浇注，称为泵送混凝土。由于施工工艺上的要求，所采用的施工设备和混凝土配合比都与普通施工方法不同。采用混凝土泵输送混凝土拌和物，可一次连续完成垂直和水平输送，而且可以进行浇注，因而生产率高，节约劳动力，特别适用于工地狭窄和有障碍的施工现场，以及大体积混凝土结构物和高层建筑。

泵送混凝土对材料的要求较严格，对混凝土配合比要求较高，要求施工组织严密，以保证连续进行输送，避免有较长时间的间歇而造成堵塞。泵送混凝土除了根据工程设计所需的强度外，还需要根据泵送工艺所需的流动性、不产生离析、少泌水的要求进行配制可泵的混凝土混合料。其可泵性取决于混凝土拌和物的和易性，在实际应用中，混凝土的和易性通常根据混凝土的坍落度来判断。许多国家都对泵送混凝土的坍落度做了规定，一般认为8～20cm范围较合适，具体的坍落度值要根据泵送距离和气温对混凝土的要求而定。

泵送混凝土的配合比设计除按照普通混凝土配合比设计的计算和试配规定进行外，还应符合以下规定：

（1）泵送混凝土的水泥和掺合料的总量不宜小于 300kg/m³。

（2）泵送混凝土的砂率宜为 35%～45%。

（3）掺用引气型外加剂时，其混凝土含气量不宜大于 4%。

（4）混凝土的可泵性，10s 时的相对压力泌水率不宜超过 40%。

（5）泵送混凝土宜采用中砂，其通过 0.315mm 筛孔的颗粒含量不应小于 15%。

（6）泵送混凝土试配时要求的坍落度值可按照下式计算：

$$T_t = T_p + \Delta T \tag{3-28}$$

式中　T_t——试配时要求的坍落度值；

T_p——入泵时要求的坍落度值；

ΔT——试验测得在预计时间内的坍落度经时损失值。

五、抗渗混凝土的配合比设计

抗渗混凝土又称防水混凝土，为了提高混凝土的抗渗性，通常采用合理选择原材料、提高混凝土的密实程度以及改善混凝土内部孔隙结构等方法来实现。抗渗混凝土系指抗渗等级不低于 P6 级的混凝土，即它能抵抗 0.6MPa 静水压力作用而不发生透水现象。

抗渗混凝土的配合比设计除按照普通混凝土配合比设计的计算和试配规定进行外，还应符合以下规定：

（1）水泥强度等级不宜低于 32.5，其品种应按设计要求选用，当有抗冻要求时，应优先选用硅酸盐水泥。

（2）粗骨料的最大粒径不宜大于 40mm，其含泥量不得大于 1%，泥块含量不得超过 0.5%。

（3）外加剂宜采用防水剂、膨胀剂、引气剂或减水剂。

（4）单位立方米混凝土中的水泥用量（含掺合料）不宜少于 320kg。

（5）砂率宜为 35%～40%；灰砂比宜为 1∶2～2.5。

（6）混凝土的最大水胶比应符合表 3－39 及表 3－48 规定。

（7）进行抗渗混凝土配合比设计时，尚应增加抗渗性能试验，并应符合下列规定：

1）试配要求的抗渗水压值应比设计值提高 0.2MPa；

2）试配时宜采用水胶比最大的配合比作抗渗试验，其试验结果应符合下式要求：

$$P_t \geqslant \frac{p}{10} + 0.2 \tag{3-29}$$

式中　P_t——6 个试件中 4 个未出现渗水时的最大水压值，MPa；

p——设计要求的抗渗等级。

六、掺粉煤灰混凝土配合比设计

当混凝土中掺用粉煤灰时，其配合比设计方法有等量取代法、超量取代法和外加法三种，一般采用超量取代法。当混凝土强度较大或配制大体积混凝土时，可采用等量取代法；当为提高混凝土拌合物和易性时，可采用外加法。其配合比计算方法如下：

先按照混凝土强度等级的设计要求，确定混凝土的配合比，作为基准配合比，其计算方法与普通混凝土配合比设计的计算方法相同。然后在此基础上再进行掺粉煤灰混凝土的配合比设计。

1. 等量取代法配合比设计

（1）选定与混凝土基准配合比相同的材料用量：水泥（C_0）、水（W_0）、砂（S_0）、石（G_0）或者适当降低水胶比。

（2）根据粉煤灰等量取代水泥用量（$f\%$）（其最大用量应符合表3-52的规定）和基准混凝土水泥用量（C_0），按下式计算粉煤灰用量（F）和水泥用量（C）：

$$F=C_0\times f(\%) \quad C=C_0-F \tag{3-30}$$

表3-52　粉煤灰取代水泥百分率　%

混凝土等级	普通硅酸盐水泥	矿渣硅酸盐水泥
C15以下	15～25	10～20
C20	10～15	10
C25～C30	15～20	10～15

注　1. 以42.5强度等级水泥配制成的混凝土取表中下限值；以52，5级水泥配制成的混凝土取表中上限值。
　　2. C20以上混凝土宜采用Ⅰ级、Ⅱ级粉煤灰；C15以下的素混凝土可采用Ⅲ级粉煤灰。

（3）粉煤灰混凝土的用水量（W）：

$$W=\frac{W_0}{C_0}(C+F) \tag{3-31}$$

（4）水泥和粉煤灰的浆体体积（V_P）：

$$V_P=\frac{C}{\rho_c}+\frac{F}{\rho_f}+W \tag{3-32}$$

式中　ρ_f——粉煤灰密度，kg/m^3；

　　　ρ_c——水泥密度，kg/m^3。

（5）砂和石子的总体积（V_A）：

$$V_A=1000(1-\alpha)-V_P \tag{3-33}$$

式中　α——混凝土含气量百分数，%。

（6）选用与基准混凝土相同或适当减小砂率（S'_P），则砂（S）和石子（G）用量为：

$$S=V_A\times S'_P\times\rho_{as} \tag{3-34}$$

$$G=V_A\times(1-S'_P)\times\rho_{ag} \tag{3-35}$$

式中　ρ_{as}——砂的表观密度，kg/m^3；

　　　ρ_{ag}——石子的表观密度，kg/m^3。

2. 超量取代法配合比设计

超量取代法是在满足普通混凝土的和易性、强度原则的基础上进行配合比的调整。

（1）选定与混凝土基准配合比相同的材料用量：水泥（C_0）、水（W_0）、砂（S_0）、石（G_0），并根据《粉煤灰混凝土应用技术规范》（GBJ 146—1990）选取粉煤灰等量取代水泥用量（$f\%$）和超量系数K，对各种材料进行计算调整。

（2）粉煤灰取代水泥用量（F）、总掺量（F_t）及超量部分质量（F_e）：

$$F=C_0\times f(\%) \quad F_t=K\times F \quad F_e=(K-1)\times F \tag{3-36}$$

（3）水泥的质量（C）：

$$C=C_0-F \tag{3-37}$$

（4）调整后砂的质量（S_e）：

$$S_e=S_0-\frac{F}{\rho_f}\times\rho_{as} \tag{3-38}$$

通过上述两种方法计算得出的粉煤灰混凝土的配合比，应采用与普通混凝土相同的方法进行试配和调整，以满足和易性和强度的要求，调整后的配合比即为设计配合比。

第五节　其他品种混凝土

一、纤维混凝土

纤维混凝土就是在普通混凝土中掺入适量纤维而成的一种复合材料。

常用的纤维材料有钢纤维、玻璃纤维、石棉纤维、碳纤维和合成纤维等。

国内外研究和应用钢纤维较多，钢纤维混凝土（Steel Fiber Reinforced Concrete，简称 SFRC）是在普通混凝土中掺入乱向分布的短钢纤维所形成的水泥基复合材料，不仅能保持混凝土的自身优点，更重要的是因钢纤维的掺入，对混凝土基体产生了增强、增韧和阻裂效应，从而极其显著地提高了混凝土的抗拉、抗弯强度，阻裂、限缩能力，抗冲击、耐疲劳性能，大幅度提高了混凝土的韧性，改变了混凝土脆性易裂的破坏形态，在荷载、冻融等疲劳因素作用下，因其阻裂能力的提高，明显延长了其使用寿命。

但钢纤维成本较高，因此，合成纤维的应用技术研究较多，有可能成为纤维混凝土主要品种之一。

在纤维混凝土中，纤维的含量、纤维的几何形状以及纤维的分布情况，对其性质有重要影响。以钢纤维为例：钢纤维的增强效果与钢纤维的长度、直径（或等效直径）、长径比以及表面形状有关。试验研究表明，在一定范围内，钢纤维增强作用随长径比增大而提高。钢纤维长度太短起不到增强作用，太长则施工比较困难，影响拌和物的质量；直径过细容易在拌和过程中被弯折，过粗则在同样体积率时增强效果较差。

试验研究和大量的工程实践表明，钢纤维长度为 15～60mm，直径或等效直径为 0.3～1.2mm，长径比为 30～100，其增强效果和施工性能一般可满足要求。此外钢纤维混凝土中钢纤维的体积率小到一定程度时将起不到增强作用。对于不同品种、不同长径比的钢纤维，其最小体积率略有不同。国内外一般以 0.5%为最小体积率。同时，钢纤维体积率一般不宜超过 2%，否则拌和物的和易性将变差，施工较困难。

纤维混凝土目前主要用于复杂应力结构构件、对抗冲击性要求高的工程，如飞机跑道、高速公路、桥面面层、管道等。随着纤维混凝土技术的提高，各类纤维性能的改善，成本的降低，在建筑工程中的应用将会越来越广泛。

二、聚合物混凝土

硬化混凝土的性能可以通过掺入聚合物进行改善，这类混凝土称为聚合物混凝土。依据处理工艺，聚合物混凝土可以分为聚合物浸渍混凝土、聚合物水泥混凝土两大类。

（一）聚合物浸渍混凝土（PIC）

将已硬化的混凝土干燥后浸入有机单体中，用加热或辐射等方法使混凝土孔隙内的单体聚合，使混凝土与聚合物形成整体，称为聚合物浸渍混凝土。

浸渍所用的单体有：甲基丙烯酸甲酯（MMA）、苯乙烯（S）、丙烯腈（AN）、聚酯—苯乙烯等。对于完全浸渍的混凝土应选用黏度尽可能低的单体，如 MMA、S 等，对于局部浸渍的混凝土，可选用黏度较大的单体如聚酯—苯乙烯等。

聚合物浸渍混凝土适用于要求高强度、高耐久性的特殊构件，特别适用于输送液体的有筋管道、无筋管道和坑道。

（二）聚合物水泥混凝土（PCC）

聚合物水泥混凝土是用聚合物乳液拌和水泥，并掺入砂或其他骨料而制成。生产工艺与普通混凝土相似，便于现场施工。

聚合物可用天然聚合物（如天然橡胶）和各种合成聚合物（如聚醋酸乙烯、苯乙烯、聚氯乙烯等），矿物胶凝材料可用普通水泥和高铝水泥。

通常认为，在混凝土凝结硬化过程中，聚合物与水泥之间没有发生化学作用，只是水泥水化吸收乳液中水分，使乳液脱水而逐渐凝固，水泥水化产物与聚合物互相包裹填充形成致密的结构，从而改善了混凝土的物理力学性能，表现为黏结性能好，耐久性和耐磨性高，抗折强度明显提高，但不及聚合物浸渍混凝土显著，抗压强度有可能下降。

聚合物水泥混凝土多用于无缝地面，也常用于混凝土路面和机场跑道面层和构筑物的防水层。

三、防辐射混凝土

能遮蔽 x、γ 射线等对人体有危害射线的混凝土，称为防辐射混凝土。它由水泥、水及重骨料配制而成，其表观密度一般在 $3000kg/m^3$ 以上。混凝土愈重，其防护 x、γ 射线的性能越好，且防护结构的厚度可减小。但对中子流的防护，除需要混凝土很重外，还需要含有足够多的最轻元素——氢。

配制防辐射混凝土时，宜采用胶结力强、水化结合水量高的水泥，如硅酸盐水泥，最好使用硅酸锶等重水泥。采用高铝水泥施工时需采取冷却措施。常用重骨料主要有重晶石（$BaSO_4$）、褐铁矿（$2Fe_2O_3 \cdot 3H_2O$）、磁铁矿（Fe_3O_4）、赤铁矿（Fe_2O_3）等。另外，掺入硼和硼化物及锂盐等，也能有效改善混凝土的防护性能。

防辐射混凝土主要用于原子能工业以及应用放射性同位素的装置中，如反应堆、加速器、放射化学装置、海关、医院等的防护结构。

四、彩色混凝土

彩色混凝土，也称为面层着色混凝土。通常采用彩色水泥或白水泥加颜料按一定比例配制成彩色饰面料，先铺于模底，厚度不小于 10mm，再在其上浇筑普通混凝土，这称为反打一步成型。也可冲压成型。除此之外，还可采取在新浇混凝土表面上干撒着色硬化剂显色，或者采用化学着色剂渗入已硬化混凝土的毛细孔中，生成难溶且抗磨的有色沉淀物显示色彩。

彩色混凝土目前多用于制作路面砖，有人行道砖和车行道砖两类，按其形状又分为普通型砖和异型砖两种。路面砖也有本色砖。普型铺地砖有方形、六角形等多种，它们的表面可做成各种图案花纹，异型路面砖铺设后，砖与砖之间相互产生联锁作用，故又称联锁砖。联锁砖的排列方式有多种，不同排列则形成不同图案的路面。采用彩色路面砖铺路面，可形成多彩美丽的图案和永久性的交通管理标志，具有美化城市的作用。

五、耐热混凝土

耐热混凝土是指能长期在高温（200～900℃）作用下保持所要求的物理和力学性能的一种特种混凝土。

普通混凝土不耐高温，故不能在高温环境中使用。其不耐高温的原因是：水泥石中的氢氧化钙及石灰岩质的粗骨料在高温下均要产生分解，石英砂在高温下要发生晶型转变而体积膨胀，加之水泥石与骨料的热膨胀系数不同。所有这些，均将导致普通混凝土在高温下产生裂缝，强度严重下降，甚至破坏。

耐热混凝土是由合适的胶凝材料、耐热粗、细骨料及水，按一定比例配制而成。根据所用胶凝材料不同，通常可分为以下几种。

（一）水玻璃耐热混凝土

水玻璃耐热混凝土是以水玻璃作胶结材料，掺入氟硅酸钠作促硬剂，耐热粗、细骨料可采用碎铁矿、镁砖、铬镁砖、滑石、焦宝石等。磨细掺合料为烧黏土、镁砂粉、滑石粉等。水玻璃耐热混凝土的极限使用温度为1200℃。施工时严禁加水；养护时也必须干燥，严禁浇水养护。

（二）矿渣水泥耐热混凝土

矿渣水泥耐热混凝土是以矿渣水泥为胶结材料，安山岩、玄武岩、重矿渣、黏土碎砖等为耐热粗、细骨料，并以烧黏土、砖粉等作磨细掺合料，再加入适量的水配制而成。耐热磨细掺合料中的二氧化硅和三氧化铝在高温下均能与氧化钙作用，生成稳定的无水硅酸盐和铝酸盐，它们能提高水泥的耐热性。矿渣水泥配制的耐热混凝土其极限使用温度为900℃。

（三）磷酸盐耐热混凝土

磷酸盐耐热混凝土是由磷酸铝和高铝质耐火材料或锆英石等制备的粗、细骨料及磨细掺合料配制而成，目前更多的是直接采用工业磷酸配制耐热混凝土。这种混凝土具有高温韧性强、耐磨性好、耐火度高的特点，其极限使用温度为1500～1700℃。磷酸盐耐热混凝土的硬化需在150℃以上烘干，总干燥时间不少于24h，硬化过程中不允许浇水。

（四）铝酸盐水泥耐热混凝土

铝酸盐水泥耐热混凝土是采用高铝水泥或硫铝酸盐水泥、耐热粗细骨料、高耐火度磨细掺合料及水配制而成。这类水泥在300～400℃下其强度会发生急剧降低，但残留强度能保持不变。到1100℃时，其结构水全部脱出而烧结成陶瓷材料，则强度重又提高。常用粗、细骨料有碎镁砖、烧结镁砖、矾土、镁铁矿和烧黏土等。铝酸盐水泥耐热混凝土的极限使用温度为1300℃。

耐热混凝土多用于高炉基础、焦炉基础，热工设备基础及围护结构、护衬、烟囱等。

六、轻混凝土

轻混凝土是指表观密度小于1950kg/m^3 的混凝土。可分为轻集料混凝土、多孔混凝土和无砂大孔混凝土3类。

（一）轻集料混凝土

用轻粗骨料、轻细骨料（或普通砂）和水泥配制而成的混凝土，其干表观密度不大于1950kg/m^3，称为轻骨料混凝土。轻骨料按来源不同分为3类：①天然轻骨料（如浮石、火山渣及轻砂等）；②工业废料轻骨料（如粉煤灰陶粒、膨胀矿渣、自燃煤矸石等）；③人造轻骨料（如膨胀珍珠岩、页岩陶粒、黏土陶粒等）。

轻骨料混凝土的变形比普通混凝土大，弹性模量较小，约为同级别普通混凝土的50%～70%，制成的构件受力后挠度较大是其缺点。但因极限应变大，有利于改善构筑物的抗震性能或抵抗动荷载能力。轻骨料混凝土的收缩和徐变比普通混凝土相应地大20%～50%和30%～60%，热膨胀系数则比普通混凝土低20%左右。

（二）多孔混凝土

多孔混凝土中无粗、细骨料，内部充满大量细小封闭的孔，孔隙率高达60%以上。多孔混凝土可分为加气混凝土和泡沫混凝土两种。近年来，也有用压缩空气经过充气介质弥散成大量微气泡，均匀地分散在料浆中而形成多孔结构。这种多孔混凝土称为充气混凝土。

根据养护方法不同，多孔混凝土可分为蒸压多孔混凝土和非蒸压（蒸养或自然养护）多孔混凝土两种。由于蒸压加气混凝土在生产和制品性能上有较多优越性，以及可以大量地利用工业废渣，故近年来发展应用较为迅速。

多孔混凝土质轻，其表观密度不超过1000kg/m^3，通常在300～800kg/m^{3}之间；保温性能优良，导热系数随其表观度降低而减小，一般为0.09～0.17W/(m·K)；可加工性好，可锯、可刨、可钉、可钻，并可用胶黏剂黏结。

（三）大孔混凝土

大孔混凝土指无细骨料的混凝土，按其粗骨料的种类，可分为普通无砂大孔混凝土和轻骨料大孔混凝土两类。普通大孔混凝土是用碎石、卵石、重矿渣等配制而成。轻骨料大孔混凝土则是用陶粒、浮石、碎砖、煤渣等配制而成。有时为了提高大孔混凝土的强度，也可掺入少量细骨料，这种混凝土称为少砂混凝土。

大孔混凝土宜采用单一粒级的粗骨料，如粒径为10～20mm或10～30mm。不允许采用小于5mm和大于40mm的骨料。水泥宜采用强度等级为32.5或42.5的水泥。水胶比（对轻骨料大孔混凝土为净用水量的水胶比）可在0.30～0.40之间取用，应以水泥浆能均匀包裹在骨料表面不流淌为准。

大孔混凝土的导热系数小，保温性能好，收缩一般较普通混凝土小30%～50%，抗冻性优良。适用于制作墙体小型空心砌块、砖和各种板材，也可用于现浇墙体。普通大孔混凝土还可制成滤水管、滤水板等，广泛用于市政工程。

第四章 建 筑 砂 浆

【本章提要】 本章重点介绍建筑砂浆组成材料的技术要求，新拌砂浆的和易性，硬化砂浆的强度、黏结性、变形性和耐久性等技术性能，砌筑砂浆的配合比设计；介绍普通抹面砂浆、装饰抹面砂浆、特种用途砂浆及预拌砂浆。通过学习应了解建筑砂浆的材料组成和技术标准，掌握砌筑砂浆的技术性质及配合比设计方法。

建筑砂浆是由无机胶凝材料、细骨料、掺加料和水等材料按适当比例配制而成，主要用于砌筑和装饰装修工程。砂浆按胶凝材料的不同，可分为水泥砂浆和水泥混合砂浆等；水泥混合砂浆可分为水泥石灰混合砂浆、水泥石膏混合砂浆和水泥粉煤灰混合砂浆等。砂浆按用途可分为砌筑砂浆、抹面砂浆、装饰砂浆和特种砂浆（如绝热砂浆、防水砂浆、耐酸砂浆等）。

近年来，随着我国墙体材料改革和建筑节能工作的深入，各种新型墙体材料替代传统普通黏土砖而大量使用，对建筑砂浆的质量和技术性能，提出了更高的要求，传统的砂浆已不能满足使用要求。预拌砂浆、干粉砂浆、专用砂浆、自流平砂浆等应运而生。

建筑砂浆与混凝土的差别仅限于不含粗骨料，可以说是无粗骨料的混凝土。因此，有关混凝土性质的规律，如和易性、强度和耐久性等的基本理论和要求，原则上也适应于砂浆。但砂浆为薄层铺筑或粉刷，基底材料各自不同，并且在房屋建筑中大多是涂铺在多孔而吸水的基底上，由于这些应用上的特点，故对砂浆性质的要求及影响因素又与混凝土不尽相同。此外，施工工艺和施工条件的差异，对砂浆也提出了与混凝土不尽相同的技术要求。因此，合理选择和使用砂浆，对保证工程质量、降低工程造价具有重要意义。

土木工程中，要求砌筑砂浆应具有以下性质：

（1）新拌砂浆应具有良好的和易性。

（2）硬化砂浆应具有一定的强度、良好的黏结力等力学性质。

（3）硬化砂浆应具有良好的耐久性。

第一节 砂浆的组成材料

建筑砂浆的主要组成材料有水泥、掺加料、细骨料、外加剂、水等。

一、水泥

（一）水泥的品种

水泥品种的选择与混凝土基本相同，通用硅酸盐系列水泥和砌筑专用水泥都可以用来配制建筑砂浆。砌筑水泥是专门用来配制砌筑砂浆和内墙抹面砂浆的少熟料水泥，强度低，配制的砂浆具有较好的和易性。另外，对于一些有特殊用途的砂浆，如用于预制构件的接头、接缝或用于结构加固、修补裂缝等的砂浆，可采用膨胀水泥；装饰砂浆使用白水泥、彩色水泥等。

（二）强度等级

水泥的强度等级应根据砂浆强度等级进行选择。为合理利用资源，节约材料，配制砂浆时尽量选用低强度等级水泥和砌筑水泥。在配制砌筑砂浆时，M15 及以下强度等级的砌筑砂浆宜选用 32.5 级的通用硅酸盐水泥或砌筑水泥；M15 以上强度等级的砌筑砂浆宜选用 42.5 级的通用硅酸盐水泥或砌筑水泥；如果水泥强度等级过高，可适当掺入掺加料。

（三）水泥用量

为保证砌筑砂浆的保水性能，满足保水率要求，对水泥和掺合料的用量规定：水泥砂浆中水泥用量大于等于 200kg/m^3，水泥混合砂浆中水泥和掺加料总量应大于等于 350kg/m^3，预拌砌筑砂浆中水泥和掺加料总量应大于等于 200kg/m^3。

二、掺加料

当采用高强度等级水泥配制低强度等级砂浆时，因水泥用量较少，砂浆易产生分层、泌水。为改善砂浆的和易性、节约胶凝材料、降低砂浆成本，在配制砂浆时可掺入磨细生石灰、石灰膏、石膏、粉煤灰、电石膏等材料作为掺合料。但石灰膏的掺入会降低砂浆的强度和黏结力，并改变使用范围，其掺量应严格控制。高强砂浆、有防水和抗冻要求的砂浆不得掺加石灰膏及含石灰成分的保水增稠材料。

用生石灰生产石灰膏，应用孔径不大于 3mm×3mm 的筛网过滤，熟化时间不得少于 7 天，陈伏两周以上为宜；如用磨细生石灰粉生产石灰膏，其熟化时间不得小于 2 天，否则会因过火石灰颗粒熟化缓慢、体积膨胀，使已经硬化的砂浆产生鼓泡、崩裂现象。沉淀池中储存的石灰膏，应采取防止干燥、冻结和污染的措施。严禁使用脱水硬化的石灰膏。消石灰粉不得直接使用于砂浆中。磨细生石灰粉也必须熟化成石灰膏后方可使用。

为了保证电石膏的质量，要求按规定过滤后方可使用。因电石膏中乙炔含量大会对人体造成伤害，因此按规定检验合格后才可使用。

砂浆中加入粉煤灰、磨细矿粉等矿物掺加料时，掺加料的品质应符合国家现行的有关标准要求，掺量可经试验确定，粉煤灰不宜使用Ⅲ级粉煤灰。

为方便现场施工时对掺量进行调整，统一规定膏状物质（石灰膏、电石灰膏等）试配时的稠度为（120±5）mm，稠度不同时，应按表 4－1 换算其用量。

表 4－1　石灰膏不同稠度的换算系数

稠度/mm	120	110	100	90	80	70	60	50	40	30
换算系数	1.00	0.99	0.97	0.95	0.93	0.92	0.90	0.88	0.87	0.86

三、细骨料

配制砂浆的细骨料最常用的是天然砂。砂应符合混凝土用砂的技术性质要求。由于砂浆层较薄，砂的最大粒径应有所限制，理论上不应超过砂浆层厚度的 1/4～1/5。例如砖砌体用砂浆宜选用中砂，最大粒径不大于 2.5mm 为宜；石砌体用砂浆宜选用粗砂，砂的最大粒径应不大于 4.75mm；光滑的抹面及勾缝的砂浆宜采用细砂，其最大粒径不大于

1.2mm 为宜。毛石砌体可用较大粒径骨料配制小石子砂浆。用于装饰的砂浆，还可采用彩砂、石渣等。

砂中含泥对砂浆的和易性、强度、变形性和耐久性均有不利影响。为保证砂浆质量，尤其在配制高强度砂浆时，应选用洁净的砂。因此对砂的含泥量应予以限制：对强度等级为 M2.5 以上的砌筑砂浆，含泥量不应超过 5%；对强度等级为 M2.5 级的水泥混合砂浆，含泥量不应超过 10%。

当细骨料采用人工砂、细炉渣、细矿渣等时，应根据经验并经试验，保证不影响砂浆质量才能够使用。

四、外加剂

为改善新拌砂浆的和易性与硬化后砂浆的各种性能或赋予砂浆某些特殊性能，常在砂浆中掺入适量外加剂。使用外加剂，不用再掺加石灰膏等掺加料就可获得良好的工作性，可以节约能源，保护自然资源。

混凝土中使用的外加剂，对砂浆也具有相应的作用，可以通过试验确定外加剂的品种和掺量。例如为改善砂浆和易性，提高砂浆的抗裂性、抗冻性及保温性，可掺入减水剂等外加剂；为增强砂浆的防水性和抗渗性，可掺入防水剂等；为增强砂浆的保温隔热性能，除选用轻质细骨料外，还可掺入引气剂提高砂浆的孔隙率。

外加剂加入后应充分搅拌使其均匀分散，以防产生不良影响。

五、水

拌合砂浆用水与混凝土拌合水的要求相同，应选用无有害杂质的洁净水来拌制砂浆。

第二节 砌筑砂浆的主要技术性质

砌筑砂浆是指将砖、石、砌块等块材经砌筑成为砌体，起黏结、衬垫和传力作用的砂浆。砌筑砂浆的主要技术性质包括新拌砂浆的和易性、硬化后砂浆的强度和黏结强度，以及抗冻性、变形性等指标。

一、新拌砂浆的和易性

和易性是指新拌制砂浆的工作性，即在施工中易于操作而且能保证工程质量的性质，包括流动性和保水性两方面。和易性好的砂浆，在运输和操作时，不会出现分层、泌水等现象，而且容易在粗糙的砖、石、砌块表面上铺成均匀的薄层，保证灰缝既饱满又密实，能够将砖、石、砌块很好地黏结成整体，而且可操作的时间较长，有利于施工操作。

（一）流动性

砂浆的流动性又称稠度，是指砂浆在自重或外力作用下流动的性能。砂浆的流动性用沉入度表示。

砂浆流动性一般可由施工操作经验来确定。实验室用砂浆稠度仪测定，即标准圆锥体在砂浆中的贯入深度称为沉入度，如图 4-1所示，单位用 mm 表示。沉入度越大，表示砂浆的流动性

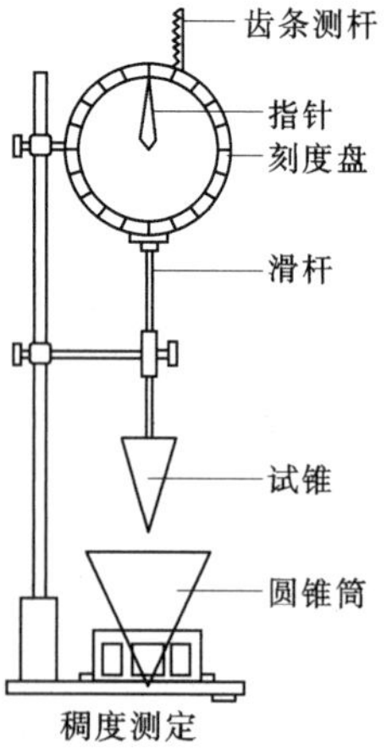

图 4-1 稠度测定仪

越好。

砂浆流动性的选择主要与砌体种类、施工方法及天气情况有关。流动性过大，砂浆太稀，不仅铺砌困难，而且硬化后干缩变形大、强度降低；流动性过小，砂浆太稠，难于铺砌。一般情况下多孔吸水的砌体材料或干热的天气，砂浆的流动性应大些；而密实不吸水的材料或湿冷的天气，其流动性应小些。砂浆流动性可按表 4－2 选用。

表 4－2　　砌筑砂浆的施工稠度

砌　体　种　类	砂浆稠度/mm
烧结普通砖砌体、粉煤灰砌体	70～90
混凝土砖砌体、灰砂砖砌体、普通混凝土小型空心砌块砌体	50～70
烧结多孔砖砌体、烧结空心砖砌体、轻集料混凝土小型空心砌块砌体、蒸压加气混凝土砌块砌体	60～80
石砌体	30～50

（二）保水性

新拌砂浆能够保持水分的能力称为保水性。保水性也指砂浆中各项组成材料不易离析的性质，即搅拌好的砂浆在运输、存放、使用的过程中，砂浆中的水与胶凝材料及骨料分离快慢的性质。保水性良好的砂浆水分不易流失，易于摊铺成均匀密实的砂浆层；反之，保水性差的砂浆，易出现泌水、分层离析，同时由于水分易被砌体吸收，影响水泥的正常硬化，降低砂浆的黏结强度。

砂浆保水性可用分层度或保水率评定，考虑到我国目前砂浆品种日益增多，有些新品种砂浆用分层度试验来衡量砂浆各组分的稳定性或保持水分的能力已不太适宜，而且在砌筑砂浆实际试验应用中与保水率试验相比，分层度试验难操作、可复验性差且准确性低，所以在《砌筑砂浆配合比设计规程》（JGJ/T 98—2010）中取消了分层度指标，规定用保水率衡量砌筑砂浆的保水性。砂浆保水率就是用规定稠度的新拌砂浆，按规定的方法进行吸水处理，吸水处理后砂浆中保留的水的质量，并用原始水量的质量百分数来表示（详见第十一章的砂浆试验）。砌筑砂浆的保水率要求见表 4－3。

表 4－3　　砌筑砂浆的保水率

砌筑砂浆品种	水泥砂浆	水泥混合砂浆	预拌砌筑砂浆
保水率/%	≥80	≥84	≥88

二、硬化砂浆的技术性质

砂浆硬化后成为砌体的组成之一，应能与砌体材料结合、传递和承受各种外力，使砌体具有整体性和耐久性。因此，砂浆应具有一定的抗压强度、黏结强度、耐久性及工程所要求的其他技术性质。

（一）抗压强度和强度等级

砂浆强度是以边长为 70.7mm×70.7mm×70.7mm 的立方体试块，在温度为（20±3)℃，一定湿度下养护 28d，测得的极限抗压强度。砌筑砂浆按抗压强度划分为若干强度等级。水泥砂浆及预拌砂浆的强度等级分为 M30、M25、M20、M15、M10、M7.5、M5，水泥混合砂浆的强度等级分为 M15、M10、M7.5、M5。

（二）砂浆抗压强度的影响因素

砂浆不含粗骨料，是一种细骨料混凝土，因此有关混凝土的强度规律，原则上亦适用于砂浆。影响砂浆的抗压强度的主要因素是胶凝材料的强度和用量，此外，水灰比、集料状况、砌筑层（砖、石、砌块）吸水性、掺合材料的品种及用量、养护条件（温度和湿度）都会对砂浆的强度有影响。

1. 用于砌筑不吸水基底的砂浆

用于黏结吸水性较小、密实的底面材料（如石材）的砂浆，其强度取决于水泥强度和水灰比，与混凝土类似，计算公式如下：

$$f_{m,o}=Af_{ce}\left(\frac{C}{W}-B\right) \tag{4-1}$$

式中 $f_{m,o}$——砂浆28d试配抗压强度（试件用有底试模成型），MPa；

f_{ce}——水泥28d的实测抗压强度，MPa；

$\frac{C}{W}$——灰水比；

A、B——经验系数，可取$A=0.29$，$B=0.4$。

2. 砌筑多孔吸水基底的砂浆

用于黏结吸水性较大的底面材料（如砖、砌块）的砂浆，砂浆中一部分水分会被底面吸收，由于砂浆必须具有良好的和易性，即使用水量不同，经底层吸水后，留在砂浆中的水分大致相同，可视为常量。在这种情况下，砂浆的强度取决于水泥强度和水泥用量，可不必考虑水灰比；可用下面经验公式：

$$f_{m,o}=\frac{\alpha f_{ce}Q_c}{1000}+\beta \tag{4-2}$$

式中 $f_{m,o}$——砂浆的试配强度（试件用无底试模成型），MPa，精确至0.1MPa；

Q_c——每立方米砂浆的水泥用量，精确至1kg；

f_{ce}——水泥的实测强度值，MPa；

α、β——砂浆的特征系数，其中$\alpha=3.03$、$\beta=-15.09$，也可由当地的统计资料计算获得。

（三）黏结力

砌体是通过砂浆把块状材料黏结成为整体的，砂浆应具有一定的黏结力。砂浆的抗压强度越高，其黏结力也越大。此外，砂浆的黏结力与墙体材料的表面状态、清洁程度、湿润情况以及施工养护条件等都有关系。

砌筑砂浆的黏结力，直接关系砌体的抗震性能和变形性能，可通过砌体抗剪强度试验测评。试验表明，水泥砂浆中掺入石灰膏等掺加料，虽然能改善和易性，但会降低黏结强度。而掺入聚合物的水泥砂浆，其黏结强度有明显提高，所以砂浆外加剂中常含有聚合物组分。我国古代在石灰砂浆中掺入糯米汁、黄米汁也是为了提高砂浆黏结力。

聚合物砂浆与普通砂浆相比，抗拉强度高、弹性模量低、干缩变形小、抗冻性和抗渗性好，黏结强度高，具有一定的弹性，抗裂性能高。这对解决砌体裂缝、渗漏、空鼓、脱落等质量通病非常有利。

三、砂浆的变形与耐久性

（一）砂浆的变形性能

砂浆在承受荷载，以及温度和湿度发生变化时，均会发生变形。如果变形过大或不均匀，就会引起开裂。例如抹面砂浆若产生较大收缩变形，会使面层产生裂纹或剥离等质量问题。因此要求砂浆具有较小的变形性。

砂浆变形性的影响因素很多，有胶凝材料的种类和用量、用水量、细骨料的种类、质量以及外部环境条件等。

1. 结构变形对砂浆变形的影响

砂浆属于脆性材料，墙体结构变形会引起砂浆裂缝。当地基不均匀沉降、横墙间距过大，砖墙转角应力集中处未加钢筋、门窗洞口过大，变形缝设置不当等原因而使墙体因强度、刚度、稳定性不足而产生结构变形，超出砂浆允许变形值时，砂浆层开裂。

2. 温度对砂浆变形的影响

温度变化导致建筑材料膨胀或收缩，但不同材质有不同的温度系数和变形应力。热膨胀在界面产生温度应力，一旦温度应力大于砂浆抗拉强度，将使材料发生相对位移，导致砂浆产生裂缝。暴露在阳光下的外墙砂浆层的温度往往会超过气温，加上昼夜和寒暑温差的变化，产生较大的温度应力，砂浆层产生温度裂缝，虽然裂缝较为细小，但如此反复，裂纹会不断地扩大。

3. 湿度变化对砂浆变形的影响

外墙抹面砂浆长期裸露在空气中，往往因湿度的变化而膨胀或收缩。砂浆的湿度变形与砂浆含水量和干缩率有关。由湿度引起的变形中，砂浆的干缩速率是一条逆降的曲线，初期干缩迅速，时间长会逐渐减缓。虽然湿度变化造成的收缩是一种干湿循环的可逆过程，但膨胀值是其收缩值的 1/9，当收缩应力大于砂浆的抗拉强度时，砂浆必然产生裂缝。

砌筑工程中，不同砌体材料的吸水性差异很大，砌体材料的含水率越大，干燥收缩越大。砂浆若保水性不良，用水量较多，砂浆的干燥收缩也会增大。而砂浆与砌体材料的干缩变形系数不同，在界面上会产生拉应力，引起砂浆开裂，降低抗剪强度和抗震性能。

实际工程中，可通过掺加抗裂性材料，提高砂浆的塑性、韧性，来改善砂浆的变形性能。如配制聚合物水泥砂浆、阻裂纤维水泥砂浆（以水泥砂浆为基体，以非连续的短纤维或者连续的长纤维作增强材料所组成的水泥基复合材料）、膨胀类材料抗裂砂浆等。

（二）耐久性

硬化后的砂浆要与砌体一起经受周围介质的物理化学作用，因而砂浆应具有一定的耐久性。试验证明，砂浆的耐久性随抗压强度的增大而提高，即它们之间存在一定的相关性。防水砂浆或直接受水和受冻融作用的砌体，对砂浆还应有抗渗和抗冻性要求。在砂浆配制中除控制水灰比外，常加入外加剂来改善抗渗和抗冻性能，如掺入减水剂、引气剂及防水剂等。并通过改进施工工艺，填塞砂浆的微孔和毛细孔，增加砂浆的密实度。砌筑砂浆的抗冻性要求见表 4－4。

表 4-4　　砌筑砂浆的抗冻性要求

使用条件	抗冻指标	质量损失率/%	强度损失率/%
夏热冬暖地区	F15	≤5	≤25
夏热冬冷地区	F25		
寒冷地区	F35		
严寒地区	F50		

砂浆与混凝土相比，只是在组成上没有粗骨料，因此砂浆的搅拌时间、使用时间对砂浆的强度有影响。砌筑砂浆应采用机械搅拌，搅拌要均匀。《砌体结构工程施工质量验收规范》（GB 50203—2011）规定：水泥砂浆和水泥混合砂浆的搅拌时间不得少于120s；水泥粉煤灰砂浆和掺用外加剂的砂浆搅拌时间不得少于180s；掺液体增塑剂的砂浆，应先将水泥、砂干拌30s混合均匀后，再将混有增塑剂的水溶液倒入干混料中继续搅拌，搅拌时间为210s；掺固体增塑剂的砂浆，应将水泥、砂和增塑剂干拌30s混合均匀后，再将水倒入继续搅拌210s。有特殊要求时，搅拌时间或搅拌方式可按产品说明书的技术要求确定。工厂生产的预拌砂浆及加气混凝土砌块专用黏结砂浆的搅拌时间应按企业技术标准确定或产品说明书采用。

砂浆应随拌随用，必须在4h内使用完毕，不得使用过夜砂浆。试验资料表明，5MPa强度的过夜砂浆，强度只能达到3MPa；2.5MPa强度的过夜砂浆只能达到1.4MPa。

第三节　砌筑砂浆配合比设计

砂浆配合比用每立方米砂浆中各种材料的用量来表示。砌筑砂浆应根据工程类别及砌体部位的设计要求来选择砂浆的类别与强度等级，再按砂浆强度等级确定其配合比。

砂浆强度等级确定后，一般可以通过查有关资料或手册来选取砂浆配合比。如需计算及试验，较精确的确定砂浆配合比，可采用《砌筑砂浆配合比设计规程》（JGJ/T 98—2010）中的设计方法，按照下列步骤进行：

（1）计算砂浆试配强度 $f_{m,o}$（MPa）。

（2）计算每立方米砂浆中的水泥用量 Q_c（kg）。

（3）计算每立方米砂浆中掺加料用量 Q_D（kg）。

（4）确定每立方米砂浆中砂用量 Q_S（kg）。

（5）按砂浆稠度选择每立方米砂浆中用水量 Q_W（kg）。

（6）砂浆试配和调整。

水泥砂浆及水泥混合砂浆配合比方法如下。

一、水泥混合砂浆配合比设计

（一）确定砂浆的试配强度

1. 计算公式

砂浆试配强度按式（4-3）确定：

$$f_{m,o} = kf_2 \tag{4-3}$$

式中 $f_{m,o}$——砂浆的试配强度，精确至 0.1MPa；

f_2——砂浆抗压强度平均值（即设计强度等级值），精确至 0.1MPa；

k——系数，按表 4-5 取值。

2. 砂浆强度等级的选择

砌筑砂浆的强度等级应根据工程类别及砌体部位选择。在一般建筑工程中，办公楼、教学楼及多层住宅等工程宜用 M5～M15 的砂浆；特别重要的砌体才使用 M15 以上的砂浆。

3. 砂浆现场强度标准差确定

（1）当近期同一品种砂浆强度资料充足，现场标准差 σ 按数理统计方法算得。

（2）当不具有近期统计资料时，现场标准差 σ 按表 4-5 取用。

表 4-5　砌筑砂浆强度标准差 σ 及 k 值　单位：MPa

强度等级 / 施工水平	σ							k
	M5	M7.5	M10	M15	M20	M25	M30	
优良	1.00	1.50	2.00	3.00	4.00	5.00	6.00	1.15
一般	1.25	1.88	2.50	3.75	5.00	6.25	7.50	1.20
较差	1.50	2.25	3.00	4.50	6.00	7.50	9.00	1.25

注 摘自《砌筑砂浆配合比设计规程》(JGJ 98—2010)。

（二）计算水泥用量 Q_c

1. 不吸水基底砂浆

由于不吸水基底砂浆的强度影响因素与混凝土相似，当砂浆试配强度确定后，可根据选用的水泥强度由式（4-1）确定所需的水灰比，再根据施工稠度要求所得的单位体积砂浆用水量 Q_W ，由式（4-4）计算水泥用量：

$$Q_c = Q_W(C/W) \tag{4-4}$$

2. 多孔吸水基底砂浆

对于多孔吸水基底砂浆，按式（4-5）计算水泥用量：

$$Q_c = \frac{1000(f_{m,o} - \beta)}{\alpha f_{ce}} \tag{4-5}$$

式中 Q_c——$1m^3$ 砂浆的水泥用量，精确至 1kg；

f_{ce}——水泥的实测强度，精确至 0.1MPa；

α、β——砂浆的特征系数，$\alpha=3.03$、$\beta=-15.09$。

在无法取得水泥的实测强度值时，可按下式计算：

$$f_{ce} = \gamma_c f_{ce\cdot k}$$

式中 $f_{ce\cdot k}$——水泥强度等级值，MPa；

γ_c——水泥强度的富余系数，可按实际统计资料确定，无统计资料时可取 1.0。

当计算出水泥砂浆中的水泥计算用量不足 $200kg/m^3$ 时，应按 $200kg/m^3$ 选用。

（三）计算掺合料用量 Q_D

$$Q_D = Q_A - Q_C \tag{4-6}$$

式中 Q_D ——1m³ 砂浆的掺合料用量，精确至 1kg；

Q_A ——1m³ 砂浆中水泥和掺合料的总量，精确至 1kg，可为 350kg。当计算出水泥用量已超过 350kg/m³，则不必采用掺加料，直接使用纯水泥砂浆即可。

掺合料使用石灰膏、电石膏时的稠度，应为 120±5mm。当稠度不同时，其用量应乘以表 4－1 所示的换算系数进行换算。

（四）确定 Q_S 砂用量

每立方米砂浆中的砂用量，应以干燥状态（含水率小于 0.5%）的堆积密度值作为计算值。当含水率大于 0.5%时，应考虑砂的含水率，若含水率为 α%，则砂用量等于 Q_S（1＋α%）。

（五）确定用水量 Q_W

1m³ 砂浆中的用水量，按砂浆稠度等要求，可根据经验或按表 4－6 选用。

表 4－6　　每立方米砂浆中用水量选用值

砂 浆 品 种	水泥混合砂浆	水 泥 砂 浆
用水量/(kg·m⁻³)	210～310	270～330

注 1. 水泥混合砂浆中的用水量，不包括石灰膏或电石膏中的水。
2. 当采用细砂或粗砂时，用水量分别取上限或下限。
3. 稠度小于 70mm 时，用水量可小于下限。
4. 施工现场气候炎热或干燥季节，可酌量增大用水量。

二、水泥砂浆配合比选用

根据试验及工程实践，供试配的水泥砂浆配合比可按表 4－7 选用，水泥粉煤灰砂浆材料用量可按表 4－8 选用。

表 4－7　　每立方米水泥砂浆材料用量　　单位：kg

强 度 等 级	水泥用量 Q_C	用砂量 Q_S	用水量 Q_W
M5	200～230	砂的堆积密度值	270～330
M7.5	230～260		
M10	260～290		
M15	290～330		
M20	340～400		
M25	360～410		
M30	430～480		

注 M15 及 M15 以下强度等级水泥砂浆宜用强度等级为 32.5 级的水泥；M15 以上强度等级的水泥砂浆，水泥强度等级为 42.5 级。

表 4－8　　每立方米水泥粉煤灰砂浆材料用量

砂浆强度等级	水泥和粉煤灰总量	粉 煤 灰	砂	用 水 量
M5	210～240	粉煤灰掺量可占胶凝材料总量的 15%～25%	砂的堆积密度值	270～330
M7.5	240～270			
M10	270～300			
M15	300～330			

注 表中水泥强度等级为 32.5 级。

三、水泥砂浆配合比试配、调整和确定

按计算或查表所得配合比进行试拌，按《建筑砂浆基本性能试验方法标准》（JGJ/T 70—2009）测定砌筑砂浆拌合物的稠度和保水率，当不能满足要求时，应调整材料用量，直到符合要求为止，然后确定为试配时的砂浆基准配合比。

试配时至少应采用三个不同的配合比：基准配合比和按基准配合比中水泥用量分别增减10%的两个配合比。在保证稠度和保水率合格的条件下，可将用水量、掺合料用量和保水增稠材料用量作相应调整。

采用与工程实际相同的材料和搅拌方法试拌砂浆，分别测定不同配比砂浆的表观密度及强度，选定符合试配强度及和易性要求、水泥用量最少的配合比作为砂浆配合比。

根据拌合物的密度，校正材料的用量，保证1m³砂浆中的用量准确。校正步骤如下：

（1）按确定的砂浆配合比计算砂浆理论表观密度值 ρ_t（精确至10kg/m³）：

$$\rho_t = Q_C + Q_D + Q_S + Q_W \tag{4-7}$$

（2）根据砂浆的实测表观密度 ρ_c 计算校正系数：

$$\delta = \frac{\rho_c}{\rho_t} \tag{4-8}$$

（3）当砂浆的实测表观密度与理论表观密度值之差的绝对值不超过理论值的2%时，配合比不作调整；当超过2%时，应将试配得到的配合比每项材料用量均乘以校正系数后，确定为砂浆设计配合比。

一般情况下水泥砂浆拌合物的表观密度不应小于1900kg/m³，水泥混合砂浆和预拌砂浆的表观密度不应小于1800kg/m³。

四、砂浆配合比设计实例

【例4-1】 某混凝土砖砌体工程使用水泥混合砂浆砌筑，砂浆的设计强度等级为M10，稠度为50～70mm。所用原材料为：水泥采用32.5强度等级矿渣硅酸盐水泥，强度富余系数为1.1；砂采用中砂，堆积密度为1450kg/m³，含水率为2%；掺合料采用石灰膏，稠度为100 mm。施工企业施工水平一般。试计算砂浆的配合比。

解：（1）计算试配强度 $f_{m,o}$。

$$f_{m,o} = Kf_2$$

式中

$$f_2 = 10\text{MPa}$$

$$K = 1.20\ (\text{查表}\ 4-5)$$

$$f_{m,o} = 10 \times 1.20 = 12(\text{MPa})$$

（2）计算水泥用量 Q_C。

$$Q_C = \frac{1000(f_{m,o} - \beta)}{\alpha \cdot f_{ce}}$$

式中

$$\alpha = 3.03、\beta = -15.09$$

$$f_{ce} = 32.5 \times 1.1 = 35.75\ (\text{MPa})$$

$$Q_C = \frac{1000(12+15.09)}{3.03 \times 35.75} = 250\ (\text{kg})$$

（3）计算石灰膏用量 Q_D 。

$$Q_D = Q_A - Q_C$$

式中取 Q_A =350kg，则

$$Q_D = 350 - 250 = 100(\text{kg})$$

石灰膏稠度为 100mm，查表 4-1，稠度换算系数为 0.97，$Q_D = 100 \times 0.97 = 97(\text{kg})$

（4）计算砂子用量 Q_S 。

$$Q_S = 1450 \times (1+2\%) = 1479(\text{kg})$$

（5）确定用水量 Q_W 。

可选取 280kg，扣除砂中所含水量，拌合用水量为：

$$Q_W = 280 - 1450 \times 2\% = 251(\text{kg})$$

砂浆试配时各材料的用量比例：

$$Q_C : Q_D : Q_S : Q_W = 1 : 0.39 : 5.92 : 1.00$$

经试配、调整，最后确定施工所用的砂浆配合比。

第四节 其他品种砂浆

一、抹面砂浆

抹面砂浆也称抹灰砂浆。是将砂浆以薄层涂抹于建筑物表面，用以保护墙体、柱面等，提高建筑物防风、雨雪及潮气侵蚀的能力，并有装饰作用。受雨水作用的外墙、家内受潮和易碰撞的部位，如墙裙、踢脚板、窗台、雨棚等，一般采用水泥砂浆抹面。

抹面砂浆的水分易被底面吸收和蒸发，应有良好的保水性。抹面砂浆由于是大面积涂抹，为便于施工和保证抹灰砂浆与基底有良好的黏结，抹面砂浆的胶凝材料用量宜适当提高，并具有较大的流动性。配制强度等级不大于 M20 的抹灰砂浆宜用 32.5 级通用硅酸盐水泥。配制强度等级大于 M20 的抹灰砂浆宜用不低于 42.5 级通用硅酸盐水泥。普通抹面砂浆的流动性和砂的最大粒径参考表 4-9。

表 4-9　　普通抹面砂浆流动性及骨料最大粒径

抹面层名称	沉入度/mm	砂的最大粒径/mm
底层	100～120	2.6
中层	70～90	2.6
面层	70～80	1.2

注　聚合物水泥抹灰砂浆的施工稠度宜为 50～60mm。

为了保证抹灰质量及表面平整，避免空鼓、开裂、脱落，抹面砂浆通常分为两层或三层进行施工。各层抹灰要求不同，所以每层所选用的砂浆也不一样。底层抹灰的作用是使砂浆与底面能牢固地黏结；依底层材料的不同，选用不同种类的砂浆，要求砂浆具有良好的保水性和黏结力。中层抹灰主要起找平作用，有时可省去不用。面层砂浆主要起装饰作用，应采用较细的骨料，使表面平整光滑。

1. 抹灰砂浆的强度要求

抹灰砂浆的强度不宜比基体材料强度高出两个及以上强度等级，并应符合下列规定。

（1）对于无粘贴饰面砖的外墙，底层抹灰砂浆应比基体材料高出一个强度等级或等于基体强度。

（2）对于无粘贴饰面砖的内墙，底层抹灰砂浆宜比基体材料低一个强度等级。

（3）对于有粘贴饰面砖的外墙、内墙，中层抹灰砂浆应比基体材料高出一个强度等级且不宜低于M15，并宜选择水泥砂浆。

（4）孔洞填补和窗台、阳台抹面等宜采用M20或M15的水泥砂浆。

2. 抹灰层厚度

严格控制分层抹灰的各层厚度和总厚度，避免因灰层厚度过大造成的开裂、空鼓和脱落。抹灰层的平均厚度宜符合下列规定。

（1）内墙。普通抹灰的平均厚度不宜大于20mm，高级抹灰的平均厚度不宜大于25mm。

（2）外墙。墙面抹灰的平均厚度不宜大于20mm，勒脚抹灰的平均厚度不宜大于25mm。

（3）顶棚。现浇混凝土抹灰平均厚度不宜大于5mm，条板、预制混凝土抹灰平均厚度不宜大于10mm。

（4）蒸压加气混凝土砌块基层抹灰平均厚度宜控制在15mm以内，当采用聚合物水泥砂浆抹灰时，平均厚度宜控制在5mm以内，当采用石膏砂浆抹灰时，平均厚度宜控制在10mm以内。

（5）分层抹灰时，水泥砂浆每层厚度宜为5～7mm，水泥石灰砂浆每层厚度宜为7～9mm，并应待前一层达到六七成干后再抹下一层灰。

（6）当抹灰层厚度大于35mm时，应采取与基体黏结的加强措施；不同材料的基体交接处应设加强网，加强网与各基体的搭接宽度不小于100mm。

各层抹灰在黏结硬化前，应防止暴晒、淋雨、水冲、撞击、振动。水泥砂浆、水泥粉煤灰砂浆和掺外加剂水泥砂浆宜在润湿的条件下养护。

3. 抹面砂浆的参考配合比

抹面砂浆的传统配合比常用体积比，如表4－10所示。根据《抹灰砂浆技术规程》JGJ/T 220—2010，不同种类砂浆不同强度等级的抹面砂浆的配合比及质量要求，如表4－11所示。

表4－10　　普通抹面砂浆参考配合比

材　料	配合比（体积比）	应　用　范　围
水泥：砂	1：3～1：2.5	用于浴室、潮湿车间等墙裙、勒脚等或地面基层
水泥：砂	1：2～1：1.5	用于地面、顶棚或墙面面层
水泥：砂	1：0.5～1：1	用于混凝土地面随时压光
水泥：白石子	1：2～1：1	用于水磨石（打底用1：2.5水泥砂浆）

表 4-11 抹面砂浆配合比的材料用量及质量要求

<table>
<tr><th rowspan="2">砂浆种类</th><th rowspan="2">强度等级</th><th colspan="5">材料用量/(kg·m⁻³)</th><th rowspan="2">表观密度/(kg·m⁻³)</th><th rowspan="2">保水率/%</th><th rowspan="2">拉伸黏结强度/MPa</th></tr>
<tr><th>水泥</th><th>粉煤灰</th><th>石灰膏</th><th>砂</th><th>水</th></tr>
<tr><td rowspan="4">水泥砂浆</td><td>M15</td><td>330～380</td><td></td><td></td><td rowspan="14">1m³ 砂的堆积密度</td><td rowspan="4">250～300</td><td rowspan="4">≥1900</td><td rowspan="4">≥82</td><td rowspan="4">≥0.20</td></tr>
<tr><td>M20</td><td>380～450</td><td></td><td></td></tr>
<tr><td>M25</td><td>400～450</td><td></td><td></td></tr>
<tr><td>M30</td><td>460～530</td><td></td><td></td></tr>
<tr><td rowspan="3">水泥粉煤灰砂浆</td><td>M5</td><td>250～290</td><td rowspan="3">水泥量10%～30%</td><td></td><td rowspan="3">270～320</td><td rowspan="3">≥1900</td><td rowspan="3">≥82</td><td rowspan="3">≥0.15</td></tr>
<tr><td>M10</td><td>320～350</td><td></td></tr>
<tr><td>M15</td><td>350～400</td><td></td></tr>
<tr><td rowspan="4">水泥石灰砂浆</td><td>M2.5</td><td>200～230</td><td></td><td rowspan="4">(350～400)减去水泥用量</td><td rowspan="4">180～280</td><td rowspan="4">≥1800</td><td rowspan="4">≥88</td><td rowspan="4">≥0.15</td></tr>
<tr><td>M5.0</td><td>230～280</td><td></td></tr>
<tr><td>M7.5</td><td>280～330</td><td></td></tr>
<tr><td>M10</td><td>330～380</td><td></td></tr>
<tr><td rowspan="3">掺塑化剂的水泥砂浆</td><td>M5</td><td>260～300</td><td></td><td></td><td rowspan="3">250～300</td><td rowspan="3">≥1800</td><td rowspan="3">≥88</td><td rowspan="3">≥0.15</td></tr>
<tr><td>M10</td><td>330～360</td><td></td><td></td></tr>
<tr><td>M15</td><td>360～410</td><td></td><td></td></tr>
</table>

二、装饰砂浆

在建筑物内、外墙表面，具有美观装饰效果的抹灰砂浆通称为装饰砂浆。过去因装饰装修材料贫乏，多采用装饰砂浆做成各种饰面，但因耐久性差、易挂灰及施工繁琐等原因，现在已经很少使用。装饰砂浆的底层和中层抹灰与普通抹灰砂浆基本相同，不同的是面层要选用具有一定颜色的胶凝材料和骨料以及采用某种特殊的操作工艺，使表面呈现出各种不同的色彩、线条与花纹等装饰效果。

装饰砂浆采用的胶凝材料有通用硅酸盐水泥、白水泥和彩色水泥，或是在常用水泥中掺加耐碱矿物颜料配成彩色水泥，以及使用石灰、石膏做胶凝材料。骨料常采用大理石、花岗石等带颜色的细石渣或玻璃、陶瓷碎片。

装饰砂浆还可采取喷涂、弹涂和辊压等工艺，做成多种多样的装饰面层，操作方便，施工效率可大大提高。

几种装饰砂浆的工艺做法如下。

1. 拉毛

在砂浆抹灰层上，利用拉毛工具将砂浆拉出波纹和斑点的毛头，做成装饰面层。一般适用于有声学要求的礼堂、剧院等室内墙面，也常用于外墙面、阳台栏板或围墙饰面。

2. 水刷石

水刷石是用颗粒细小（约 5mm）的石渣所拌成的砂浆作面层，待表面稍凝固后立即喷水冲刷表面水泥浆，使其半露出石渣。水刷石多用于建筑物的外墙装饰，具有天然石材的质感，经久耐用。但湿作业污染环境，浪费水泥，已被干粘石所替代。

3. 干粘石

干粘石是将彩色石粒直接粘在砂浆层上的做法，与水刷石相比，既节约水泥、石粒等原材料，减少湿作业，又能提高工效。

4. 斩假石

斩假石又称斧石剁，是待水泥石渣砂浆层硬化后，用剁斧、齿斧及凿子等工具剁出有规律的石纹，使其形成天然花岗石粗犷的效果。主要用于室外柱面、勒脚、栏杆和踏步等处的装饰。

5. 水磨石

用普通水泥、白色水泥或彩色水泥拌和彩色大理石石碴做面层，硬化后用机械磨平抛光表面。水磨石多用于地面装饰，可事先设计图案和色彩，抛光后更具其艺术效果。除可用做地面之外，还可预制做成楼梯踏步、窗台板、柱面、台面、踢脚板和地面板等多种建筑构件。

6. 弹涂

弹涂是在墙体表面刷一道聚合物水泥浆后，用弹涂器分几遍将不同色彩的聚合物水泥砂浆弹在已涂刷的基层上，形成 3～5mm 的扁圆形花点，适用于建筑物内、外墙面。

7. 喷涂

喷涂多用于墙面。它是用挤压式砂浆泵或喷斗，将聚合物水泥砂浆喷涂在墙面基层或底层灰上，形成饰面层。

三、预拌砂浆（商品砂浆）

预拌砂浆，又称为商品砂浆，系指由专业厂家生产的，用于一般工业与民用建筑工程的砂浆。传统上，建筑用砂浆都是在施工现场拌制，由于受条件的限制，计量准确度低、质量稳定性差，是建筑工程粉刷开裂、空鼓、渗漏等质量问题发生的主要原因，还会造成施工环境的污染。伴随着新型墙体材料和装饰板材的使用，现场拌制的砂浆无法满足特殊的技术和质量要求，需要专业生产专用的砂浆。建筑业逐步形成了集中拌制、规模化生产的商品砂浆。

（一）预拌砂浆的分类

预拌砂浆按生产形式分为两种：干拌砂浆和湿拌砂浆。

按用途分为预拌砌筑砂浆、预拌抹灰砂浆、预拌地面砂浆及其他特殊性能的预拌砂浆。

用于预拌砂浆标记的符号，应根据其分类及使用材料的不同按下列规定使用：

干拌砂浆（DM）：DMM—干拌砌筑砂浆，DPM—干拌抹灰砂浆，DSM—干拌地面砂浆。

湿拌砂浆（WM）：WMM—湿拌砌筑砂浆，WPM—湿拌抹灰砂浆，WSM—湿拌地面砂浆。

（二）干拌砂浆

干拌砂浆又称砂浆干拌（混）料、干粉砂浆，系指由专业生产厂家生产、经干燥筛分处理的细集料与无机胶结料、矿物掺合料和外加剂按一定比例混合而成的一种颗粒状或粉状混合物。在施工现场按使用说明加水搅拌即成为砂浆拌和物。干拌砂浆包括水泥砂浆和石膏砂浆。

干拌砌筑砂浆的等级有 DMM30、DMM25、DMM20、DMM15、DMM10、DMM7.5 和 DMM5.0，用于混凝土小型空心砌块的砌筑砂浆用 Mb 标记，强度分别为 Mb5.0、Mb10、Mb15、Mb15、Mb20、Mb25 和 Mb30 等 7 个等级。

干拌抹灰砂浆的等级有 DPM20、DPM15、DPM10、DPM7.5 和 DPM5.0。

干拌地面砂浆的等级有 DSM25、DSM20 和 DSM15。

干拌砂浆所用的集料必须经干燥处理，干燥后含水率应小于 1%。干拌砂浆分袋装和散装两种。袋装一般 50kg/袋。散装干拌砂浆运输可分为散装车运输和罐装运输。袋装或散装干拌砂浆在运输和贮存过程中，不得淋水、受潮、靠近高温或受阳光直射，不同品种和强度等级的产品应分别运输和贮存，不得混杂。

干拌砂浆贮存期不宜超过 3 个月，超过 3 个月的干拌砂浆在使用前需重新检验合格方可使用。

现场搅拌时干拌砂浆及用水量均以质量计量，除水外不得添加其他成分。干拌砂浆应采用机械搅拌，搅拌时间应符合包装袋或送货单标明的规定。搅拌时间的确定应保证砂浆的均匀性。砂浆应随拌随用，搅拌均匀。

（三）湿拌砂浆

湿拌砂浆系指由水泥、砂、保水增稠材料、水、粉煤灰或其他矿物掺合料和外加剂等组分按一定比例，经计量、拌制后，用搅拌输送车运至使用地妥善存储，并在规定时间内使用完毕的砂浆拌合物，包括砌筑、抹灰和地面砂浆等。

1. 湿拌砂浆的等级

湿拌砌筑砂浆的等级有 WMM30、WMM125、WMM20、WMM15、WMM10、WMM7.5 和 WMM5.0 共 7 种。

湿拌抹灰砂浆的强度等级有 WPM20、WPM15、WPM10、WPM7.5 和 WPM5.0 共 5 种。

湿拌地面砂浆的强度等级有 WSM25、WSM20 和 WSM15 共 3 种。

2. 湿拌砂浆的运输

应采用搅拌运输车。在装料及运输过程中，应保持搅拌运输车筒体按一定速度旋转，使砂浆运至储存地点后，不离析、不分层，组分不发生变化，并能保证施工所必需的稠度。严禁在运输和卸料过程中加水。湿拌砂浆在搅拌车中运输的延续时间应符合规定：当气温 5～35℃，运输延续时间不大于 150min；其他不大于 120min。

湿拌砂浆的稠度应符合技术要求，见表 4-12。

表 4-12　湿拌砂浆稠度的选用规定　单位：mm

砌筑工程			抹灰工程		
砌体种类	干燥气候或多孔砌块	寒冷气候或密实砌块	施工方法	机械施工	手工施工
砖砌体	80～100	60～80	准备层	90～100	100～110
混凝土砌块砌体	70～90	50～70	底层	80～90	70～80
石砌体	30～50	20～30	面层	70～80	90～100

（四）特种预拌砂浆

特种预拌砂浆系指具抗渗、抗裂、高黏结和装饰等特殊功能的预拌砂浆，包括预拌防水砂浆、预拌耐磨砂浆、预拌自流平砂浆和预拌保温砂浆等。

预拌砂浆由于采用专业化生产，产品的质量得到充分保证。对各种新型墙体材料还可以“量身定做”专用砂浆，如混凝土界面处理剂、瓷砖黏结剂、内外墙建筑腻子等已广泛使用。预拌砂浆替代现场拌制砂浆，有利于提高砌体、抹灰、修补和镶贴工程的质量，改善砂浆现场施工条件。

预拌砂浆在我国形成产业化生产的时间较短，作为一个新型建材类工业产业，预拌砂浆在国家相关政策的支持下将会广泛应用和大力发展。

四、特殊用途砂浆

（一）防水砂浆

防水砂浆是在水泥砂浆中掺入外加剂配制而成的特种砂浆。防水砂浆常用来制作刚性防水层，适用于不受振动和具有一定刚度的混凝土或砖石砌体工程，不适用于变形较大或有可能发生不均匀沉降的建筑物。防水砂浆不仅要有一定的强度，还要有较高的抗渗性。为了达到高抗渗性的目的，通常采取以下措施：

（1）提高水泥用量。一般灰砂比为1：2～1：3，水灰比控制在0.5～0.55，以改善砂浆的密实程度和孔隙构造。

（2）掺入外加剂，可掺入减水剂、加气剂和防水剂，使砂浆密实不透水。

（3）喷浆法施工。利用高压空气将砂浆以100m/s的高速均匀密实地喷压于建筑物的表面，达到提高防水性的效果。

防水砂浆对施工操作的要求较高，在抹平及养护时应严格遵守操作规程，否则难以达到建筑物的防水要求。

（二）小石子砂浆

在毛石砌体中，空隙尺寸大，石块之间的空隙率可高达40%～50%，若全部用水泥砂浆填充，则水泥耗用量大，多采用小石子砂浆来砌筑。小石子砂浆就是在普通砂浆中加入20%～30%的小石子（粒径为5～10mm）配制而成。这种砂浆降低了水泥用量，提高了砂浆的强度和弹性模量。

（三）聚合物水泥砂浆

聚合物砂浆是一种以有机高分子材料替代部分水泥，并和水泥共同作为胶凝材料的一种砂浆。常用的聚合物有聚醋酸乙烯、乙烯共聚物乳液、丙烯酸酯共聚乳液和丁苯橡胶乳液等聚合物。掺配一定比例的聚合物可克服普通砂浆收缩大、脆性大和黏结强度不高的通病，可使砂浆有效地提高塑性变形能力和黏结强度，抗裂效果明显提高。但聚合物砂浆应注意以下问题：

（1）聚合物掺量越大，砂浆抗压强度下降越高，但不同的聚合物配出的砂浆强度有一定差异。以聚醋酸乙烯为例，掺量为水泥的10%～15%，水灰比为0.4时，聚合物水泥砂浆抗压强度比不加聚合物的砂浆下降30%～40%左右，但抗拉强度和黏接强度均有提高，变形模量下降30%以上。

（2）在水泥砂浆中，水泥水化需要潮湿环境，而聚合物需要干燥环境失水凝聚成膜。

因此对聚合物砂浆的养护必须既让水泥充分水化又保证聚合物成膜，也就是说早期宜潮湿养护，后期适度干燥。

(3) 聚合物砂浆提高了砂浆的黏聚性和保水性，延长了凝结时间。施工时可以减少砌筑和抹灰时的掉灰现象。对于在基层较干燥、吸水性较强或高温季节施工，可延长施工操作时间。但对于在垂直立面或非吸水性基面施工来说，易产生坠挂现象。因此，需适当减小水灰比，或添加适量早强剂。

（四）保温砂浆

保温砂浆（绝热砂浆）是以水泥、石灰膏、石膏等胶凝材料与膨胀珍珠岩砂、膨胀蛭石、火山渣或浮石砂、陶砂及聚苯乙烯颗粒等轻质多孔骨料按一定比例配制成的砂浆。常用的保温砂浆有水泥膨胀珍珠岩砂浆、水泥膨胀蛭石砂浆、水泥石灰膨胀蛭石砂浆和聚苯颗粒保温砂浆等。保温砂浆具有轻质和良好的绝热性能，其导热系数为0.07～0.1W/(m·K)。

水泥膨胀珍珠岩砂浆用32.5级水泥配制时，其体积比为水泥：膨胀珍珠岩砂＝1：(12～5)，水灰比为1.5～2.0，导热系数为0.067～0.074W/(m·K)，可用于砖及混凝土内墙表面抹灰或喷涂。

水泥石灰膨胀蛭石砂浆是以体积比水泥：石灰膏：膨胀蛭石＝1：1：(5～8) 配制而成，其导热系数为0.076～0.105W/(m·K)，可用于平屋顶保温层及顶棚、内墙抹灰。

聚苯颗粒保温砂浆是将废弃的聚苯乙烯塑料加工破碎成0.5～4.0mm的颗粒，作为轻集料来配制外墙保温砂浆。砂浆层包括保温层、抗裂保护层和抗渗保护层（或面层是抗裂、抗渗二合一砂浆层）。

（五）吸音砂浆

由轻骨料配制成的保温砂浆，一般具有良好的吸声性能，故也可作吸音砂浆用。另外，还可用水泥、石膏、砂、锯末配制成吸音砂浆。若在石灰、石膏砂浆中掺入玻璃纤维、矿棉等松软纤维材料也能获得吸声效果。吸音砂浆用于有吸音要求的室内墙壁和顶棚的抹灰。

（六）耐腐蚀砂浆

1. 耐碱砂浆

使用42.5级以上的普通硅酸盐水泥（水泥熟料中铝酸三钙含量应小于9%），细骨料可采用耐碱、密实的石灰岩类（石灰岩、白云岩和大理岩等）、火成岩类（辉绿岩和花岗岩等）制成的砂和粉料，也可采用石英质的普通砂。耐碱砂浆可耐一定温度和浓度下的氢氧化钠和铝酸钠溶液的腐蚀，以及任何浓度的氨水、碳酸钠、碱性气体和粉尘等的腐蚀。

2. 水玻璃类耐酸砂浆

在水玻璃和氟硅酸钠配制的耐酸胶结料中，掺入适量的由石英岩、花岗岩和铸石等制成的粉及细骨料可拌制成耐酸砂浆。耐酸砂浆常用作内衬材料、耐酸地面和耐酸容器的内壁防护层。在某些有酸雨腐蚀的地区，建筑物的外墙装修，也应采用耐酸砂浆。

3. 硫磺砂浆

是以硫磺为胶结料，加入填料、增韧剂，经加热熬制而成。采用石英粉、辉绿岩粉和安山岩粉作为耐酸粉料和细骨料。硫磺砂浆具有良好的耐腐蚀性能，几乎能耐大部分有机酸、无机酸，中性和酸性盐的腐蚀，对乳酸亦有很强的耐腐蚀能力。

（七）防辐射砂浆

在水泥砂浆中掺入重晶石粉、重晶石砂可配制成具有防 x 射线和 γ 射线的能力的砂浆。其配合比约为水泥：重晶石粉：重晶石砂＝1：0.25：(4～5)。在水泥浆中掺入硼砂、硼酸等可配制成具有防中子射线的砂浆。厚重密实、不易开裂的砂浆可阻止地基中土壤或岩石里的氡（具有放射性的惰性气体）向室内迁移扩散。

（八）自流平砂浆

地面用水泥基自流平砂浆是由水泥基胶凝材料、细骨料、填料及添加剂等组成，与水（或乳液）搅拌后具有流动性或稍加辅助性摊铺就能流动找平的地面用材料。地坪和地面常采用自流平砂浆。

自流平砂浆的特点：①适用于各种不同基面；②快速硬化、快速干燥，可连续施工；③提高工作进度、缩短工期；④与基底黏结好，不分层、不开裂和不空鼓；⑤具有低收缩率、高抗压强度和良好的耐磨损性。

自流平砂浆的关键技术是：①掺用合适的外加剂；②严格控制砂的级配和颗粒形态；③选择具有合适的水泥和掺合料。

自流平砂浆施工简单、质量可靠，可降低劳动强度。

第五章　砌　体　材　料

【本章提要】本章主要介绍常用的砌墙砖，包括烧结砖和蒸压砖的种类、性能及应用；介绍常用的砌块，包括承重砌块和非承重砌块的种类、性能及应用；并简要介绍了砌筑石材的种类、技术要求及应用。通过学习，了解砌体材料的生产工艺、组成结构，掌握其技术特性，有助于合理选用、正确使用砌体材料和鉴别其质量。

砌体结构是建筑结构的主要形式之一，在建筑工程中最常见的砌体结构有房屋建筑工程的墙体、基础，其他建筑工程中的挡土墙、砌筑桥墩、涵洞及重力式码头等。

用于砌体结构的材料称为砌体材料。常见的砌体材料有传统的砖、石材及现代的各种砌块和板材。

砌体材料中最主要的是墙体材料。墙体具有承重、围护和分隔作用，其重量占建筑物总重量的50%以上，合理选用墙体材料对建筑物的结构形式、高度、跨度、安全、使用功能及工程造价等均有重要意义，并与建筑物的节能有直接关系。墙体材料一般由黏土、页岩、工业废渣或其他资源为主要原料，以一定工艺制成。此外，天然石材经加工也可作为墙体材料。

我国传统的墙体材料是烧结黏土砖，使用历史悠久，素有“秦砖汉瓦”之称。但随着现代土木工程的发展，这些传统材料已远远不能满足要求，自重大、浪费能源、破坏土地和施工效率低等缺点日益突出，已逐渐退出建筑舞台。我国正在推行墙体材料革新，适应节能减排，构建低碳社会和绿色建筑的需要，禁止在广大城市和耕地资源紧缺的地区生产和使用黏土实心砖，限制其他黏土制品。因此，大力发展轻质、高强、大尺寸、节能、耐久和多功能的新型墙体材料尤为重要。

常用墙体材料的品种很多，根据外形和尺寸分为砌墙砖、砌块和板材3大类。本章主要介绍常用砌墙砖、砌块及砌筑石材。

第一节　砌　墙　砖

砌墙砖指建筑用的人造小型块材，外形多为直角六面体，其长度不超过365mm，宽度不超过240mm，高度不超过115mm。

砌墙砖可从不同的角度分类：

按外观和孔洞率分为实心砖（孔洞率小于15%）、多孔砖和空心砖；

按所用原料不同分为黏土砖和工业废渣砖（煤矸石砖、页岩砖、粉煤灰砖和炉渣砖等）；

按生产方式的不同分为烧结砖和非烧结（免烧）砖。

一、烧结砖

凡通过高温焙烧而制得的砖统称为烧结砖。根据原料不同分为烧结黏土砖、烧结粉煤灰砖及烧结页岩砖等。对孔洞率小于15%的烧结砖，称为烧结普通砖。

（一）烧结普通砖

以黏土、页岩、煤矸石和粉煤灰等作为主要原材料，经焙烧而成的小型砌块为烧结普通砖。按主要原料分为烧结黏土砖（符号为N）、烧结煤矸石砖（符号为M）、烧结页岩砖（符号为Y）和烧结粉煤灰砖（符号为F）等。

以黏土为主要原料，经配料、制坯、干燥和焙烧而成的砖，称为烧结黏土砖。黏土中含铁的化合物，在焙烧过程中氧化成红色的高价氧化铁（Fe_2O_3），烧成的砖为红色；如果砖坯先在氧化环境中烧成，然后减少窑内空气的供给，同时加入少量水分，使坯体继续在还原气氛中焙烧，此时高价氧化铁还原成青灰色的低价氧化铁（FeO或Fe_3O_4），即制得青砖。青砖一般较红砖致密、耐碱、耐久性好，但由于价格高，目前生产应用较少。

烧结煤矸石砖是以煤矸石为原料，经配料、粉碎、磨细、成型和焙烧而制得。焙烧时基本不需外投煤，因此生产煤矸石砖不仅节省大量的黏土原料和减少了废渣的占地，也节省了燃料。烧结煤矸石砖比烧结黏土砖稍轻，颜色略淡。

烧结页岩砖是以页岩为主要原料，经破碎、粉磨、成型、制坯、干燥和焙烧等工艺制成的，其焙烧温度一般在1000℃左右。生产这种砖可完全不用黏土，配料时所需水分较少，有利于砖坯的干燥，且制品收缩小，这种砖颜色与普通砖相似，可代替普通黏土砖应用于建筑工程。为减轻自重，可制成空心烧结页岩砖。

烧结粉煤灰砖是以粉煤灰为主要原料，掺入适量黏土［两者体积比为1：(1～1.25)］或膨润土等无机复合掺合料，经均化配料、成型、制坯、干燥和焙烧而制成。由于粉煤灰中存在部分未燃烧的碳，能耗降低，也称为半内燃砖。这种砖可代替烧结黏土砖用于一般的工业与民用建筑中。

1. 生产工艺

各种烧结普通砖的生产工艺过程基本相同，基本过程如下：采土——配料制坯——干燥——焙烧——成品。在上述工艺过程中焙烧是制砖工艺的关键环节，一般是将焙烧温度控制在900～1100℃之间，使砖坯烧至部分熔融而烧结。在焙烧温度范围内生产的砖称为正火砖；如果焙烧温度过低或时间不足，则易产生欠火砖。欠火砖的特点为色浅、敲击声哑，耐久性差、吸水率大、强度低等，工程中禁止使用欠火砖；如果焙烧温度过高或时间过长，则易产生过火砖。过火砖的特点为色深、敲击声脆及变形大等，变形不大的过火砖可用于基础等部位。

此外，生产中可将煤渣、含碳量高的粉煤灰等工业废料掺入制坯的土中制作内燃砖。当砖焙烧到一定温度时，废渣中的碳也在干坯体内燃烧，因此可以节省大量的燃料和5%～10%的黏土原料。内燃砖燃烧均匀，表观密度小，导热系数低，且强度可提高约20%。

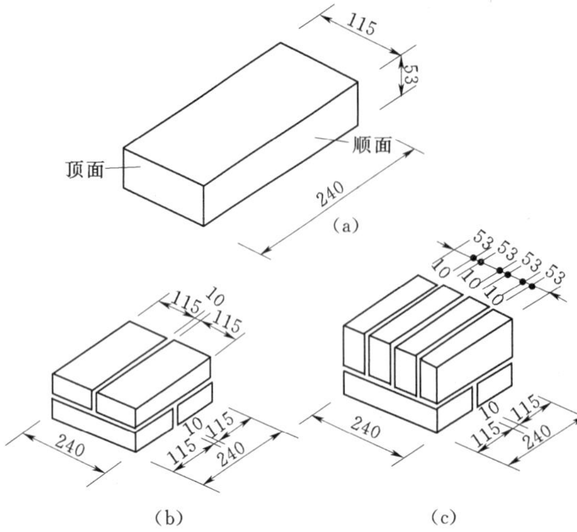

图 5-1 烧结普通砖尺寸

2. 主要技术指标

根据国家标准《烧结普通砖》(GB 5101—2003)的规定，普通黏土砖的技术要求包括形状、尺寸、外观质量、强度等级和耐久性等方面。根据尺寸偏差和外观质量分为优等品(A)、一等品(B)和合格品(C)3个等级。

(1)形状尺寸。烧结普通砖为长方体，其标准尺寸为240mm×115mm×53mm(如图5-1所示)，240mm×115mm的面称为大面，240mm×53mm的面称为条面，115mm×53mm的面称为顶面。4块砖长，8块砖宽，16块砖厚加上砌筑用10mm厚度灰缝，分别恰好为1m，$1m^3$砖砌体需用砖512块。烧结普通砖尺寸允许偏差应符合《烧结普通砖》(GB 5101—2003)的规定，见表5-1。

表 5-1 尺 寸 允 许 偏 差 单位：mm

公称尺寸	优等品		一等品		合格品	
	样本平均偏差	样本极差≤	样本平均偏差	样本极差≤	样本平均偏差	样本极差≤
240	±2.0	8	±2.5	8	±3.0	8
115	±1.5	4	±2.0	6	±2.5	7
53	±1.5	5	±1.6	5	±2.0	6

(2)外观质量。优等品的烧结普通砖颜色应基本一致，合格品颜色无要求。外观质量包括两条面高度差、弯曲、杂质凸出高度、缺棱掉角、裂纹、完整面和颜色等内容，应符合《烧结普通砖》(GB 5101—2003)的规定，见表5-2。

表 5-2 砖 的 外 观 质 量 单位：mm

项目		优等品	一等品	合格品
两条面高度差		≤2	≤3	≤5
弯曲		≤2	≤3	≤5
杂质凸出高度		≤2	≤3	≤5
缺棱掉角三个破坏尺寸(不得同时大于)		15	20	30
裂纹长度	大面上宽度方向及延伸至条面的长度	≤70	≤70	≤110
	大面上长度方向及延伸至顶面的长度或条顶面上水平裂纹的长度	≤100	≤100	≤150

续表

项　　目	优等品	一等品	合格品
完整面（不得少于）	一条面和一顶面	一条面和一顶面	—
颜色	基本一致	—	—

注 1. 为装饰而施加的色差、凹凸纹、拉毛和压花等不算缺陷。
2. 凡有下列缺陷之一者，不得称为完整面：
（1）缺损在条面或顶面上造成的破坏面尺寸同时大于 10mm×10mm。
（2）条面或顶面上裂纹宽度大于 1mm，长度超过 30mm。
（3）压陷、黏底、焦花在条面或顶面上的凹陷或凸出超过 2mm，区域尺寸同时大于 10mm×10mm。

（3）强度等级。烧结普通砖根据抗压强度分为 MU10、MU15、MU20、MU25 和 MU30 共 5 个强度等级，且应符合表 5-3 的规定。

抗压强度测定时，取 10 块砖进行试验，根据试验结果，按平均值—标准差（变异系数≤0.21 时）或平均值—最小值方法（变异系数大于 0.21 时）评定砖的强度等级，见表 5-3。

表 5-3　　烧结普通砖和烧结多孔砖的强度等级　　单位：MPa

强度等级	抗压强度平均值 $\overline{f}$	变异系数 $\delta\leq0.21$	变异系数 $\delta>0.21$
		强度标准值 f_k	单块最小抗压强度值 f_{min}
MU30	≥30	≥22.0	≥25.0
MU25	≥25	≥18.0	≥22.0
MU20	≥20	≥14.0	≥16.0
MU15	≥15	≥10.0	≥12.0
MU10	≥10	≥6.5	≥7.5

普通黏土砖的强度试验根据《砌墙砖试验方法》（GB/T 2542—2003）进行，其抗压强度标准值按下式计算：

$$f_k=\overline{f}-1.8S \tag{5-1}$$

$$S=\sqrt{\frac{1}{9}\sum_{i=1}^{10}(f_i-\overline{f})^2} \tag{5-2}$$

式中 f_k——烧结普通砖抗压强度标准值，MPa（精确至 0.01）；
$\overline{f}$——10 块砖抗压强度算术平均值，MPa（精确至 0.01）；
S——10 块砖抗压强度标准差，MPa（精确至 0.01）；
f_i——单块砖抗压强度的测定值，MPa（精确至 0.01）。

（4）石灰爆裂与泛霜。原料中若夹带石灰质成分，在高温熔烧过程中生成过火石灰。过火石灰在砖体内吸水消化时产生体积膨胀，导致砖体胀裂破坏，这种现象称为石灰爆裂。《烧结普通砖》（GB 5101—2003）规定，优等品不允许出现最大破坏尺寸大于 2mm 的爆裂区域；一等品不允许出现最大破坏尺寸大于 10mm 的爆裂区域；合格品中每组砖样 2～15mm 的爆裂区不得大于 15 处，其中 10mm 以上的区域不多于 7 处，且不得出现大于 15mm 的爆裂区。

泛霜（也称起霜、盐析和盐霜）是指黏土原料中的可溶性盐类（如硫酸钠等）在砖使用过程中，随着砖内水分蒸发而在砖表面产生的盐析现象，一般呈白色粉末、絮团或絮片状。一般发生在雨后和潮湿环境中。结晶的粉状物不仅有损于建筑物的外观，而且结晶膨胀也会引起砖表层的酥松、甚至剥落。《烧结普通砖》（GB 5101—2003）规定，优等品无泛霜；一等品不允许出现中等泛霜；合格品不允许出现严重泛霜。

（5）抗风化性能。抗风化性能是指在干湿变化、温度变化和冻融变化等物理因素作用下，材料不变质、不破坏而保持原有性质的能力，它是材料耐久性的重要内容之一。抗风化性能与砖的使用寿命密切相关，砖的抗风化性能除了与砖本身性质有关外，与所处环境的风化指数也有关。地域不同，材料的风化作用程度就不同，我国按风化指数分为严重风化区和非严重风化区，见表 5-4 所示。

表 5-4　　严重风化区和非严重风化区

严重风化区	非严重风化区
黑龙江，吉林，辽宁，内蒙古，新疆，宁夏，甘肃，青海，陕西，山西，河北，北京，天津	山东，河南，安徽，江苏，湖北，江西，浙江，四川，贵州，湖南，福建，台湾，广东，广西，海南，云南，西藏，上海，重庆

风化指数是指日气温从正温降至负温或从负温升至正温的每年平均天数与每年从霜冻之日起至消失霜冻之日止，这一期间降雨总量（以 mm 计）的平均值的乘积，风化指数不小于 12700 为严重风化区，小于 12700 为非严重风化区。

用于严重风化地区中的黑龙江、吉林、辽宁、内蒙古和新疆地区的烧结普通砖，必须进行冻融试验，其抗冻性能必须符合《烧结普通砖》（GB 5101—2003）规定，见表 5-5 所示。用于其他地区的烧结普通砖，如果 5h 沸煮吸收率及饱和系数符合规定，可以不做冻融试验。

表 5-5　　抗 风 化 性 能

项目 砖种类	严重风化区				非严重风化区			
	5h 沸煮吸水率≤/%		饱和系数≤		5h 沸煮吸水率≤/%		饱和系数≤	
	平均值	单块最大值	平均值	单块最大值	平均值	单块最大值	平均值	单块最大值
黏土砖	21	23	0.85	0.87	23	25	0.88	0.90
粉煤灰砖	23	25	0.85	0.87	30	32	0.88	0.90
页岩砖	16	18	0.74	0.77	18	20	0.78	0.80
煤矸石砖	19	21	0.74	0.77	21	23	0.78	0.80

3. 烧结普通砖的应用

烧结普通砖在建筑工程中主要用于作墙体材料，其中优等品可用于清水墙建筑，一等品和合格品用于混水墙建筑。中等泛霜的砖不得用于潮湿部位。烧结普通砖也可用于砌筑柱、拱、窑炉、烟囱、沟道及基础等。

在普通砖砌体中，砖砌体的强度不仅取决于砖的强度，而且受砌筑砂浆性质的影响很大。砖的吸水率大，在砌筑时如果不事先将其润湿，将大量吸收水泥砂浆中的水分，使水泥不能进行正常水化和硬化，导致砖砌体强度下降。因此，在砌筑砖砌体时，必须先将烧结砖润湿，方可使用。

（二）烧结多孔砖与烧结空心砖

烧结多孔砖和烧结空心砖可减轻自重、节约原料、节省燃料，提高工效，并能改善墙的隔热、隔声性能。生产烧结多孔砖和烧结空心砖的原料和工艺与烧结普通砖基本相同，只是对原材料的可塑性要求有所提高，制坯时在挤泥机出口处设有成孔芯头，使坯体内形成孔洞。

1. 烧结多孔砖

以黏土、页岩、煤矸石或粉煤灰为主要原料，经焙烧而成、孔洞率不小于25%，孔的尺寸小而数量多，主要用于承重部位的砖，简称多孔砖。目前多孔砖分为P型砖和M型砖。砌筑时要求孔洞方向垂直于承压面，主要用于6层以下建筑物的承重墙体，如图5-2所示。

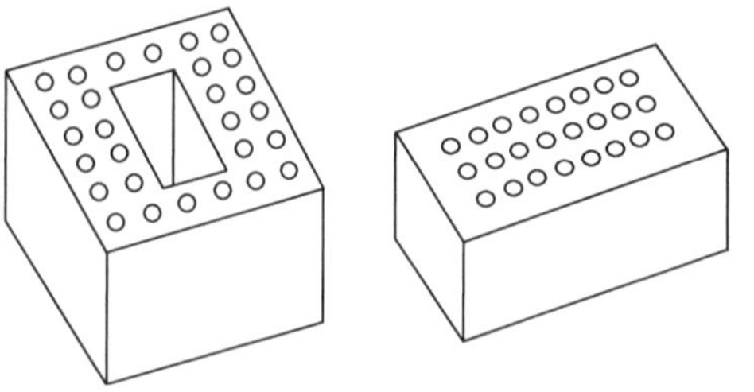

图5-2　烧结多孔砖

《烧结多孔砖》（GB 13544—2000）对多孔砖的主要技术要求有：尺寸偏差、外观质量、强度、抗风化性能、泛霜和石灰爆裂等，并规定产品中不允许有欠火砖和酥砖。强度和抗风化性能合格的砖根据尺寸偏差、外观质量、孔型与孔洞排列、泛霜和石灰爆裂分为优等品（A）、一等品（B）和合格品（C）3个质量等级。

烧结多孔砖的长度、宽度和高度尺寸应符合下列要求：长度290mm、240mm和190mm；宽度240mm、190mm、180mm、175mm、140mm和115mm；高90mm。其孔洞尺寸应符合表5-6的规定。

表5-6　　烧结多孔砖孔洞尺寸　　单位：mm

圆孔直径	非圆孔内切圆直径	手抓孔	矩形条孔
≤22	≤15	(30～40)×(75～85)	孔长≤50，孔长≥3倍孔宽

烧结多孔砖根据抗压强度分为MU30、MU25、MU20、MU15和MU10共五个强度等级，10块砖试样的强度应符合表5-7的规定。烧结多孔砖耐久性要求与烧结普通砖相同，包括泛霜、石灰爆裂和抗风化性能。

2. 烧结空心砖

烧结空心砖是以黏土、页岩或粉煤灰为主要原料烧制的主要用于非承重墙部位的空心砖。顶面有孔，孔大而少，孔洞为矩形条孔或其他孔形，孔洞平行于大面和条面，孔洞率一般在35%以上，如图5-3所示。使用时大面受压，所以这种砖的孔洞与承压面平行。烧结空心砖自重较轻，可减轻墙体自重，改善墙体的热工性能等，但强度不高，因而多

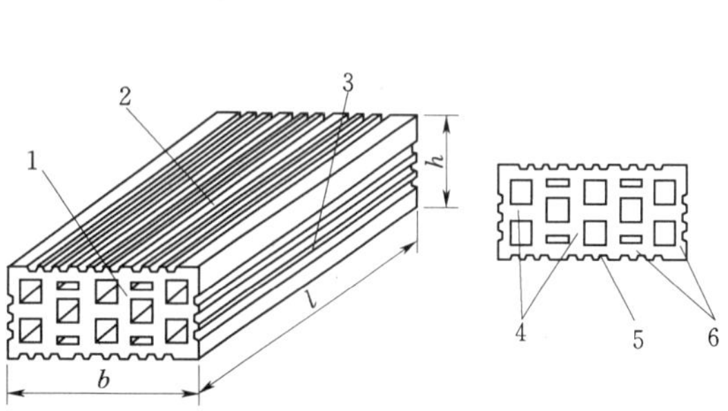

图5-3　烧结空心砖

1—顶面；2—大面；3—条面；4—肋；5—凹线槽；6—外壁

用作非承重墙，如多层建筑内隔墙或框架结构的填充墙等。

烧结空心砖尺寸应满足：长度（L）不大于365mm，宽度（B）不大于240mm。

烧结空心砖根据其表观密度分为800、900和1100 3个密度级别，同时根据其大面和条面的抗压强度分为5.0、3.0和2.0三个强度等级，其具体要求见表5-7所示。每个密度级别的产品根据其孔洞及孔排列数、尺寸偏差、外观质量、强度等级分为优等品（A）、一等品（B）和合格品（C）3个质量等级，其中尺寸允许偏差、外观质量要求等指标应满足《烧结空心砖和空心砌块》（GB 13545—2003）要求。其耐久性要求与烧结普通砖基本相同。

表5-7　　烧结空心砖强度等级　　单位：MPa

等级	强度等级	大面抗压强度		条面抗压强度	
		平均值≥	单块最小值≥	平均值≥	单块最小值≥
优等品	5.0	5.0	3.7	3.4	2.3
一等品	3.0	3.0	2.2	2.2	1.4
合格品	2.0	2.0	1.4	1.6	0.9

二、非烧结砖

不经焙烧而制成的砖均为非烧结砖，如免烧免蒸砖、蒸养（压）砖等。目前应用较广的是蒸养（压）砖，这类砖是以含钙材料（石灰、电石渣等）和含硅材料（砂子、粉煤灰、煤矸石和炉渣等）与水拌合，经压制成型，常压或高压蒸汽养护而成，主要品种有灰砂砖、粉煤灰砖和炉渣砖等。

（一）蒸压灰砂砖

蒸压灰砂砖是以石灰和天然砂为主要原料，经坯料制备、压制成型、蒸压养护而制成的多孔砖或实心砖，多为浅灰色，加入碱性矿物颜料可制成彩色砖。

灰砂砖的蒸压养护是在0.8～1.0MPa的压力和温度175℃左右的条件下，经过6h左右的湿热养护，使原来在常温常压下几乎不与氢氧化钙反应的砂（晶态二氧化硅），产生具有胶凝能力的水化硅酸钙凝胶，水化硅酸钙凝胶与氢氧化钙晶体共同将未反应的砂粒黏结起来，从而使砖具有强度。

1. 技术要求

蒸压灰砂砖的尺寸规格与烧结普通砖相同，为240mm×115mm×53mm。其导热系数约为0.61W/（m·K），表观密度为1800～1900kg/m³。根据灰砂砖的颜色分为：彩色的（Co）、本色的（N）。根据产品的外观与尺寸偏差、强度和抗冻性分为优等品（A）、一等品（B）和合格品（C）3个质量等级，按抗压强度和抗折强度分为MU25、MU20、MU15和MU10共4个强度等级。蒸压灰砂砖的强度等级和抗冻性指标见表5-8。

2. 性能与应用

（1）耐水性良好，但抗流水冲刷能力差，不能用于有流水冲刷的建筑部位，如落水管出水处和水龙头下面等。

（2）耐热性、耐酸性差。灰砂砖中含有氢氧化钙等不耐酸和不耐热的组分，因此不宜用于长期受热高于200℃、受急冷急热交替作用或有酸性介质侵蚀的建筑部位。

表 5-8 蒸压灰砂砖的强度指标和抗冻指标 单位：MPa

强度等级	抗压强度		抗折强度		抗冻指标	
	平均值≥	单块值≥	平均值≥	单块值≥	冻后抗压强度均值≥	单块砖的干质量损失≤/%
MU25	25.0	20.0	5.0	4.0	20.0	2.0
MU20	20.0	16.0	4.0	3.2	16.0	2.0
MU15	15.0	12.0	3.3	2.6	12.0	2.0
MU10	10.0	8.0	2.5	2.0	8.0	2.0

（3）与砂浆黏结力差。灰砂砖表面光滑平整，与砂浆黏结力差，当用于高层建筑、地震区或筒仓构筑物等，除应有相应结构措施外，还应有提高砖和砂浆黏结力的措施，如采用高黏度的专用砂浆，以防止渗雨、漏水和墙体开裂。

（4）灰砂砖自生产之日起，应放置1个月以后，方可用于砌体的施工。砌筑灰砂砖砌体时，砖的含水率宜为8%～12%，严禁使用干砖或含水饱和砖，灰砂砖不宜与烧结砖或其他品种砖同层混砌。

（5）强度等级大于MU15的砖可用于基础及其他建筑部位，MU10砖可用于砌筑防潮层以上的墙体。

（二）普通混凝土砖

普通混凝土砖是以水泥为胶结材料，以砂、石为主要集料，根据需要加入外加剂、掺加料，加水搅拌、成型、养护制成的一种多孔的混凝土半盲孔或实心砖。

（1）混凝土多孔砖。

混凝土多孔砖孔洞率应不大于35%，主规格尺寸有240mm×115mm×90mm、240mm×190mm×90mm、190mm×190mm×90mm等。工程中常用的混凝土多孔砖的强度等级有MU25、MU20 、MU15；砌筑时混凝土多孔砖的孔洞应垂直铺浆面，半盲孔面朝上砌筑。

（2）混凝土实心砖。

混凝土实心砖主规格尺寸有240mm×115mm×53mm、240mm×115mm×90mm等，砌筑时与主规格砖配合使用的还有二分之一砖、四分之三砖等。混凝土实心砖按抗压强度分为MU40、MU35、MU30、MU25、MU20、MU15 6个强度等级，建筑工程的承重砌体多采用MU30、MU25、MU20强度等级。

混凝土实心砖按混凝土密度分为A级（表观密度≥2100kg/m^3）、B级（表观密度1681kg/m^3～2099kg/m^3）、C级（表观密度≤1680kg/m^3）。

混凝土实心砖的代号为SCB，产品标记：代号、规格尺寸、强度的等级、密度等级和标准编号。例如：SCB 240mm×115mm×53mm MU25 B GB/T 21144—2007。

混凝土砖的最大吸水率：A级≤11%、B级≤13%、C级≤17%。

相对含水率（含水率与吸水率之比）：

潮湿地区（年平均相对湿度>75%） ≤40%

中等地区（年平均相对湿度50%～75%） ≤35%

干燥地区（年平均相对湿度<50%） ≤30%

碳化系数不小于0.80，软化系数不小于0.80，干燥收缩率≤0.050；抗冻性应满足现行规范《混凝土实心砖》（GB/T 21144—2007）的要求。

（三）粉煤灰砖

粉煤灰砖是用粉煤灰和石灰为主要原料，掺入适量石膏和骨料，经坯料制备，压制成型，通过常压或高压蒸汽养护而制成的实心砖。其尺寸规格与普通黏土砖相同。蒸养粉煤灰砖的性能较差，主要有3个缺点：①热膨胀性能比黏土砖大；②抗折强度低，砌体传递剪力性能差；③干缩性大。墙体易出现开裂，抹灰易空鼓、开裂和脱落。

根据《粉煤灰砖》（JC 239—2001）规定，粉煤灰砖的强度等级分为MU30、MU25、MU20、MU15和MU10共5级，其强度和抗冻性指标要求见表5-9。根据相关规定，根据外观质量、强度、抗冻性和干燥收缩值，粉煤灰砖分为优等品（A）、一等品（B）和合格品（C）。优等品强度应不低于MU15，优等品和一等品的干缩值应不大于0.65mm/m，合格品应不大于0.75mm/m。

表5-9 粉煤灰砖的强度指标和抗冻指标 单位：MPa

强度等级	抗压强度		抗折强度		抗冻指标	
	10块平均值≥	单块值≥	10块平均值≥	单块值≥	冻后抗压强度平均值≥	单块砖的干质量损失≤/%
MU30	30.0	24.0	6.2	5.0	24.0	2.0
MU25	25.0	20.0	5.0	4.2	20.0	2.0
MU20	20.0	16.0	4.0	3.2	16.0	2.0
MU15	15.0	12.0	3.3	2.6	12.0	2.0
MU10	10.0	8.0	2.5	2.0	8.0	2.0

粉煤灰砖多为灰色，可用于工业与民用建筑的墙体和基础。但用于基础或用于易受冻融和干湿交替作用的建筑部位时，必须采用一等品与优等品。粉煤灰砖中含有氢氧化钙，不得用于长期受热高于200℃、受急冷急热交替作用或有酸性介质的建筑部位。用粉煤灰砖砌筑的建筑物，应适当增设圈梁及伸缩缝或其他措施，以避免或减少收缩裂缝。粉煤灰砖的初始吸水能力差，后期的吸水较大，施工时应提前浇水，保持砖的含水率在10%左右，以保证砌筑质量。

（四）炉渣砖

炉渣是煤燃烧后的残渣，炉渣砖是以炉渣为主要原料，掺入适量（水泥）石灰、石膏，经混合、压制成型，蒸养或蒸压养护而成的实心砖。

根据行业标准《炉渣砖》（JC/T 525—2007）规定，炉渣砖根据抗压强度分为MU25、MU20和MU15共3个强度等级，代号（LZ）。

各等级砖的抗压强度值应符合表5-10的要求，抗冻性及碳化性能应符合表5-11的规定。

表 5-10　　炉渣砖的强度等级　　单位：MPa

强度等级	抗压强度平均值 $\overline{f}$	变异系数 $\delta \leqslant 0.21$	变异系数 $\delta > 0.21$
		强度标准值 f_k	单块最小抗压强度值 f_{min}
MU25	≥25.0	≥19.0	≥20.0
MU20	≥20.0	≥14.0	≥16.0
MU15	≥15.0	≥10.0	≥12.0

表 5-11　　炉渣砖的抗冻性及碳化性能

强度等级	冻后抗压强度平均值≥/MPa	单块砖的干质量损失≤/%	碳化后强度平均值≥/MPa
MU 25	22.0	2.0	22.0
MU 20	16.0	2.0	16.0
MU 15	12.0	2.0	12.0

炉渣砖有一定的放射性，其放射性应符合《掺工业废渣建筑材料产品放射性物质控制标准》（GB 9196—1988）的规定。

炉渣砖呈黑灰色，表观密度为 1500～2000kg/m³，导热系数约为 0.75W/(m・K)。炉渣砖可用于工业与民用建筑的墙体和基础。砖龄期不足 28d 的不得出厂使用。

第二节　砌　　块

砌块是用于砌墙的尺寸较大的人造块材，外形多为六面直角体，也有多种异形体。按产品主规格的尺寸可分为大型砌块（高度大于 980mm）、中型砌块（高度为 380～980mm）和小型砌块（高度为 115～380mm）。砌块高度一般不大于长度，也不得大于宽度的 6 倍，长度不超过高度的 3 倍。

混凝土砌块在 19 世纪末起源于美国，经历了手工成型、机械成型和自动振动成型等阶段。混凝土砌块有空心和实心之分，有多种块型，在世界各国得到了广泛应用，许多发达国家已经普及了砌块建筑。在我国，砌块的应用始于 20 世纪 20 年代，但从 20 世纪 60 年代才开始对混凝土砌块的生产和应用进行了真正意义上的研究探索。

砌块是我国大力推广应用的新型墙体材料之一，砌块使用灵活，适应性强，无论在严寒地区或温带地区、地震区或非地震区、各种类型的多层或低层建筑中都能适用并满足高质量的要求。砌块品种很多，主要有混凝土空心砌块（包括小型砌块和中型砌块两类）、蒸压加气混凝土砌块、轻集料混凝土砌块、石膏砌块、大孔混凝土砌块和粉煤灰砌块等。目前应用较多的是混凝土小型空心砌块、蒸压加气混凝土砌块和石膏砌块。

一、普通混凝土小型空心砌块（NHB）

普通混凝土小型空心砌块主要由水泥、细骨料、粗骨料和外加剂经搅拌成型和养护制成，空心率为 25%～50%。

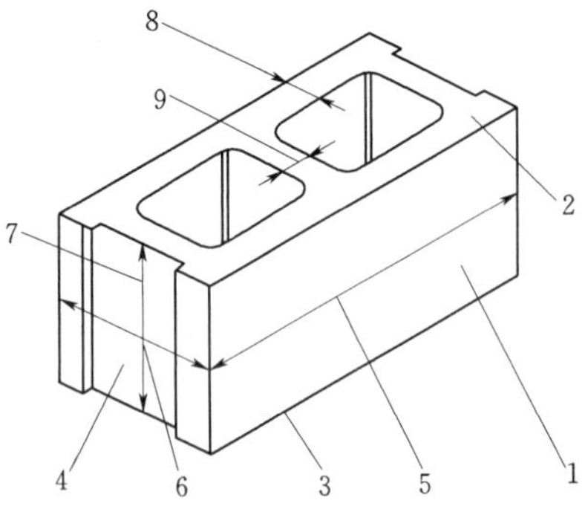

图 5-4 普通混凝土小型空心砌块各部位名称

1—条面；2—座浆面（肋厚较小的面）；3—铺浆面（肋厚较小的面）；4—顶面；5—长度；6—宽度；7—高度；8—壁；9—肋

1. 主要技术性质

（1）形状规格。普通混凝土小型空心砌块的主规格尺寸为 390mm×190mm×190mm，最小外壁厚应不小于 30mm，最小肋厚应不小于 25mm。其他规格尺寸可根据供需双方约定制作。砌块各部位名称如图 5-4 所示。

（2）产品等级。根据国标《普通混凝土小型空心砌块》（GB 8239—1997）的规定，砌块按尺寸允许偏差、外观质量（包括弯曲、掉角、缺棱和裂纹）分为优等品（A）、一等品（B）和合格品（C）3 个质量等级；按强度等级又分为 MU3.5、MU5.0、MU7.5、MU10.0、MU15.0 和 MU20.0 等 6 个强度等级，强度等级指标见表 5-12。

表 5-12　普通混凝土小型空心砌块强度等级　单位：MPa

强度等级	砌块抗压强度		强度等级	砌块抗压强度	
	平均值≥	单块最小值≥		平均值≥	单块最小值≥
MU3.5	3.5	2.8	MU10.0	10.0	8.0
MU5.0	5.0	4.0	MU15.0	15.0	12.0
MU7.5	7.5	6.0	MU20.0	20.0	16.0

（3）相对含水率和抗冻性。相对含水率指混凝土砌块出厂含水率与砌块的吸水率之比值，是控制收缩变形的重要指标。为了控制砌块建筑的墙体开裂，《混凝土小型空心砌块》（GB 8239—1997）规定了砌块的相对含水率，见表 5-13，抗冻性要求见表 5-14。

表 5-13　混凝土小型空心砌块相对含水率　%

使用地区	潮　湿	中　等	干　燥
相对含水率≤	45	40	35

注　潮湿—系指年平均相对湿度大于 75%的地区；中等—系指年平均相对湿度 50%～75%的地区。干燥—系指年平均相对湿度小于 50%的地区。

表 5-14　混凝土小型空心砌块抗冻性

使用环境条件		抗冻等级	指　标
非采暖地区		不规定	—
采暖地区	一般环境	F15	强度损失≤25%
	干湿交替环境	F25	质量损失≤5%

注　非采暖地区指最冷月份平均气温高于−5℃的地区；采暖地区指最冷月份平均气温低于或等于−5℃的地区。

2. 混凝土砌块的应用

混凝土砌块具有强度高、自重轻和耐久性好，部分砌块还具有美观的饰面以及良好的保温隔热等优点，适合于建造各种类型的建筑物，包括高层、大跨度的建筑，以及围墙、挡土墙、桥梁、花坛等设施，应用范围十分广泛。可用于承重结构和非承重结构，目前主要用于地震设计烈度为8度及8度以下地区的一般民用与工业建筑物，砌块配筋结构体系还可以建造高层建筑。各强度等级的砌块中常用的是MU3.5、MU5.0、MU7.5和MU10.0，主要用于非承重结构的填充墙和单、多层砌块建筑。而MU15.0、MU20.0多用于中、高层承重砌块墙体。

砌块建筑还具有施工速度较快、建筑造价和维护费用较低等优点。但是混凝土小型空心砌块也有许多弱点，例如块型种类较多、块体较重、易产生收缩变形、易破损和不便砍削施工等。

混凝土小型空心砌块砌筑时应保持干燥，一般不宜浇水，如果使用受潮的砌块，会产生较大的收缩，易导致砌体开裂，一般要求砌块干燥到平衡含水率以下。砌块应按规格、等级分批分别堆放，不得混杂。堆放、运输及砌筑时应有防雨措施。

二、蒸压加气混凝土砌块（ACB）

蒸压加气混凝土砌块是以钙质材料（水泥和石灰等）、硅质材料（砂、矿渣和粉煤灰等）以及加气剂（铝粉）等，经配料、搅拌、浇筑、发气、切割和蒸压养护而成的多孔硅酸盐砌块。

加气混凝土砌块的规格尺寸很多。根据《蒸压加气混凝土砌块》（GB/T 11968—1997），长度一般为600mm，宽度有100mm、125mm、150mm、200mm、250mm、300mm及120mm、180mm、240mm等9种规格，高度有200mm、250mm和300mm三种规格。按尺寸偏差和外观、强度级别、干体积密度分为优等品（A）、一等品（B）和合格品（C）3级。

加气混凝土砌块的强度级别是将试样加工成100mm×100mm×100mm的立方体试件，一组3块，以平均抗压强度划分为A1.0、A2.0、A2.5、A3.5、A5.0、A7.5和A10.0共7个等级，标记中A代表砌块强度等级，数字表示强度值（MPa），具体指标要求见表5-15所示。按体积密度（kg/m^3）分为300、400、500、600、700和800六级，分别记为B03、B04、B05、B06、B07和B08。加气混凝土砌块的体积密度、强度级别及物理性能应符合表5-16的规定；掺用工业废渣为原料时，所含放射性物质，应符合《掺工业废渣建筑材料产品放射性物质控制标准》（GB 9196—1988）的规定。

表5-15　　蒸压加气混凝土砌块的抗压强度　　单位：MPa

强度等级	立方体抗压强度		强度等级	立方体抗压强度	
	平均值≥	单块最小值≥		平均值≥	单块最小值≥
A1.0	1.0	0.8	A5.0	5.0	4.0
A2.0	2.0	1.6	A7.5	7.5	6.0
A2.5	2.5	2.0	A10.0	10.0	8.0
A3.5	3.5	2.8			

蒸压加气混凝土砌块质量轻，工程应用可使建筑物自重减轻2/5～1/2，有利于提高建筑物的抗震性能，并降低建筑成本。同时具有保温、隔热、隔声性能好、抗震性强、耐火性好、易于加工、施工方便等特点，是应用较多的轻质墙体材料。适用于低层建筑的承

表 5-16　　蒸压加气混凝土砌块的体积密度、强度级别及物理性能

体积密度级别		B03	B04	B05	B06	B07	B08
体积密度	优等品 ≤	300	400	500	600	700	800
	优等品 ≤	330	430	530	630	730	830
	合格品 ≤	350	450	550	650	750	850
强度级别	优等品			A3.5	A5.0	A7.5	A10.0
	优等品	A1.0	A2.0	A3.5	A5.0	A7.5	A10.0
	合格品			A2.5	A3.5	A5.0	A7.5
干燥收缩值/($mm\cdot m^{-1}$)	标准法 ≤	0.50					
	快速法 ≤	0.80					
抗冻性	质量损失（%） ≤	5.0					
	冻后强度（MPa） ≥	0.8	1.6	2.0	2.8	4.0	6.0
导热系数（干态）[W/(m·k)] ≤		0.10	0.12	0.14	0.16	—	—

注　1. 规定采用标准法、快速法测定砌块干燥收缩值，若测定结果发生矛盾不能判定时，则以标准法测定的结果为准。
2. 用于墙体的砌块，允许不测导热系数。
3. 测定导热系数的方法见《绝热材料稳态热阻及有关特性的测定·防护热板法》(GB 10294—88)。

重墙、多层建筑的间隔墙和高层框架结构的填充墙，也可用于一般工业建筑的围护墙，作为保温隔热材料也可用于复合墙板和屋面结构中。在无可靠的防护措施时，标高±0.000以下、高湿度和有侵蚀介质的环境中、建筑物的基础和温度长期高于80℃的建筑部位一般不允许使用蒸压加气混凝土砌块；其次由于其强度较低、干缩大、表面易起粉，需要采取专门措施，例如在运输、堆存中应防雨防潮，过大墙面应适当在灰缝中布设钢丝网，砌筑砂浆和易性要好，抹面砂浆适当提高灰砂比，墙面增挂一道钢丝网等。

三、轻集料混凝土小型空心砌块（LHB）

轻骨料混凝土小型空心砌块是以粉煤灰陶粒、黏土陶粒、页岩陶粒和膨胀珍珠岩等各种轻骨料配以水泥、砂制作而成，其生产工艺与普通混凝土小型空心砌块类似。与普通混凝土小型空心砌块相比，轻骨料混凝土小型空心砌块重量更轻，保温性能、隔声性能及抗冻性能更好。主要应用于非承重结构的围护和框架结构填充墙。

根据《轻集料混凝土小型空心砌块》(GB/T 15229—2002）的规定，轻骨料混凝土小型空心砌块的主规格尺寸为390mm×190mm×190mm；密度等级有500、600、700、800、900、1000、1200和1400共8个；强度等级有1.5、2.5、3.5、5.0、7.5和10.0共6级；按其孔的排数分为单排孔、双排孔、三排孔和四排孔等4类。按其尺寸偏差和外观质量分为优等品（A)，一等品（B）及合格品（C）。

轻骨料混凝土小型空心砌块的密度等级应符合表5-17要求；强度等级符合表5-18要求者为优等品或一等品，密度等级范围不满足要求者为合格品；吸水率应大于20%，干缩率和相对含水率应符合表5-19要求；抗冻性应符合表5-20的要求；加入粉煤灰等火山灰质掺合料的小砌块，其碳化系数不应小于0.8，软化系数不应小于0.75；放射性应符合《掺工业废渣建筑材料产品放射性物质控制标准》(GB 9196—1988）的规定。

表 5-17　　轻骨料混凝土小型空心砌块密度等级

密度等级	砌块干燥表观密度的范围/(kg·m^{-3})	密度等级	砌块干燥表观密度的范围/(kg·m^{-3})
500	≤500	900	810～900
600	510～600	1000	910～1000
700	610～700	1200	1010～1200
800	710～800	1400	1210～1400

表 5-18　　轻骨料混凝土小型空心砌块强度等级

强度等级	砌块抗压强度/MPa		密度等级范围≤
	平均值≥	最小值	
1.5	1.5	1.2	600
2.5	2.5	2.0	800
3.5	3.5	2.8	1200
5.0	5.0	4.0	
7.5	7.5	6.0	1400
10.0	10.0	8.0	

表 5-19　　轻骨料混凝土小型空心砌块干缩率和相对含水率

干缩率/%	相对含水率</%		
	潮湿	中等	干燥
<0.03	45	40	35
0.03～0.045	40	35	30
>0.045～0.065	35	30	25

表 5-20　　轻骨料混凝土小型空心砌块抗冻性

使用条件	抗冻等级	质量损失/%	强度损失/%
非采暖地区	F15	≤5	≤25
采暖地区： 相对湿度≤60% 相对湿度>60%	F25 F35		
水位变化、干湿循环或粉煤灰掺量≥取代水泥量50%时	≥F50		

注　非采暖地区指最冷月份平均气温高于−5℃的地区；采暖地区指最冷月份平均气温低于或等于−5℃的地区。

我国自20世纪70年代末开始利用浮石、火山渣和煤渣等研制并批量生产轻骨料混凝土小砌块。进入80年代以来，轻骨料混凝土小砌块的品种和应用发展很快，有天然轻骨料（如浮石和火山渣）混凝土小型砌块；工业废渣轻骨料（如煤渣和自燃煤矸石）混凝土小砌块；人造轻骨料（如黏土陶粒、页岩陶粒和粉煤灰陶粒等）混凝土小砌块。轻骨料混凝土小型砌块以其轻质、高强、保温隔热性能好和抗震性能好等特点，在各种建筑的墙体中得到广泛应用，特别是在保温隔热要求较高的围护结构上的应用。

强度等级小于MU5.0轻骨料混凝土砌块用在框架结构中的非承重隔墙和非承重墙，

强度等级为 MU7.5 和 MU10.0 的主要用于砌筑多层建筑的承重墙体。

四、石膏砌块

石膏砌块是以建筑石膏为主要原料，经料浆拌合、浇筑成型、自然干燥或烘干而制成的轻质块状墙体材料。或加轻集料以降低其质量，或加水泥、外加剂、纤维等以提高其耐水性、强度和韧性。石膏砌块分为实心砌块和空心砌块两类，品种规格多样，石膏砌块的外形一般为平面长方体，有空心和实心两种，通常在纵横边缘设有榫头和榫槽。其规格尺寸为长度 666mm，高度 500mm，厚度 80mm、90mm、100mm、110mm、120mm 和 150mm。

实心砌块的表观密度不大于 1000kg/m^3，空心砌块的表观密度不大于 700kg/m^3，单块砌块质量应不大于 30kg。

石膏砌块具有：①耐火性和防火性好；②导热系数小，保温隔热性能好，并具有“呼吸功能”，舒适度好；③施工简便快捷，速度快，效率高并节省砌筑砂浆；④“绿色”环保，生产能耗低，无污染，可再利用。

国外的石膏砌块起始于 20 世纪的 50 年代，随着石膏砌块生产工艺的不断改进，其各方面性能的优势愈发突出，已经成为一种优良的新型墙体材料，在国内外开始大量使用。石膏砌块按原料来源分为天然石膏砌块和化学石膏砌块，利用各种工业废料生产石膏砌块是今后的发展趋势。石膏砌块主要用于框架结构和其他结构建筑的非承重墙体，一般作为内隔墙用。若采用合适的固定及支撑结构，墙体还可以承受较重的荷载（如挂吊柜、热水器和厕所用具等）。掺入特殊添加剂的防潮砌块，可用于浴室和厕所等空气湿度较大的场合。

石膏砌块在运输、储存时应干燥、防雨，贴紧立放，榫槽向下，严禁碰撞。

第三节　砌 筑 用 石 材

石材是指从天然岩石中采得的毛石，或经加工制成的石块、石板及其定型制品等的总称。石材具有抗压强度高、耐久性好及生产成本低等优点，是古今土木建筑工程的主要建筑材料之一。

天然石材是最古老的建筑材料之一，我国河北的赵州桥、泉州的洛阳城、北京的圆明园等都是著名的石砌结构建筑。古代西方以石结构建筑为主，建造了意大利的比萨斜塔、古埃及的金字塔、古希腊的雅典卫城等辉煌建筑，为人类留下了宝贵的财富。

我国拥有丰富的天然石材资源，可用于建筑工程的石材几乎遍布全国，便于就地取材。天然石材虽然具有较高的抗压强度和良好的耐久性，但由于脆性大、抗拉强度低、自重大、开采加工较困难等原因，石材作为结构材料，现代已逐步被混凝土材料所替代，但是鉴于石材具有特有的色泽和纹理美，使其在室内外装饰中得到了更为广泛的应用。作为高级饰面材料，颇受人们欢迎，许多商场、宾馆等公共建筑均使用石材作为墙面、地面等装饰材料。因此，在现代建筑装饰领域中，石材的应用前景依然十分广阔。

石材就用途来看有砌筑工程用石材和装饰工程用石材两类。用于砌筑工程的石材称为砌筑用石材。

一、岩石的组成与分类

（一）岩石的组成

岩石是在一定地质条件下由一种或几种矿物自然组成的集合体。矿物的成分、性质及其在各种因素影响下的变化，都会对岩石的性质产生直接的影响。岩石中常见的主要造岩矿物有石英、长石、云母、角闪石、辉石、橄榄石、方解石和白云石。

（二）岩石的分类

岩石根据其形成的地质条件不同，可分为岩浆岩、沉积岩和变质岩 3 大类。

1. 岩浆岩

岩浆岩又称火成岩，它是地壳深处的熔融岩浆上升到地表附近或喷出地表经冷凝而形成的岩石。岩浆是存在于地下深处的成分复杂的高温硅酸盐熔融体，绝大多数岩浆岩的主要矿物组成是石英、长石、云母、角闪石、辉石及橄榄石等 6 种。根据岩浆冷凝情况不同，岩浆岩又可分为深成岩、喷出岩和火山岩 3 种。

（1）深成岩。岩浆在地壳深处受上部覆盖层压力的作用，缓慢而均匀地冷却所形成的岩石称为深成岩。其特点是矿物全部结晶，晶粒较粗、块状构造和结构致密。具有抗压强度高，吸水率小，表观密度大，抗冻性、耐磨性、耐水性良好等性质。土木工程中常用的深成岩有花岗岩、正长岩和闪长岩等，其中花岗岩常用于基础、闸坝、桥墩、台阶、路面、墙石、勒脚及纪念性建筑物等。

（2）喷出岩。喷出岩是岩浆喷出地表后，在压力骤减、迅速冷却的条件下形成的岩石。当喷出岩形成较厚的岩层时，其结构致密，性能接近于深成岩，但因冷却迅速，大部分结晶不完全，多呈隐晶质（矿物晶粒细小，肉眼不能识别）或玻璃质，如建筑上常用的玄武岩、安山岩等；当形成较薄的岩层时，由于冷却速度快，且岩浆中气压降低而膨胀，形成多孔结构的岩石，其性质近似于火山岩。常见的喷出岩有玄武岩、辉绿岩和安山岩等，用作高强混凝土的骨料，也用其铺筑道路路面等。

（3）火山岩。火山岩是火山爆发时，岩浆被喷到空中急速冷却后形成的岩石。其特点是呈多孔玻璃质结构，表观密度小。常见的火山岩有火山灰、浮石、火山砂和凝灰岩等。火山灰和火山砂可作为水泥的掺合料，浮石可作轻混凝土骨料，凝灰岩经过加工后可作保温墙体，若磨细后可作为水泥的混合材料。

2. 沉积岩

沉积岩又称水成岩，它是地表的各种岩石经自然风化、风力搬迁和流水冲移等作用后，再沉积后形成的岩石，主要存在于地表和浅层地面以下。其特征是密度较小、孔隙率较大、强度较低、耐久性也较差。沉积岩的主要造岩矿物有石英、白云石及方解石等。

按沉积形成条件分为以下 3 类：

（1）机械沉积岩。原岩经自然风化作用而破碎松散，再经风、水及冰川等的搬运、沉积，重新压实或胶结而成的岩石称为机械沉积岩，如页岩、砂岩等。其中硅质砂岩强度高、硬度大，可用于纪念性建筑及耐酸工程等；钙质砂岩可作基础、踏步、人行道等，但耐酸性差。

（2）化学沉积岩。原岩中的矿物溶于水中，经聚积沉积而成的岩石称为化学沉积岩，如石膏、白云岩及菱镁石等。

（3）生物沉积岩。各种有机体死亡后的残骸经沉积而成的岩石称为有机沉积岩，如石灰岩等。石灰岩硬度低，易劈裂，具有一定的强度和耐久性，其块石可作基础、墙身、阶石及路面等，其碎石是常用的混凝土骨料。此外，它也是生产水泥和石灰的主要原料。

3. 变质岩

地壳中原有的岩浆岩或沉积岩，由于地壳变动和岩浆活动产生的温度和压力，使原岩石在固态状态下发生再结晶，使其矿物成分、结构构造以及化学成分部分或全部改变而形成的岩石称为变质岩。

按变质程度的不同，变质岩可分为浅变质岩和深变质岩两种。一般浅变质岩，由于受到高压重结晶作用，形成的变质岩比原岩更密实，其物理力学性质有所提高。如由砂岩变质而成的石英岩就比原来的岩石坚实耐久；反之，原为深成岩的岩石，经过变质作用，产生了片状构造，其性能还不如原深成岩。如由花岗岩变质而成的片麻岩，就比原花岗岩易于分层剥落，耐久性降低。土木工程中常用的变质岩有石英岩、大理岩、片麻岩和板岩等。

二、岩石的技术性质

天然石材的技术性质决定于其组成的矿物的种类、特征以及结合状态。因生成条件各异，常含有不同种类的杂质，矿物组成有所变化，所以即使是同一类岩石，其性质也可能有很大差别。

（一）物理性质

1. 表观密度

大多数岩石的表观密度均较大，且主要与其矿物组成、结构的致密程度等有关，它能间接反映石材的致密程度和孔隙多少。一般情况下，同种岩石，表观密度越大，则孔隙率越低，强度和耐久性等越高。轻质石材的表观密度小于等于1800kg/m^3，一般用于墙体材料；重质石材的表观密度大于1800kg/m^3，可作承重、装修及装饰用材料。

2. 耐水性

石材的耐水性以软化系数来表示。当石材中含有黏土或易溶于水的物质时，在水饱和状态下，强度会明显下降。根据软化系数大小石材可分为3个等级：软化系数大于0.90为高耐水性石材；软化系数在0.7～9.0之间为中耐水性石材；软化系数在0.6～0.7之间为低耐水性石材。土木工程中使用的石材，软化系数应大于0.80。

3. 吸水性

石材的吸水性主要与其孔隙率及孔隙特征有关，还与其矿物组成、湿润性及浸水条件有关。根据吸水率岩石可分为3个等级：吸水率低于1.5%的岩石称为低吸水性岩石；吸水率介于1.5%～3.0%的称为中吸水性岩石；吸水率高于3.0%的称为高吸水性岩石。石材的吸水性对其强度与耐水性有很大影响，为保证岩石的性能，有时限制岩石的吸水率，如饰面用大理岩和花岗岩的吸水率必须分别小于0.75%和1.00%。有些岩石容易被水溶蚀，其耐水性较差。

4. 抗冻性

石材试件在规定的冻融循环次数内无（穿过试件两棱角的）贯穿裂纹，质量损失不超过5%，强度降低不大于25%的石材抗冻性为合格。

石料的抗冻性，可以采用经过规定冻融循环后的质量损失百分率表示式（5－3），也可以采用未经冻融的石料试件抗压强度与冻融循环后石料试件抗压强度比值（称为耐冻系数）表示式（5－4）。

$$Q_{fr}=\frac{m_1-m_2}{m_1}\times 100\% \tag{5-3}$$

式中　Q_{fr}——抗冻质量损失率，%；

m_1——试验前烘干试件的质量，g；

m_2——试验后烘干试件的质量，g。

$$K_{fr}=\frac{f_{mo(fr)}}{f_{mo}} \tag{5-4}$$

式中　K_{fr}——石料的耐冻系数；

$f_{mo(fr)}$——未经冻融循环试验的石料试件饱水抗压强度，MPa；

f_{mo}——经若干次冻融循环试验后的石料试件饱水抗压强度，MPa。

5. 坚固性

石料的坚固性是采用硫酸钠侵蚀法来测定。该方法是将烘干并已称量过的规则试件，浸入饱和的硫酸钠溶液中20h，取出置于105±5℃的烘箱中烘4h。然后取出冷却至室温，这作为一个循环。如此重复若干循环，最后用蒸馏水沸煮洗净，烘干称量，与直接冻融法用同样的方法计算其质量损失值。

（二）力学性质

1. 抗压强度

砌筑用石材的抗压强度是以边长为70mm的立方体抗压强度值来表示，根据抗压强度值的大小，天然石材强度等级分为MU100、MU80、MU60、MU50、MU40、MU30和MU20等7个等级，不同尺寸的石材尺寸换算系数见表5－21。饰面石材的抗压强度是以边长为50mm的立方体或ϕ50mm×50mm的圆柱体抗压强度值来表示，详见《天然饰面石材试验方法》（GB 9966.1～9966.8—2001）。

表5－21　石材强度等级换算系数　单位：mm

立方体边长	200	150	100	70	50
换算系数	1.43	1.28	1.14	1.00	0.86

石材的抗压强度大小，取决于矿物组成、结构与构造特征、胶结物种类及均匀性等因素。如云母为片状矿物，易于分裂成柔软薄片，因此云母含量越多则其强度越低，而组成花岗岩的主要矿物中石英是坚硬的矿物，其含量愈高则花岗岩的强度也愈高。

2. 硬度

石材的硬度以莫氏或肖氏硬度表示。它取决于矿物的硬度与构造。凡由致密、坚硬矿物组成的石材，其硬度较高。石材的硬度与抗压强度具有良好的相关性，一般抗压强度越高，其硬度也越高。硬度越高，其耐磨性和抗刻划性越好，但表面加工越困难。由石英、长石组成的岩石，其莫氏硬度和耐磨性大，如花岗岩、石英岩等。由白云石、方解石组成的岩石，其莫氏硬度和耐磨性较差，如石灰岩、白云岩等。

3. 耐磨性

石料抵抗撞击、剪切和摩擦等综合作用的性能称为耐磨性。石料耐磨性的大小用磨耗率表示。石材的耐磨性与其矿物的硬度、结构、构造特征以及石材的抗压强度和冲击韧性等有关。矿物愈坚硬、构造愈致密以及石材的抗压强度和冲击韧性愈高，石材的耐磨性愈好。

4. 冲击韧性

绝大多数天然石材具有明显的脆性，其抗拉强度比抗压强度小得多，约为抗压强度的1/20～1/10，是典型的脆性材料。石材的冲击韧性取决于矿物组成与构造，石英岩和硅质砂岩脆性很大，含暗色矿物较多的辉长岩、辉绿岩等具有相对较大的韧性。通常晶体结构的岩石较非晶体结构的岩石具有较高的韧性。

三、天然石材的应用

（一）天然石材的选用原则

建筑工程选用天然石料时，应根据建筑物的类型、使用要求和环境条件等，综合考虑经济、适用和美观等方面的要求。

1. 经济性

由于天然石材表观密度大，不宜长途运输，应综合考虑地方资源，尽可能做到就地取材，降低成本。天然岩石一般质地坚硬，雕琢加工困难，加工费工耗时，成本高。一些名贵石材，价格昂贵，因此选择石材时必须予以慎重考虑。

2. 适用性

在选用石材时，根据其在建筑物中的用途和部位，选定其主要技术性质能满足要求的石材。如饰面用石材，主要考虑表面平整度、光泽度、色彩与环境的协调、尺寸公差、外观缺陷及加工性等技术要求；承重用石材，主要应考虑强度、耐水性和抗冻性等技术性能；围护结构用石材，主要考虑其导热性；用作地面、台阶等的石材应坚韧耐磨；用在高温、高湿和严寒等特殊环境中的石材，还分别考虑其耐久性、耐水性、抗冻性及耐化学侵蚀性等。

3. 色彩

石材装饰必须要与建筑环境相协调，其中色彩相融尤其重要，因此，选用天然石材时，必须认真考虑所选石材的颜色与纹理。

（二）常用天然石材

1. 大理岩

岩石学中所指的大理岩是由石灰岩或白云岩变质而成的变质岩，主要矿物成分是方解石或白云石，主要化学成分为碳酸盐类（碳酸钙或碳酸镁）。但建筑工程上通常所说的大理石是广义的，是指具有装饰功能，可锯切、研磨、抛光的各种沉积岩和变质岩，属沉积岩的大致有：致密石灰岩、砂岩、白云岩等；属变质岩的大致有：大理岩、石英岩、蛇纹岩等。

大理岩用于装饰等级要求较高的建筑物饰面，主要用于室内饰面。当用于室外时，因大理石抗风化能力差，易受空气中二氧化硫的腐蚀而使表层失去光泽、变色并逐渐破损，通常只有白色大理石（汉白玉）等少数致密、质纯的品种可用于室外。

2. 花岗岩

岩石学中花岗岩是指石英、长石及少量云母和暗色矿物（橄榄石类、辉石类、角闪石类及黑云母等）组成全晶质的岩石。但建筑工程上通常所说的花岗石是广义的，是指具有装饰功能，可锯切、研磨和抛光的各种岩浆岩及少数其他类岩石，主要是岩浆岩中的深成岩和部分喷出岩及变质岩。

由于花岗石板材质感丰富，具有华丽高贵的装饰效果，且质地坚硬、耐久性好，所以是室内外高级装饰材料，广泛用于基础、柱子、踏步、地面、桥梁墩台以及挡土墙等土木工程中。

3. 玄武岩

玄武岩属喷出岩，呈深灰色或黑色，主要矿物有斜长石、辉石及橄榄石。它属玻璃质或隐晶质斑状结构，气孔状构造。玄武岩是分布较广的喷出岩，表观密度较大，强度随结构构造的不同变化较大。此外，它的莫氏硬度高、脆性大、耐久性好，常用于路桥工程中。

四、石料制品

1. 毛石

岩石被爆破后直接得到的形状不规则，中间厚度不小于 150mm，至少有一个方向的长度不小于 30mm 的石块称为毛石。根据表面平整度，毛石有乱毛石和平毛石之分。乱毛石指各个面的形状均不规则的块石；平毛石指对乱毛石略经加工，形状较整齐，有两个大致平行的面，但表面粗糙的块石。毛石主要用来砌筑基础、勒脚、墙身和挡土墙等。

2. 石板

石板是用致密岩石凿平或锯解而成的厚度不大的石材。对饰面用的石板或地面板，要求耐磨、耐久、无裂缝或水纹、色彩美观，一般采用花岗岩和大理岩制成。花岗岩板材主要用于土木工程的室外装修、装饰；大理石板经研磨抛光成镜面，一般用于室内装饰。

3. 料石

料石由人工加工后的较规则的六面体块石。依其表面加工的平整程度而分为毛料石、粗料石、半细料石和细料石 4 种。

（1）细料石：通过细加工，外表规则，叠砌面凹入深度不应大于 10mm，截面的宽度、高度不宜小于 200mm，且不宜小于长度的 1/4。

（2）半细料石：规格尺寸同上，但叠砌面凹入深度不应大于 15mm。

（3）粗料石：规格尺寸同上，但叠砌面凹入深度不应大于 20mm。

（4）毛料石：外形大致方正，一般不加工或仅稍加修整，高度不应小于 200mm，叠砌面凹入深度不应大于 25mm。

料石一般由致密的砂岩、石灰岩和花岗岩加工而成，常用于砌筑墙身、地坪、踏步、柱、拱和纪念碑等，形状复杂的料石制品也可用于柱头，柱基、窗台板、栏杆和其他装饰等，半料石和细料石主要用作镶面材料。

4. 片石

片石也是由爆破而得的，形状不受限制，但薄片者不得使用。一般片石的尺寸应不小于15cm，体积不小于0.01m^3，每块质量一般在30kg以上。用于土木工程主体的片石，其抗压强度应不低于30MPa。用于其他土木工程的片石，其抗压强度不低于20MPa。片石主要用来砌筑护坡和护岸等。

第六章　建　筑　钢　材

【本章提要】建筑钢材是指在建筑工程中应用的各种钢材。本章阐述了钢材的生产、分类、组成结构和化学元素对钢材性能的影响。介绍了钢结构用钢和钢筋混凝土结构用钢的钢种、技术标准及主要产品。并叙述了钢材的防火与防腐蚀的基本理论知识。通过本章的学习，要求掌握建筑工程中常用钢材的主要技术性能和标准，并能够按设计要求选用相应规格的钢材。

第一节　概　　述

一、钢的生产

钢是由生铁冶炼而成，通过冶炼将生铁中的含碳量降低至2%以下，并降低其他杂质含量。钢材的冶炼方法主要有氧气转炉法、电炉法和平炉法3种，不同冶炼方法生产钢材的质量也有所不同，目前多采用氧气转炉和电炉法。

冶炼后的钢水在浇注钢锭冷却过程中，由于钢内某些元素在铁的液相中的溶解度大于固相，这些元素便向凝固较迟的钢锭中心集中，导致化学成分分布不均匀，这种现象称为化学偏析，其中以硫、磷偏析最为严重。偏析会对钢材质量产生严重的负面影响。

二、钢的分类

1. 按化学成分分类

按化学成分可将钢分为碳素钢和合金钢两大类。

(1) 碳素钢。碳素钢（简称碳钢）按含碳量的多少，分为低碳钢（含碳量小于0.25%）、中碳钢（含碳量0.25%～0.6%）、高碳钢（含碳量大于0.6%）；在建筑工程中，主要使用低碳钢及中碳钢。

(2) 合金钢。合金钢是在碳素钢中加入一定量的合金元素，以改善钢材的使用性能和工艺性能。按合金元素的总含量可分为低合金钢（合金元素总量小于5%）、中合金钢（合金元素总量5%～10%）、高合金钢（合金元素总量大于10%）；建筑工程常用低合金钢。

2. 按冶炼时脱氧程度分类

按冶炼过程中脱氧程度不同，钢材可分为沸腾钢、镇静钢、半镇静钢和特殊镇静钢。

(1) 沸腾钢。在冶炼钢的过程中，由于氧化作用使部分铁被氧化成氧化铁残留在钢水中，使钢的质量降低，因而在炼钢后期精炼时，需进行脱氧处理。若脱氧不够完全，由于钢水中残存的FeO与C生成CO气体逸出，引起钢水呈沸腾状，这种钢称为沸腾钢，代号为“F”。

沸腾钢组织不够致密，成分分布不均，化学偏析较大，冲击韧性和可焊性较差，特别是低温冲击韧性的降低显著，故其质量较低。但其产量高、生产成本低，可用于一般的建筑工程。

（2）镇静钢。充分脱氧的钢液在浇注钢锭时液态钢平静地冷却凝固，这种钢称为镇静钢，其代号为“Z”（通常可以省略）。镇静钢组织致密，气泡少，偏析程度小，各种力学性能优于沸腾钢，但成本较高。可用于受冲击荷载的结构或其他重要的结构。

（3）半镇静钢。半镇静钢的脱氧程度和性能介于沸腾钢和镇静钢之间，其代号为“b”。

（4）特殊镇静钢。特殊镇静钢的脱氧程度比镇静钢更充分，质量最好，其代号为“TZ”（通常可以省略），适用于特别重要的结构工程。

3．按品质分类

普通钢：含硫量小于等于0.050%，含磷量小于等于0.045%。

优质钢：含硫量小于等于0.035%，含磷量小于等于0.035%。

高级优质钢：含硫量小于等于0.025%，含磷量小于等于0.025%。

特级优质钢：含硫量小于等于0.015%，含磷量小于等于0.025%。

4．按用途分类

钢按不同用途，可分为结构钢、工具钢和特殊钢3种。

结构钢：主要用于工程结构构件及机械零件的钢，一般为低、中碳钢和低、中合金钢。

工具钢：主要用于制造各种工具、量具及模具的钢，一般为高碳钢和高合金钢。

特殊钢：指具有特殊物理、化学或力学性能的钢，如不锈钢、耐热钢、磁性钢和耐酸钢等，一般为合金钢。

建筑用钢材通常按用途分为钢结构用钢材和钢筋混凝土用钢材。

三、钢材的组成结构

1．钢材的晶体结构

钢属于金属晶体。常见的金属晶格结构多属于体心立方晶格、面心立方晶格和密排六方晶格，其晶胞、晶格示意图如图6-1所示。纯铁在不同的温度下有不同的晶体结构。液态纯铁冷却至1538℃时便开始结晶，凝固后得到的是体心立方晶格的δ－Fe；在1394℃时发生同素异构转变，δ－Fe转变成面心立方晶格的γ－Fe，当温度降至912℃时，面心立方晶格的γ－Fe又转变成体心立方晶格的α－Fe。钢的力学性能取决于其晶体结合方式、晶体构造、晶体滑移和晶体缺陷等。钢的晶体结构中各个原子以金属键方式结合，具有较高的强度和良好塑性。实际使用的钢材大多是多晶体结构，即由许多晶粒无秩序地组成；因此，从其性能的宏观表现来说，钢是各向同性材料。钢的晶格中有些平面内各自的原子较密集且结合力较强，与其相邻面间的原子距离较大且结合力弱，在外力作用下，容易沿这些面间产生相对滑移，因而钢材具有较大的塑性变形能力。钢的晶格中还存在各种缺陷，如点缺陷、线缺陷和面缺陷等，如图6-2所示。这些缺陷对钢宏观性能的主要影响如下：

（1）钢晶体受力滑移时，主要是缺陷处滑移面部分原子的移动，而不是若干个平行的滑移面同时移动。因此，钢材实际强度远小于其理论强度。

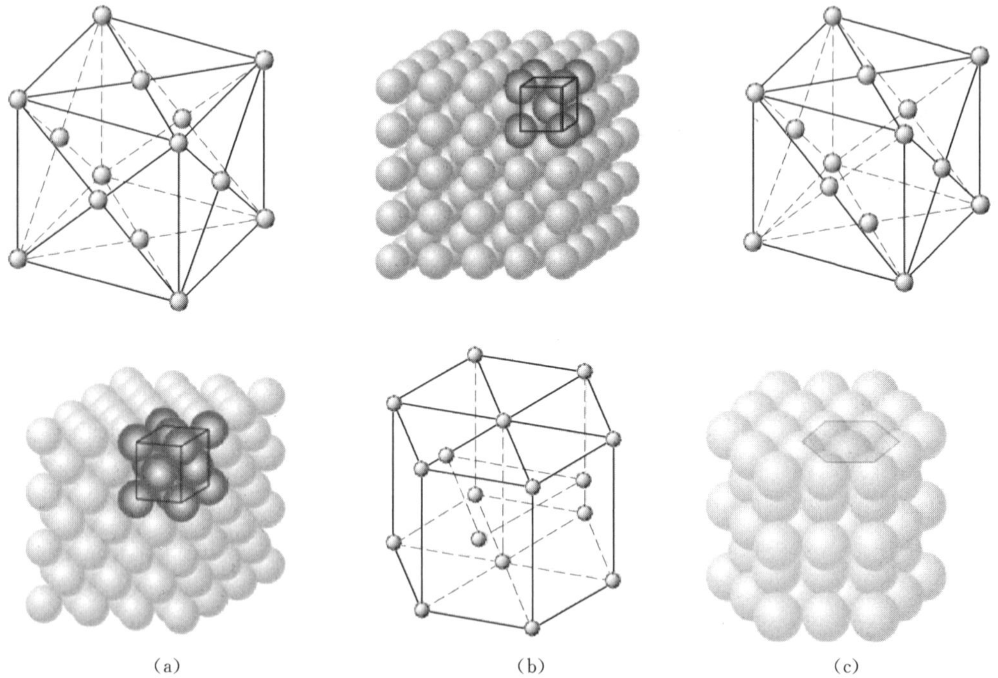

图 6-1 常见晶胞、晶格示意图

(a) 体心立方晶胞、晶格；(b) 面心立方晶胞、晶格；(c) 密排六方晶胞、晶格

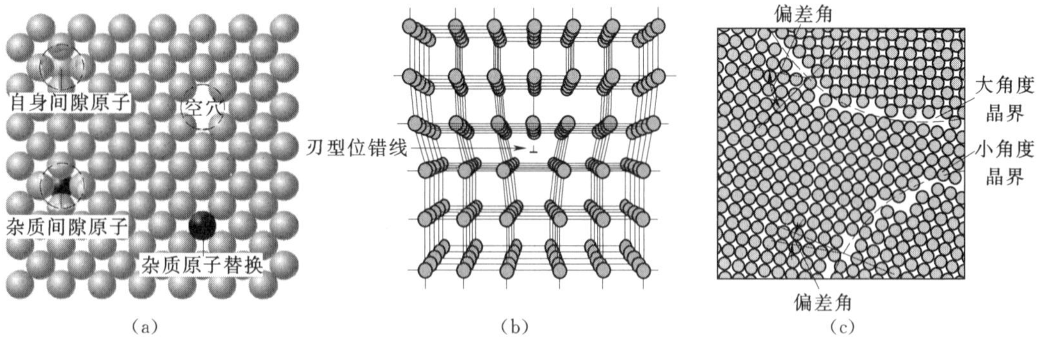

图 6-2 常见晶格缺陷示意图

(a) 点缺陷（空位、间隙原子）；(b) 线缺陷（刃型位错）；(c) 面缺陷（晶界）

(2) 缺陷造成了钢晶格畸变。由于初步滑移后缺陷的增多，位错密度的增加反而对进一步的滑移起阻碍和限制作用。这是低碳钢在拉力试验中出现“屈服”和“强化”现象的原因。

(3) 合金钢中由于人为加入一些合金元素制造一些缺陷，如某些元素替代晶格节点上部分原子形成固溶体（称为置换固溶体），或溶入晶格中的间隙形成固溶体（称为间隙固溶体），都会引起晶格点阵畸变产生，使位错运动阻力增加，从而提高合金钢的强度和硬度，降低其塑性，这种现象称为固溶强化。又如：合金组元（即组成合金的最基本的独立物质）间发生相互作用而形成具有金属特性的物质称为金属间化物（如 TiC、CuZn 等），具有熔点高、硬度高和脆性大等特点，可促进材料强度、硬度和耐磨性的提高，但塑性和韧性有所降低。

2. 钢的组织

钢材是铁碳合金，铁与碳原子结合有以下 3 种基本形式：

（1）固溶体：铁（Fe）中固溶着微量的碳（C）。

（2）化合物：铁和碳化合成碳化三铁（Fe_3C）。

（3）机械混合物：固溶体和化合物的混合物。

钢的组织是指由以上 3 种形式的铁碳合金，在一定条件下形成具有一定形态的聚合体。钢的基本组织包括下几种：

（1）铁素体。铁素体是碳在 α－Fe 中的固溶体。铁素体保持了 α－Fe 的体心立方晶格，因其晶格间隙较小，溶碳能力小。铁素体强度、硬度低，塑性、韧性好。所以，具有铁素体组织多的低碳钢能够进行冷变形、轧制、锻造和焊接。

（2）奥氏体。奥氏体是碳在 γ－Fe 中的固溶体。γ－Fe 为面心立方晶格，原子间空隙较小，溶碳能力比铁素体强。

奥氏体强度、硬度低，塑性好。因此，常要把钢加热至奥氏体状态，进行锻造或轧制。

（3）渗碳体。渗碳体是铁和碳形成的化合物 Fe_3C。渗碳体中碳的含量为 6.67%，具有复杂的晶格类型，其硬度高，塑性差，主要作为铁碳合金中强化相存在。

（4）珠光体。珠光体是铁素体和渗碳体的机械混合物，通常为层状结构，其性能介于铁素体和渗碳体之间。在较低温度下形成珠光体时，其渗碳体层片厚度较薄，铁素体与渗碳体间的界面增多，使钢的强度、硬度提高，同时塑性也较好。

（5）莱氏体。由于莱氏体中含有渗碳体较多，故其性能与渗碳体较相近，即硬度高，塑性差。

钢的组织结构的转变过程可以利用铁碳合金状态图，如图 6－3 所示来分析。图 6－3 中各条线段都表示铁碳合金内部组织发生转变时的成分、温度界限，或称为组织转变线。下面以典型成分碳素钢为例，说明其在缓慢冷却过程中的组织转变规律：

（1）共析钢。当温度低至 S 点时，钢中的奥氏体转变为珠光体。温度再继续下降，珠光体不再发生变化。共析钢在室温时的显微组织是珠光体，含碳量为 0.77%。

（2）亚共析钢。亚共析钢的结晶过程与共析钢不同，当温度降至 GS 线以下时，在奥氏体的晶界处不断析出铁素体，奥氏体量不断减少，而奥氏体含碳量逐渐增大，直至温度降至 PS 线时，剩余奥氏体含碳量达到共析点（0.77%），即发生共析反应（指一定成分的固相在一定的温度下同时析出两种成分和结构均不相同的新的固相的反应），转变为珠光体。因此亚共析钢冷却到室温的显微组织是铁素体和珠光体，其是由颗粒尺寸比原奥氏体小得多的铁素体晶体包围着珠光体晶粒所组成。由此可知，这种钢具有较高的强度、良好的塑性及可焊性。亚共析钢的含碳量小于 0.77%。建筑钢材大多是亚共析钢。

（3）过共析钢。过共析钢奥氏体的转变过程也是在一定温度范围内进行的。当温度降至 SE 线时，奥氏体内含碳量逐渐减少，在奥氏体晶界处不断析出渗碳体；温度继续降至

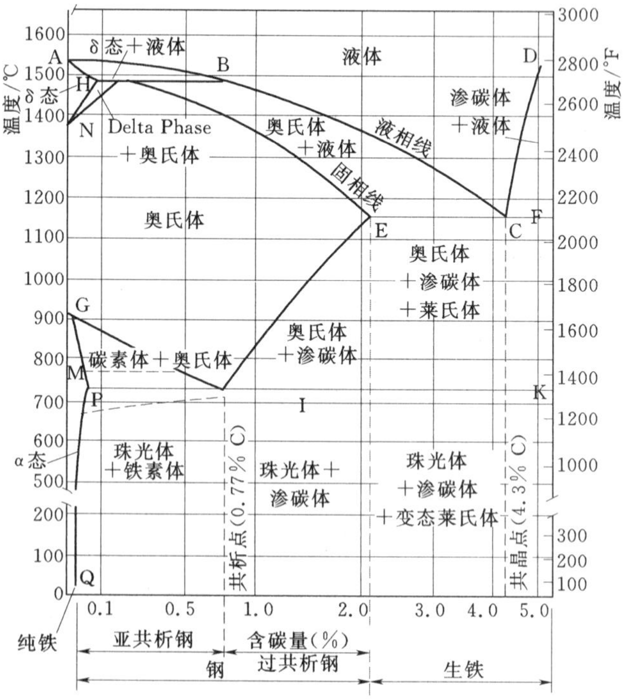

图 6-3 铁碳合金状态图

SK 线时，剩余奥氏体含碳量达到 0.77％即发生共析反应，转变成珠光体。过共析钢含碳量大于 0.77％。

四、化学元素对钢材性能的影响

除铁元素外，钢中尚含一些其他化学元素，如碳、硅、锰、磷、硫、氧和氮等。这些化学元素对钢材性能影响如下。

1. 碳（C）

钢材主要是铁碳合金，碳是钢中最重要的元素，对钢材的性能影响很大。当含碳量小于 0.8％时，碳含量增加将使抗拉强度及硬度提高，但塑性与韧性降低，焊接性能、耐腐蚀性能也下降。当含碳量大于 0.8％时，钢材的抗拉强度随含碳量的增加而逐渐下降。此外，碳含量增加，会使钢的冷弯性能、焊接性能和抗腐蚀性能下降。

2. 硅（Si）

硅在钢的冶炼过程中，可起脱氧作用，减少钢内气泡。当其含量小于 1％时，可提高钢的强度和硬度，对塑性和韧性影响不明显。当其含量超过 1％时，钢的塑性和冲击韧性显著降低，冷脆性增加，焊接性能变差。

3. 锰（Mn）

锰在炼钢时作为脱氧剂。普通碳素钢中的含锰量为 0.25％～0.8％；低合金钢中的含锰量为 1％～1.4％。在一定限度内，随锰含量的增加可显著提高钢材的强度、耐腐蚀性和耐磨性，并可消减因氧和硫引起的热脆性。

4. 磷（P）

磷能溶于铁素体中，其含量提高，可增加钢的强度和硬度，但塑性和韧性显著降低。温度愈低，对钢的塑性和韧性影响愈大，此性质称为冷脆性。磷还可使钢的冷弯性能、可焊性能降低。因此，磷在钢中属有害成分，其含量受到严格的限制。但磷可提高钢在大气作用下的耐腐蚀性，如高耐候结构钢中含磷量可达 0.07%～0.15%。

5. 硫（S）

硫在钢内以硫化铁的形式存在于晶界上，由于其熔点低，使钢材在热加工过程中产生晶粒的分离，可引起钢材破坏，称为热脆现象。硫在钢中还会降低钢的可焊性、抗蚀性、冲击韧性及疲劳强度。因此，硫是钢中的有害元素，其含量受到严格的控制。

6. 氧（O）

氧在钢中多以氧化物形式存在，可使钢的强度下降，冲击韧性降低，热脆性增加，冷弯性能变差，并使钢的热加工和焊接性能降低。氧也是钢中的有害杂质，应尽量减少其含量。

7. 氮（N）

氮主要溶于铁素体中，也可呈化合物的形式存在，能使钢材的强度和硬度提高，塑性和冲击韧性显著下降。此外，氮还可增大钢的冷脆性和热脆性，增加时效敏感性，降低钢材的冷弯性能和可焊性，因此，应尽量减少氮的含量。

第二节　建筑钢材的技术性能及加工

钢材的主要技术性能包括钢材的力学性能与工艺性能，它们不仅是生产钢材、控制材质的重要指标，而且是工程设计和施工选用钢材的主要依据。

一、力学性能

建筑钢材的力学性能主要包括强度、塑性、冲击韧性、耐疲劳性和硬度等。

1. 抗拉性能

抗拉性能是建筑钢材最重要的力学性能。通过拉伸试验测得的屈服强度、抗拉强度、伸长率和断面收缩率是钢材的重要技术指标。

建筑钢材的抗拉性能，可用低碳钢拉伸时的应力与应变曲线图，如图 6－4 所示来阐明。低碳钢从受拉到断裂，经历了 4 个阶段：

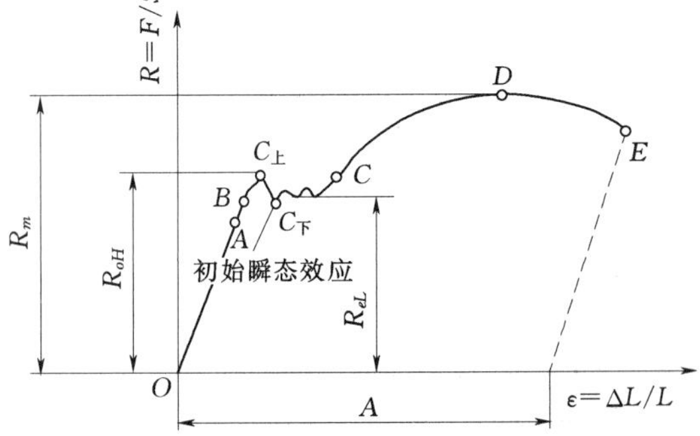

图 6－4　低碳钢受拉时的应力与应变关系曲线

（1）弹性阶段（$O \rightarrow A$）。OA 段为一直线，应力较低，试件产生弹性变形，应力与应变成线性正比关系，其比值为常数，称为弹性模量，即 $\sigma/\varepsilon = E$。弹性模量反映钢材抵抗变形的能力；土木工程常用的弹性模量为 $(2.0 \sim 2.1) \times 10^5$ MPa。与 A 点相对应的应力为比例极限，用 σ_P 表示。超过 A 点后，在呈微弯的 AB 段，钢材仍具有完全的弹性性质，但应力应变关系是非线性的，其 $\mathrm{d}R/\mathrm{d}\varepsilon =$

E_t，称为瞬时切线模量（切线模量），与 B 点相对应的应力为弹性极限，用 σ_B 表示。由于 A、B 两点相距较近，可以近似认为 $\sigma_P=\sigma_B$。

（2）屈服阶段（$B\rightarrow C$）。当试样的应力超过弹性极限后，钢材不仅产生弹性变形，而且有塑性变形，应变增长比应力快。当试样的应力超过某一点后，应变持续增加，应力却在很小的范围内上下波动，故称为屈服阶段。

屈服强度是当钢材呈现屈服现象时，达到塑性变形发生而应力不增加的应力点，分上屈服强度（$C_{上}$ 点）和下屈服强度（$C_{下}$ 点）。如果没有特别说明，常以下屈服强度 R_{eL} 代表钢材的屈服强度。

钢材受力达到屈服强度后，变形迅速增长，虽然尚未断裂，但已不能满足使用要求，故结构设计中以屈服强度作为取值依据。

（3）强化阶段（$C\rightarrow D$）。试样在经历了屈服阶段后，内部组织结构发生变化，阻止了塑性变形的进一步发展，钢材抵抗外力的能力重新提高，$C\rightarrow D$ 的上升曲线段称为强化阶段。对应于曲线最高点 D 点的应力值 R_m 称为抗拉强度极限（又称抗拉强度）。

虽然抗拉强度在结构设计中不能利用，但抗拉强度与屈服强度之比（强屈比），却是评价钢材使用可靠性的重要参数。强屈比愈大，反映钢材受力超过屈服点工作时的可靠性愈大，结构的安全性愈高。但强屈比太大，钢材的强度有效利用率就过低。强屈比一般不低于 1.2。国家标准规定，用于抗震结构的钢筋（如：HRB400E、HRBF400E），其强屈比不小于 1.25。

（4）颈缩阶段（$D\rightarrow E$）。当试样应力超过 D 点后，塑性变形急剧增加（应变迅速增大），在其承载能力较弱处的断面缩小（颈缩）而断裂。

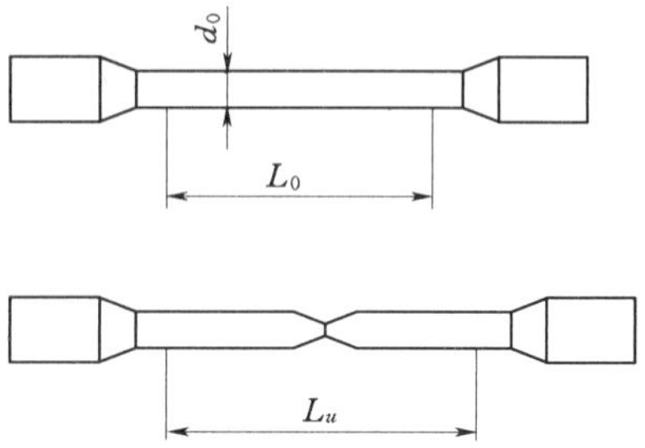

图 6-5 试样拉伸前和断裂后标距的长度

塑性是钢材的一个重要性能指标，通常用拉伸试验时的伸长率和断面收缩率来表示。

1）伸长率。常用的伸长率类型有两个：断后伸长率和最大力总伸长率。

断后伸长率 A(%) 是指试样断裂后，如图 6-5 所示，试样标距长度部分的伸长量 ΔL 与原始标距长度 L_0 的比值，即：

$$A=\frac{\Delta L}{L_0}\times 100=\frac{L_u-L_0}{L_0}\times 100 \tag{6-1}$$

式中 A——断后伸长率，%；

L_u——试样断裂后的标距长度；

L_0——原始标距长度。

试验检测用的试样一般要求为比例试样，其原始标距与原始横截面应有以下关系：

$$L_0=k\sqrt{S_0} \tag{6-2}$$

式中 S_0——平行长度的原始横截面；

k——比例系数，通常取 5.65。

由式（6-2）可以推导得到：

$$L_0=5.65\sqrt{S_0}=5\sqrt{\frac{4S_0}{\pi}}=5\sqrt{\frac{4\pi r^2}{\pi}}=5\sqrt{(2r)^2}=5\sqrt{d^2}=5d \qquad (6-3)$$

由式（6－3）可知，标准拉伸试验的试样标距长度为 $L_0=5d$。当试样横截面积太小，以致采用比例系数 k 为 5.65 的值不能符合这一最小标距要求时，可以采用较高的值（优先采用 11.3 的值）或采用非比例式样。非比例试样其原始标距（L_0）与其原始横截面积（S_0）无关。对于比例试样，若原始标距不为 $5.65\sqrt{S_0}$，符号 A 应附以下脚注说明所使用的比例系数，例如 $A_{11.3}$ 表示原始标距（L_0）为 $11.3\sqrt{S_0}$ 的断后伸长率。对于非比例试验，符号 A 应附以下脚注说明所使用的原始标距，以毫米（mm）表示，例如，A_{80mm} 表示原始标距（L_0）为 80mm 的断后伸长率。

伸长率的另一个类型是最大力总伸长率 A_{gt}，是考核钢筋性能的主要指标。如图 6－6 所示，在试样自由长度范围内，均匀划分为 10mm 或 5mm 的等间距标记；试样断后测量时，选择 Y 和 V 两个标记，这两个标记之间的距离在拉伸试验之前至少应为 100mm，均位于距离断裂点较远的一侧，与断裂点之间的距离都应大于等于 50mm。

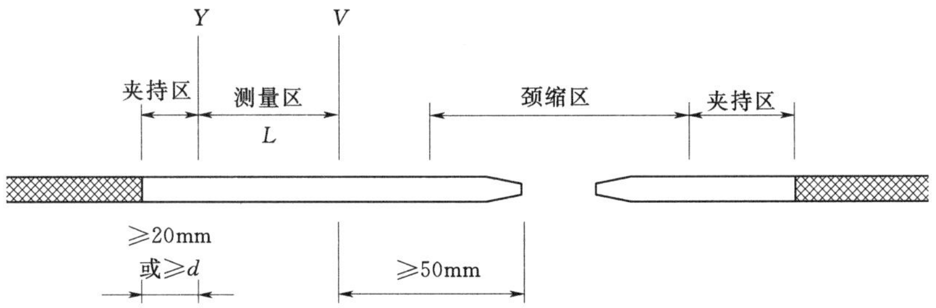

图 6－6　用于测定在最大力下总伸长率的试样断裂后的测量示意图

在最大力作用下试样总伸长率 A_{gt}（%）可按下式计算：

$$A_{gt}=\left(\frac{L-L_0}{L_0}+\frac{R_m^0}{E}\right)\times 100 \qquad (6-4)$$

式中　L——断裂后标记间的距离，mm；

L_0——试验前标记间的距离，mm；

R_m^0——抗拉强度实测值，MPa；

E——弹性模量，可取为 2×10^5 MPa。

钢材仲裁检验时采用 A_{gt}。

伸长率是衡量钢材塑性的一个指标，其数值愈大，表示钢材塑性越大。

2）断面收缩率。钢材的断面收缩率，用 Z(%) 表示，即断裂后试样横截面积的最大缩减量（S_0-S_u）与原始横截面（S_0）之比的百分率，计算公式如下：

$$Z=\frac{S_0-S_u}{S_0}\times 100 \qquad (6-5)$$

式中　Z——断面收缩率，%；

S_0——原始横截面面积；

S_u——试样拉伸断裂（径缩）处断面面积。

钢材的塑性在工程技术上有着重要的实际意义。塑性良好的钢材在工艺加工时，能承受一定的加工外力，产生相应的变形而不破坏；使用过程中可将结构上的应力重分布，从而减少结构脆性破坏的倾向，增强结构的安全性。

有些钢材（如高碳钢）拉伸时的应力—应变曲线与低碳钢不同，无明显屈服现象，断裂时呈脆性破坏，塑性变形很小。根据我国有关国家标准的规定，表 6-1 中 3 个延伸率类型和表 6-2 中 3 个延伸强度类型可在某种程度上反映无明显屈服现象钢材的性能。

表 6-1　　3 个延伸率类型

名　称	符号	定　义
非比例延伸率	$\varepsilon_p/\%$	试验中任一给定时刻引伸计标距的非比例延伸与引伸计标距（L_e）之比的百分率
总延伸率	$\varepsilon_t/\%$	试验中任一时刻引伸计标距的总延伸与引伸计标距（L_e）之比的百分率
残余延伸率	$\varepsilon_r/\%$	试样施加并卸除应力后引伸计标距的延伸与引伸计标距（L_e）之比的百分率

注　1. 引伸计是指位移测量装置并包括指示或记录位移的系统。引伸计标距（L_e）是指用引伸计测量试样延伸时所使用试样平行长度部分的长度。测定规定强度性能时推荐使用 $L_e \geqslant L_0/2$；L_0 为原始标距。

2. 延伸是指试验期间任一给定时刻引伸计标距（L_e）的增量。

表 6-2　　3 个延伸强度类型

名　称	符　号	常用示例	单　位	定　义
规定非比例延伸强度	R_p	$R_{p0.2}$	N/mm^2	非比例延伸率等于规定的引伸计标距百分率时的应力，如图 6-7 所示。符号下脚注说明所规定的百分率，例如 $R_{p0.2}$，表示规定非比例延伸率为 0.2%时的应力
规定总延伸强度	R_t	$R_{t0.5}$	N/mm^2	总延伸率等于规定的引伸计标距百分率时的应力，如图 6-8 所示。符号下脚注说明所规定的百分率，例如 $R_{t0.5}$，表示规定总延伸率为 0.5%时的应力
规定残余延伸强度	R_r	$R_{r0.2}$	N/mm^2	卸除应力后残余延伸率等于规定的引伸计标距（L_e）百分率时对应的应力，如图 6-9 所示。符号下脚注说明所规定的百分率。例如 $R_{r0.2}$，表示规定残余延伸率为 0.2%时的应力

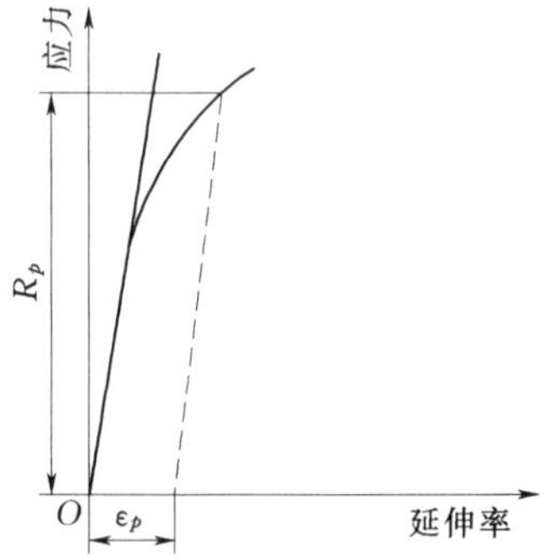

图 6-7　规定非比例延伸强度（R_p）

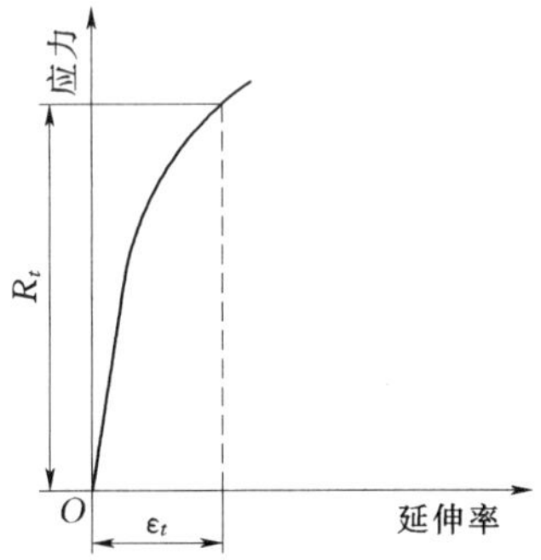

图 6-8　规定总延伸强度（R_t）

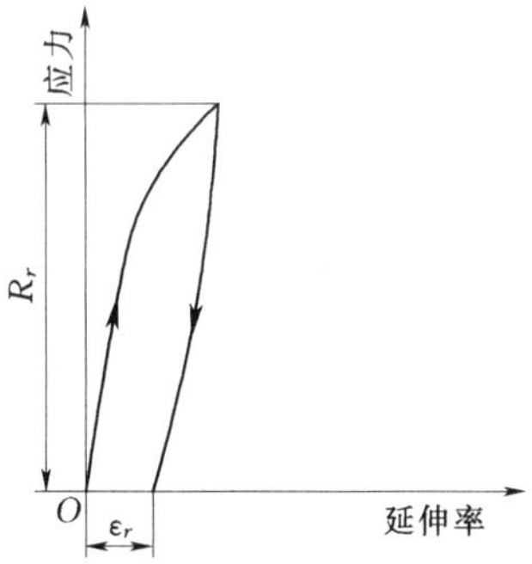

图 6-9　规定残余延伸强度（R_r）

2. 冲击韧性

冲击韧性是指钢材抵抗冲击或振动荷载作用的能力，可由冲击吸收能量（K）和冲击韧性值（a_k）表示。建筑钢材的冲击韧性通过夏比摆锤试验方法检测。采用中部加工有V形或U形缺口的标准试样，置于冲击机的支架上，缺口背向打击面放置，用摆锤一次打击试样，测定试样的吸收能量，即为冲击吸收能量，用符号K代表，如图6-10所示。用字母V和U表示缺口几何形状；摆锤刀刃半径分为2mm和8mm两种，故用下标数字2或8表示摆锤刀刃半径，例如KV_2、KV_8、KU_2或KU_8。

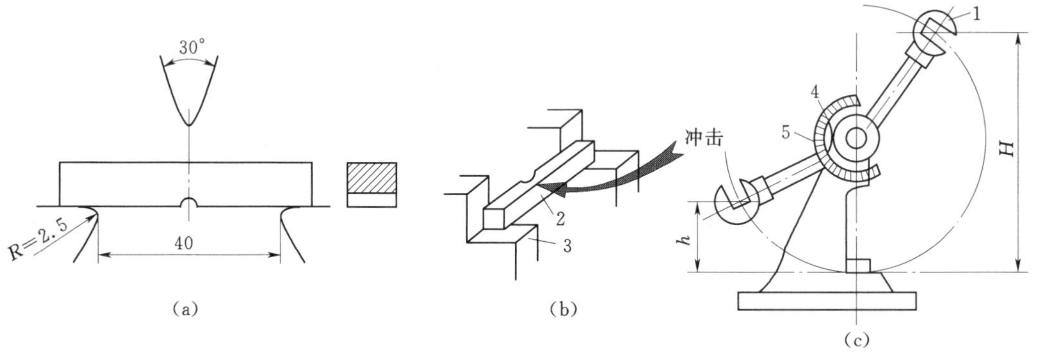

图6-10 冲击韧性试验图

(a) 试件尺寸；(b) 试验装置；(c) 试验机

1—摆锤；2—试件；3—试验台；4—刻度盘；5—指针

冲击韧性值a_k为单位面积的试样端口所吸收的冲击能量，计算公式为：

$$a_k = K/S \tag{6-6}$$

式中 a_k——冲击韧性值，J/cm²；

K——冲击吸收的能量，J；

S——试样缺口处的截面积，cm²。

K（或a_k）值越大，冲断试件消耗的能量越多，即试样断裂前吸收的能量越多，说明钢材的韧性越好。由于钢材的冲击韧性随温度变化，因此试验应在规定的温度下进行。

钢材的冲击韧性与其化学成分、冶炼及加工有关。一般而言，钢中的P、S含量较高，夹杂物以及焊接中形成的微裂纹等都会降低冲击韧性。

有关研究表明，钢材的冲击韧性随温度的降低而下降，其规律是开始时下降缓慢，当达到某一温度范围时，突然下降很多而呈脆性，称为钢材的冷脆性，这时的温度称为脆性临界温度。其数值愈低，钢材的低温冲击性能愈好。因此，在负温下使用的结构应选用脆性临界温度较使用温度低的钢材。

3. 疲劳性能

钢材在承受交变荷载的反复作用时，可在低于其屈服强度时突然发生断裂，称为疲劳破坏。一般规定钢材试样的疲劳失效判据是试验断裂或达到额定的循环周次，在一些特殊应用中，可采用其他判据，例如，可见的疲劳裂纹的出现，试验的塑性变形或者裂纹的传播速率等。疲劳寿命（持续时间）是指达到疲劳失效判据的实际循环数，例如结构钢的

10^7 周次和其他钢种的 10^8 周次等。

疲劳强度是指钢材在无限多次交变载荷作用下而不破坏的最大应力，又称为疲劳极限。

设计承受反复荷载作用且需要作疲劳验算的工程结构时，应当掌握所用钢材的疲劳性能。

一般钢材的疲劳破坏是由拉应力引起的。首先从局部开始产生细小裂纹，随后由于裂纹尖角处的应力集中再使其逐渐扩大，直至疲劳破坏。疲劳引发的裂纹往往在应力最大的区域形成，也即在应力集中的地方形成，所以钢材的疲劳性能不仅决定于其内部组织状态和各种缺陷，也决定于其应力最大处的表面质量及内应力大小等因素。一般来讲，钢材的抗拉强度高，其疲劳极限也较高。

4. 硬度

硬度是指材料抵抗变形，特别是压痕或划痕形成的永久变形的能力。目前测定钢材硬度的方法很多，常采用压入法，即以一定的静荷载（压力），把一定的压头压在金属表面，然后测定压痕的面积或深度来确定硬度。按压头或压力不同，有布氏法（HB）、洛氏法（HRC）和维氏硬度法（HV）等 3 种。布氏硬度是建筑钢材常用的硬度指标，用 HB 表示。试验原理是对直径为 D(mm) 的硬质合金球施加试验力 F(N) 压入试样表面，按规定保持一定时间后，卸除试验力，测量试样表面压痕的直径，如图 6-12 所示，然后计算单位压痕面积所承受的荷载值，即布氏硬度值。

各类钢材的 HB 值与抗拉强度之间有一定的相关关系。材料的强度越高，塑性变形抵抗力越强，硬度值也就越大。由试验得出，其抗拉强度与布氏硬度的经验关系式如下：当 HB<175 时，抗拉强度≈0.36HB；当 HB>175 时，抗拉强度≈0.35HB。根据这一关系，可以直接在钢结构上测出钢材的 HB 值，并估算该钢材的抗拉强度。

一般来说，硬度越高，强度也越高，耐磨性较好，但脆性增大。材料的硬度值实际上是材料弹性、塑性、变形强化率、强度和韧性等一系列性能的综合反映。布氏硬度法比较准确，但压痕较大，不宜用于成品检验。

二、工艺性能及钢材的加工

建筑钢材应具有良好的工艺性能，以满足施工工艺的要求。冷弯、冷拉、冷拔及焊接等性能是建筑钢材的主要工艺性能。

1. 冷弯性能

冷弯性能是指钢材在常温下承受弯曲变形而不破坏的能力。以圆形、方形、矩形或多边形横截面试样在弯曲装置上经受弯曲塑性变形，不改变加力方向，直至达到规定弯曲角度的试验，称为弯曲试验。冷弯性能以弯曲角度 α 和弯心直径 d 为指标表示。冷弯试验是通过直径（或厚度）为 α 的试件，采用标准规定的弯心直径 d($d=n\alpha$，n 为整数)，弯曲到规定的角度时（180°或 90°），检查弯曲处有无断裂、裂纹、起层或鳞落等现象。若没有这些症状则认为冷弯性能合格。

钢材冷弯时的角度 α 越大，d/α 越小，则冷弯性能越好。弯曲试验可在配备 3 种弯曲装置（即支辊式弯曲装置、V 形模具式弯曲装置和虎钳式弯曲装置）之一的试验机或压力机上完成，如图 6-11 和图 6-12 所示。

冷弯与伸长率都反映了钢材的塑性。伸长率大的钢材，其冷弯性能也好，但弯曲试验对钢材塑性的评定比拉伸试验更严格，更有助于暴露钢材的内部组织是否均匀及存在微裂

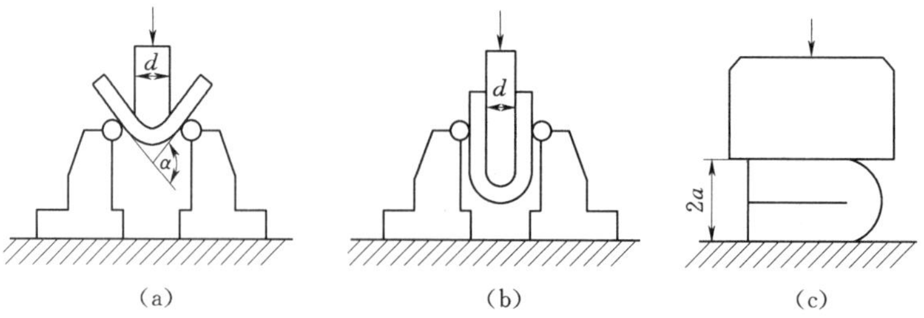

图 6-11　钢材冷弯试验的几种弯曲程度

(a) 弯曲至某规定角度；(b) 弯曲至两面平行；(c) 弯曲至两面重合

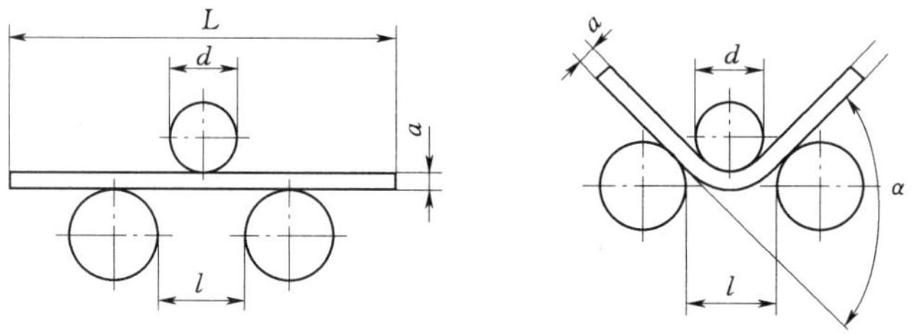

图 6-12　支辊式弯曲装置示意图

缝、杂质和严重偏析等缺陷。

2. 焊接性能

钢材的焊接方法有多种，如钢筋的焊接有电阻点焊、闪光对焊、电渣压力焊和气压焊等；钢结构工程用的手工电弧焊、气体保护焊、埋弧焊、电渣焊、气电立焊、栓钉焊及相应焊接方法的组合。

在焊接过程中，由于高温和焊后急剧冷却作用，焊缝及其附近区域的钢发生组织构造的变化，会产生局部变形、内应力和局部变硬变脆倾向等，降低了钢材质量。焊接性能好的钢材，焊缝处变硬变脆的倾向小，没有质量显著降低的现象，焊接牢固可靠。钢材的化学成分、冶炼质量和焊接工艺等都会影响焊接性能。钢材含碳量大于 0.3%后，可焊性变差；硫、磷及其他杂质增加也会使可焊性降低。

钢材焊接后应取样进行焊接质量检验，检验方法包括外观检验、无损伤检测和力学性能检测等。钢材的焊接质量涉及建筑结构质量和安全，必须引起足够的重视。

3. 冷加工强化和时效处理

(1) 冷加工强化。冷加工是指钢材在常温下进行冷拉、冷拔和冷轧等机械加工，使其产生塑性变形，屈服强度提高，塑性、韧性降低，这个过程称为冷加工强化处理。

冷拉是用拉伸设备将钢材拉长的加工。冷拉可提高钢材的屈服强度和硬度，塑性变形能力有所降低。建筑工程中使用的是冷拉钢筋、钢丝等。

冷拔是指采用强力拉拔，使钢材通过小于钢材横截面积的模孔抽拔成一定断面尺寸、表面光滑制品的加工。冷拔对钢材强度的提高效果比冷拉好，钢筋不仅受拉，而且同时受到挤压作用，冷拔钢丝的屈服点可提高 40%～60%，由此可适当减小钢筋混凝土结构设计截面，或减小混凝土中配筋数量，从而达到节约钢材的目的。但因其表面光滑，与混凝土黏结力较差，常对其表面做刻痕等处理。

冷轧是指在常温下用轧钢机将圆钢轧成表面按一定规律变化的钢筋的工艺。例如将钢筋冷轧成表面凹凸不平的带肋钢筋，不仅屈服强度得到明显提高，还增加与混凝土的握裹力。

一般认为冷加工强化的原因是由于钢材受力变形时，内部一些晶粒沿某些滑移面产生滑移，晶粒形状也相应发生改变（如拉长或缩短），晶粒破碎以及晶格歪扭等，从而对滑移的继续进行造成阻力，增加了对塑性变形的抵抗能力，故使屈服强度提高，塑性下降。

（2）钢材的冷加工时效处理。冷加工时效是指经冷加工后，钢材的屈服强度、极限强度在一定环境条件下随时间的延长而有所提高，伸长率和冲击韧性逐渐降低，弹性模量得以恢复的现象。冷加工时效处理是将经冷加工后的钢材在常温下存放15～20d（自然时效）；或加热至100～200℃并保持一定时间（人工时效）。

钢材的时效硬化主要是由于溶于铁素体中的过饱和碳随时间的延长慢慢析出，形成渗碳体分布于晶体的滑移面上，阻碍了滑移的进行，使得钢材的强度和硬度增加，塑性和冲击韧性降低。

对钢材进行冷加工强化与时效处理的目的是提高其屈服强度以便节约钢材。钢材冷加工必须严格按国家标准规范进行。

4. 热处理

热处理是按一定规则对钢材进行加热、保温和冷却等处理，来改变其组织结构，从而获得所需性能的一种工艺。热处理的主要工艺类型分为整体热处理、表面热处理和化学热处理。钢材整体热处理的基本方法主要有退火、正火、淬火和回火等。

（1）退火。退火是将钢材加热到工艺要求的温度，经过适当保温后，再缓慢冷却下来的热处理工艺过程。退火的目的是通过加热，使加工中产生的缺陷减小，晶格畸变减轻和内应力基本消除，使钢的塑性和韧性得以改善，并降低硬度，便于切削加工。

（2）正火。正火是将钢材加热到相变（即铁素体等基本组织发生转变）温度以上，进行完全奥氏体化，然后在空气中冷却（有时吹风或喷雾冷却）的热处理过程。正火比退火的冷却速度快，可以细化晶粒，消除热加工的过热缺陷，使组织正常化，并提高钢的硬度和强度。从本质上讲，正火是退火的一个特例，其目的与退火是一致的。

（3）淬火。淬火是将钢材加热到临界点（相变温度）以上某一温度，并保持一定时间进行奥氏体化，然后以适当方式冷却到一定温度获得马氏体或（和）贝氏组织的热处理工艺。最常见的有水冷淬火、油冷淬火和空冷淬火等。淬火是为了得到马氏体或（和）贝氏组织，但马氏体或（和）贝氏组织不是热处理所要得到的最终组织。淬火必须与回火恰当配合，才能达到预期目的，可以使钢材获得所需要的组织和使用性能。钢材经淬火后，塑性和韧性明显降低，脆性增大，强度和硬度提高。

（4）回火。淬火和回火是两道相连的处理过程。回火是将钢材重新加热至某一温度范围（一般在150～650℃范围内），保温一定时间，然后冷却到室温的一种热处理工艺。回火温度越高，钢材的硬度降低和韧性提高越显著。回火的主要目的是合理地调整钢的硬度和强度，提高钢的韧性，使工件满足使用要求；稳定组织，使工件在长期使用过程中不发生组织转变，从而稳定工件的形状与尺寸；降低或消除工件的淬火内应力，以减少工件的变形，并防止开裂。

若对钢材进行多次淬火、回火等多种热处理，则这种综合热处理工艺称为调质处理。其目的是使钢材的强度、硬度、塑性和韧性等性能均得到改善。

第三节 建筑钢材的技术标准与选用

建筑工程用钢材主要有钢结构用钢材和钢筋混凝土结构用钢材两类，前者主要产品包括钢板、型钢和钢管等，后者主要产品包括钢筋、钢丝和钢绞线等。

一、钢结构用钢

目前我国钢结构用钢材的主要品种是碳素结构钢、低合金高强度结构钢和优质碳素结构钢。承重结构的钢材宜采用 Q235 钢、Q345 钢、Q390 钢和 Q420 钢，其质量应分别符合现行国家标准《碳素结构钢》（GB/T 700—2006）和《低合金高强度结构钢》（GB/T 1591—2008）的规定。当采用其他牌号的钢材时，尚应符合相应有关标准的规定和要求。

1. 碳素结构钢

（1）牌号及其表示方法。《碳素结构钢》（GB/T 700—2006）规定，牌号由代表屈服强度的字母、屈服强度数值、质量等级符号和脱氧方法符号等 4 个部分按顺序组成。“Q”代表屈服强度；屈服点数值分为 195、215、235 和 275 四级；质量等级以硫、磷等杂质含量由多到少，分别用“A、B、C、D”表示；脱氧程度以“F”表示沸腾钢、“Z”表示镇静钢、“TZ”表示特殊镇静钢（Z 和 TZ 可省略）。

例如：Q235—AF 表示屈服点为 235MPa 的 A 级沸腾钢。

（2）主要技术性能。各牌号碳素结构钢的化学成分应符合表 6－3 的规定，拉伸和冲击试验结果应符合表 6－4 的规定，弯曲试验结果应符合表 6－5 的规定。

表 6－3　碳素结构钢的化学成分

牌号	统一数字代号	等级	厚度（或直径）/mm	脱氧方法	化学成分（质量分数）≤/%				
					C	Si	Mn	P	S
Q195	U11952	—	—	F、Z	0.12	0.30	0.50	0.035	0.040
Q215	U12152	A	—	F、Z	0.15	0.35	1.20	0.045	0.050
	U12155	B							0.045
Q235	U12352	A	—	F、Z	0.22	0.35	1.40	0.045	0.50
	U12355	B			0.20[b]				0.045
	U12358	C		Z	0.17			0.040	0.040
	U12359	D		TZ				0.035	0.035
Q275	U12752	A	—	F、Z	0.24	0.35	1.50	0.045	0.050
	U12755	B	≤40	Z	0.21			0.045	0.045
			>40		0.22				
	U12758	C	—	Z	0.20			0.040	0.040
	U12759	D		TZ				0.035	0.035

注　1. 表中为镇静钢、特殊镇静钢牌号的统一数字，沸腾钢牌号的统一数字代号如下：Q195F—U11950；Q215AF—U12150；Q215BF—U12153；Q235AF—U12350；Q235BF—U12353；Q275AF—U12750。

2. 经需方同意，Q235B 的碳含量可不大于 0.22%。

表 6-4　　　　碳素结构钢的力学性能

牌号	等级	拉伸试验													冲击试验	
		屈服强度 $R_{eL}\geqslant/(N\cdot mm^{-2})$						抗拉强度 R_m /$(N\cdot mm^{-2})$	断后伸长率 $A\geqslant/\%$						温度/℃	V型冲击吸收能量（纵向）≥/J
		厚度（或直径）/mm							厚度（或直径）/mm							
		≤16	>16～40	>40～60	>60～100	>100～150	>150～200		≤40	>40～60	>60～100	>100～150	>150～200			
Q195	—	195	185	—	—	—	—	315～430	33	—	—	—	—		—	—
Q215	A	215	205	195	185	175	165	335～450	31	30	29	27	26		—	—
	B														+20	27
Q235	A	235	225	215	205	195	185	375～500	26	25	24	22	21		—	—
	B														+20	27
	C														0	
	D														−20	
Q275	A	275	265	255	245	225	215	410～540	22	21	20	18	17		—	—
	B														+20	27
	C														0	
	D														−20	

注　1. Q195 的屈服强度值仅供参考，不作交货条件。

2. 厚度大于 100mm 的钢材，抗拉强度下限允许降低 $20N/mm^2$。宽带钢（包括剪切钢板）抗拉强度上限不作交货条件。

3. 厚度小于 25mm 的 Q235B 级钢材，如供方能保证冲击吸收能值合格，经需方同意，可不作检验。

表 6-5　　　　钢 材 冷 弯 性 能

牌　　号	试样方向	冷弯试验 180°，$B=2a$	
		钢材厚度（或直径）/mm	
		≤60	>60～100
		弯曲压头直径 D	
Q195	纵	0	—
	横	0.5a	
Q215	纵	0.5a	1.5a
	横	a	2a
Q235	纵	a	2a
	横	1.5a	2.5a
Q275	纵	1.5a	2.5a
	横	2a	3a

注　B 为试样宽度；a 为钢材厚度（直径）。钢材厚度（或直径）大于 100mm 时，弯曲试验由双方协商确定。

（3）特性及应用。从表 6-3～表 6-5 可知，随着碳素结构钢牌号由 Q195 增至 Q275，钢的含碳量逐渐增多，强度提高，塑性降低，冷弯性能下降。质量等级由 A 增至 D，钢中有害杂质 S 和 P 的含量逐渐减少。

Q195 号钢的强度较低，塑性、韧性、加工性能与焊接性能较好，主要用于轧制薄板和圆钢盘条等。

Q215 号钢用途与 Q195 号基本相同，由于其强度略高，还用于管坯和螺栓等。

Q235号钢则既有较高的强度，又有较好的塑性和焊接性能，在建筑工程中得到广泛应用，大量用于制作钢结构用型钢、钢筋和钢板等；其中Q235A级钢一般仅适用于承受静荷载作用的结构，Q235C和Q235D级可用于重要的焊接结构。但下列情况的承重结构和构件不应采用Q235沸腾钢：

1）焊接结构。

a. 直接承受动力荷载或振动荷载且需要验算疲劳的结构。

b. 工作温度低于－20℃时的直接承受动力荷载或振动荷载但可不验算疲劳的结构以及承受静力荷载的受弯及受拉的重要承重结构。

c. 工作温度等于或低于－30℃的所有承重结构。

2）非焊接结构。工作温度等于或低于－20℃的直接承受动荷载且需要验算疲劳的结构。

Q275号钢的强度虽然高，但塑性及焊接性能较差，多用于生产机械零件及工具等。

选用钢材时，要根据工程结构的荷载类型（静荷载或动荷载）、连接方式（焊接、铆接或螺栓连接）及环境温度，综合考虑钢材的强度、质量等级和脱氧方式等因素，合理确定牌号。如受动荷载、焊接连接、低温条件下工作的结构用钢，不能选用沸腾钢和A、B质量等级的钢材。

2. 优质碳素结构钢

优质碳素结构钢大部分为镇静钢，所含的硫、磷及非金属杂质比碳素结构钢少，质量稳定，综合性能较好，但成本较高。国家标准《优质碳素结构钢》（GB/T 699—1999）规定了优质碳素结构钢的牌号、代号、化学成分和力学性能等技术条件，以及钢材的试验方法和验收规则；按冶金质量分为优质钢（无代号）、高级优质钢（代号A）和特级优质钢（E）。该标准将优质钢划分为08F、10F、15F、08、10、15、20、25、30、35、40、45、50、55、60、65、70、75、80、85、15Mn、20Mn、25Mn、30Mn、35Mn、40Mn、45Mn、50Mn、60Mn、65Mn和70Mn共31个牌号。优质碳素结构钢牌号通常由5部分组成，见表6-6。高级优质钢和特级优质钢也按表6-6所示的方法表示牌号。

表6-6　　优质碳素结构钢牌号表示法

项目	第一部分	第二部分（必要时）	第三部分（必要时）	第四部分（必要时）	第五部分（必要时）	牌号示例
	平均含碳量（万分之几计）	较高含锰量的优质碳素结构钢，加锰元素符号Mn	钢材质量，高级优质钢、特级优质钢以A、E表示，优质钢不用字母表示	脱氧方式表示符号	产品用途、特性或工艺方法表示符号	—
示例1	碳含量：0.05%～0.11%	锰含量：0.25%～0.50%	优质钢	沸腾钢	—	08F
示例2	碳含量：0.47%～0.55%	锰含量：0.50%～0.80%	高级优质钢	镇静钢	—	50A
示例3	碳含量：0.48%～0.56%	锰含量：0.70%～1.00%	特级优质钢	镇静钢	—	50MnE

优质碳素结构钢的性能受含碳量的影响明显，含碳量高，则强度高，但塑性和韧性降低。在建筑工程中，30～45号钢主要用于重要结构的钢铸件和高强度螺栓等；45号钢主要用于预应力混凝土锚具和钢筋连接套筒等；65～80号钢主要用于生产预应力混凝土用

表 6-7 钢材拉伸试验性能表

牌号	质量等级	公称直径（厚度、边长）/mm 下屈服强度/MPa									公称直径（厚度、边长）/mm 抗拉强度/MPa							公称直径（厚度、边长）/mm 断后伸长率/%					
		≤16	16～40	40～63	63～80	80～100	100～150	150～200	200～250	250～400	≤40	40～63	63～80	80～100	100～150	150～250	250～400	≤40	40～63	63～100	100～150	150～250	250～400
Q345	A	≥345	≥335	≥325	≥315	≥305	≥285	≥275	≥265	—	470～630	470～630	470～630	470～630	450～600	450～600	—	≥20	≥19	≥19	≥18	≥17	—
	B																						
	C																	≥21	≥20	≥20	≥19	≥18	
	D									≥265							450～600						≥17
	E																						
Q390	A	≥390	≥370	≥350	≥330	≥330	≥310	—	—	—	490～650	490～650	490～650	490～650	470～620	—	—	≥20	≥19	≥19	≥18	—	—
	B																						
	C																						
	D																						
	E																						
Q420	A	≥420	≥400	≥380	≥360	≥360	≥340	—	—	—	520～680	520～680	520～680	520～680	500～650	—	—	≥19	≥18	≥18	≥18	—	—
	B																						
	C																						
	D																						
	E																						
Q460	C	≥460	≥440	≥420	≥400	≥400	≥380	—	—	—	550～720	550～720	550～720	550～720	530～700	—	—	≥17	≥16	≥16	≥16	—	—
	D																						
	E																						
Q500	C	≥500	≥480	≥470	≥450	≥440	—	—	—	—	610～770	600～720	590～750	540～730	—	—	—	≥17	≥17	≥17	—	—	—
	D																						
	E																						
Q550	C	≥550	≥530	≥520	≥500	≥490	—	—	—	—	670～830	620～810	600～790	590～780	—	—	—	≥16	≥16	≥16	—	—	—
	D																						
	E																						
Q620	C	≥620	≥600	≥590	≥570	—	—	—	—	—	710～880	690～880	670～860	—	—	—	—	≥15	≥15	≥15	—	—	—
	D																						
	E																						
Q690	C	≥690	≥670	≥660	≥640	—	—	—	—	—	770～940	750～920	730～900	—	—	—	—	≥14	≥14	≥14	—	—	—
	D																						
	E																						

钢丝和钢绞线。

3. 低合金高强度结构钢

低合金高强度结构钢是在碳素结构钢的基础上，添加总量不超过5%的若干合金元素冶炼而成的钢材。合金元素包括：硅（Si）、锰（Mn）、钒（V）、钛（Ti）、铌（Nb）、铬（Cr）、镍（Ni）及稀土元素等。

（1）牌号及其表示法。《低合金高强度结构钢》（GB/T 1591—2008）规定，牌号由代表屈服强度的汉语拼音字母、屈服强度数值和质量等级符号3个部分组成，例如：Q345D。当需方要求钢板具有厚度方向性能时，则在上述规定的牌号后加上代表厚度方向（Z向）性能级别的符号，例如：Q345DZ15。

低合金高强度结构钢按化学成分和力学性能分为Q345、Q390、Q420、Q460、Q500、Q550、Q620和Q690共8个牌号。质量等级分为A、B、C、D和E 5个等级，其质量依次提高。

（2）主要技术性能。各牌号低合金高强度结构钢的化学成分、力学性能及工艺性能均应符合《低合金高强度结构钢》（GB/T 1591—2008）有关规定。钢材拉伸试验的性能应符合表6-7的规定；夏比（V形）冲击试验的试验温度和冲击吸收能量见表6-8。Q345、Q390和Q420的质量等级A级不做冲击试验，这3种牌号钢材的塑性、韧性和焊接性能可满足建筑结构工程的要求，与Q235碳素结构钢材均被《钢结构设计规范》（GB 50017—2003）选为承重结构用钢。Q460、Q500、Q550、Q620和Q690的质量等级A级和B级不做冲击试验。

表6-8　　夏比（V形）冲击试验的试验温度和冲击吸收能量

<table>
<tr><th rowspan="3">牌　号</th><th rowspan="3">质量等级</th><th rowspan="3">试验温度/℃</th><th colspan="3">冲击吸收能量/$(kV \cdot J^{-1})$</th></tr>
<tr><th colspan="3">公称厚度（直径、边长）/mm</th></tr>
<tr><th>12～150</th><th>150～250</th><th>250～400</th></tr>
<tr><td rowspan="4">Q345</td><td>B</td><td>20</td><td rowspan="4">≥34</td><td rowspan="4">≥27</td><td rowspan="2">—</td></tr>
<tr><td>C</td><td>0</td></tr>
<tr><td>D</td><td>−20</td><td rowspan="2">27</td></tr>
<tr><td>E</td><td>−40</td></tr>
<tr><td rowspan="4">Q390、Q420、Q460</td><td>B</td><td>20</td><td rowspan="4">≥34</td><td rowspan="4">—</td><td rowspan="4">—</td></tr>
<tr><td>C</td><td>0</td></tr>
<tr><td>D</td><td>−20</td></tr>
<tr><td>E</td><td>−40</td></tr>
<tr><td rowspan="3">Q500、Q550、Q620、Q690</td><td>C</td><td>0</td><td>≥55</td><td rowspan="3"></td><td rowspan="3">—</td></tr>
<tr><td>D</td><td>−20</td><td>≥47</td></tr>
<tr><td>E</td><td>−40</td><td>≥31</td></tr>
</table>

（3）特性及应用。由于合金元素的细化晶粒作用和固溶强化等作用，低合金高强度结构钢比碳素结构钢具有更高的强度，又有良好的塑性、低温冲击韧性、可焊性和耐腐蚀性等特性，是建筑工程中应用广泛的钢种。例如，Q345级钢是钢结构的常用牌号，比碳素结构钢Q235强度更高，同样条件下可节省钢材15%～25%，并减轻结构自重；Q345还

具有良好的承受动荷载和耐疲劳性。

低合金高强度结构钢在大型结构、重型结构、大跨度结构、高层建筑、桥梁工程、承受动荷载和冲击荷载的结构中应用广泛。例如，奥运主体育会场鸟巢结构用钢的主要钢种包括 Q460C 和 Q460E 等；中央电视台新址主楼钢结构用钢的主要钢种包括 Q235C、Q345C、Q390D（仅用于地下预埋的 13 根柱）及 Q420D 等。

4. 其他结构钢

在某些情况下，采用一些有别于上述牌号的钢材时，其材质应符合相关的国家标准。例如，《高耐候性结构钢》（GB/T 4171）的有关规定适用于建筑、塔架和其他结构用的高耐候性低合金结构钢，包括热轧、冷轧的钢板或卷板和型钢，可制作螺栓连接、铆接和焊接的结构件；《焊接结构用耐候钢》（GB/T 4172）的有关规定适用于桥梁、建筑和其他结构构件用具有耐候性能的热轧钢材，包括钢板或卷板和型钢；当焊接承重结构为防止钢材的层状撕裂而采用 Z 向钢时，应符合《厚度方向性能钢板》（GB/T 5313）的有关规定等。

5. 常用钢材的规格

钢结构常用的钢材主要包括钢板、型钢和钢管等。钢材所用母材主要是普通碳素结构钢和低合金高强度结构钢。

（1）钢板。钢板按轧制工艺分为热轧钢板和冷轧钢板；钢板按厚度分为薄板（厚度小于 4mm）、中板（厚度 4～25mm）和厚板（厚度大于 25mm）3 种。冷轧钢板只有薄板 1 种。厚板用热轧方式生产，薄板用热轧或冷轧方式均可生产。建筑工程中使用的薄钢板多为热轧型。建筑用钢板及钢带主要是碳素结构钢。一些重型结构、大跨度桥梁、高压容器等也采用低合金钢板。厚钢板常用做大型梁、柱等实腹式构件的翼缘和腹板，以及节点板等。在钢结构中，单块钢板通常不能独立工作，一般由几块板组合成工字形、箱形等结构来承受荷载。薄钢板经冷压或冷轧成波形、双曲形、W 形等形状，称为压形钢板。彩色钢板、镀锌薄钢板、防腐薄钢板等都可采用制作压形钢板，具有质量轻、强度高、抗震性能好、施工快和外形美观的特点，主要用于围护结构、楼板和屋面等。

近几年大量使用的彩色钢板，又称彩涂板，是以冷轧钢板、镀锌钢板等为基板，经过表面预处理，用辊涂的方法，涂上一层或多层液态涂料，或经过烘烤和冷却所得的板材。由于涂层可以有各种不同的颜色，习惯上把涂层钢板叫做彩色涂层钢板，简称彩色钢板。一般将钢板辊压或冷弯加工成呈 V 形、U 形、梯形或类似形状的波纹瓦楞板，与聚氨酯复合夹芯板（保温材料）后，用于建造钢结构厂房、机场、库房和冷冻库等工业和商业建筑的屋顶和墙面。

（2）型钢。钢结构所用钢材主要包括热轧成型的型钢，以及冷加工成型的冷弯薄壁型钢等。我国建筑用热轧型钢主要采用碳素结构钢和低合金钢。在钢结构设计规范中，推荐使用低合金钢，可用于大跨度、承受动荷载的钢结构中。在碳素钢中主要采用 Q235（含碳量约为 0.14%～0.22%），其强度适中，塑性和可焊性较好，而且冶炼容易、成本低廉。

1）热轧型钢。常用热轧型钢主要有工字钢、H 形钢、T 形钢、槽钢和角钢等，如图 6-13 所示。

工字钢是截面为工字形的长条钢材，也称钢梁，如图 6-13（a）所示。工字钢广泛应用于各种建筑结构、桥梁等，主要用作承受横向弯曲（腹板平面内受弯）的杆件，但不

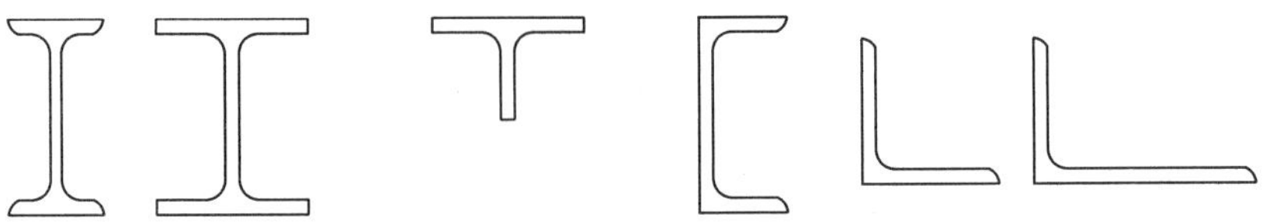

图 6-13 常用热轧型钢

(a) 工字钢；(b) H形钢；(c) T形钢；(d) 槽钢；(e) 角钢

宜单独用作轴心受压构件或双向弯曲的构件。

H形钢是由工字钢优化发展而成的一种断面力学性能更为优良的经济型断面钢材，因其断面形状与英文字母“H”相似而得名，如图 6-13（b）所示。与工字钢相比，H形钢具有翼缘宽，侧向刚度大，抗弯能力强，翼缘两表面相互平行、拼装连接构件方便、省劳力，重量轻、节省钢材等优点；常用于有承载力大、截面稳定性好要求的大型建筑（如厂房和高层建筑等）。

T形钢由H形钢对半剖分而成，因其断面形状与英文字母“T”相似而得名，如图 6-13（c）所示，是替代双角钢焊接的理想材料；具有抗弯能力强、施工简单、节约成本和结构重量轻等优点。

槽钢可用于承受轴向力的杆件、承受横向弯曲的梁及联系杆件，常与工字钢配合使用，可应用于建筑结构，如图 6-13（d）所示。

角钢也称角铁，有等边角钢和不等边角钢两种类型，主要用来制作承受轴向力的杆件和支撑杆件，也可作为受力构件之间的连接零件，如图 6-13（e）所示。

钢结构用钢的钢种和钢号，主要根据结构与构件的重要性、荷载的性质（静载或动载）、连接方法（焊接、铆接或螺栓连接）、工作条件（环境温度及介质）等因素予以选择。对于承受动荷载的结构，处于低温环境的结构，应选择韧性好、脆性临界温度低，疲劳极限较高的钢材。对于焊接结构，应选择可焊性较好的钢材。

根据国家标准《热轧H形钢和剖分T形钢》（GB/T 11263—2005），H形钢分为4类：宽翼缘H形钢（代号HW）、中翼缘H形钢（代号HM）、薄壁H形钢（代号HT）和窄翼缘H形钢（代号HN）。剖分T形钢分为3类：宽翼缘剖分T形钢（代号TW）、中翼缘剖分T形钢（代号TM）和窄翼缘剖分T形钢（代号TN）。

H形钢和剖分T形钢的规格标记采用（截面尺寸）：高度×宽度×腹板宽度×翼缘厚度（mm）表示，例如：

H 340×250×9×14；T 248×199×9×14

2）冷弯薄壁型钢。冷弯薄壁型钢通常用1.5～6mm薄钢板冷弯或模压而成，有角钢、槽钢等开口薄壁型钢及方形、矩形等空心薄壁型钢等，可用于轻型钢结构。

（3）钢管。钢管是指横截面为圆形，或其他形状，沿长度方向上是条状、空心和无封闭端的产品，按其加工方法分为无缝钢管和焊管。无缝钢管是由钢锭、管坯或钢棒穿孔制成的没有缝的钢管，用铸造方法生产的管材称为铸钢管。焊管是用热轧或冷轧钢板或钢带卷焊制成的钢管，可以纵向直缝焊接，也可螺旋焊接。钢管的规格用外形尺寸（如外径或边长）及壁厚表示，其尺寸范围很广，从直径很小的毛细管直到直径达数米的大口径管。按断面形状又可分为圆管和异形管，广泛应用的是圆形钢管，但也有一些方形、矩形、半圆形、六角形、等边三角形和八角形等异形钢管。按壁厚分为薄壁钢管和厚壁钢管。对于承受流体压力的钢管都要进行液压试验来检验其耐压能力和质量，在规定的压力下不发生泄漏、浸湿或膨胀为合格。钢管在网架、桁架、高层建筑、高耸建筑及钢管混凝土中广泛使用。钢管混凝土是指在钢管内浇筑混凝土而形成的构件，可使构件承载力大大提高。

目前在管道工程中经常应用的还有钢塑复合管和涂敷钢管。钢塑复合管以热浸镀锌钢管作基体，经粉末熔融喷涂技术在内壁（需要时外壁亦可）涂敷塑料而成，性能优异。与镀锌管相比，具有抗腐蚀、不生锈、不积垢、光滑流畅、清洁无毒，使用寿命长等优点。涂敷钢管是在大口径螺旋焊管和高频焊管基础上涂敷塑料而成，最大管口直径达1200mm，可根据不同的需要涂敷聚氯乙烯（PVC）、聚乙烯（PE）、环氧树脂等各种不同性能的塑料涂层，附着力好，抗腐蚀性强，管道表面光滑，不黏附任何物质，能降低输送时的阻力，提高流量及输送效率，减少输送压力损失。

二、钢筋混凝土结构用钢材

钢筋混凝土结构用钢材主要包括热轧带肋钢筋、热轧光圆钢筋、低碳钢热轧圆盘条、冷轧带肋钢筋等，以及预应力混凝土用钢丝和钢绞线等。钢筋混凝土结构用钢筋主要由碳素结构钢、低合金高强结构钢和优质碳素钢制成。

1. 热轧钢筋

钢筋混凝土结构用热轧钢筋，根据其表面形状分为光圆钢筋和带肋钢筋。

（1）热轧光圆钢筋。根据《钢筋混凝土用钢：热轧光圆钢筋》（GB 1499.1—2008）的规定，热轧光圆钢筋是经热轧成型，横截面通常为圆形，表面光滑的成品钢筋。热轧光圆钢筋按屈服强度特征值分为 HPB 235 级和 HPB300 级，HPB 是热轧光圆钢筋的英文（Hot rolled Plain Bars）缩写。光圆钢筋的直径允许偏差、不圆度和钢筋实际重量与理论重量的偏差应符合表 6-9 的规定，其力学性能和工艺性能应符合表 6-10 的规定。钢筋的屈服强度 R_{eL}、抗拉强度 R_m、断后伸长率 A、最大力总伸长率 A_{gt} 均采用了特征值，可以保证这些性能具有规定概率时的规定合格率，可作为交货检验的最小保证值。

表 6-9　光圆钢筋的直径允许偏差和不圆度及实际重量与理论重量的允许偏差

公称直径/mm	6（6.5）、8、10、12	14、16、18、20、22
允许偏差/mm	±0.3	±0.4
不圆度/mm	≤0.4	
实际重量与理论重量的偏差/%	±7	±5

表 6-10　热轧光圆钢筋力学性能和工艺性能要求

牌　号	R_{eL}/MPa	R_m/MPa	A/%	A_{gt}/%	冷弯试验180° d—弯芯直径 a—钢筋公称直径
	≥				
HPB235	235	370	25.0	10.0	$d=a$
HPB300	300	420			

光圆钢筋的强度不高，但塑性好，便于各种冷加工，容易焊接，因而广泛用作小型钢筋混凝土结构中的主要受力钢筋，以及各种钢筋混凝土结构中的构造筋。

（2）热轧带肋钢筋。热轧带肋钢筋的横截面通常为圆形，且通常带有两条纵肋和沿长度方向均匀分布有月牙形横肋，纵肋与横肋不相交，如图 6-14 所示。钢筋是否带纵肋对钢筋性能及钢筋的黏结锚固性能没有明显的影响，生产厂也可供应不带纵肋的钢筋。

1）长度、重量及允许偏差。钢筋按定尺交货时的长度允许偏差为±25mm（当要求最小长度时，其偏差为＋50mm；当要求最大长度时，其偏差为－50mm）。钢筋实际重量与理论重量的允许偏差应符合表 6-11 的规定。

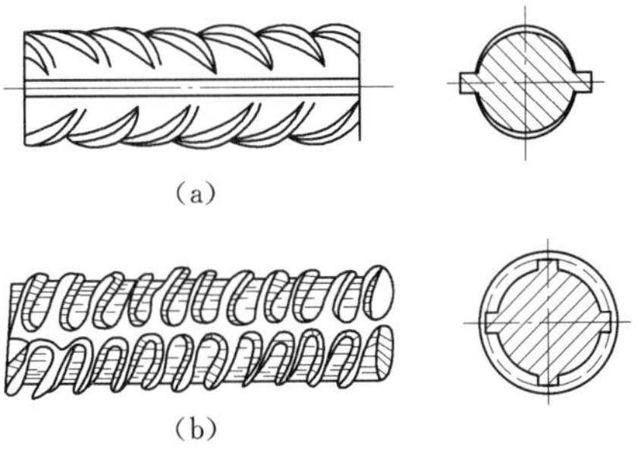

图 6-14　带肋钢筋表面及截面形状示意图
（a）月牙带肋钢筋；（b）等高肋钢筋

2）牌号和化学成分。根据《钢筋混凝土用钢：热轧带肋钢筋》（GB 1499.2—2007）的规定，热轧带肋钢筋按强度等级分为 335MPa 级、400MPa 级、500MPa 级；按生产控制状态分为普通热轧钢筋（HRB 系列钢筋）和细晶粒热轧钢筋（HRBF 系列钢筋）两个牌号系列。按 3 个强度等级，两个牌号系列划分，有 HRB335、HRB400、HRB500、HRBF335、HRBF400 和 HRBF500 共 6 个钢筋牌号。钢筋牌号及化学成分和碳当量 Ceq（熔炼分析）应符合表 6-12 的规定。根据需要，钢中还可加入 V、Nb 和 Ti 等元素。

表 6-11　　钢筋实际重量与理论重量的允许偏差

公称直径/mm	6～12	14～20	22～50
实际重量与理论重量的偏差/%	±7	±5	±4

表 6-12　　热轧带肋钢筋的牌号和化学成分

牌　　号	化学成分（质量分数）≤/%					
	C	Si	Mn	P	S	Ceq
HRB335、HRBF335						0.52
HRB400、HRBF400	0.25	0.80	1.60	0.045	0.045	0.54
HRB500、HRBF500						0.55

3）力学性能。热轧带肋钢筋的力学性能特征值应符合表 6-13 的规定。表 6-13 所列各力学性能特征值，可作为交货检验的最小保证值。

表 6-13　　热轧带肋钢筋力学性能特征值的要求

牌　　号	R_{eL}/MPa	R_m/MPa	A/%	A_{gt}/%
	≤			
HRB335、HRBF335	335	455	17	
HRB400、HRBF400	400	540	16	7.5
HRB500、HRBF500	500	630	15	

4）弯曲性能。按表 6-14 规定的弯曲压头直径弯曲 180°后，钢筋受弯弯曲部位表面

不得产生裂纹。根据需方要求，钢筋可做反向弯曲性能试验，反向弯曲的弯曲压头直径比弯曲试验相应增加一个钢筋公称直径，先正向弯曲 90°后再反向弯曲 20°。两个弯曲角度均应在去载之前测量。经反向弯曲试验后，钢筋受弯曲部位表面不得产生裂纹。

表 6-14　　热轧带肋钢筋的弯曲性能

牌　号	公称直径 d/mm	弯曲压头直径 d/mm
HRB335 HRBF335	6～25	3
	28～40	4
	>40～50	5
HRB400 HRBF400	6～25	4
	28～40	5
	>40～50	6
HRB500 HRBF500	6～25	6
	28～40	7
	>40～50	8

HRB335 和 HRB400 钢筋的强度较高，塑性和焊接性能较好，广泛用作大、中型钢筋混凝土结构的受力筋。与 HRB335 钢筋相比，HRB400 钢筋具有强度高、性能稳定，适用于抗震结构，可节约钢材 12%～14%，可增加建筑结构安全储备，有显著的社会效益和经济效益等优点。目前国内外已经广泛应用 HRB400 替代 HRB335 做受力筋。HRB500 钢筋强度高，但塑性和焊接性能较差，可用作预应力钢筋。

钢筋的公称直径范围为 6～50mm，有 6mm、8mm、10mm、12mm、16mm、20mm、25mm、32mm、40mm 和 50mm。带肋钢筋的公称直径相当于横截面相等的光圆钢筋的公称直径。

2. 冷轧带肋钢筋

冷轧带肋钢筋是用热轧圆盘条经冷轧后，在其表面带有沿长度方向均匀分布的三面或二面横肋的钢筋。其牌号由 CRB 和钢筋的抗拉强度最小值构成，分为 CRB550、CRB650、CRB800 和 CRB970 四个牌号。C、R、B 分别为冷轧（cold rolled)、带肋（Ribbed)、钢筋(Bar）三个词的英文首位字母。CRB550 为普通钢筋混凝土用钢筋，其他牌号为预应力混凝土用钢筋。CRB650 及以上牌号钢筋的公称直径为 4mm、5mm 和 6mm。钢筋的力学性能和工艺性能应符合表 6-15 的规定。当进行弯曲试验时，受弯曲部分表面不得产生裂纹。

表 6-15　　冷轧带肋钢筋的力学性能和工艺性能

牌　号	$R_{p0.2}$/MPa ≥	R_m/MPa ≥	伸长率/% ≥		弯曲试验 180°	反复弯曲次数	应力松弛 初始应力应相当于公称抗拉强度的 70%
			$A_{11.3}$	A_{100}			1000h 松弛率/%≤
CRB550	500	550	8.0	—	$D=3d$	—	8
CRB650	585	650	—	4.0	—	3	8
CRB800	720	800	—	4.0	—	3	8
CRB970	875	970	—	4.0	—	3	8

注　表中 D 为弯曲压头直径，d 为钢筋公称直径。

冷轧带肋钢筋由于带有月牙形横肋，与混凝土的黏结强度较光面钢丝增大 2 倍以上，在预应力混凝土构件中，是冷拔低碳钢丝的更新换代产品；在现浇混凝土结构中，则可代替 HPB235 钢筋，以节约钢筋。

3. 预应力混凝土用螺纹钢筋

螺纹钢筋是一种热轧成带有不连续的外螺纹的直条钢筋，该钢筋在任意截面处，均可用带有匹配形状的内螺纹的连接器或锚具进行连接或锚固，如图 6－15 所示。其以屈服强度划分级别，代号为“PSB”加上规定屈服强度最小值表示。P、S、B 分别为 Prestressing、Screw、Bars 的英文首位字母。例如：PSB830 表示屈服强度最小值为 830MPa 的钢筋。钢筋的公称直径范围为 18～50mm，推荐的钢筋公称直径为 25mm、32mm。可根据用户要求提供其他规格的钢筋。混凝土用螺纹钢筋主要用于大型水利工程、工业和民用建筑中的连续梁和大型框架结构，桥梁、隧道等大型工程。由于其在整根钢筋的任意截面都能旋上带有内螺纹的连接器进行联结，或旋上螺纹帽进行锚固，具有联接、锚固简便、张拉锚固安全可靠、黏着力强等特点，又因省掉焊接工艺避免了由于焊接而造成的内应力及组织不稳定等引起的断裂，成为大型结构中的常用材料。

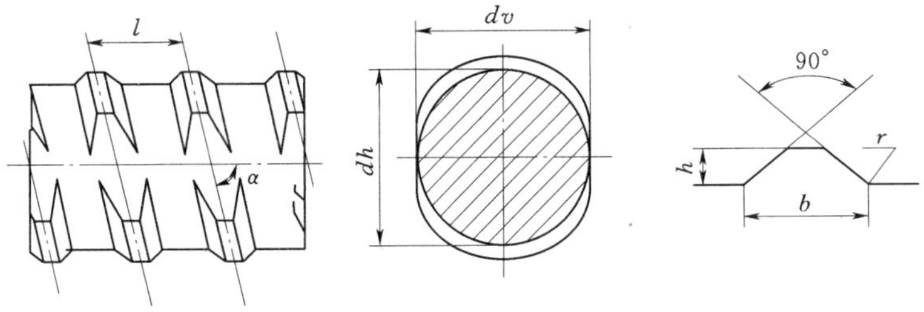

图 6－15　螺纹钢筋表面及截面形状示意图

dh—基圆直径；dv—基圆直径；h—螺纹高；b—螺纹底宽；

l—螺距；r—螺纹根弧；α—导角

4. 预应力混凝土用钢丝

《预应力混凝土用钢丝》(GB/T 5223—2002) 规定了预应力混凝土用钢丝的类别、品质和性能。预应力混凝土用钢丝根据生产工艺不同，可分为冷拉钢丝（代号为 WCD）和消除应力钢丝两类；消除应力钢丝包括低松弛钢丝（代号为 WLR）和普通松弛钢丝（代号为 WNR）两种。冷拉钢丝是用拔丝模或轧辊经冷加工而成的产品，以盘卷供货的钢丝。消除应力钢丝是按下述一次性连续处理方法之一生产的钢丝。

(1) 钢丝在塑性变形下（轴应变）进行的短时热处理，得到的是低松弛钢丝。

(2) 钢丝通过矫直工序后在适当温度下进行的短时热处理，得到的是普通松弛钢丝。

低松弛钢丝作为推荐类型，设计和使用者优先采用低松弛钢丝代替普通松弛钢丝。低松弛钢丝应力损失低，可节约钢材 5%～10%。

预应力混凝土用钢丝按表面状态不同可分为光圆钢丝（代号为 P）、螺旋肋（代号为 H）和刻痕钢丝（代号为 I）。螺旋肋钢丝的表面沿长度方向上具有规则间隔的肋条，如图 6－16 所示；刻痕钢丝的表面沿长度方向上具有规则间隔的压痕，如图 6－17 所示。

经冷拔后直接用于预应力混凝土的钢丝，存在残余应力，伸长率小，主要用于生产混

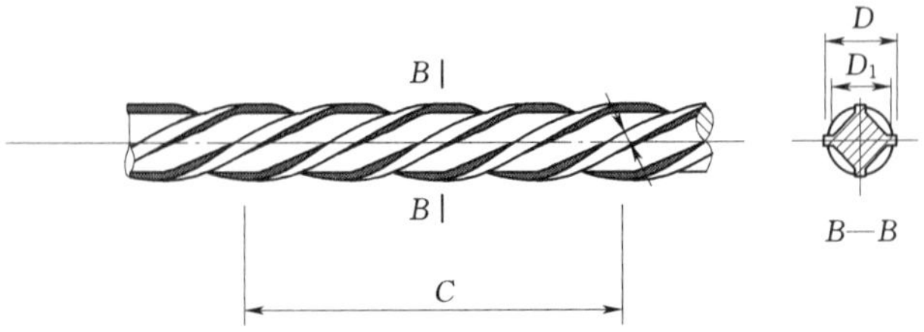

图 6-16　螺旋肋钢丝外形示意图

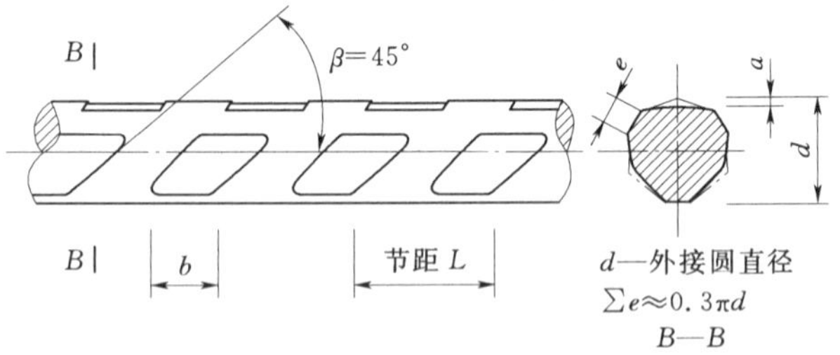

图 6-17　三面刻痕钢丝外形示意图

凝土压力水管。低松弛螺旋肋钢丝要经过稳定化处理来获得低松弛性能。刻痕钢丝是用冷轧或冷拔方法使钢丝表面产生周期变化的凹痕或凸纹的钢丝。钢丝表面凹痕或凸纹可增加与混凝土的握裹力，可用于先张法预应力混凝土构件。

5. 预应力混凝土用钢绞线

《预应力混凝土用钢绞线》(GBT 5224—2003) 规定了适用于由冷拉光圆钢丝及刻痕钢丝捻制的用于预应力混凝土结构的钢绞线的类别、品质和性能。钢绞线按结构分为5类，即：用2根钢丝捻制的钢绞线（代号为1×2)、用3根钢丝捻制的钢绞线（代号为1×3)、用3根刻痕钢丝捻制的钢绞线（代号为1×3)、用7根钢丝捻制的标准型钢绞线（代号为1×7)、用7根钢丝捻制又经模拔的钢绞线［代号为（1×7）C］。其中标准型钢绞线是指由冷拉光圆钢丝捻制成的钢绞线。钢绞线产品标记应包含的内容为：预应力钢绞线、结构代号、公称直径、强度级别和标准号。标记示例如下：公称直径为15.20mm、强度级别为1860MPa的7根钢丝捻制的标准型钢绞线表示为—预应力钢绞线1×7—15.20—1860。

预应力混凝土用钢绞线的最大负荷随所捻制的钢丝根数不同而不同。对于7根捻制结构的、公称直径为18mm的钢绞线，整根钢绞线的最大力（F_m）要求大于等于384kN，规定非比例延伸力（$F_{p0.2}$）要求大于等于346kN，最大力总伸长率（A_{gt}）要求大于等于3.5%。

预应力混凝土用钢绞线具有强度高、柔韧性好、质量稳定、施工方便和成盘供应无接头等优点，使用时可按要求的长度切割；主要适用于大型屋架、薄腹梁以及大跨度桥梁等负荷较大的预应力结构。

第四节　钢材的防火与防腐蚀

一、钢材的防火

钢材作为重要的建筑材料，在高层建筑钢结构、大跨度空间钢结构、轻钢结构等现代建筑工程中有广泛应用及发展前景。钢材虽为非燃烧材料，但钢的耐火性能差。有关研究显示，当温度在200℃以内时，钢材的主要性能（屈服强度和弹性模量）基本保持不变；当温度在250℃左右时产生蓝脆现象（钢材表面氧化膜呈蓝色）；当温度升至300～400℃时，其强度和弹性模量开始迅速下降，塑性显著上升；温度升至500℃左右，其强度下降约为常温时的40％～50％；温度达到600℃时，钢材进入塑性状态不能承载。因此，若用没有防火保护的建筑用钢作为建筑物承载的主体，一旦发生火灾，则可导致建筑物坍塌，造成严重的生命和财产损失。

当发生火灾时，热空气向构件传热主要是辐射、对流；由于钢材的导热系数较大，钢构件内部传热方式主要是热传导。随着温度的不断升高，钢材的热物理特性和力学性能发生变化，钢结构的承载能力会逐渐下降。火灾条件下钢结构的最终失效主要是由于构件屈服或屈曲造成的，其破坏机理的主要内容包括钢材的弹性模量降低，构件刚度下降；随着温度的升高材料强度降低，导致结构承载能力下降；钢构件内部不均匀升温，使构件内部产生不均匀的热膨胀，从而使构件内部产生附加应力，同时构件的不均匀膨胀将在整个结构中产生很大的附加应力；在这些方面的共同作用下，构件变形增大、屈曲、破坏，甚至局部或整体倒塌。

钢结构的防火保护措施可以分为主动防火和被动防火。主动防火是指采用直接的措施来限制火灾发生和发展的技术，如建筑物的烟气控制技术、防火安全设计技术、火灾探测报警技术、喷水灭火或其他灭火技术等。被动防火主要指采用间接的措施延缓钢构件到达临界温度的时间，如提高建筑构件耐火性能、钢结构防火涂料保护法、防火板材保护法、混凝土或耐火砖包封法、内部通水冷却法以及设置卷材保护法等，通过阻断热流或减小热流传播速度来为钢结构提供了足够的耐火时间。下面主要阐述防火涂料保护法、防火板材保护法、混凝土或耐火砖包封法。

1. 防火涂料保护法

钢结构防火涂料按所用溶剂情况可分为溶剂型和水基型。

钢结构防火涂料按使用场所可分为室内钢结构防火涂料和室外钢结构防火涂料；

钢结构防火涂料按使用厚度可分为：

（1）超薄型钢结构防火涂料。涂层厚度不大于3mm，为膨胀型防火涂料，一般为溶剂型体系，具有优越的黏结强度、耐水性好、流动性好和装饰性好等特点；在受火时缓慢膨胀发泡形成致密坚硬的防火隔热层。所形成的涂层具有很强的耐火冲击性，延缓了钢材的温升，有效保护了钢构件。涂料施工可采用喷涂、刷涂或辊涂，一般使用在耐火极限要求在2h以内的建筑钢结构上。但随着产品的发展，目前国内外也出现了耐火性能达到或超过2h的超薄型钢结构防火涂料新品种。

（2）薄型钢结构防火涂料。涂层厚度大于3mm且不大于7mm；这类钢结构防火涂料一般是用合适的水性聚合物作基料，再配以阻燃剂复合体系、防火添加剂和耐火纤维等组成，其防火原理同超薄型。对这类防火涂料，要求选用的水性聚合物必须对钢基材有良好的附着力、耐久性和耐水性。其装饰性优于厚型防火涂料，逊色于超薄型钢结构防火涂料，一般耐火极限在2h以内，常采用喷涂施工。随着超薄型钢结构防火涂料的出现，有逐渐被替代的趋势。

（3）厚型钢结构防火涂料。涂层厚度大于7mm且不大于45mm。其耐火极限可达1.0～3.0h，甚至更长时间。这类防火涂料是用合适的无机胶结料（如水玻璃和硅溶胶等），再配以无机轻质绝热骨料材料（如膨胀珍珠岩和膨胀蛭石等）、防火添加剂、化学药剂和增强材料（如硅酸铝纤维和岩棉等）及填料等混合配制而成，具有成本较低的优点。由于厚型防火涂料的成分多为无机材料，因此其防火性能稳定，长期使用效果较好，但其涂料组分的颗粒较大，涂层外观不平整，影响建筑的整体美观，因此大多用于结构隐蔽工程。厚型防火涂料在火灾中利用材料粒状表面，密度较小，热导率低或涂层中材料的吸热性，延缓钢材的温升，保护钢材。施工常采用喷涂，适用于耐火极限要求在2h以上的室外内隐蔽钢结构、高层全钢结构及多层厂房钢结构。为使防火涂料牢固地包裹钢构件，可在涂层内埋设钢丝网，并使钢丝网与钢构件表面的净距离保持在6mm左右。

2. 不燃性板材包裹法

常用的不燃性板材有防火板、石膏板、硅酸钙板、蛭石板、珍珠岩板和矿棉板等，可通过黏结剂或钢钉、钢箍等固定在钢构件上，将其包裹起来，形成防火隔热的外包层。

3. 混凝土或耐火砖包封法

混凝土与耐火砖均具有一定的耐火性能，可使用混凝土包裹钢构件或用耐火砖包封钢构件，起到减小钢构件升温速率的作用。

二、钢材的防腐蚀

1. 钢材的腐蚀机理

钢材的腐蚀（也称为锈蚀），指其表面与周围介质发生化学反应或电化学作用而遭到侵蚀而破坏的过程。

钢材发生严重锈蚀，不仅截面积减小，而且局部锈坑的产生，可造成应力集中，促使结构破坏。尤其在有冲击载荷、循环交变荷载的情况下，将产生锈蚀疲劳现象，使疲劳强度大为降低，出现脆性断裂。

钢材与环境介质间可发生化学腐蚀和电化学腐蚀，但以电化学腐蚀为主。

（1）化学腐蚀。化学锈蚀是指钢材与周围介质（如氧气等非电解质中的氧化剂）发生化学反应，生成疏松的氧化物而引起的腐蚀损伤。腐蚀产物生成于发生腐蚀反应的钢材表面，当其较牢固地覆盖在钢材表面时，会减缓进一步的腐蚀。在干燥环境中化学腐蚀速度缓慢，但在温度和湿度较大的情况下，这种腐蚀进展加快。腐蚀反应过程中不伴随电流产生。

（2）电化学腐蚀。电化学腐蚀是指钢材与电解质溶液接触发生电化学反应而引起腐蚀损坏过程。钢材由不同的晶体组织构成，并含有杂质，由于这些成分的电极点位不同，可以产生电位差，当电解质溶液存在时就会在钢材表面形成许多微小的局部原电池。例如：碳钢在酸中腐蚀时，在阳极区铁会被氧化成Fe^{2+}，所放出的电子由阳极（Fe）流至钢中的阴极（Fe_3C）上，可被酸中H^+离子吸收而还原成氢气，即：

阳极：$Fe \longrightarrow Fe^{2+} + 2e$

阴极：$2H^+ + 2e \longrightarrow H_2\uparrow$

总反应式：$Fe + 2H^+ \longrightarrow Fe^{2+} + H_2\uparrow$

若在中性及略偏碱性溶液中反应，则有：

阳极：$Fe \longrightarrow Fe^{2+} + 2e$

阴极：$2H_2O + O_2 + 4e \longrightarrow 4OH^-$

总反应：$2Fe + 2H_2O + O_2 \longrightarrow 2Fe^{2+} + 4OH^- \longrightarrow 2Fe(OH)_2$

根据环境介质分为析氢腐蚀（钢铁表面吸附水膜酸性较强时）和吸氧腐蚀（钢铁表面吸附水膜酸性较弱时）。

1）析氢腐蚀。

负极（Fe）：$Fe = Fe^{2+} + 2e^-$

$Fe^{2+} + 2H_2O = Fe(OH)_2 + 2H^+$

（杂质）：$2H^+ + 2e^- = H_2$

电池反应：$Fe + 2H_2O = Fe(OH)_2 + H_2 \uparrow$

由于有氢气放出，所以称之为析氢腐蚀。

2）吸氧腐蚀。

负极（Fe）：$Fe = Fe^{2+} + 2e^-$

正极：$O_2 + 2H_2O + 4e^- = 4OH^-$

总反应：$2Fe + O_2 + 2H_2O = 2Fe(OH)_2$

由于吸收氧气，所以也叫吸氧腐蚀。

析氢腐蚀与吸氧腐蚀生成的 $Fe(OH)_2$ 被氧所氧化，生成 $Fe(OH)_3$ 脱水生成 Fe_2O_3 铁锈。

电化学腐蚀与化学腐蚀不同之处在于腐蚀过程中有电流产生。水是弱电解质溶液，而溶有 CO_2 的水则会成为有效的电解质溶液，从而加速电化学腐蚀的过程。钢材在大气中的腐蚀，实际上是化学腐蚀和电化学腐蚀共同作用所致，但以电化学腐蚀为主。钢材受腐蚀后，受力面积减小，承载能力下降。钢筋腐蚀后固相体积增大，会引起钢筋混凝土顺筋开裂。

2. 钢筋混凝土中钢筋的腐蚀与防护方法

普通混凝土由于其组成材料之一的水泥在水化过程中产生 $Ca(OH)_2$，而且还含有少量 Na_2O、K_2O，会形成高碱性环境（pH 值约为 12 或更高），使钢筋的表面形成一层钝化膜，对腐蚀环境有一定的抵抗作用，可防止钢筋氧化锈蚀。有关研究表明，当 $pH < 9.88$ 时，钢筋表面的氧化物是不稳定的，即对钢筋没有保护作用；当 $pH = 9.88 \sim 11.5$ 时，钢筋表面的氧化膜不完整，即不能完全保护钢筋免受腐蚀；只有当 $pH > 11.5$ 时，钢筋才能完全处于钝化状态。

普通混凝土制作的钢筋混凝土有时也发生钢筋锈蚀现象，主要原因是：混凝土不够密实，环境中的水和空气能进入混凝土内部；混凝土保护层厚度小或发生了严重的碳化（使钢筋位置的 pH 值降低）或足够浓度的游离 Cl^- 扩散到钢筋表面使钝化膜“溶解”等。

加气混凝土在制作过程中 SiO_2 与 CaO 等在高温作用下形成水化硅酸钙后使 pH 值降低；由于孔隙多，CO_2 和水分易渗入，材料碱度进一步降低，故加气混凝土中钢筋的电化学腐蚀作用比普通混凝土严重得多。所以，加气混凝土中的钢筋在使用前必须进行防腐处理，如可以在钢筋表面涂环氧树脂或镀锌，以及采用加气混凝土钢筋防锈涂料等。

掺粉煤灰、磨细矿粉等掺合料的混凝土，当采用较大掺量时，会降低混凝土碱度，进而降低抗碳化性能，使碳化速度加快，钢筋易发生锈蚀。

保护混凝土中钢筋的技术措施可分为基本措施与附加措施。基本措施是改善混凝土自身的物理性能，如密实性、抗裂性、抗渗性、抗侵蚀性、保证钢筋保护层的厚度、限制含氯盐外加剂的掺量、在二氧化碳浓度高的工业区采用硅酸盐水泥或普通水泥等；附加措施如添加阻锈剂、阴极保护、特制钢筋和混凝土外涂层等。

3. 钢结构用钢的防腐方法

（1）采用耐候钢。耐候钢即耐大气腐蚀钢。耐候钢是在钢中加入少量的合金元素，如Cu、Cr、Ni、P等，使其在钢基体表面上形成保护层，以提高钢材的耐候性能，同时保持钢材具有良好的焊接性能。

（2）镀层保护。用耐腐蚀性好的金属，以电镀或喷镀的方法覆盖在钢材的表面，提高钢材的耐腐蚀能力。主要方法包括镀锌、镀锡、镀铜和镀铬等。热浸镀锌是镀层保护中比较常用的技术，是将经过处理的钢件浸入熔融的锌浴中，在其表面形成锌和（或）锌一铁合金镀层的工艺过程和方法。热浸镀锌层在一般大气环境下可提供满足工程需要的防腐保护，质量稳定，因而被应用于受大气腐蚀较严重且不易维修的室外钢结构中，例如输电塔和通信塔等。

（3）热喷铝（锌）复合涂层防腐。热喷铝（锌）复合涂层是一种与热浸锌防腐蚀效果相似的长效防腐蚀方法。具体做法是先对钢构件表面作喷砂除锈，使其表面露出金属光泽并打毛。再用乙炔氧焰将不断送出的铝（锌）丝融化，并用压缩空气吹附到钢构件表面，以形成蜂窝状的铝（锌）喷涂层。最后用环氧树脂或丁橡胶漆等涂料填充毛细孔，以形成复合涂层。这种工艺的优点是对构件尺寸适应性强，构件形状尺寸几乎不受限制，如葛洲坝的船闸就是用这种工艺处理的。

（4）非金属覆盖。在钢材表面用非金属作为保护膜，与环境介质隔离，以避免或减缓腐蚀，如涂料保护和搪瓷等。

涂料保护是钢结构防止腐蚀的常用方法。防腐蚀涂层系统宜由底漆、中间漆和面漆组成。底漆应具备良好的附着力和防锈性能；中间漆应具有屏蔽性能且与底、面漆结合良好；面漆应具有耐候性或耐水性。底漆、中间漆和面漆应匹配；构成涂层系统的所有涂料宜由同一涂料制造厂生产；不同厂家的涂料配套使用时，应进行配套试验并证明其性能满足要求。钢结构涂装前应进行表面处理，质量检查合格后方能进行涂装。

（5）电化学防腐。电化学防腐包括阳极保护和阴极保护，适用于不容易或不能涂敷保护膜层的钢结构，如蒸汽锅炉、地下管道和港口工程结构等。阳极保护也称外加电流保护法。外加直流电源，将负极接在被保护的钢材上，正极接在废钢铁或难熔的金属上，如高硅铁、银合金等。通电后阳极金属被腐蚀，阴极钢材得到保护。阴极保护是在被保护的钢材上接一块较钢铁更为活泼的金属，例如锌、镁等，使活泼金属成为阳极被腐蚀，钢材成为阴极得到保护。

第七章　沥青及沥青混合料

【本章提要】 本章分为沥青材料和沥青混合料两部分，重点讲述了沥青和沥青混合料的定义、分类、组成结构、主要技术性质和技术标准；此外还介绍了改性沥青材料的性质和用途、石油沥青和煤沥青的主要区别与鉴别方法、沥青混合料的配合比设计等。

通过学习本章内容，应掌握石油沥青的组分与结构、主要技术性质和技术标准；掌握沥青混合料的分类、组成结构类型和主要技术性质。了解石油沥青的改性和掺配、主要沥青制品及其用途、石油沥青和煤沥青在性质和使用上的不同；了解沥青混合料配合比设计。

第一节　沥青材料

沥青材料属于有机胶凝材料，是由高分子碳氢化合物及非金属衍生物组成的复杂混合物。常温下沥青呈黑褐色或黑色的固体、半固体或黏稠性液体。

沥青按产源可分为地沥青和焦油沥青，其中地沥青包括天然沥青和石油沥青，焦油沥青包括煤沥青、木沥青、泥炭沥青和页岩沥青等。目前，工程中主要使用石油沥青，另外还少量使用煤沥青。

地沥青（俗称松香柏油）是天然存在的或由石油精加工得到的沥青材料。天然沥青是指石油在天然条件下，经长期自然环境因素作用所形成的产物，是由存在于自然界的沥青湖或含有沥青的砂岩、砂等提炼而成的，我国新疆克拉玛依等地产有天然沥青；石油沥青是指石油原油经蒸馏等提炼出汽油、煤油、柴油及润滑油后的残留物，或再经加工而得到的产品。

焦油沥青（俗称煤焦沥青、柏油和臭柏油）是指利用各种有机物（煤、木材和泥炭等）干馏加工得到的焦油，经再加工而得到的产品。煤沥青是由煤干馏所得的煤焦油，经再加工后得到的沥青；木沥青是由木材经干馏后生成木焦油，再进行加工后得到的沥青；页岩沥青是由页岩残渣经加工处理而得。

沥青的分类可表示如下：

- 沥青
  - 地沥青
    - 天然沥青
    - 石油沥青
  - 焦油沥青
    - 煤沥青
    - 木沥青
    - 泥炭沥青
    - 页岩沥青

沥青作为有机胶凝材料主要用于道路工程，作为防水、防潮和防腐材料用于建筑工程。沥青属于有机胶凝材料，具有良好的黏性和塑性，它与矿质混合料有较强的黏结力，是道路工程中铺筑沥青路面、机场道面等的重要筑路材料；沥青属于憎水性材料，且具有较强的耐酸、耐碱和耐腐蚀特性，因此广泛用于建筑工程中屋面、地面、地下结构的防水、防潮和防腐工程。

一、石油沥青

石油沥青的性质与石油的成分及加工方法有关。

（一）石油沥青的组分与结构

1. 石油沥青的组分

石油沥青是由多种碳氢化合物及其非金属（主要为氧、氮、硫等）衍生物组成的复杂混合物，化学组成十分复杂且差异较大，因此一般不作沥青的化学分析，而从工程使用角度，将沥青分离为化学成分及物理性质相近，而且与沥青性质又有一定联系的几个组，这些组称为组分（或组丛）。在沥青中各组分含量的多寡与沥青的技术性质有着直接的联系。我国现行《公路工程沥青与沥青混合料试验规程》（JTJ 052—2000）中规定石油沥青的化学组分有三组分和四组分两种分析法。

（1）三组分分析法。石油沥青的三组分分析法是将石油沥青分离为油分、胶质（也称树脂）和沥青质（也称地沥青质）三个主要组分。它们主要特征见表7-1。

表7-1　石油沥青三组分分析法的各组分主要特征

组分	外观特征	密度/(g·cm^{-3})	分子量	含量/%	作用
油分	淡黄色至红褐色的油状液体	0.7～1.0	300～500	45～60	使沥青具有流动性
树脂	黄色至黑褐色黏稠半固体	1.0～1.1	600～1000	15～30	使沥青具有黏性和塑性
沥青质	深褐色至黑色无定形固体粉末	1.1～1.5	1000～6000	5～30	决定沥青的温度稳定性、黏性及硬度

不同组分对石油沥青性能的影响不同。油分为淡黄色至红褐色的油状液体，是沥青中分子量最小和密度最小的组分，加热可挥发，占沥青总量的45%～60%。油分赋予石油沥青以流动性，可以降低其黏度和软化点。油分含量越多，沥青的软化点越低，针入度越大，稠度越低。

树脂为黄色至黑褐色黏稠半固体，分子量和密度比油分大，占沥青总量的15%～30%。树脂赋予石油沥青以良好的黏性、塑性和流动性，对沥青的延性、黏结力有很大影响。树脂分为中性树脂和酸性树脂。中性树脂使沥青具有一定黏性、塑性和可流动性，其含量越多，沥青的黏结性和延伸性越大，而沥青树脂中绝大部分属于中性树脂。

沥青质为深褐色至黑色无定形固体粉末，分子量比树脂大，占沥青总量的5%～30%。沥青质是决定石油沥青温度稳定性、黏性及硬度的重要组分。随着沥青质含量的提高，石油沥青的黏结力、黏度增加，温度稳定性、硬度提高，越硬脆。

此外，石油沥青中还含有2%～3%的沥青碳和似碳物，是石油沥青中分子量最大的成分，会降低石油沥青的黏结力。

石油沥青还含有一定的蜡，是石油沥青中的有害成分，它的熔点低，黏结力差，会降低石油沥青的黏性与塑性，增加沥青对温度的敏感性（即温度稳定性差）。

石油沥青中的组分比例，并不是固定不变的，在热、阳光、空气和水等外界因素长期作用下，组分在不断改变，油分、树脂逐渐减少，而沥青质逐渐增多，使石油沥青流动性、塑性逐渐变小，脆性增加直至脆裂。这个现象称为沥青材料的老化。沥青的老化、硬化对沥青的使用性能有很大影响，关系到沥青路面的使用寿命。

（2）四组分分析法。我国现行四组分分析法是将石油沥青分离为沥青质、胶质、饱和分以及芳香分 4 个主要组分。饱和分是一种非极性稠状油类，对温度较为敏感，作用是软化胶质和沥青质，保持体系的稳定性；芳香分由沥青中最低分子量的环烷芳香化合物组成，溶解力很强，是胶溶沥青的分散剂。饱和分和芳香分作为油分，在沥青中起到润滑和柔软作用。

2. 石油沥青的结构

油分、树脂和沥青质是石油沥青中的 3 大主要组分。油分与沥青质是靠树脂将两者联系起来的，油分和树脂可以互相溶解，树脂能浸润沥青质。因此，石油沥青的结构是以沥青质为核心，周围吸附部分树脂和油分，构成胶团，无数胶团分散在油分中而形成胶体结构。石油沥青中各组分相对含量的不同，可以形成不同的胶体结构。

（1）溶胶型结构。当沥青质含量相对较少，油分和树脂含量较高时，胶团外膜较厚，胶团之间完全没有引力或引力很小，胶团间相互移动较自由，这种胶体结构的石油沥青，称为溶胶型石油沥青。它的特点是黏性小而流动性和塑性较好，开裂后自愈能力较强，对温度的敏感性强（高温稳定性较差）。液体沥青多属此结构。

（2）凝胶型结构。当沥青质含量相对较多，油分和树脂含量较少时，胶团外膜较薄，胶团靠近聚集，相互吸引力增大，胶团间相互移动较困难，这种胶体结构的石油沥青，称为凝胶型石油沥青。它的特点是具有较好的弹性，黏性较高，流动性和塑性较低，开裂后自愈能力较差，对温度的敏感性低（温度稳定性好）。建筑工程中常使用的氧化沥青多属此结构。

（3）溶—凝胶型结构。当沥青质含量适当并有较多的树脂作为保护层时，胶团间有一定的吸引力，形成一种介于溶胶型和凝胶型二者之间的结构，称为溶凝胶型结构。性质也介于二者之间，此结构在高温时具有较好的稳定性（抗高温能力较强），低温时具有良好的变形能力。道路石油沥青多属此结构。

溶胶型、溶—凝胶型及凝胶型石油沥青胶体结构如图 7－1 所示。

（二）石油沥青的技术性质

1. 黏滞性（黏性）

石油沥青的黏滞性是指沥青材料抵抗外力作用下发生黏性变形的能力，是反映沥青材料内部阻碍其相对流动的一种特性，也反映了沥青软硬、稀稠的程度。

石油沥青黏滞性的大小与石油沥青的组分含量及温度有关。一般来讲，沥青质含量较高，又有适量树脂和较少的油分时，则黏性较大。在一定温度范围内，温度升高，其黏性降低。

沥青黏滞性大小的表示有绝对黏度和相对黏度两种，而工程上常用相对黏度（条件黏度）来表示。测定相对黏度的主要方法是用标准黏度计和针入度仪。

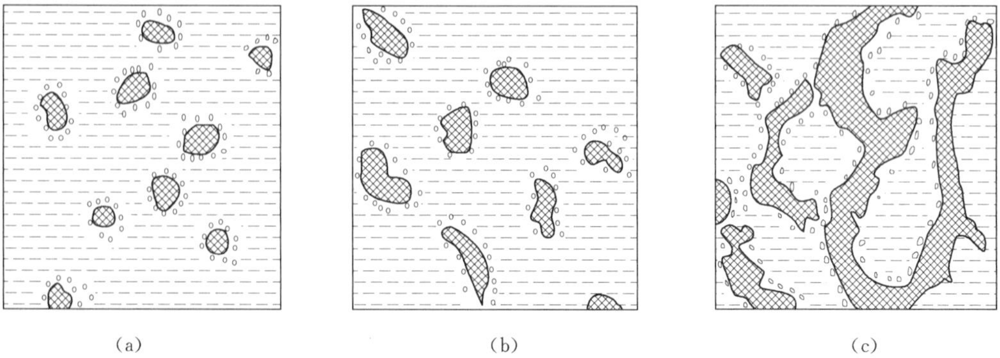

图 7-1 石油沥青胶体结构示意图

(a) 溶胶型；(b) 溶—凝胶型；(c) 凝胶型

黏稠石油沥青的相对黏度是用针入度仪测定的针入度表示。它反映了石油沥青抵抗剪切变形的能力。针入度是指在规定温度（25℃）下，以规定重量（100g）的标准针，在规定时间（5s）内垂直穿入沥青试样中的深度，单位为度（即 1/10mm），符号为 $P_{(25℃,100g,5s)}$。例如某沥青在上述条件下测得针入度为 60(0.1mm)，可表示为：$P_{(25℃,100g,5s)}=60(0.1mm)$。针入度值越小，表明黏度越大。针入度测定如图 7-2 所示。

液体石油沥青的相对黏度是用标准黏度计测定的标准黏度表示。它表征了液体沥青在流动时的内部阻力。标准黏度是在规定温度 t(20℃、25℃、30℃或 60℃)、规定直径 d（3mm、5mm 或 10mm）的孔口流出 50mL 沥青所需的时间秒数（s），以 $C_{T,d}$ 表示（T 为试验温度,℃；d 为孔径，mm）。如某沥青在 60℃时，自 5mm 孔径流出 50mL 沥青所需时间为 100s，表示为 $C_{60,5}100$。在相同温度和相同流孔条件下，流出时间愈长，表示沥青黏度愈大。标准黏度测定如图 7-3 所示。

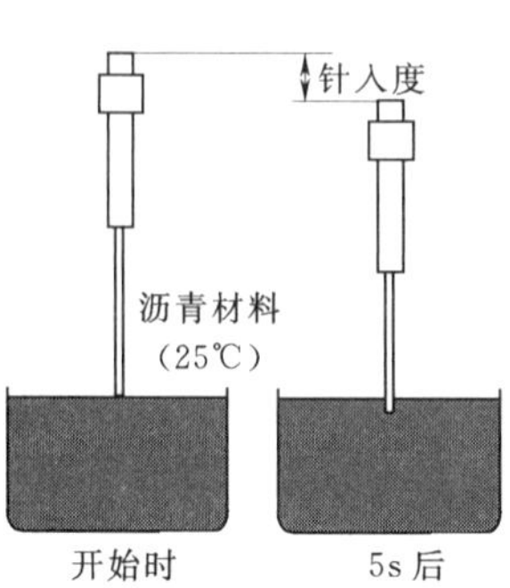

图 7-2 针入度测定示意图

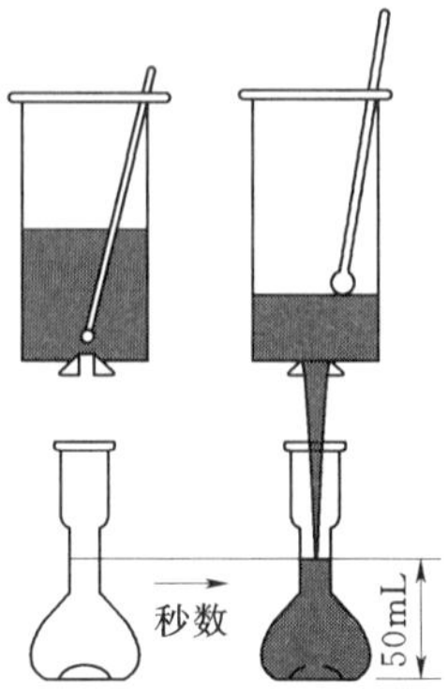

图 7-3 标准黏度测定示意图

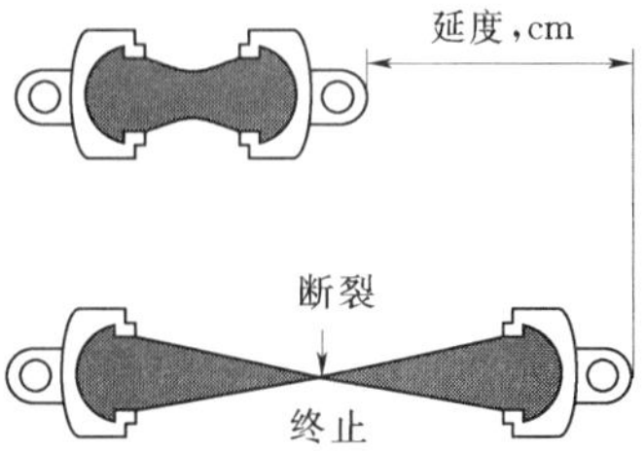

图 7-4 延度测定示意图

2. 塑性

塑性是指石油沥青在外力作用时产生变形而不破坏（裂缝或断开），除去外力后仍保持变形后形状的性质，也可反映沥青开裂后的自愈能力。

石油沥青的塑性用延度仪测定的延度表示。沥青延度试验如图 7－4 所示，将沥青试样制成∞字形标准试件（中间最小截面积为 $1cm^2$），在规定拉伸速度（5cm/min）和规定温度（25℃）下拉断时的伸长长度（cm）即为延度。沥青的延度越大，塑性越好。

石油沥青的塑性与它的组分和所处温度有关。沥青质含量相同时，树脂和油分的比例将决定沥青的塑性大小，油分、树脂含量愈多，沥青延度越大，塑性越好；沥青的塑性随温度升高而增大。

3. 温度稳定性（温度敏感性、温度感温性）

温度稳定性是指石油沥青的黏性和塑性随温度改变而变化的性能。温度稳定性差的沥青，对温度变化的反应敏感。当温度升高时，沥青由固态或半固态逐渐软化成黏性流动状态，当温度降低时由黏性流动状态转变成固态甚至变硬变脆，在此过程中反映了沥青随温度升降其黏性和塑性的变化。工程中使用的沥青材料要求有较好的温度稳定性，以免气温变化时沥青性能出现过大变化。

石油沥青的温度稳定性用软化点表示，一般用环球法测定，如图 7－5 所示。将沥青试样装入规定尺寸的铜环内，上置一规定尺寸和质量的铜球，置于水或甘油中，以 5℃/min 的升温速度加热至沥青软化下垂达 25.4mm（与下方底板接触）时的水温（或甘油的温度），即为软化点，以℃为单位。软化点是指沥青受热由固态转变为具有一定黏性流动状态时的温度。软化点越高，沥青的耐热性越好，即温度稳定性越好（温度敏感性越小）。针入度是在规定温度下测定沥青的条件黏度，而软化点则是沥青达到规定条件黏度时的温度。因此软化点既是反映沥青材料稳定性的一个指标，也是沥青黏度的一种量度。

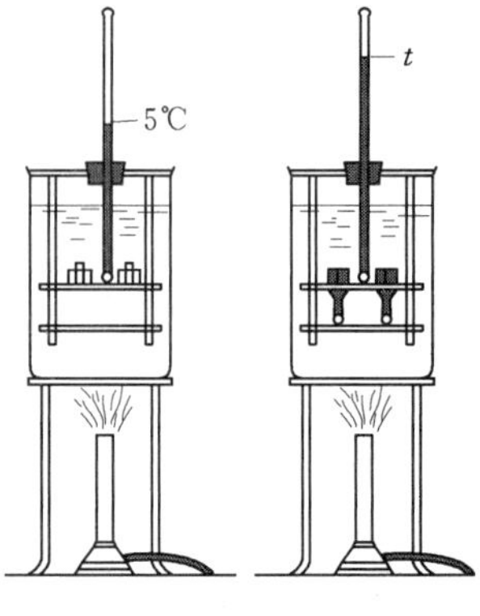

图 7－5　软化点测定示意图

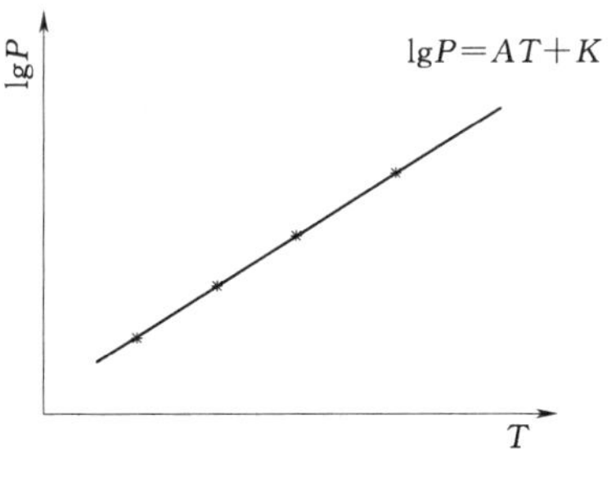

图 7－6　沥青针入度与温度的关系

衡量石油沥青温度稳定性的指标还有针入度指数（PI）和针入度黏度指数（PVN），两者都涉及针入度 P。

（1）针入度指数（PI）。近年来，工程中常采用针入度指数 PI 作为沥青温度稳定性指标，以反映针入度随温度而变化的程度。针入度指数 PI 应用基础是沥青针入度的对数（$\lg P$）与温度（T）之间存在线性关系，即：$\lg P=AT+K$，式中 P 为沥青的针入度，A 为直线斜率，K 为截距（常数），如图 7－6 所示。斜率 A 表征沥青针入度（$\lg P$）随温度（T）的变化率，故称 A 为针入度—温度感应系数。针入度指数（PI）值越大，沥青的温度稳定性越好，即感温性越低。针入度指数同时也可用来判别沥青的胶体结构状态：溶胶型 PI＜－2；凝胶型 PI＞＋2；溶胶—凝胶型－2＜PI＜＋2。

（2）针入度黏度指数（PVN）。针入度黏度指数兼顾针入度和黏度值，其中黏度最直接真实地反映沥青的变形及流动能力。该法应用沥青 25℃时的针入度值和 135℃（或 60℃）时的黏度值与温度的关系来计算沥青的感温性。针入度黏度指数越大，表示沥青的感温性越低。

4. 大气稳定性

大气稳定性是指石油沥青在热、阳光、氧气和潮湿等因素长期综合作用下抵抗老化的性能，它反映沥青的耐久性。

石油沥青的大气稳定性以沥青试样在 160℃下加热蒸发 5h 后质量"蒸发损失百分率"和"蒸发后针入度比"表示。蒸发损失百分率越小，蒸发后针入度比越大，则表示沥青大气稳定性越好，亦即"老化"越慢，沥青的使用寿命长。

$$蒸发损失率=\frac{蒸发前沥青质量-蒸发后沥青质量}{蒸发前沥青质量}\times100\%$$

$$针入度比=\frac{蒸发后残留物针入度}{蒸发前沥青针入度}\times100\%$$

5. 其他技术指标

以上 4 种性质是石油沥青的主要性质，此外，为评定沥青的品质和保证施工安全，还应当了解石油沥青的闪点、燃点、溶解度和防水性等。

（1）闪点和燃点。闪点是指加热沥青至挥发出的可燃性气体和空气的混合物，与火焰接触出现初次闪火现象时的沥青温度，它是施工安全的温度控制指标。沥青加热到闪点温度，极易起火。若温度继续升高，遇火后沥青将开始燃烧，燃点是指火焰持续燃烧 5s 以上时的沥青温度。闪点和燃点的高低，表明沥青引起火灾或爆炸的可能性大小，关系到运输、储存和加热使用等方面的安全。

（2）溶解度。溶解度是指石油沥青在规定溶剂（三氯乙烯、四氯化碳、苯等）中可溶物的含量，以质量百分率表示。不溶物（沥青碳、似碳物等）会降低石油沥青的黏结性。

（3）防水性。石油沥青构造致密，与矿物材料表面有良好的黏结力，可紧密黏附矿物表面，因而几乎不溶于水，是典型的憎水材料。

（三）石油沥青的技术标准及选用

石油沥青按用途分为建筑石油沥青、道路石油沥青、普通石油沥青和专用石油沥青等。专用沥青系特殊用途的沥青，如电缆沥青、绝缘沥青和油漆沥青等。在土木工程中使用的主要是建筑石油沥青和道路石油沥青。

1. 建筑石油沥青

我国石油沥青均采用针入度分级体系，所以《建筑石油沥青》（GB/T 494—2010）规定以针入度范围划分产品型号。建筑石油沥青按针入度值划分为 10 号、30 号和 40 号 3 个牌号，每一牌号的沥青还应保证相应的延度、软化点、溶解度、蒸发后质量变化、蒸发后针入度比和闪点，建筑石油沥青技术要求见表 7－2。同种石油沥青中，牌号越大，针入度越大（黏性越小），延度（塑性）越大，软化点越低（温度敏感性越大），使用寿命越长。

表 7-2 建筑石油沥青技术要求（GB/T 494—2010）

项目		质量指标			试验方法
		10 号	30 号	40 号	
针入度（25℃，100g，5s）/(1/10mm)		10～25	26～35	36～50	GB/T 4509
针入度（46℃，100g，5s）/(1/10mm)		报告①	报告①	报告①	
针入度（0℃，200g，5s）/(1/10mm)	≥	3	6	6	
延度（25℃，5cm/min）/cm	≥	1.5	2.5	3.5	GB/T 4508
软化点（环球法）/℃	不低于	95	75	60	GB/T 4507
溶解度（三氯乙烯）/%	≥	99.0			GB/T 11148
蒸发后质量变化（163℃，5h）/%	≤	1			GB/T 11964
蒸发后 25℃针入度比②/%	≥	65			GB/T 4509
闪点（开口杯法）/℃	不低于	260			GB/T 267

① 报告应为实测值。

② 测定蒸发损失后样品的 25℃针入度与原 25℃针入度之比乘以 100 后，所得的百分比，称为蒸发后针入度比。

建筑石油沥青针入度较小（黏性较大），软化点较高（耐热性较好），但延伸度较小（塑性较小），主要用作建筑工程及其他工程的防水、防潮和防腐蚀材料、胶结材料和涂料；用作制造防水卷材和绝缘材料。

在选用建筑石油沥青作为屋面防水材料时，主要考虑耐热性，要求软化点较高并满足必要的塑性。一般而言，为避免夏季流淌，一般屋面用沥青材料的软化点应比本地区屋面最高温度高 20℃以上。但也不宜过高，否则冬季低温易变脆甚至开裂，所以选用石油沥青时要根据地区、工程环境及要求而定。

【例 7-1】 请比较下列 A、B 两种建筑石油沥青的针入度、延度及软化点，测定值见表 7-3，若用于南方夏季炎热地区屋面，试分析选用何种沥青较合适。

表 7-3 A、B 两种石油沥青的技术指标

编号	针入度（25℃，100g，5s）/0.1mm	延度（25℃，5cm/min）/cm	软化点（环球法）/℃
A	31	5.5	72
B	23	2.5	102

解： 从表 7-3 中可以看出宜用 B 石油沥青。一般屋面用沥青应比当地屋面可能达到的最高温度高出 20～25℃，南方炎热地区气温相当高，屋面沥青吸热并蓄热，沥青的温度较气温更高。A 沥青软化点较低，难以满足要求，夏季易流淌。可选 B，但 B 沥青延伸度较小，在严寒地区不宜使用，否则易出现脆裂现象。

2. 道路石油沥青

原《沥青路面施工及验收规范》（GB 50092—96）将石油沥青按使用道路的交通量分为中、轻交通和重交通道路沥青两个标准。实际上“重交通道路沥青（代号为 A）”就相当于国际上的普通沥青，而“中、轻交通道路石油沥青（代号为 AH）”只不过是质量达不到国际上通用水平的质量差的沥青。因此《公路沥青路面施工技术规范》（JTG F40—

2004）中废除这两个名称，明确都称为道路石油沥青。将原来的“重交通道路石油沥青”和“中、轻交通道路石油沥青”两个技术要求合并为一个“道路石油沥青技术要求”。根据当前的沥青使用和生产水平，按技术性能分为A、B、C 3个等级：B级沥青与原规范“重交通道路沥青”相近，C级沥青比原规范“中、轻交通道路石油沥青”技术要求稍有提高。各个道路石油沥青等级的适用范围见表7-4。

表7-4　　道路石油沥青的适用范围（JTG F40—2004）

沥青等级	适用范围
A级沥青	各个等级的公路，适用于任何场合和层次
B级沥青	高速公路、一级公路沥青下面层及以下的层次，二级及二级以下公路的各个层次； 用作改性沥青、乳化沥青、改性乳化沥青、稀释沥青的基质沥青
C级沥青	三级及三级以下公路的各个层次

《公路沥青路面施工技术规范》（JTG F4—2004）将道路石油沥青分为30、50、70、90、110、130和160共7个牌号。在技术指标中增加了针入度指数PI值（反映沥青感温性指标）、60℃动力黏度（反映A级沥青高温性能指标）、10℃延度（评价沥青低温性能指标）。它们作为选择性指标，可不作为施工质量检验指标。老化试验统一为薄膜加热试验（TFOT），也允许用旋转薄膜加热试验（RTFOT）代替。道路石油沥青具体技术要求见表7-5。

道路石油沥青主要用于各类道路路面、车间地面及地下防水工程；此外还可作密封材料、黏结剂以及沥青涂料。通常，道路石油沥青号越高，则黏性越小（即针入度越大），延展性越好，而温度敏感性也随之增加。

沥青路面采用的沥青牌号，宜按照公路等级、气候条件、交通条件、路面类型及在结构层中的层位及受力特点、施工方法等，结合当地的使用经验，经技术论证后确定。

对高速公路、一级公路，夏季温度高、高温持续时间长、重载交通、山区及丘陵区上坡路段、服务区、停车场等行车速度慢的路段，尤其是汽车荷载剪应力大的层次，宜采用稠度大、60℃黏度大的沥青，也可提高高温气候分区的温度水平选用沥青等级；对冬季寒冷的地区或交通量小的公路、旅游公路宜选用稠度小、低温延度大的沥青；对温度日温差、年温差大的地区宜注意选用针入度指数大的沥青。当高温要求与低温要求发生矛盾时应优先考虑满足高温性能的要求。

我国许多地方的沥青针入度偏大，无论在南方、北方，甚至东北地区都出现了严重的车辙。对比国际上气候条件相当的地区，我国许多地方宜使用70或50号沥青，只有在很少寒冷地区适用于90号沥青，110号沥青适用于中、轻交通的公路上。

当缺乏所需牌号的沥青时，可采用不同牌号掺配的调和沥青，其掺配比例由试验决定。掺配后的沥青质量应符合表7-5的要求。

3. 普通石油沥青

普通石油含蜡较多，一般含量大于5%，有的高达20%以上（称多蜡石油沥青），因而温度敏感性大，故在工程中不宜直接单独使用，只能与其他种类石油沥青掺配使用。

表 7-5 道路石油沥青技术要求（JTG F40—2004）

指标		单位	等级	沥青标号																	试验方法①
				160号④	130号④	110号			90号					70号③					50号	30号④	
针入度（25℃，5s，100g）		0.1mm		140～200	120～140	100～120			80～100					60～80					40～60	20～40	T 0604
适用的气候分区				注④	注④	2-1	2-2	3-2	1-1	1-2	1-3	2-2	2-3	1-3	1-4	2-2	2-3	2-4	1-4	④	
针入度指数PI②			A	−1.5～+1.0																	T 0604
			B	−1.8～+1.0																	
软化点（R&B）	≥	℃	A	38	40	43			45			44		46		45			49	55	T 0606
			B	36	39	42			43			42		44		43			46	53	
			C	35	37	41			42					43					45	50	
60℃动力黏度②	≥	Pa.s	A	—	60	120			160			140		180		160			200	260	T 0620
10℃延度②	≥	cm	A	50	50	40			45	30	20	30	20	20	15	25	20	15	15	10	T 0605
			B	30	30	30			30	20	15	20	15	15	10	20	15	10	10	8	
15℃延度	≥	cm	A、B	100															80	50	
			C	80	80	60			50					40					30	20	
蜡含量（蒸馏法）	≤	%	A	2.2																	T 0615
			B	3.0																	
			C	4.5																	
闪点	≥	℃		230					245					260							T 0611
溶解度	≥	%		99.5																	T 0607
密度（15℃）		g/cm³		实测记录																	T 0603
TFOT（或RTFOT）后⑤																					T 0610 或
质量变化	≤	%		±0.8																	T 0609
残留针入度比	≥	%	A	48	54	55			57					61					63	65	T 0604
			B	45	50	52			54					58					60	62	
			C	40	45	48			50					54					58	60	
残留延度（10℃）	≥	cm	A	12	12	10			8					6					4	—	T 0605
			B	10	10	8			6					4					2	—	
残留延度（15℃）	≥	cm	C	40	35	30			20					15					10	—	T 0605

① 试验方法按照现行《公路工程沥青及沥青混合料试验规程》（JTJ 052—2000）规定的方法执行。用于仲裁试验求取PI时的5个温度的针入度关系的相关系数不得小于0.997。
② 经建设单位同意，表中PI值、60℃动力黏度、10℃延度可作为选择性指标，也可不作为施工质量检验指标。
③ 70号沥青可根据需要要求供应商提供针入度范围为60～70或70～80的沥青，50号沥青可要求提供针入度范围为40～50或50～60的沥青。
④ 30号沥青仅适用于沥青稳定基层。130号和160号沥青除寒冷地区可直接在中低级公路上直接应用外，通常用作乳化沥青、稀释沥青和改性沥青的基质沥青。
⑤ 老化试验以TFOT为准，也可以RTFOT代替。

总之选用石油沥青的原则是根据工程性质（房屋、道路和防腐）及当地气候条件、所处工程部位（层面、地下）来选用。在满足上述要求的前提下，尽量选用牌号高的石油沥青，以保证有较长的使用年限。因为牌号高的沥青比牌号低的沥青含油分多，其挥发、变质所需时间较长，不易变硬，所以抗老化能力强，耐久性好。

（四）石油沥青的掺配与改性

1. 石油沥青的掺配

工程中，当某一牌号的石油沥青不能满足工程技术要求时，可采用不同牌号的石油沥青进行掺配。掺配要遵循同源准则。在进行掺配时，为了不使掺配后的沥青胶体结构破坏，应选用表面张力相近和化学性质相似的沥青，即同属石油沥青或同属煤沥青（或煤焦油）的才可掺配。试验证明同产源的沥青容易保证掺配后的沥青胶体结构的均匀性。

两种石油沥青的掺配比例可用下式估算：

$$Q_1=\frac{T_2-T}{T_2-T_1}\times 100\% \tag{7-1}$$

$$Q_2=100-Q_1 \tag{7-2}$$

式中　Q_1——较软石油沥青用量，%；

Q_2——较硬石油沥青用量，%；

T——掺配后的石油沥青软化点，℃；

T_1——较软石油沥青软化点，℃；

T_2——较硬石油沥青软化点，℃。

【例 7-2】 某建筑工程屋面防水，需用软化点为 75℃ 的石油沥青，但工地仅有软化点为 95℃ 和 25℃ 的两种石油沥青，应如何掺配以满足工程需要？

解： 掺配时较软石油沥青（软化点为 25℃）用量为：

$$Q_1=\frac{T_2-T}{T_2-T_1}\times 100\%=\frac{95-75}{95-25}\times 100\%=28.6\%$$

较硬石油沥青（软化点为 95℃）用量为：

$$Q_2=100-Q_1-71.4\%$$

以估算的掺配比例和其邻近的比例（5%～10%）进行试配（混合熬制均匀），测定掺配后沥青的软化点，然后绘制“掺配比—软化点”关系曲线，即可从曲线上确定出所要求的掺配比例。

如果有 3 种沥青进行掺配，可先计算两种的掺量，然后再与第三种沥青进行掺配。

2. 石油沥青的改性

防水工程中使用的沥青必须具有特定的性能。在低温条件下应有良好的弹性和塑性，在高温条件下要有足够的强度和稳定性，在加工和使用条件下具有抗老化能力，与各种矿料和结构表面有较强的黏附力等。通常，石油加工厂制备的沥青不一定能全面满足上述要求，因此通常要对沥青进行改性处理。

改性沥青是通过在沥青中加入不同的改性剂，使沥青性质得到不同程度的改善，以满足土木工程使用过程中各方面的要求。常用矿物填料和聚合物（橡胶和树脂）等对沥青进行改性处理，改性沥青主要用于生产防水材料。

（1）矿物填充料改性沥青。在石油沥青中加入一定数量的矿物填充料，可提高沥青的黏结能力和耐热性，提高沥青的温度稳定性，同时也可减少沥青的耗用量。常用的矿物填充料大多是粉状和纤维状的，主要有滑石粉、石灰石粉、硅藻土和石棉等。

（2）橡胶改性沥青。橡胶是石油沥青比较理想的改性材料，它和沥青有较好的混溶性。用橡胶作改性材料加于石油沥青中，可以得到橡胶改性沥青。通过掺入橡胶，使改性沥青具有一些橡胶的性能，黏结性、弹性和柔韧性增加，温度稳定性提高，抗老化能力增强等。

由于橡胶品种的不同，掺入方法的不同，可得到各种不同的橡胶改性沥青。常用的改性橡胶有氯丁橡胶、丁基橡胶、丁苯橡胶和再生橡胶等。

1）氯丁橡胶改性沥青。石油沥青中掺入氯丁橡胶后制得氯丁橡胶改性沥青。其气密性、低温的柔性、耐化学腐蚀性和耐气候性等得到大大改善。氯丁橡胶改性沥青的生产方法有溶剂法和水乳法。溶剂法是先将氯丁橡胶溶于一定的溶剂中形成溶液，然后掺入沥青中，混合均匀即成。水乳法是将橡胶和石油沥青分别制成乳液，再混合均匀即可使用。氯丁橡胶改性沥青可用于路面的稀浆封层、制作密封材料和涂料等。

2）丁基橡胶改性沥青。丁基橡胶改性沥青的配制与氯丁橡胶改性沥青类似。丁基橡胶改性沥青具有优异的耐分解性，并有较好的低温抗裂性能和耐热性能，多用于道路路面工程和制作密封材料和涂料。

3）热塑性弹性体（SBS）改性沥青。SBS改性沥青是目前最常用的一种改性沥青。主要用于制作防水卷材、防水涂料和铺筑高等级公路路面等。

热塑性弹性体SBS是丁苯橡胶的一种，兼有橡胶和树脂的特性，常温下具有橡胶的弹性，高温下又能像树脂那样熔融流动，成为塑性材料。所以采用SBS改性沥青，其弹性好、延伸率大，延度可达2000%；低温柔性大大改善，冷脆点降至－40℃；热稳定性提高，耐热度达90～100℃；耐候性好。

4）再生橡胶改性沥青。沥青中掺入再生橡胶以后，同样可提高沥青的气密性，低温柔韧性，耐光、耐热、耐气候性，且价格低廉。可制成卷材、片材、密封材料、胶黏剂和涂料等。

（3）树脂改性沥青。将合成树脂掺入于石油沥青中，可以改善沥青的黏结性、低温柔韧性、耐热性和不透气性。由于石油沥青与树脂的相溶性较差，而煤沥青与树脂的相溶性较好，故树脂多用作煤沥青的改性材料。

用于石油沥青改性的树脂有古马隆树脂、聚乙烯（PE）和聚丙烯（PP）等。常用的树脂改性石油沥青有古马隆树脂改性沥青、聚乙烯改性沥青和APP改性沥青等。

APP改性石油沥青也是常用的一种改性沥青。APP是聚丙烯的一种，为黄白色塑料，无明显熔点，加热到150℃后才开始变软。它在250℃左右熔化，并可以与石油沥青均匀混合。APP改性沥青与石油沥青相比，其软化点高、延度大、黏度增大，具有良好的耐高温性和抗老化性，尤其适用于气温较高的地区。主要用于制造防水卷材。

（4）橡胶和树脂改性沥青。在沥青中掺入橡胶和树脂，三者混溶而成的改性沥青，它兼有橡胶和树脂的特性。用树脂改性石油沥青，可以改善沥青的耐寒性、耐热性、黏结性和不透气性，且树脂比橡胶便宜，橡胶和树脂又有较好的混溶性，故效果较好。可用于生产卷材、片材、密封材料和防水涂料等。

二、煤沥青

煤沥青是炼焦或生产煤气的副产品。烟煤干馏时所挥发的物质冷凝而成的黑色黏性流体为煤焦油，煤焦油经分馏加工，提取出轻油、中油、重油及蒽油后的残渣即为煤沥青。根据蒸馏程度不同，煤沥青分为低温沥青、中温沥青和高温沥青3种，建筑工程中采用的煤沥青多为黏稠或半固体的低温沥青。

煤沥青与石油沥青同是复杂的高分子碳氢化合物，主要是由碳、氢、氧、硫和氮元素组成，它们外观相似，具有不少共同点。煤沥青可分离为油分、软树脂、硬树脂和游离碳4个组分，油分又可分离为中性油、酚、萘和蒽。由于组分有所不同，故性能也有所不同。煤沥青与石油沥青相比，在技术性质上有如下差异：

(1) 温度稳定性较低。因组分中所含可溶性树脂多，由固态或黏稠态转变为黏流态的温度间隔较小，夏天易软化流淌而冬天易脆裂。

(2) 大气稳定性较差。因含挥发性成分和化学稳定性差的成分较多，在热、阳光、氧气等长期综合作用下，煤沥青的组成变化较大，易硬脆。

(3) 塑性较差，容易因变形而开裂。因含有较多的游离碳。

(4) 防腐性较好。因含有蒽、酚等有毒物质，故有毒性和臭味，防腐能力较好，适用于木材的防腐处理。

(5) 黏结性较好。因含表面活性物质较多，与矿料表面的黏附能力较好。

煤沥青与石油沥青混掺时将发生沉渣变质现象而失去胶凝性，故一般不宜混掺使用。两者主要区别及简易鉴别方法见表7-6。

表7-6 煤沥青与石油沥青主要区别与鉴别方法

性质	石油沥青	煤沥青
密度/($g\cdot cm^{-3}$)	近于1.0	1.25～1.28
燃烧	烟少、无色、有松香味、无毒	烟多、黄色、臭味大、有毒
锤击	韧性较好，声哑	韧性差，声脆
颜色	呈灰亮褐色	浓黑色
溶解	易溶于煤油与汽油中，呈棕黑色	难溶于煤油与汽油中，呈黄绿色
温度稳定性	较好	较差
大气稳定性	较好	较低
防水性	较好	较差（含酚、能溶于水）
抗腐蚀性	差	强

由此可见，煤沥青的许多性能都不及石油沥青，土木工程中较少采用。但煤沥青抗腐性能好，故用于地下防水工程或作为防腐材料用。由于煤沥青含有有毒成分，在储存和施

工中，应遵守有关劳保规定，以防中毒。

在道路工程中，由于煤沥青是国际上明确的强致癌物质，所以严禁在热拌热铺沥青混合料中使用煤沥青，也不可作为黏层油使用。国外除了在旧路面修复作辅助用的渗透剂外，已经很少使用。考虑到我国的实际情况，仍然允许在中低级公路的表面处治及贯入式路面中使用，但使用时必须十分谨慎，注意做好身体保护，不要直接接触皮肤，最好戴防毒面具。由于煤沥青的渗透性极好，故常用于半刚性基层上洒透层油，在旧路面的软化剂、补缝中也时有使用。

第二节　沥青混合料

沥青混合料是由矿料与沥青结合料拌和而成的混合料，其中矿料作为骨架，沥青与填料起胶结和填充作用。沥青与不同组成的矿料可以修建成不同结构的沥青路面，因此沥青混合料是各等级公路最主要的路面材料，此外它还用于建筑防水和水工建筑的防渗等。

一、沥青混合料的种类

沥青混合料是沥青混凝土混合料和沥青碎石混合料的总称。根据沥青混合料剩余空隙率的不同，把剩余空隙率＞10%的沥青混合料称为沥青碎石混合料，剩余空隙率小于10%的沥青混合料称为沥青混凝土混合料。沥青混凝土混合料是指由适当比例的粗集料、细集料及填料组成的符合规定级配的矿料，与沥青结合料拌和而制成的符合技术标准的沥青混合料。沥青碎石混合料是指由适当比例的粗集料、细集料及填料（或不加填料）与沥青拌和的沥青混合料。

沥青混合料可按多种方式分类：

（1）按结合料的种类分为石油沥青混合料和煤沥青混合料。

（2）按材料组成及结构分为连续级配和间断级配混合料。

1）连续级配沥青混合料：沥青混合料中矿料是按级配原则，从大到小各级粒径都有，按比例相互搭配组成的混合料。

2）间断级配混合料是指矿料级配组成中缺少一个或几个粒径档次（或用量很少）而形成的沥青混合料。

（3）按矿料级配组成及空隙率大小分为密级配、半开级配和开级配混合料。

1）密级配混合料：按密实级配原理设计组成的各种粒径颗粒的矿料与沥青结合料拌和而成，设计空隙率较小的密实式沥青混凝土混合料（以 AC 表示）和密实式沥青稳定碎石混合料（以 ATB 表示）。按关键性筛孔通过率的不同又可分为细型、粗型密级配沥青混合料等。粗集料嵌挤作用较好的也称嵌挤密实型沥青混合料。

2）半开级配混合料：由适当比例的粗集料、细集料及少量填料（或不加填料）与沥青结合料拌和而成，经马歇尔标准击实成型试件的剩余空隙率在6%～12%的半开式沥青碎石混合料（以 AM 表示）。

3）开级配混合料：矿料级配主要由粗集料嵌挤组成，细集料及填料较少，设计空隙率18%的混合料。

（4）按公称最大粒径的大小可分为特粗式（集料公称最大粒径不小于31.5mm）、粗粒式（公称最大粒径 26.5mm）、中粒式（公称最大粒径 16mm 或 19mm）、细粒式（公称最大粒径 9.5mm 或 13.2mm）、砂粒式（公称最大粒径小于 9.5mm）沥青混合料。

（5）按制造工艺分热拌沥青混合料、冷拌沥青混合料和再生沥青混合料等。

1）热拌沥青混合料：沥青与矿料在热态拌和、热态铺筑的沥青混合料。

2）冷拌沥青混合料：以乳化沥青或稀释沥青与矿料在常温下拌制、铺筑的沥青混合料。

3）再生沥青混合料：是将须要翻修或废弃的旧沥青混合料，经过翻挖回收、破碎、筛分，再和新集料、新沥青材料、再生剂等适当配合，重新拌和，形成的再生沥青混合料。

二、沥青混合料的组成材料

（一）沥青

用于沥青混合料的沥青应具有适当的稠度、较大的塑性、足够的温度稳定性、较好的大气稳定性、较好的水稳定性。不同型号的沥青材料，具有不同的技术指标，适用于不同等级、不同类型的路面。在选择沥青材料的时候，要考虑到交通量、气候条件、施工方法、沥青面层类型、材料来源等各种情况选择沥青，这样才能使拌制的沥青混合料具有较高的力学强度和较好的耐久性。

根据当地沥青路面气候分区的温度水平选择沥青。高温区应选黏度较大的黏稠沥青，其混合料具有较高的力学强度和稳定性；低温区应选黏度较低的沥青，其混合料在低温时变形能力较好；日温差大的地区应选用针入度指数大、感温性低的沥青；重交通、高速公路，山区及丘陵区上坡段、服务区、停车场等行车慢速的路段应选用稠度大的沥青。道路石油沥青的质量要求和标号选用要求见本章第一节“石油沥青的技术标准及选用”。

（二）矿料

沥青混合料的矿质材料必须具有良好的级配，这样，沥青混合料颗粒之间既能够比较紧密地排列起来，以达到足够的压实度，又能让颗粒之间具有一定的空隙，使沥青混合料保持良好的稳定性。

沥青混合料的矿质材料包括粗集料、细集料和填料，这几种材料除了混合后能达到要求的级配外，对于它们本身还有不同的技术要求。

1. 粗集料

粗集料包括碎石、破碎砾石、筛选砾石、钢渣和矿渣等，但高速公路和一级公路不得使用筛选砾石和矿渣。

粗集料应该洁净、干燥、表面粗糙，质量应符合表 7-7 的规定。当单一规格集料的质量指标达不到表中要求，而按照集料配比计算的质量指标符合要求时，工程上允许使用。

粗集料的粒径规格应按《公路沥青路面施工技术规范》（JTG F40—2004）的规定生产和使用。

高速公路、一级公路沥青路面的表面层（或磨耗层）的粗集料的磨光值，以及粗集料与沥青的黏附性应符合《公路沥青路面施工技术规范》（JTG F40—2004）的要求。

表 7-7 沥青混合料用粗集料质量技术要求 (JTG F40—2004)

指标		单位	高速公路及一级公路		其他等级公路	试验方法
			表面层	其他层次		
石料压碎值	≤	%	26	28	30	T 0316
洛杉矶磨耗损失	≤	%	28	30	35	T 0317
表观相对密度	≥	t/m³	2.60	2.50	2.45	T 0304
吸水率	≤	%	2.0	3.0	3.0	T 0304
坚固性	≤	%	12	12	—	T 0314
针片状颗粒含量（混合料）	≤	%	15	18	20	T 0312
其中粒径大于 9.5mm	≤	%	12	15	—	
其中粒径小于 9.5mm	≤	%	18	20	—	
水洗法小于 0.075mm 颗粒含量	≤	%	1	1	1	T 0310
软石含量	≤	%	3	5	5	T 0320

注 1. 坚固性试验可根据需要进行。
2. 用于高速公路、一级公路时，多孔玄武岩的视密度可放宽至 2.45t/m³，吸水率可放宽至 3%，但必须得到建设单位的批准，且不得用于 SMA 路面。
3. 对 S14 即 3～5 规格的粗集料，针片状颗粒含量可不予要求，<0.075mm 含量可放宽到 3%。

对用于抗滑表层沥青混合料用的粗集料，应该选用坚硬、耐磨、韧性好的碎石或破碎砾石，矿渣及软质集料不得用于防滑表层。破碎砾石应采用粒径大于 50mm、含泥量不大于 1%的砾石轧制，破碎砾石的破碎面应符合《公路沥青路面施工技术规范》(JTG F40—2004) 要求。

2. 细集料

沥青路面的细集料包括天然砂、机制砂和石屑。石屑与人工破碎的机制砂是有本质不同。机制砂是由制砂机生产的细集料，粗糙、洁净、棱角性好，应该推广使用。而石屑是石料破碎过程中表面剥落或撞下的棱角、细粉，它虽然棱角性好、与沥青的黏附性好，但石屑中粉尘含量很多，强度很低且施工性能较差，不易压实，路面残留空隙率大，在使用中还有继续细化的倾向。因此国外标准大都限制石屑，而推荐采用机制砂。天然砂与沥青的黏附性较差，呈浑圆状，使用太多对高温稳定性不利。但使用天然砂在施工时容易压实，路面好成型是其很大的优点。石屑和天然砂共同使用往往能起到互补的效果。另外，高速公路沥青路面的表面层往往选用非碱性石料（包括玄武岩）作粗集料，此时应采用石灰岩的石屑。

细集料应洁净、干燥、无风化和无杂质，并有适当的颗粒级配，其质量应符合表 7-8 的规定。

表 7-8 沥青混合料用细集料质量要求 (JTG F40—2004)

项目		单位	高速公路、一级公路	其他等级公路	试验方法
表观相对密度	≥	t/m³	2.50	2.45	T 0328
坚固性（大于 0.3mm 部分）	≥	%	12	—	T 0340
含泥量（小于 0.075mm 的含量）	≤	%	3	5	T 0333

续表

项目		单位	高速公路、一级公路	其他等级公路	试验方法
砂当量	≥	%	60	50	T 0334
亚甲蓝值	≤	g/kg	25	—	T 0349
棱角性（流动时间）	≥	s	30	—	T 0345

注 坚固性试验可根据需要进行。

天然砂可采用河砂或海砂，通常宜采用粗、中砂。石屑是采石场破碎石料时通过4.75mm或2.36mm的筛下部分，砂和石屑的规格应符合《公路沥青路面施工技术规范》（JTG F40—2004）的规定。热拌密级配沥青混合料中天然砂的用量通常不宜超过集料总量的20%，SMA和OGFC混合料不宜使用天然砂。

3. 填料

在沥青混合料中，矿质填料通常是指矿粉，其他填料如消石灰粉、水泥常作为抗剥落剂使用，粉煤灰则使用很少。由于粉煤灰的质量往往不稳定，工程上很难控制，一般不允许在高速公路上使用，只允许在二级及二级以下的其他等级公路中使用。矿粉在沥青混合料中起到重要的作用，矿粉要适量，少了不足以形成足够的比表面吸附沥青，矿粉过多又会使胶泥成团，致使路面胶泥离析，同样造成不良的后果。

沥青混合料的矿粉必须采用石灰岩或岩浆岩中的强基性岩石等憎水性石料经磨细得到的矿粉，原石料中的泥土杂质应除净。矿粉应干燥、洁净，能自由地从矿粉仓流出，其质量应符合表7-9的技术要求。

表7-9 沥青混合料用矿粉质量要求（JTG F40—2004）

项目		单位	高速公路、一级公路	其他等级公路	试验方法
表观相对密度	≥	t/m^3	2.50	2.45	T 0352
含水量	≤	%	1	1	T 0103 烘干法
粒度范围					T 0351
<0.6mm		%	100	100	
<0.15mm		%	90～100	90～100	
<0.075mm		%	75～100	70～100	
外观			无团粒结块	—	
亲水系数			<1	T 0353	
塑性指数			<4	T 0354	
加热安定性			实测记录	T 0355	

粉煤灰作为填料使用时，用量不得超过填料总量的50%，粉煤灰的烧失量应小于12%，与矿粉混合后的塑性指数应小于4%，其余质量要求与矿粉相同。高速公路、一级公路的沥青面层不宜采用粉煤灰作填料。

4. 纤维稳定剂

在沥青混合料中掺加的纤维稳定剂宜选用木质素纤维、矿物纤维等，木质素纤维的质量应符合《公路沥青路面施工技术规范》（JTG F40—2004）的技术要求。

三、沥青混合料的组成结构

沥青混合料是由沥青、粗集料、细集料和矿粉按一定比例拌和而成的一种复合材料。根据矿质骨架的结构状况和其粗、细集料的比例不同，其组成结构分为以下 3 种结构类型。

1. 悬浮密实结构

为连续密级配的沥青混合料，由于粗集料数量相对较少，细集料的数量较多，使粗集料以悬浮状态位于细集料之间。这种结构的沥青混合料密实度和强度较高，且连续级配不易离析而便于施工，但由于粗集料少，不能形成骨架，所以稳定性较差。这是目前我国沥青混凝土主要采用的结构，如图 7－7（a）所示。

2. 骨架空隙结构

为连续开级配的沥青混合料，由于粗集料较多，彼此紧密相接形成骨架，细集料过少不足以充分填充粗集料之间形成的较大空隙，形成骨架空隙结构。该结构温度稳定性好，但沥青与矿料的黏结力差、空隙大、耐久性差，如图 7－7（b）所示。

3. 骨架密实结构

为间断密级配的沥青混合料，是综合以上两种结构之长的一种结构，由于它既有一定数量的粗集料形成骨架结构，又有足够的细集料填充到粗集料之间的空隙中去，故其密实度、强度和温度稳定性都较好，是一种较理想的结构类型，如图 7－7（c）所示。

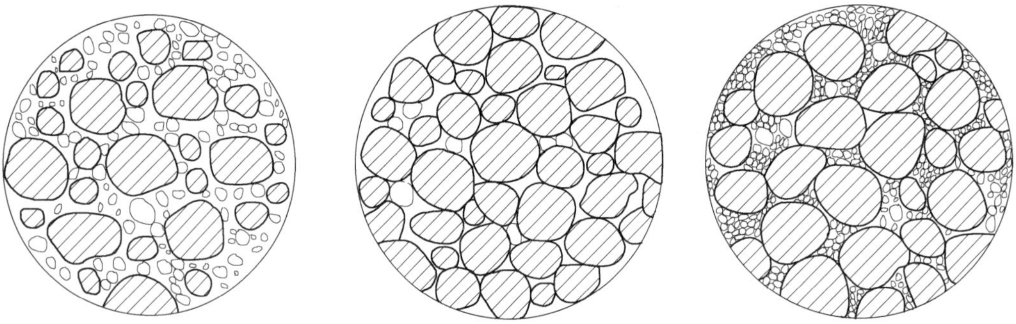

(a)　　(b)　　(c)

图 7－7　沥青混合料组成结构示意图

（a）悬浮密实结构；（b）骨架空隙结构；（c）骨架密实结构

四、沥青混合料的技术性质和技术指标

沥青混合料作为路面材料，承受车辆行驶反复荷载和气候因素的作用，所以它应具有抗高温变形、抗低温脆裂、抗滑、耐久性等技术性质以及良好的施工和易性。

（一）高温稳定性

高温稳定性是指沥青混合料在高温（通常为 60℃）条件下，经车辆荷载长期重复作用后，不产生车辙和波浪等病害，抵抗永久变形的性能。

我国采用马歇尔稳定度试验（包括稳定度、流值和马歇尔模数）来评价沥青混合料高温稳定性；对高速公路、一级公路和城市快速路等沥青混合料，还应通过车辙试验检验抗车辙能力。

1. 马歇尔试验

马歇尔试验用于测定沥青混合料试件的破坏载荷和抗变形能力，以获得马歇尔稳定度

MS、流值 FL 和马歇尔模数 T 3 项指标。马歇尔稳定度 MS 是指标准尺寸试件在规定温度和加荷速度下，在马歇尔仪中的最大破坏荷载（kN）；流值 FL 是达到最大破坏荷载时试件的垂直变形（以 0.1mm 计）；马歇尔模数 T 为稳定度除以流值的商，即 $T=\frac{MS\times 10}{FL}$，可以间接地反映沥青混合料的抗车辙能力。

2. 车辙试验

车辙试验测定的是动稳定度，将沥青混合料制成 300mm×300mm×50mm 的标准试件，在 60℃的温度条件下，以一定荷载的轮子在同一轨迹上作一定时间的反复行走，形成一定的车辙深度，以 1mm 变形所需试验车轮行走的次数，为动稳定度（次/mm）。

影响沥青混合料高温稳定性的主要因素有沥青的用量、沥青的黏度、矿料的级配、矿料的尺寸及形状等。要提高路面的高温稳定性，可采用提高沥青混合料的黏结力和内摩阻力：增加粗骨料含量可以提高其内摩阻力；适当提高沥青材料的黏度，控制沥青与矿料比值，严格控制沥青用量，能改善其黏结力。

（二）低温抗裂性

沥青混合料不仅应具备高温稳定性，同时还要具有低温抗裂性，以保证路面在冬季低温时不产生裂缝。

低温抗裂性是指保证沥青路面在低温时不产生裂缝的能力。沥青混合料随着温度的降低，变形能力下降。路面由于低温而收缩以及行车荷载的作用，在薄弱部位产生裂缝，从而影响道路的正常使用。因此，要求沥青混合料具有一定的低温抗裂性。

沥青混合料的低温裂缝是由混合料的低温脆化、低温缩裂和温度疲劳引起的。低温脆化是指其在低温条件下，变形能力降低；低温缩裂通常是由于材料本身的抗拉强度不足而造成的；温度疲劳是因温度循环而引起疲劳破坏。混合料的低温脆化一般用不同温度下的弯拉破坏试验来评定；低温缩裂可采用低温收缩试验评定；而温度疲劳则可以用低频疲劳试验来评定。

选用黏度相对较低，温度敏感性低、抗老化能力强的沥青或橡胶改性沥青，适当增加沥青用量，可防止或减少沥青路面的低温开裂。

（三）耐久性

沥青混合料的耐久性是指其在外界各种因素（如阳光、空气、水和车辆荷载等）的长期作用下，保持正常使用状态而不出现剥落和松散等损坏的能力。它主要表现为沥青的老化或硬化导致的变脆、易裂；集料被压碎或冻融崩解导致的磨损或级配退化；沥青与集料间的黏附性降低导致的剥落、松散。

影响沥青混合料耐久性的主要因素有：沥青的化学性质、矿料的矿物成分和沥青混合料的组成结构（残留空隙率、沥青填隙率）等。空隙率越小，可以越有效地防止水分渗入和日光紫外线对沥青的老化作用，耐久性越好；但应残留一定的空隙，以备夏季沥青材料膨胀。

沥青路面的使用寿命与沥青含量有很大关系，当沥青用量低于要求用量时，将降低沥青的变形能力，使沥青混合料的残留空隙率增大。

我国现行规范采用空隙率（VV）、饱和度（沥青填隙率 VFA）和残留稳定度等指标来表征沥青混合料的耐久性。这些指标均应达到规范的要求，才能说明沥青混合料的耐久性合格。空隙率（VV）是评价沥青混合料密实程度的指标，指矿料及沥青以外的空隙（不包括矿料自身内部的孔隙）的体积占试件总体积的百分率。残留稳定度反映沥青混合料受水损害时抵抗剥落的能力，即水稳定性。沥青饱和度也称沥青填隙率（VFA），即沥青混合料试件矿料间隙中扣除被集料吸收的沥青以外的有效沥青结合料部分的体积在试件矿料间隙中所占的百分率，公式如下：

$$VFA=\frac{VMA-VV}{VMA}\times 100\%$$

式中　VV——试件的空隙率，%；

VMA——试件的矿料间隙率，%；

VFA——试件的有效沥青饱和度（有效沥青含量占 VMA 的体积比例），%。

沥青混合料耐久性常用浸水马歇尔试验、冻融劈裂强度试验、浸水劈裂强度试验和浸水车辙试验等。

选择耐老化性能好的沥青，降低沥青混合料空隙率，适当增加沥青用量，掺加外加剂，降低沥青混合料的离析程度等都有利于提高沥青路面的耐久性。

（四）抗滑性

用于高等级公路沥青路面的沥青混合料，其表面应具有一定的抗滑性，才能保证汽车高速行驶的安全性。路面抗滑性可用路面构造深度、路面抗滑值以及摩阻系数来评定。构造深度、路面抗滑值和摩阻系数越大，说明路面的抗滑性越好。

沥青混合料路面的抗滑性与矿质集料的表面性质、混合料的级配组成、沥青用量以及含蜡量等因素有关。配料时应特别注意矿料的耐磨性，应选择硬质有棱角的矿料。同时采取适当增大集料粒径、减少沥青用量及控制沥青的含蜡量等措施，均可提高路面的抗滑性。我国现行标准《公路沥青路面施工技术规范》（JTG F40—2004）指明：沥青用量对抗滑性影响非常敏感，沥青用量超过最佳用量的 0.5%，即可使摩阻系数明显降低。

（五）施工和易性

沥青混合料的施工和易性是指沥青混合料在施工过程中是否容易拌和、摊铺和压实的性能。

影响混合料施工和易性的主要因素有矿料级配、沥青的用量、施工环境条件和搅拌工艺等。矿料的级配对其和易性影响较大，粗细集料的颗粒大小相距过大，缺乏中间粒径，混合料容易离析；细料太少，沥青层不易均匀地分布在粗颗粒表面；细料过多，则拌和困难。沥青用量过少，混合料容易产生疏松，不易压实；反之，如沥青用量过多，则容易使混合料黏结成块，不易摊铺。

五、热拌沥青混合料配合比设计

沥青混合料配合比设计的主要任务是确定粗集料、细集料、矿粉和沥青等材料相互配合的最佳组成比例，使之既能满足沥青混合料的技术要求（如强度、稳定性、耐久性和平整度等），又符合经济的原则。

热拌沥青混合料的配合比设计应通过目标配合比设计、生产配合比设计及生产配合比验证 3 个阶段，确定沥青混合料的材料品种及配合比、矿料级配、最佳沥青用量。规范采用马歇尔试验配合比设计方法。如采用其他方法设计沥青混合料时，应按规范规定进行马歇尔试验及各项配合比设计检验。

《公路沥青路面施工技术规范》(JTG F40—2004) 规定的热拌沥青混合料配合比设计方法适用于密级配沥青混凝土及沥青稳定碎石混合料。

(一) 目标配合比设计

目标配合比设计在试验室进行，分矿质混合料配合比组成设计和沥青最佳用量确定两部分。热拌沥青混合料的目标配合比设计流程宜按如图 7－8 所示的框图步骤进行。

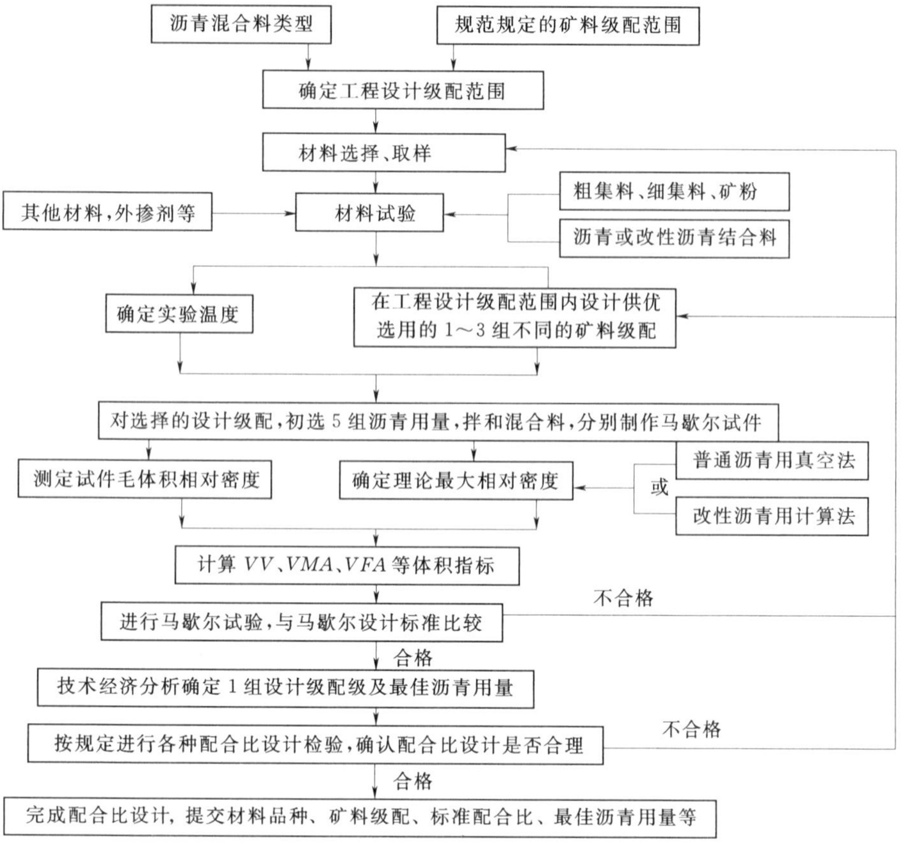

图 7－8　密级配沥青混合料目标配合比设计流程图

1. 矿质混合料配合比组成设计

矿质混合料配合比组成设计的目的，是选配具有足够密实度并且具有较高内摩擦阻力的矿质混合料。设计步骤如下。

(1) 确定沥青混合料类型。沥青混合料必须在对同类公路配合比设计和使用情况调查研究的基础上，充分借鉴成功的经验，选用符合要求的材料，进行配合比设计。

热拌沥青混合料的类型，根据道路等级、路面类型和所处的结构层位选定。

(2) 确定矿料级配范围。沥青路面工程的混合料设计级配范围由工程设计文件或招标文件规定，密级配沥青混合料宜根据公路等级、气候及交通条件按表 7－10 选择采用粗型 (C 型) 或细型 (F 型) 混合料，并在表 7－11 范围内确定工程设计级配范围，根据公路等级、工程性质、气候条件、交通条件和材料品种，通过对条件大体相当的工程的使用情况进行调查研究后调整确定，必要时允许超出规范级配范围。经确定的工程设计级配范围是配合比设计的依据，不得随意变更。

表 7-10　　粗型和细型密级配沥青混凝土的关键性筛孔通过率

混合料类型	公称最大粒径/mm	用以分类的关键性筛孔/mm	粗型密级配		细型密级配	
			名称	关键性筛孔通过率/%	名称	关键性筛孔通过率/%
AC-25	26.5	4.75	AC-25C	＜40	AC-25F	＞40
AC-20	19	4.75	AC-20C	＜45	AC-20F	＞45
AC-16	16	2.36	AC-16C	＜38	AC-16F	＞38
AC-13	13.2	2.36	AC-13C	＜40	AC-13F	＞40
AC-10	9.5	2.36	AC-10C	＜45	AC-10F	＞45

表 7-11　　密级配沥青混凝土混合料矿料级配范围

级配类型		通过下列筛孔（mm）的质量百分率/%												
		31.5	26.5	19	16	13.2	9.5	4.75	2.36	1.18	0.6	0.3	0.15	0.075
粗粒式	AC-25	100	90-100	75-90	65-83	57-76	45-65	24-52	16-42	12-33	8-24	5-17	4-13	3-7
中粒式	AC-20		100	90-100	78-92	62-80	50-72	26-56	16-44	12-33	8-24	5-17	4-13	3-7
	AC-16			100	90-100	76-92	60-80	34-62	20-48	13-36	9-26	7-18	5-14	4-8
细粒式	AC-13				100	90-100	68-85	38-68	24-50	15-38	10-28	7-20	5-15	4-8
	AC-10					100	90-100	45-75	30-58	20-44	13-32	9-23	6-16	4-8
砂粒式	AC-5						100	90-100	55-75	35-55	20-40	12-28	7-18	5-10

（3）矿质混合料配合比计算。

1）组成材料的原始数据测定。根据现场取样，对粗集料、细集料和矿粉进行筛析试验，按筛析结果分别绘出各组成材料的筛分曲线。同时并测出各组成材料的相对密度，以供计算物理常数备用。

2）计算组成材料的配合比。根据各组成材料的筛析试验资料，采用图解法或试算法，计算符合要求的级配范围的各组成材料用量比例。高速公路和一级公路沥青路面矿料配合比设计宜借助电子计算机的电子表格用试配法进行。其他等级公路沥青路面也可参照进行。

3）调整配合比。通常合成级配曲线宜尽量接近设计级配的中限，尤其应使0.075mm、2.36mm和4.75mm筛孔的通过量尽量接近设计级配范围中限；对交通量大、车载量重的公路，宜偏向级配范围的下（粗）限；对中小交通量或人行道路等宜偏向级配范围的上（细）限；合成级配曲线应接近连续的或合理的间断级配，但不应过多地犬牙交错。

对高速公路和一级公路，宜在工程设计级配范围内计算1～3组粗细不同的配比，绘制设计级配曲线，分别位于工程设计级配范围的上方、中值及下方。设计合成级配不得有太多的锯齿形交错，且在0.3～0.6mm范围内不出现“驼峰”。当反复调整不能满意时，宜更换材料设计。

2. 确定沥青混合料的最佳沥青用量

采用马歇尔试验法来确定沥青的最佳用量，其步骤如下。

(1) 制备试样。

1) 按确定的矿质混合料配合比计算各种矿质材料的用量。

2) 根据沥青用量范围的经验，预估油石比或沥青用量。

3) 以预估的油石比为中值，按一定间隔（对密级配沥青混合料通常为0.5%，对沥青碎石混合料可适当缩小间隔为0.3%～0.4%），取5个或5个以上不同的油石比分别成型马歇尔试件。每一组试件的试样数按现行试验规程的要求确定，对粒径较大的沥青混合料，宜增加试件数量。

(2) 测定计算物理指标。

1) 测定试件的毛体积相对密度。

2) 确定沥青混合料的最大理论相对密度。

3) 计算试件的空隙率、矿料间隙率和有效沥青的饱和度等体积指标。

(3) 测定力学指标。测定马歇尔稳定度、流值。

(4) 马歇尔试验结果分析。

1) 绘制沥青用量与物理、力学指标关系图。以沥青用量为横坐标，以毛体积密度、空隙率、矿料间隙率（绘制曲线时含矿料间隙率 *VMA*，且为下凹型曲线，但确定 OAC_{min}～OAC_{max} 时不包括 *VMA*）、有效沥青饱和度、稳定度、流值以及矿料间隙率为纵坐标，将试验结果绘制成沥青用量与各项指标的关系曲线，如图7-9所示。确定的沥青用量均符合《公路沥青路面施工技术规范》（JTG F40—2004）规定的沥青混合料技术标准的沥青用量范围 OAC_{min}～OAC_{max}。

2) 确定最佳沥青用量初始值 OAC_1。从图7-9中求取相应于密度最大的沥青用量 a_1，相应于稳定度最大值的沥青用量 a_2 及相应于规定空隙率范围中值的沥青用量 a_3，相应于沥青饱和度范围的中值的沥青用量 a_4，求取四者平均值作为最佳沥青用量的初始值 OAC_1，即 $OAC_1=(a_1+a_2+a_3+a_4)/4$。

如果在所选择的沥青用量范围未能涵盖沥青饱和度的要求范围，求取三者的平均值作为 OAC_1。即 $OAC_1=(a_1+a_2+a_3)/3$。

对所选择试验的沥青用量范围，密度或稳定度没有出现峰值（最大值经常在曲线的两端）时，可直接以目标空隙率所对应的沥青用量 a_3 作为 OAC_1，但 OAC_1 必须介于 OAC_{min}～OAC_{max} 的范围内。否则应重新进行配合比设计。

3) 确定沥青最佳用量初始值 OAC_2。以各项指标均符合沥青混合料技术标准（不含 *VMA*）的沥青用量范围 OAC_{min}～OAC_{max} 的中值作为 OAC_2，即 $OAC_2=(OAC_{min}+OAC_{max})/2$。

4) 确定沥青最佳用量 OAC。

$$OAC=(OAC_1+OAC_2)/2$$

计算出来的最佳油石比 OAC，从图7-9中得出所对应的空隙率和 *VMA* 值，检验是否能满足《公路沥青路面施工技术规范》（JTG F40—2004）中关于最小 *VMA* 值的要求。OAC 宜位于 *VMA* 凹形曲线最小值的贫油一侧。当空隙率不是整数时，最小 *VMA* 按内插法确定，

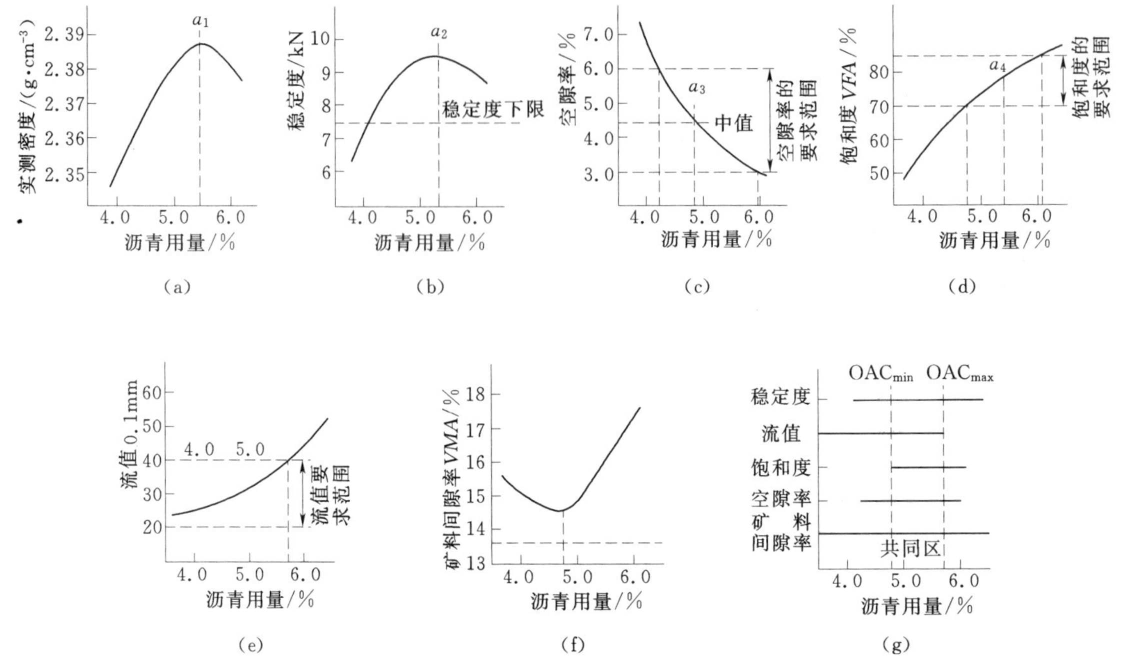

图 7-9　沥青用量与马歇尔稳定度试验物理一力学指标关系图

并将其画入图 7-9 中。检查图中相应于此 OAC 的各项指标是否均符合马歇尔试验技术标准。

根据实践经验和公路等级、气候条件、交通情况，调整确定最佳沥青用量 OAC。

对炎热地区公路以及高速公路、一级公路的重载交通路段，山区公路的长大坡度路段，预计有可能产生较大车辙时，宜在空隙率符合要求的范围内将计算的最佳沥青用量减小 0.1%～0.5%作为设计沥青用量。

对寒冷区公路、旅游公路、交通量很少的公路，最佳沥青用量可以在 OAC 的基础上增加 0.1%～0.3%，以适当减小设计空隙率，但不得降低压实度要求。

(5) 配合比检验。对用于高速公路和一级公路的密级配沥青混合料，需在配合比设计的基础上按要求进行各种使用性能的检验，包括高温稳定性检验、水稳定性检验、低温抗裂性能检验、渗水系数检验和钢渣活性检验。

（二）生产配合比设计

目标配合比确定之后，进入第二个设计阶段，应用实际施工拌和机进行试拌，以确定施工配合比。

（三）生产配合比验证阶段

生产配合比验证阶段，即试拌试铺阶段。按照规范规定的试验段铺设要求，进行各种试验，当全部满足要求时，便可进入正常生产阶段。

第八章　木　　材

【本章提要】 本章主要阐述木材的构造、物理和力学性质，介绍木材的防护措施，并讲述木材产品的种类和应用。通过学习，应掌握木材的性质特征，了解木材产品的应用。

木材应用于建筑工程，历史悠久。我国在木材建筑技术和木材装饰艺术上都有很高的水平和独特的风格。如世界闻名的完全由木材建造的天坛祈年殿、已有千年之久的山西佛光寺正殿以及山西应县辽代木塔等。我国木材资源贫乏，过去木材是重要的结构用材，而现在则主要应用于室内装饰和装修。然而建筑工程中大量使用木材与保护环境存在很大矛盾。因此，节约使用木材，寻求木材综合利用的新途径，研究和生产代木材料相当重要。

木材作为建筑和装饰材料具有以下的优点：

(1) 比强度大，具有轻质高强的特点。

(2) 弹性韧性好，能承受冲击和振动作用。

(3) 导热性低，具有较好的隔热、保温性能。

(4) 在适当的保养条件下，有较好的耐久性。

(5) 纹理美观、色调温和、风格典雅，富有装饰性。

(6) 易于加工，可制成各种形状的产品。

(7) 绝缘性好、无毒性。

木材的组成和构造是由树木生长的需要而决定，因此人们在使用时必然会受到木材自然属性的限制，主要有以下几个方面：

(1) 构造不均匀，呈各向异性。

(2) 湿胀干缩大，处理不当易翘曲和开裂。

(3) 天然缺陷较多，降低了材质和利用率。

(4) 耐火性差，易着火燃烧。

(5) 使用不当，易腐朽、虫蛀。

第一节　木材的分类和构造

一、分类

木材产自木本植物中的乔木，根据树种的不同可分为针叶树材和阔叶树材两大类。

1. 针叶树材

针叶树的树叶如针状（如松）或鳞片状（如桧柏），习惯上也包括宫扇形叶的银杏。针叶树树干通直高大，枝杈较少较小，易得大材，其纹理顺直，材质均匀。大多数针叶树材的木质较软而易于加工，故针叶树材又称软木材。针叶树材力学强度较高，胀缩变形较小，耐腐蚀性强，建筑上广泛用做承重构件和装修材料。我国常用针叶树树种有落叶松、红松、红豆杉、云杉、冷杉和福建柏等。

2. 阔叶树材

阔叶树的树叶多数宽大、叶脉成网状。阔叶树树干通直部分一般较短，枝杈较大，数量较少。相当数量阔叶树材的材质硬而较难加工，故阔叶树材又称硬木材。阔叶树材硬度高，胀缩变形大，易翘曲开裂。但阔叶树材板面纹理美观，具有很好的装饰性，适于做家具、室内装修及胶合板等。我国常用阔叶树树种有水曲柳、栎木、樟木、黄菠萝、榆木、核桃木、酸枣木、梓木和柞木等。

二、木材的构造

木材的构造分为宏观构造和微观结构。由于树种的差异和树木生长的环境不同，木材构造差异很大，木材的构造是决定木材性质的重要因素，了解木材的构造是掌握木材性质的重要手段。

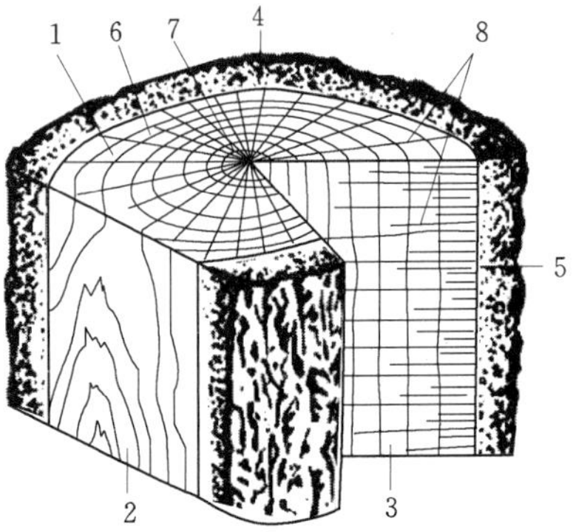

图 8-1　木材切面图

1—横切面；2—弦切面；3—径切面；4—树皮；5—木质部；6—年轮；7—髓心；8—木射线

木材的宏观构造：

木材是非均质材料，其构造应从树干的 3 个主要切面来剖析：横切面，垂直于树轴的切面；径切面，通过树轴的纵切面；弦切面，平行于树轴的切面。

从图 8-1 观察，树木由树皮、木质部和髓心所组成。树皮由外皮、软木组织（栓皮）和内皮组成。有些树种（如栓皮栎和黄菠萝）的软木组织较发达，可用做绝热材料和装饰材料。髓心位于树干的中心，由最早生成的细胞所构成，其质地疏松而脆弱，易被腐蚀和虫蛀。木质部是位于髓心和树皮之间的部分，是建筑材料使用的主要部分。

1. 年轮

在同一生长年中，春天细胞分裂速度快，细胞腔大壁薄，所以构成的木质较疏松，颜色较浅，称为早材或春材；夏秋两季细胞分裂速度慢，细胞腔小壁厚，构成的木质较致密，颜色较深，称为晚材或夏材。

早材和晚材树木生长呈周期性，在一个生长周期内所产生的木材环轮称为一个生长轮，又称为年轮。从横切面上看，年轮是围绕髓心、深浅相间的同心环。一年中形成的早、晚材合称为一个年轮。相同的树种，径向单位长度的年轮数越多，分布越均匀，则材质越好。同样，径向单位长度的年轮内晚材含量（称晚材率）越高，则木材的强度也越大。

2. 边材和心材

有些树种在横切面上，材色可分为内、外两大部分。颜色较浅靠近树皮部分的木材称为边材，颜色较深靠近髓心的木材称为心材。与边材相比，心材中有机物积累多，含水量少，不易翘曲变形，耐腐蚀性好。

3. 髓线

髓线（又称木射线）由横行薄壁细胞所组成，它的功能为横向传递和储存养分。在横切面上，髓线以髓心为中心，呈放射状分布；从径切面上看，髓线为横向的带条。阔叶树的髓线一般比针叶树发达。通常髓线颜色较浅且略带光泽。有些树种（如栎木）的髓线较宽，其径切面常呈现出美丽的银光纹理。

4. 树脂道和导管

树脂道是大部分针叶树种所特有的构造。它是由泌脂细胞围绕而成孔道，富含树脂。在横切面上呈棕色或浅棕色的小点。在纵切面上呈深色的沟槽或浅线条。

导管是一串纵行细胞复合生成的管状构造，起输送养料的作用。导管仅存在于阔叶树中。所以，阔叶树材也叫有孔材；针叶树材没有导管，因而又称为无孔材。

三、木材的微观结构

木材的微观结构是指借助光学显微镜观察的结构，故也称显微结构。在显微镜下观察，木材是由无数管状细胞结合而成的。每个细胞有细胞壁和细胞腔。细胞壁由若干层细小纤维组成，其间的孔隙能吸收和渗透水分。木材的纤维在纵向联结牢固，横向联结较弱。通常木材的细胞壁越厚，腔越小，则木材越密实，表观密度和强度越大，湿胀干缩变形也越大。一般情况下春材的壁薄腔大，夏材的壁厚腔小。

木材中纵向排列的细胞按功能分为管胞、导管和木纤维。树种不同，其构成细胞也不同。针叶树和阔叶树在微观结构上有较大差异。

针叶树材（如松木）显微构造（图 8-2）简单而规则，它主要由管胞、木薄壁组织、木射线和树脂道组成。管胞是组成针叶材的主要分子，占木材体积 90%以上。木射线是以髓心呈辐射状排列的细胞，占木材体积 7%左右，细胞壁很薄，质软，在木材干燥时最易沿木射线方向开裂而影响木材利用。木薄壁组织是一种纵行成串的砖形薄壁细胞，有的形成年轮的末缘，有的散布于年轮中。树脂道系木薄壁组织细胞所围成的孔道，树脂道降低木材的吸湿性，可增加木材的耐久性。

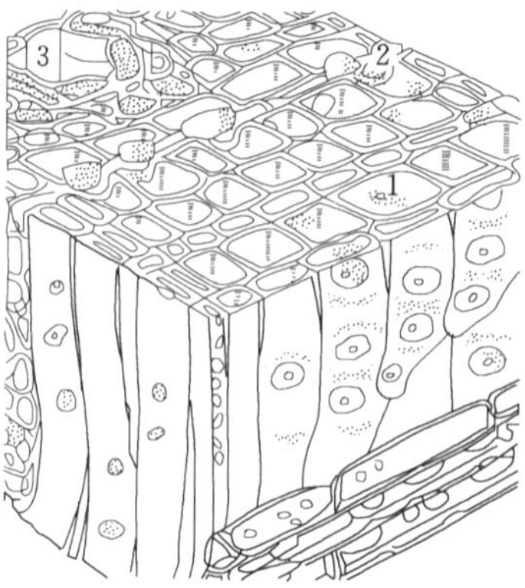

图 8-2　松木显微构造立体图

1—管胞；2—木射线；3—树脂道

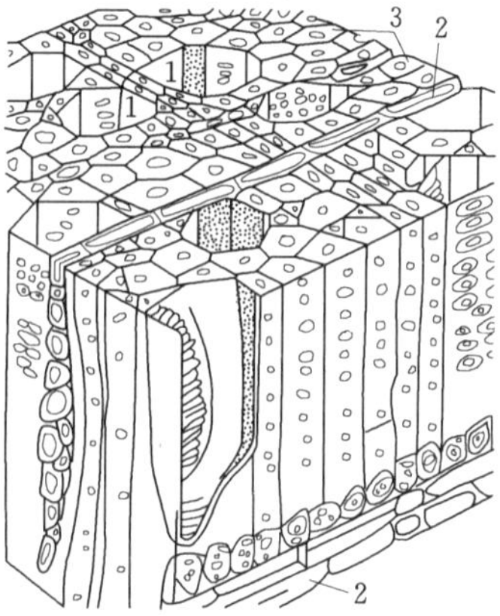

图 8-3　枫香显微构造立体图

1—导管；2—木射线；3—木纤维

阔叶树材（如枫香）显微构造（图 8-3）较复杂，其细胞主要有导管、阔叶树材管胞、木纤维、木射线和木薄壁组织、树胶道等。导管是由一连串的纵行细胞形成的无一定长度的管状组织，构成导管的单个细胞称为导管分子，导管分子在横切面上呈孔状，称为管孔。木纤维是阔叶材的主要组成分子之一，占木材体积 50%以上，主要起支持树体和承受机械力作用，与木材力学性质密切相关。木纤维在木材中含量愈多，其密度和强度相应增加，胀缩也较大。

阔叶树材组成的细胞种类比针叶树材较多，且比较进化。最显著的是针叶树材组成的主要分子——管胞既有疏导功能，又有对树体的支持机能；而阔叶树材则不然，导管起输导作用，木纤维则起支持树体的机能。针叶树材与阔叶树材的最大差异（除极少数树种例外），是前者无导管，而后者具有导管，有无导管是区分绝大多数阔叶材和针叶材的重要标志。此外，阔叶树材比针叶树材的木射线宽、列数也多；薄壁组织类型丰富、且含量多。

四、木材的缺陷

木材在生长、采伐、储运、加工和使用过程中会产生一些缺陷（疵病），如节子、裂纹、夹皮、斜纹、弯曲、伤疤、腐朽和虫害等。这些缺陷不仅降低木材的力学性能，而且影响木材的外观质量。其中节子、裂纹和腐朽对材质的影响最大。

1. 节子

埋藏在树干中的枝条称为节子。活节由活枝条所形成，与周围木质紧密连生在一起，质地坚硬，构造正常。死节由枯死枝条所形成，与周围木质大部或全部脱离，质地坚硬或松软，在板材中有时脱落而形成空洞。材质完好的节子称为健全节，腐朽的节子称为腐朽节，漏节不但节子本身已经腐朽，而且深入树干内部，引起木材内部腐朽。木节对木材质量的影响随木节的种类、分布位置、大小、密集程度及木材的用途而不同。健全活节对木材力学性能无不利影响，死节、腐朽节和漏节对木材力学性能和外观质量影响最大。

2. 裂纹

木材纤维与纤维之间分离所形成的缝隙称为裂纹。在木材内部，从髓心沿半径方向开裂的裂纹称为径裂，沿年轮方向开裂的裂纹称为轮裂，纵裂是沿材身顺纹理方向、由表及里的径向裂纹。木材裂纹主要是在立木生长期因环境或生长应力等因素或伐倒木因不合理干燥而引起。裂纹破坏了木材的完整性，影响木材的利用率和装饰价值，降低木材的强度，也是真菌侵入木材内部的通道。

第二节　木材的物理和力学性质

一、物理性质

1. 密度与表观密度

木材的密度是指构成木材细胞壁物质的密度。密度具有变异性，即从髓心到树皮或早材与晚材及树根部到树梢的密度变化规律，随木材种类不同有较大的不同。平均约为 $1.50 \sim 1.56 g/cm^3$，表观密度约为 $0.37 \sim 0.82 g/cm^3$。

2. 吸湿性与含水率

木材的含水率是木材中水分质量占干燥木材质量的百分比。木材中的水分按其与木材结合形式和存在的位置，可分为自由水、吸附水和化学结合水。自由水是存在于木材细胞腔和细胞间隙中的水，它影响着木材的表观密度、抗腐蚀性、干燥性和燃烧性。吸附水是被吸附在细胞壁内纤维之间的水，吸附水的变化则影响木材强度和木材胀缩变形性能。化学结合水即为木材中的化合水，它在常温下不变化，故其对木材的性质无影响。

当木材中无自由水，而细胞壁内吸附水达到饱和时，这时的木材含水率称为纤维饱和点。其大小随树种而异，通常介于25%～35%，平均为30%。纤维饱和点含水率的重要意义不在于其数值的大小，而在于它是木材许多性质在含水率影响下开始发生变化的起点。在纤维饱和点之上，含水量变化是自由水含量的变化，它对木材强度和体积影响甚微；在纤维饱和点之下，含水量变化即吸附水含量的变化将对木材强度和体积等产生较大的影响。

木材中所含的水分是随着环境的温度和湿度的变化而改变的。当木材长时间处于一定温度和湿度的环境中时，木材中的含水量最后会达到与周围环境湿度相平衡，这时木材的含水率称为木材平衡含水率。

3. 湿胀干缩性

木材具有显著的湿胀干缩性。当木材从潮湿状态干燥至纤维饱和点时，自由水蒸发不改变其尺寸；继续干燥，细胞壁中吸附水蒸发，细胞壁基体相收缩，从而引起木材体积收缩。反之，干燥木材吸湿时将发生体积膨胀，直到含水量达到纤维饱和点时为止。细胞壁愈厚，则胀缩愈大。因而，表观密度大、夏材含量多的木材胀缩变形较大。

木材各个方向的干缩率不同。木材弦向干缩率最大，约6%～12%，径向次之，约3%～6%，纤维方向最小，约0.1%～0.35%。髓心的干缩率较木质部大，易导致锯材翘曲。木材的干缩湿胀变形还随树种不同而异。木材的密度大、晚材含量多，其干缩率就较大（如图8-4、图8-5所示）。湿胀干缩性对木材的下料有较大影响。木材在干燥的过程中会产生变形、翘曲和开裂等现象。

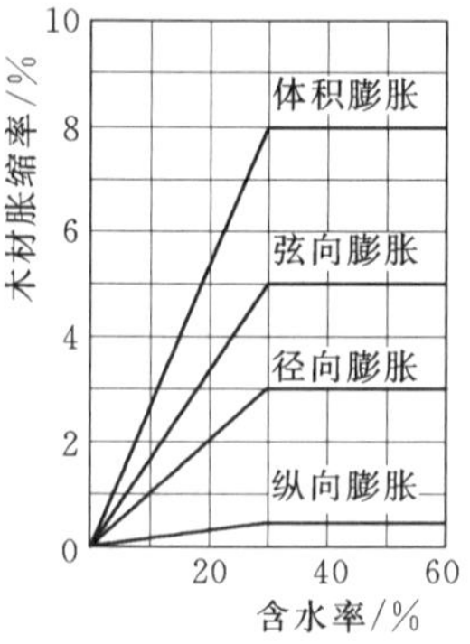

图8-4 含水率对木材胀缩影响

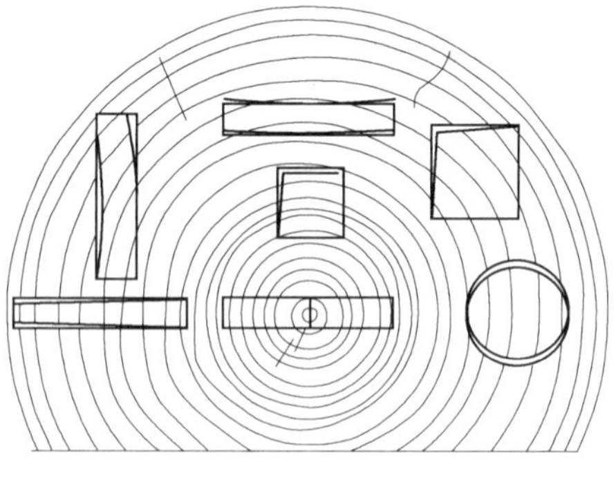

图8-5 截面不同位置木材干燥引起的不同变化

木材湿胀干缩性将影响到其实际使用。干缩会使木材翘曲开裂、接榫松弛、拼缝不严，湿胀则造成凸起。为了避免这种情况，在木材加工制作前必须预先进行干燥处理，使木材的含水率比使用地区平衡含水率低2%～3%。

二、木材的强度

（一）木材的强度

由于木材构造各向不同，其强度呈现出明显的各向异性，因此木材强度应有顺纹和横纹之分。木材的顺纹抗压、抗拉强度均比相应的横纹强度大得多，这与木材细胞结构及细胞在木材中的排列有关。木材的受剪方式有顺纹剪切、横纹剪切和横纹切断 3 种，如图 8-6 所示。表 8-1 是木材各强度的特征及应用。

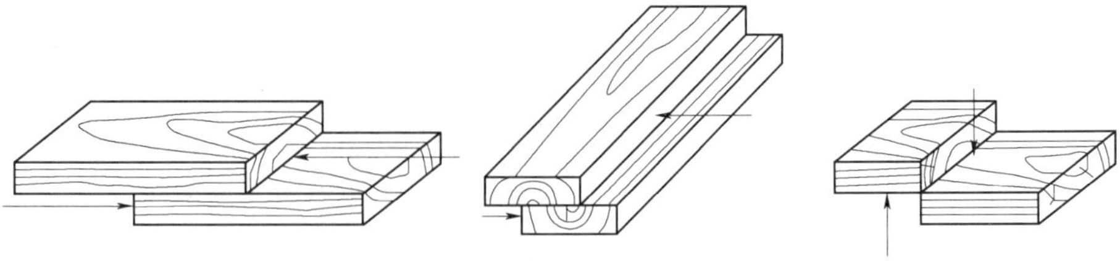

(a) (b) (c)

图 8-6 木材的剪切

(a) 顺纹剪切；(b) 横纹剪切；(c) 横纹切断

表 8-1 木材各强度的特征及应用

强度类型	受力破坏原因	无缺陷标准试件强度相对值	我国主要树种强度值范围/MPa	缺陷影响程度	应用
顺纹抗压	纤维受压失稳，甚至折断	1	25～85	较小	木材使用的主要形式，如柱、桩
横纹抗压	细胞腔被压扁，所测为比例极限强度	1/10～1/3		较小	应用形式有枕木和垫木等
顺纹抗拉	纤维间纵向联系受拉破坏，纤维被拉断	2～3	50～170	很大	抗拉构件连接处首先因横纹受压或顺纹受剪破坏，难以利用
横纹抗拉	纤维间横向联系脆弱，极易被拉开	1/20～1/3			不允许使用
顺纹抗剪	剪切面上纤维纵向联结破坏	1/7～1/3	4～23	大	木构件的榫、销连接处
横纹抗剪	剪切面平行于木纹，剪切面上纤维横向联结破坏	1/14～1/6			不宜使用
横纹切断	剪切面垂直于木纹，纤维被切断	1/2～1			构件先被横纹受压破坏，难以利用
抗弯	在试件上部受压区首先达到强度极限，产生褶皱；最后在试件下部受拉区因纤维断裂或撕开而被破坏	3/2～2	50～170	很大	应用广泛，如梁、桁条、地板等

木材强度等级按无疵标准试件的弦向静曲强度来评定，见表 8-2。木材强度等级代号中的数值为木结构设计时的强度设计值，它要比试件实际强度低数倍，这是因为木材实际强度会受到各种因素的影响。

表 8-2 木材强度等级评定标准

木材种类	针叶树材				阔叶树材				
强度等级	TC11	TC13	TC15	TC17	TB11	TB13	TB15	TB17	TB20
静曲强度最低值/MPa	48	54	60	74	58	68	81	92	104

（二）影响木材强度的主要因素

1. 含水率

木材含水率对强度影响极大。在纤维饱和点以下时，水分减少，则木材多种强度增加，其中抗弯和顺纹抗压强度提高较明显，对顺纹抗拉强度影响最小。在纤维饱和点以上，强度基本为一恒定值。为了正确判断木材的强度和比较试验结果，应根据木材实测含水率将强度按下式换算成标准含水率（12%的含水率）时的强度值：

$$\sigma_{12}=\sigma_w[1+\alpha(W-12)] \tag{8-1}$$

式中　σ_{12}——含水率为12%时的木材强度，MPa；

σ_w——含水率为W%时的木材强度，MPa；

W——试验时的木材含水率，%；

α——含水率校正系数，当木材含水率在9%～15%范围内时，按表8-3取值。

表8-3　　α 取值表

强度类型	抗压强度		顺纹抗拉强度		抗弯强度	顺纹抗剪强度
	顺纹	横纹	阔叶树材	针叶树材		
α 值	0.05	0.045	0.015	0	0.04	0.03

如图8-7所示为含水率对木材强度的影响。

2. 环境温度

温度对木材强度有直接影响。试验表明，温度从25℃升至50℃时，将因木纤维和木纤维间胶体的软化等原因，使木材抗压强度降低20%～40%，抗拉和抗剪强度下降12%～20%。此外，木材长时间受干热作用可能出现脆性。木材长期处于60～100℃时，会引起水分和所含挥发物的蒸发，而使木材呈暗褐色，强度下降，变形增大。因此，长期处于高温作用下（50℃以上）的部位，不宜使用木材。

在木材加工中，常通过蒸煮的方法来暂时降低木材的强度，以满足某种加工的需要（如胶合板的生产）。

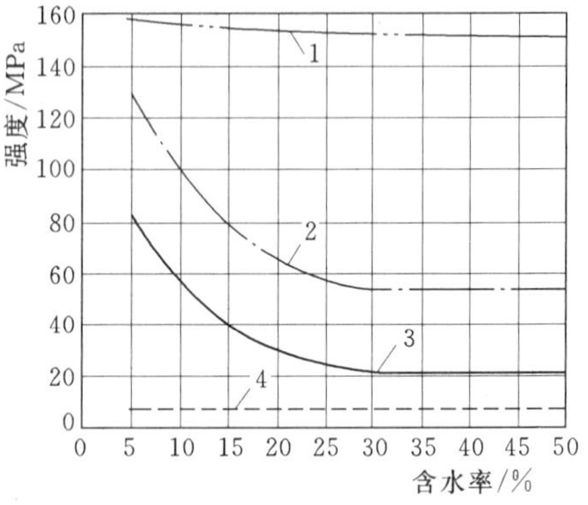

图8-7　含水率对木材强度的影响
1—顺纹抗拉；2—抗弯；3—顺纹抗压；4—顺纹抗剪

3. 负荷时间的影响

木材的长期承载能力远低于暂时承载能力。这是因为在长期承载情况下，木材会发生纤维蠕滑，累积后产生较大变形而降低了承载能力的结果。

木材在长期荷载作用下不致引起破坏的最大强度，称为持久强度。木材的持久强度比其极限强度小得多，一般为极限强度的50%～60%。一切木结构都处于某一种负荷的长期作用下，因此在设计木结构时，应考虑负荷时间对木材强度的影响。

4. 木材的疵病

木材的疵病主要有木节、斜纹、腐朽及虫害等，这些疵病将影响木材的力学性质，但同一疵病对木材不同强度的影响不尽相同。

木节使木材顺纹抗拉强度显著降低，对顺纹抗压影响最小。在木材受横纹抗压和剪切时，木节反而增加其强度。斜纹为木纤维与树轴成一定夹角，斜纹严重降低木材的顺纹抗拉强度，抗弯次之，对顺纹抗压强度影响较小。

裂纹、腐朽和虫害等疵病，会造成木材构造的不连续性或破坏其组织，因此严重影响木材的力学性质，有时甚至能使木材完全失去使用价值。木材的强度是以无缺陷标准试件测得的，而实际木材在生长、采伐、加工和使用过程中会产生一些缺陷，这些缺陷影响了木材材质的均匀性，破坏了木材的构造，从而使木材的强度降低，其中对抗拉和抗弯强度影响最大。

除了上述影响因素外，树木的种类、生长环境、树龄以及树干的不同部位均对木材强度有影响。

第三节　木材的腐蚀与防护

一、干燥

木材在加工和使用之前进行干燥处理，可以提高强度，防止收缩、开裂和变形，减小重量以及防腐防虫，改善木材的使用性能和寿命。大批量木材干燥以气体介质对流干燥法（如大气干燥法、循环窑干法）为主。家具、门窗及室内建筑用木料干燥至含水率6%～10%，室外建筑用木料干燥至含水率8%～15%。

二、防腐防虫

（一）腐朽

木材的腐朽是由真菌在木材中寄生而引起的。侵蚀木材的真菌有3种，即霉菌、变色菌和木腐菌。霉菌一般只寄生在木材表面，并不破坏细胞壁，对木材强度几乎无影响。变色菌多寄生于边材，对木材力学性质影响不大。但变色菌侵入木材较深，难以除去，损害木材外观质量。

木腐菌侵入木材，分泌酶把木材细胞壁物质分解成可以吸收的简单养料，供自身生长发育。腐朽初期，木材仅颜色改变；以后真菌逐渐深入内部，木材强度开始下降；至腐朽后期，木材呈海绵状、蜂窝状或龟裂状等，颜色大变，材质极松软，甚至可用手捏碎。

（二）虫害

因各种昆虫危害而造成的木材缺陷称为木材虫害。往往木材内部已被蛀蚀一空，而外表依然完整，几乎看不出破坏的痕迹，因此危害极大。白蚁喜温湿，在我国南方地区种类多、数量大，常对建筑物造成毁灭性的破坏。甲壳虫（如天牛、蠹虫等）则在气候干燥时猖獗，它们危害木材主要在幼虫阶段。

木材中被昆虫蛀蚀的孔道称为虫眼或虫孔。虫眼对材质的影响与其大小、深度和密集程度有关。深的大虫眼或深而密集的小虫眼能破坏木材的完整性，降低其力学性质，也成为真菌侵入木材内部的通道。

（三）防腐防虫的措施

真菌在木材中生存必须同时具备以下3个条件：水分、氧气和温度。当木材含水率为

35%～50%，温度为24～30℃，并含有一定量空气时最适宜真菌的生长。当木材含水率在20%以下时，真菌生命活动就受到抑制。浸没水中或深埋地下的木材因缺氧而不易腐朽，俗语有"水浸千年松"之说。所以，可从破坏菌虫生存条件和改变木材的养料属性着手，进行防腐防虫处理，延长木材的使用年限。

1. 干燥

采用气干法或窑干法将木材干燥至较低的含水率，并在设计和施工中采取各种防潮和通风措施，如在地面设防潮层，木地板下设通风洞，木屋顶采用山墙通风等，使木材经常处于通风干燥状态。

2. 涂料覆盖

涂料种类很多，作为木材防腐应采用耐水性好的涂料。涂料本身无杀菌杀虫能力，但涂刷涂料可在木材表面形成完整而坚韧的保护膜，从而隔绝空气和水分，并阻止真菌和昆虫的侵入。

3. 化学处理

化学防腐是将对真菌和昆虫有毒害作用的化学防腐剂注入木材中，使真菌、昆虫无法寄生。防腐剂主要有水溶性、油溶性和油质防腐剂3大类。室外应采用耐水性好的防腐剂。防腐剂注入方法主要有表面涂刷、常温浸渍、冷热槽浸透和压力渗透法等。

三、防火

易燃是木材最大的缺点，木材防火处理的方法有：

（1）用防火浸剂对木材进行浸渍处理，为了达到要求的防火性能，应保证一定的吸药量和透入深度。

（2）将防火涂料涂刷或喷洒于木材表面，待涂料固结后即构成防火保护层。防火效果与涂层厚度或每平方米涂料用量有密切关系。

防火处理能推迟或消除木材的引燃过程，降低火焰在木材上蔓延的速度，延缓火焰破坏木材的速度，从而给灭火或逃生提供时间。但应注意防火涂料或防火浸剂中的防火组分随着时间的延长和环境因素的作用会逐渐减少或变质，从而导致其防火性能不断减弱。

第四节　木 材 的 应 用

一、木材初级产品

按加工程度和用途不同，木材分为原条、原木和锯材3类，初级产品见表8-4。承重结构用的木材，其材质按缺陷状况分为3等，各等级木材的应用范围见表8-5。

二、人造板材

（一）胶合板

对原木进行蒸煮软化处理后，用旋切、刨切及弧切等方法切制成的薄片状木材，为单板。胶合板是由一组单板按相邻层木纹方向互相垂直组坯经热压胶合而成的板材，常见的有三夹板、五夹板和七夹板等。胶合板多数为平板，也可经一次或几次弯曲处理制成曲形胶合板。胶合板的分类、性能及应用见表8-6。

表 8－4　　木材的初级产品

分类		说明	用途
原条		除去根、梢、枝的伐倒木	用做进一步加工
原木		除去根、梢、枝和树皮并加工成一定长度和直径的木段	用做屋架、柱、桁条等，也可用于加工锯材和胶合板等
锯材	板材（宽度为厚度的 3 倍或 3 倍以上）	薄板：厚度 12～21mm	门芯板、隔断、木装修等
		中板：厚度 25～30mm	屋面板、装修、地板等
		厚板：厚度 40～60mm	门窗
	方材（宽度小于厚度的 3 倍）	小方：截面积 $54cm^2$ 以下	椽条、隔断木筋、吊顶搁栅
		中方：截面积 $55\sim100cm^2$	支撑、搁栅、扶手、檩条
		大方：截面积 $101\sim225cm^2$	屋架、檩条
		特大方：截面积 $226cm^2$ 以上	木或钢木屋架

表 8－5　　各质量等级木材的应用范围

木材等级	Ⅰ	Ⅱ	Ⅲ
应用范围	受拉或拉弯构件	受弯或压弯构件	受压构件及次要受弯构件

表 8－6　　胶合板分类、性能及应用

分类	名称	性能	应用环境
Ⅰ类（NQF）	耐气候胶合板	耐久、耐煮沸或蒸汽处理、抗菌	室外
Ⅱ类（NS）	耐水胶合板	能在冷水中浸渍，能经受短时间热水浸渍，抗菌	室内
Ⅲ类（NC）	耐潮胶合板	耐短期冷水浸渍	室内常态
Ⅳ类（BNC）	不耐潮胶合板	具有一定的胶合强度	室内常态

胶合板克服了木材的天然缺陷和局限，大大提高了木材的利用率，其主要特点是：消除了天然疵点、变形、开裂等缺点，各向异性小，材质均匀，强度较高；纹理美观的优质材做面板，普通材做芯板，增加了装饰木材的出产率；因其厚度小、幅面宽大，产品规格化，使用起来很方便。胶合板常用做门面、隔断、吊顶、墙裙等室内高级装修。

（二）纤维板

纤维板是以植物纤维为主要原料，经切片、浸泡、磨浆、施胶、成型及干燥或热压等工序制成。其原料相当丰富，可为木材采伐加工剩余物（树皮、刨花、树枝等），稻草、麦秸、玉米秆和竹材等。为了提高纤维板的耐燃性和耐腐性，可在浆料里施加或在湿板坯表面喷涂耐火剂或防腐剂。纤维板材质均匀，完全避免了节子、腐朽和虫眼等缺陷，且胀缩性小、不翘曲、不开裂。纤维板按密度大小分为硬质纤维板、中密度纤维板和软质纤维板。

硬质纤维板密度大、强度高，不易变形。主要用做壁板、门板、地板、家具和室内装修等。中密度纤维板是家具制造和室内装修的优良材料。软质纤维板表观密度小、吸声绝热性能好，可作为吸声或绝热材料使用。

（三）刨花板、木丝板和木屑板

刨花板、木丝板和木屑板是利用刨花碎片、短小废料刨制的木丝和木屑，经干燥、拌胶料辅料，加压成型而制得的板材。所用胶结材料有动物胶、合成树脂、水泥、石膏和菱苦土等。若使用无机胶结材料，则可大大提高板材的耐火性。表观密度小、强度低的板材主要作为绝热和吸声材料，表面喷以彩色涂料后，可以用于天花板等；表观密度大、强度较高的板材可粘贴装饰单板或胶合板做饰面层，用做隔墙等。

（四）细木工板

细木工板也称为大芯板，是一种夹芯板，芯板用木板条拼接而成，两个表面胶贴木质单板，经热压黏合制成。它集实木板与胶合板之优点于一身，可作为装饰构造材料，用于家具和室内装修等。

第九章　合成高分子材料

【本章提要】 本章介绍了合成高分子材料的分类及性能特点；并介绍了土木工程中合成高分子材料的主要制品及应用，包括建筑塑料、橡胶、合成纤维和胶黏剂等。

本章的难点是从合成高分子材料的组成来理解它的性能，正确地根据工程实际选用合适的高分子材料制品。建议在学习中通过对比来理解不同种类的高分子材料的性能及应用。

合成高分子材料是由人工合成的有机高分子化合物为基础组成的材料，又称聚合物或高聚物。在土木工程中所涉及的主要有塑料、橡胶、合成纤维、胶黏剂等。与传统建筑材料相比，高分子材料具有体积密度小、比强度高、耐水及耐化学侵蚀性强、电绝缘性优良、装饰性好等优点，因而在土木工程中的应用日益广泛。

第一节　高分子材料的基本知识

以石油、煤、天然气、水和空气等为原料制得的低分子材料单体（如乙烯、氯乙烯和甲醛等），经合成反应即可得到合成高分子材料，这些材料的分子量一般都在几千以上，甚至可达到数万、数十万或更大。从结构上看，高分子材料是由许多结构相同的小单元（称为链节）重复构成的长链材料。例如，乙烯（$CH_2=CH_2$）的相对分子质量为28，而由乙烯为单体聚合而成的高分子材料聚乙烯（$-CH_2-CH_2-)_n$ 的相对分子质量则在1000～35000之间或更大。其中每一个“$-CH_2-CH_2-$”为一个链节，n 称为聚合度，表示一个高分子中的链节数目。

一、高分子材料的分类

（一）按分子结构分类

1. 线型聚合物

线型聚合物分子结构中碳原子（有时可能有氧、硫等原子）彼此连接成长链，有时带有支链，如聚氯乙烯。一般来说，具有线形结构的树脂，强度较低，弹性模量较小，变形较大，耐热、耐腐蚀性较差，加热可熔化，并能溶于适当溶剂中。支链型聚合物因分子排列较松，分子间作用力弱，因而密度、熔点及强度等低于线型聚合物。

2. 体型聚合物

体型聚合物分子结构中长链之间通过原子或短链连接起来而构成三维网状结构，又称为体型结构，如酚醛树脂。由于体型结构中化学键的结合力强，且交联形成一个“巨大分子”，因此强度较高，弹性模量较大，变形较小，较硬脆，耐热性、耐腐蚀性较好；交联程度浅的网状结构，受热时可以软化，适当溶剂可使其溶胀；交联程度深的体型结构，加热时不软化，也不易被溶剂所溶胀，但在高温下会发生降解。

（二）按对热的性质分类

1. 热塑性树脂

热塑性树脂在加热时呈现出可塑性甚至熔化，冷却后又凝固硬化。这种变化是可逆的，可以重复多次。这类高分子材料其分子间的作用力较弱，为线型及带支链的树脂。

2. 热固性树脂

热固性树脂是一些支链型高分子材料，加热时转变成黏稠状态，发生化学变化，相邻的分子相互连接，转变成体型结构而逐渐固化，其相对分子质量也随之增大，最终成为不能熔化、不能溶解的物质。这种变化是不可逆的，大部分缩合树脂属于此类。

（三）按高分子材料的结晶分类

高分子材料按它们的结晶性能，分为晶态高分子材料和非晶态高分子材料。

由于线型高分子材料的分子链难免没有弯曲，其结晶为部分结晶。结晶所占的百分比称为结晶度。通常，高分子材料结晶度越高，其密度、弹性模量、强度、硬度、耐热性等越大，而冲击韧性、黏附力、断裂伸长率、溶解度等越小。晶态高分子材料一般为不透明或半透明的，非晶态高分子材料则一般为透明的。

体型高分子材料只有非晶态一种。

（四）按高分子材料的温度与形变分类

非晶态高分子材料的物理状态随温度而转变，如图 9－1 所示。图中纵坐标为形变，代表试样在一恒定压力下受压缩的变形程度（以%表示），T_g 为玻璃化温度，T_f 为黏流态温度。

在温度较低时（低于 T_g），高分子材料处于玻璃态，质硬无弹性。当温度超过 T_g 时，高分子材料进入高弹态，质软有弹性。当温度继续升至黏流态温度 T_f 时，聚合物产生塑性变形进入黏流态。

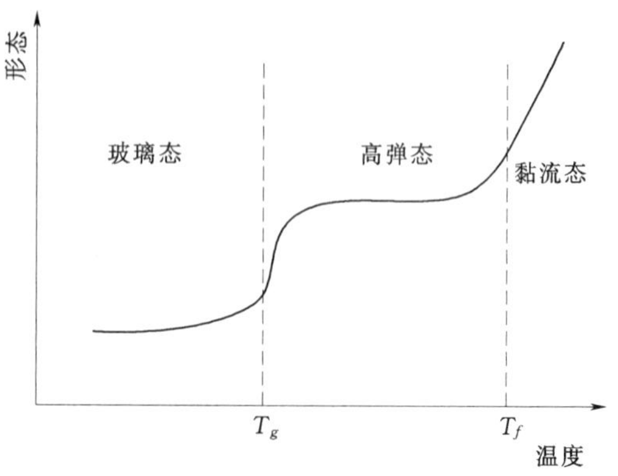

图 9－1　非晶态高分子材料的温度—形变曲线

对于晶态高分子材料，只有到了熔点晶格才被破坏，晶区熔融，高分子材料或直接进入黏流态，或先进入高弹态，然后进入黏流态。

玻璃化温度和熔点是高分子材料使用时耐热性的重要指标。塑料的玻璃化温度高于室温，而橡胶的玻璃化温度低于室温，即在正常使用时，塑料一般处于玻璃态，橡胶则处于高弹态。玻璃化温度是塑料的最高使用温度，却是橡胶的最低使用温度。

二、高分子材料的合成方法及命名

将低分子单体经化学方法聚合成高分子材料，常用方法有加成聚合和缩合聚合两种。

1. 加成聚合

加成聚合又叫加聚反应。它是由许多相同或不相同的不饱和（具有双键或三键的碳原子）单体在加热或催化剂的作用下，不饱和键被打开，各单体分子相互连接起来而成为高聚物，如乙烯、聚乙烯、聚氯乙烯等。加聚反应得到的高聚物一般为线型分子，其组成与单体的组成基本相同，反应过程中不产生副产物。

由加聚反应生成的树脂称为聚合树脂，命名一般是在其原料名称前面冠以“聚”字，如聚乙烯、聚苯乙烯、聚氯乙烯等。

2. 缩合聚合

缩合聚合又叫缩聚反应，它是由一种或数种带有官能团（H—、—OH、Cl—、$—NH_2$、—COOH 等）的单体在加热或催化剂的作用下，逐步相互结合而成为高聚物。同时，单体中的官能团脱落并化合生成副产物（水、醇、氨等）。缩聚反应生成物的组成与原始单体完全不同，得到的高聚物可以是线型的或是体型的。

缩聚反应生成的树脂称为缩合树脂，命名一般是在原料名称后加上“树脂”两字，如酚醛树脂、环氧树脂、聚酯树脂等。

三、高分子材料的性能特点

1. 高分子材料的性能优点

（1）优良的加工性能。如塑料可以采用比较简便的方法加工成多种形状的产品。

（2）质轻。高分子材料的密度一般在 0.90～2.20g/cm^3 之间，平均约为铝的 1/2，钢的 1/5，混凝土的 1/3，与木材相近。

（3）绝缘性好。高分子材料中的化学键是共价键，不能电离出电子，因此不能传递电流；又因为其分子细长而卷曲，在受热或声波作用时，分子不容易振动。所以，高分子材料对于热、声也具有良好的隔绝性能。

（4）化学稳定性好。一般塑料对酸、碱、盐及油脂均有较好的耐腐蚀能力。多数高分子材料憎水性很强，有很好的防水和防潮性。

（5）功能的可设计性强。可通过改变组成与生产工艺，在相当大的范围内制成具有特殊性能的工程材料。如强度超过钢材的碳纤维复合材料、密封材料、防水材料等。

（6）出色的装饰性能。各种塑料制品不仅可以着色，而且色彩鲜艳耐久，并可通过照相制版印刷，模仿天然材料的纹理（如木纹、花岗石和大理石等）可达到以假乱真的程度。

2. 高分子材料的性能缺点

（1）易老化。老化是指高分子化合物在阳光、空气、热以及环境介质中的酸、碱、盐等作用下，分子组成和结构发生变化，致使其性质变化，如失去弹性、出现裂纹、变硬、变脆或变软、发黏失去原有使用功能的现象。塑料、有机涂料和有机胶黏剂都会出现老化。目前采用的防老化措施主要有改变聚合物的结构，加入防老化剂的化学方法和涂防护层的物理方法。

（2）可燃性及毒性。高分子材料一般属于可燃的材料，但可燃性受组成和结构的影响有很大差别。如聚苯乙烯遇火会很快燃烧起来，聚氯乙烯则有自熄性，离开火焰会自动熄灭。部分高分子材料燃烧时释放烟，产生有毒气体。一般可通过改进配方制成自熄或难燃甚至不燃的产品。不过其防火性仍比无机材料差，在工程应用中应予以注意。

（3）耐热性差。高分子材料的耐热性能普遍较差，如使用温度偏高会加速老化，甚至分解；塑料受热会发生变形，在使用中要注意其使用温度的限制。

第二节　建筑塑料

塑料是以树脂为主要成分，并含有填料、各种添加剂（如增塑剂、填充剂、润滑剂和颜料等），而且在加工过程中能流动成型的材料。它与传统材料相比有许多优点，如轻质高强，结构自重轻，便于运输、储藏和装配，又可在工厂预制，质量稳定且不受季节影响。塑料作为土木工程材料有着广阔的应用前景。

一、建筑塑料的基本组成

建筑塑料的主要组成，见表9-1。

表9-1　塑料的主要组成

名称		主要作用	常用品种
树脂		是建筑塑料的基本组成材料，胶结其他组分形成坚实的整体，其性质在很大程度上决定塑料的性质，在塑料中的含量为30%～60%	聚乙烯、聚氯乙烯、酚醛树脂和脲醛树脂等
填料		在塑料中的掺量可达20%～50%，可提高塑料的强度和刚度，减少塑料在常温下的蠕变现象及改善热稳定性；降低成本，增加产量；粉状填料可降低塑料的可燃性；片状和纤维状填料可明显提高塑料的耐磨性和大气稳定性	木屑、滑石粉、石灰石粉、硅藻土、炭黑、玻璃纤维及铝粉等
添加剂	增塑剂	可提高塑料加工时的可塑性及流动性，改善塑料制品的柔韧性	邻苯二甲酸酯类和磷酸酯类
	固化剂	使树脂具有热固性，形成稳定而坚硬的塑料制品	多元胺类、多元酸酐类和聚酰胺树脂
	稳定剂	有抗氧化剂、热稳定剂、紫外线吸收剂等类型，可抑制或延缓塑料老化、延长塑料使用寿命	烷基酚、芳香胺类、炭黑和水杨酸酯等
	着色剂	使塑料制品具有特定的色彩和光泽，以提高塑料制品的装饰性	有机和无机颜料
	其他添加剂	满足塑料使用及成形加工的需要，或使塑料具有特殊的性能	发泡剂、阻燃剂、防霉剂和抗静电剂等

二、建筑塑料的性质

（1）密度。一般为0.9～2.2g/cm^3。

（2）孔隙率。塑料的孔隙率可在生产时加以控制，以满足不同的需要，如泡沫塑料的孔隙率高达98%，而塑料薄膜又近似无孔隙。

（3）耐热性与可燃性。大多数塑料耐热性较差、易燃，且燃烧时会释放大量有毒烟雾，在火灾发生时对人员威胁较大。

（4）导热性与温度变形。各种塑料的导热系数均较低，密实塑料的导热系数为0.23～0.70W/（m·K），泡沫塑料则接近空气。塑料的热膨胀系数一般高于传统材料的3～4倍，其热变形温度较低，一般在60～120℃。

（5）强度和弹性模量。虽然塑料的绝对强度不高，但由于其表观密度小，其比强度接近或超过钢材，属轻质高强材料。但塑料的弹性模量较低，只有钢材的1/20～1/10，同时具有徐变特性。

（6）耐腐蚀性。与金属材料和部分无机材料相比，大多数塑料耐酸、碱、盐等物质的腐蚀性较强。

(7) 电绝缘性。一般塑料都是电的不良导体，因此常用作电器线路、控制开关、电缆等方面。

三、建筑塑料的常用品种

1. 聚乙烯（PE）塑料

聚乙烯是一种结晶型聚合物，是由乙烯单体聚合而成。按单体聚合时的压力条件，可分为高压法、中压法和低压法 3 种。聚合时压力不同，产品的结晶度和密度不同，高压聚乙烯的结晶度低、密度小；低压聚乙烯结晶度高、密度大。随结晶度和密度的增加，聚乙烯的硬度、软化点和强度等随之提高，而冲击韧性和伸长率则下降。

聚乙烯塑料为白色蜡状半透明材料，具有较高的化学稳定性和耐水性，强度虽不高，但低温柔韧性好，无毒、易燃烧。聚乙烯容易光氧化、热氧化、臭氧分解，紫外线作用下容易发生光降解。炭黑对聚乙烯有优异的光屏蔽作用，适量的掺加可以提高聚乙烯塑料的抗老化性能。

2. 聚氯乙烯（PVC）塑料

聚氯乙烯塑料是由氯乙烯单体聚合而成，是目前工程上常用的一种塑料。聚氯乙烯塑料成本低、产量大，化学稳定性高，抗老化性好。加入不同的添加剂可制成软质和硬质的多种产品。聚氯乙烯的耐热性差，在 100℃以上时会发生分解、变质而破坏，通常其使用温度应在 60～80℃以下。

3. 聚苯乙烯（PS）塑料

聚苯乙烯是非结晶聚合物，是由苯乙烯单体聚合而成。聚苯乙烯的透明度高达88%～90%，有光泽，易于着色，化学稳定性高，耐水，耐光，具有较高的绝热能力，成形加工方便，价格较低。但聚苯乙烯性脆，抗冲击性差，易燃，耐热性差。

为改善聚苯乙烯的抗冲击性和耐热性，发展了一些改性聚苯乙烯，ABS 是其中最重要的一种，它是丙烯腈、丁二烯和苯乙烯 3 种单体的共聚体，丙烯腈使 ABS 具有良好的化学稳定性和表面硬度，丁二烯使 ABS 坚韧和具有良好的耐低温性能，苯乙烯则赋予 ABS 良好的加工性能。ABS 的总体性能取决于这 3 种单体的组成比例。

4. 聚丙烯（PP）塑料

聚丙烯是由丙烯聚合而成。聚丙烯为白色蜡状材料，外观与聚乙烯相近，但密度比聚乙烯小，约为 0.9g/cm^3，因此其质轻；聚丙烯耐热性较高（100～120℃），刚性、延性和耐水性好，其拉伸强度高于 PE，但低温抗冲击强度低于 PE。聚丙烯的缺点是低温脆性显著，抗大气性差，故适用于室内。近年来，聚丙烯的生产发展迅速，聚丙烯已与聚乙烯、聚氯乙烯等共同成为建筑塑料的主要品种。无规共聚聚丙烯（PP－R）是目前常用的输水管材。

5. 环氧树脂（EP）

环氧树脂是由双酚 A 和环氧氯丙烷缩聚而成的热固性塑料。环氧在未固化时是高黏度液体或脆性固体，易溶于丙酮或二甲苯等溶剂。加入固化剂后可在室温和高温下固化，固化后具有坚韧、收缩率小、耐水、耐腐蚀等特点。环氧树脂的最大特点是与各种材料均有很强的黏结力。

6. 酚醛树脂（PF）

酚醛树脂是由酚和醛在酸性和碱性催化剂的作用下缩聚而成，是典型的热固性塑料。酚醛树脂的黏结强度高，耐光、耐水、耐热、耐腐蚀以及电绝缘性好，但性脆。在酚醛树脂中掺加填料、固化剂等制成的酚醛树脂制品表面光洁，坚固耐用，成本低，是常用塑料品种之一。

7. 聚酯树脂（PAK）

聚酯树脂是由二元或多元醇和二元或多元酸缩聚而成，具有热固性。聚酯树脂具有优良的胶黏性能，弹性和着色性好，柔韧、耐热和耐水。

四、常用建筑塑料制品

1. 塑料门窗

塑料门窗是改性后的硬质聚氯乙烯（PVC），加入适量的添加剂，经混炼、挤出等工艺制成的异型材经过加工、组装成的建筑物门窗。改性后的聚氯乙烯具有较好的可加工性、稳定性、耐热性和抗冲击性。塑料门窗与其他门窗相比具有良好的耐水性、耐腐蚀性、气密性、水密性、保温隔热性、隔声性和装饰性等，同时塑料门窗保养维修方便，节能显著，在国外已得到广泛的使用，在我国也将逐步取代木门窗、金属门窗等。它的应用可以节约木材、钢材，是节约资源、能源的有效途径。但因无法回收再利用，不属绿色环保材料，在国外及国内大中城市已逐渐被新型金属门窗所替代。

2. 塑料管材

塑料管材与金属管材相比，具有质轻、不生锈、管壁光滑、对流体阻力小、安装加工方便以及节能等特点。近年来塑料管材的生产和应用有很大的发展。

塑料管材有软管和硬管之分。按主要原料可分为聚氯乙烯管、聚乙烯管、聚丙烯管、ABS管、聚丁烯管和玻璃钢管等。主要用做城市和建筑给水排水管材与管件。

3. 泡沫塑料

泡沫塑料是在聚合物中加入发泡剂，经发泡、固化及冷却等工序制成的多孔塑料制品。泡沫塑料的孔隙率高达95%～98%，且孔隙尺寸较小，因而具有优良的隔热保温性能。常用的有聚苯乙烯泡沫塑料、聚氯乙烯泡沫塑料、聚氨酯泡沫塑料等。

4. 纤维增强塑料

纤维增强塑料是树脂基复合材料。纤维的添加可以提高塑料的弹性模量和强度。常用的纤维材料有玻璃纤维和碳纤维等，常用的合成树脂有酚醛树脂、不饱和聚酯树脂、环氧树脂等，用量最大的为不饱和聚酯树脂。纤维增强塑料的性能主要取决于合成树脂和纤维的性能、相对含量和它们之间的黏结力的大小。

玻璃纤维增强塑料又称玻璃钢，是一种优良的纤维增强复合材料，因其比强度很高而被越来越多的应用于建筑结构工程。玻璃钢的主要优点是轻质高强，其比强度接近甚至超过高级合金钢，因此而得名。玻璃钢的主要缺点是弹性模量小，即刚度小，变形较大。玻璃钢在土木工程中主要用于结构加固、防腐和管道等。

碳纤维增强塑料中的增强成分为碳纤维。该塑料制品具有强度和弹性模量高、耐疲劳性能好、耐腐蚀性好等特点。在土木工程中，碳纤维增强塑料主要用于结构加固、制作碳纤维筋或索、用于防腐结构等。

5．塑料装饰材料

塑料装饰材料因装饰效果好、使用性能好、加工简单而越来越多的应用于装饰工程中，关于其详细介绍可参见第十章第五节。

第三节　橡胶和合成纤维

一、橡胶

橡胶具有较高的弹性、不透水性、耐磨性、气密性和电绝缘性等，被广泛应用于工业、农业、国防、交通及日常生活中。橡胶按来源不同，分为天然橡胶和合成橡胶两类。由于天然橡胶远远不能满足生产发展的需要，而合成橡胶在结构和性能方面与天然橡胶基本相似，而且性能更好，因此成为目前主要使用的橡胶品种。

合成橡胶是由各种单体经聚合反应或缩合反应而制成的高弹性聚合物，采用不同的单体可以合成出不同种类的橡胶。常用橡胶的性能及用途，见表 9－2。

表 9－2　　常用橡胶的性能与用途

品种	代号	特性		用途
		优点	缺点	
天然橡胶	NR	弹性高，抗拉伸性能、耐磨性、电绝缘性、加工性能好	易溶于油及有机溶剂，耐老化性差，遇热变软	轮胎、胶管、胶带及其他橡胶制品
丁苯橡胶	SBR	与天然橡胶性能相近，耐磨性、电绝缘性良好，耐热、耐老化性较好	耐油性、弹性、塑性和耐寒性低	轮胎、胶管、胶带及其他橡胶制品，丁苯胶乳常用作室内外涂料
聚丁二烯橡胶	BR	特别优异的弹性、耐寒性、耐磨性，较好的耐老化性能	抗撕裂性能较差，抗湿滑性能不好	轮胎，耐磨、耐寒和防震制品
氯丁橡胶	CR	抗拉性能、耐磨性良好，耐油性、耐热性、耐光性、耐老化性、耐水性良好，不易燃	电绝缘性、耐寒性较差	胶带、胶管、胶黏剂等
丁基橡胶	IIR	耐老化性、气密性、耐化学腐蚀、电绝缘性优异，耐热性、耐寒性也较好	硫化速度慢，加工性能较差	车辆内胎、电线和电缆绝缘层、耐热传送带、密封剂、减震制品等
乙丙橡胶	EPM	耐老化性、耐热性、耐化学腐蚀性、电绝缘性能良好	硫化速度慢，自黏和互黏性差，加工性能不好	胶管、胶带、建筑防水片材、门窗密封条等

二、合成纤维

纤维按来源不同，分为天然纤维（如棉、毛、麻和丝等）和化学纤维等。化学纤维又分为人造纤维和合成纤维。人造纤维是利用自然界中不能直接纺织的纤维素（如木材、棉短绒），经过化学处理与机械加工制得的纤维，如人造丝、人造棉等。合成纤维是以石油、天然气为原料，通过人工合成的高分子化合物经纺丝和后加工等环节而制得的化学纤维的统称。

合成纤维因具有强度高，耐磨、耐腐蚀、耐高温、质轻、保暖、电绝缘性好及不怕霉蛀等特点，在国民经济的各个领域得到了广泛的应用。在工程中，合成纤维可作为增强材料，用于配制纤维混凝土及复合材料的增强组分；合成纤维通过针刺或编织而成的透水性土工合成材料，具有优良的过滤、隔离、加固防护作用，其抗拉强度高、渗透性、耐高温、抗冷冻、耐老化、耐腐蚀性能好，被广泛应用于高速公路、铁路路基、机场跑道、河床、水坝的构筑以及防洪抢险等重大工程中。常用合成纤维的性能，见表9-3。

表9-3　常用合成纤维的性能

化学名称	商品名称	主要性能
聚酰胺纤维	锦纶（或尼龙）	质轻、耐磨、强度高、弹性好，耐油、耐碱和一般溶剂，耐热性、耐酸性差
聚酯纤维	涤纶（的确良）	强度高、弹性好，不易变形，耐热、耐晒、耐磨，吸湿性差
聚丙烯腈纤维	腈纶（人造毛）	柔软、质轻，不霉蛀，耐晒性很高，但耐磨性、耐碱性差
聚丙烯纤维	丙纶	是最轻的纤维，吸水性小，耐磨性好，耐酸、耐碱，弹性较好，强度高，但耐光、耐热性差
聚乙烯醇纤维	维纶、维尼纶	柔软、弹性好，吸湿性大，耐热性差
聚氯乙烯纤维	氯纶	具有自熄性，化学稳定性好，耐强酸、强碱，耐热性差

第四节　胶　黏　剂

能直接将两种材料牢固地黏结在一起的物质通称为胶黏剂。它不但广泛应用于建筑施工及建筑室内外装修工程中，如墙面、地面、吊顶工程的装修粘贴，还常用于屋面防水、地下防水、管道工程、新老混凝土的黏结以及金属构件、基础的修补等，还可用于生产各种新型建筑材料。使用胶黏剂有工艺简单、省工省料、接缝处应力分布均匀、密封和耐腐蚀等优点。

一、胶黏剂的组成

胶黏剂的基本组成材料有黏料、固化剂、填料和稀释剂等。

黏料是胶黏剂的基本成分，又称基料。对胶黏剂的胶接性能起决定作用。合成胶黏剂的胶料，既可用合成树脂、合成橡胶，也可采用二者的共聚体和机械混合物。用于胶接结构受力部位的胶黏剂以热固性树脂为主；用于非受力部位和变形较大部位的胶黏剂以热塑性树脂和橡胶为主。

固化剂能使基本黏合物质形成网状或体型结构，增加胶层的内聚强度。常用的固化剂有胺类、酸酐类、高分子类和硫磺类等。

加入填料可改善胶黏剂的性能（如提高强度、降低收缩性，提高耐热性等），常用有金属及其氧化物粉末、水泥及木棉、玻璃等。

为了改善工艺性（降低黏度）和延长使用期，常加入稀释剂。稀释剂分活性和非活性，前者参加固化反应，后者不参加固化反应，只起稀释作用。常用稀释剂有环氧丙烷、丙酮等。

此外，为使胶黏剂具有更好的性能，还应加入一些其他的添加剂，如增韧剂、抗老化剂和增塑剂等。

二、胶黏剂的性能

为将材料牢固地黏结在一起，胶黏剂必须具备下列基本性能：

（1）工艺性要好，如具有足够的流动性，且能保证被黏结表面能充分浸润；易于调节黏结性和硬化速度等。工艺性是有关胶黏剂黏结操作难易的总评价。

（2）具有足够的黏结强度，这是评价胶黏剂质量高低的主要性能指标。

（3）耐久性、耐候性要好，不易老化。

（4）稳定性要好，膨胀或收缩变形小。

（5）必须对人体无害，其有害物质限量应符合《室内装饰装修材料 胶黏剂中有害物质限量》（GB 18583—2008）的规定。

（6）其他性能如耐温性、耐化学稳定性、储藏稳定性等。

三、胶黏剂的胶黏机理

胶黏剂之所以能牢固地黏结相同或不同的材料，是由于它们具有黏结力。胶黏机理主要体现在以下几个方面：

（1）机械黏结。即这类胶黏剂在黏合时不发生化学反应，而是通过胶黏剂涂在材料表面使被黏物表面受其浸润而黏结在一起。

（2）化学反应。某些胶黏剂分子与材料分子间能发生化学反应而固化，将被黏物黏结在一起。

（3）物理吸附力。胶黏剂分子和材料分子间存在物理吸附力，即范德华力将材料黏结在一起。

实际上从胶黏力的性质来看，当被黏物表面十分光滑密实时，其黏结力一般来源于物理吸附力；当被黏物表面孔隙多时，胶黏剂渗入被黏物的孔隙内，硬化后被“镶嵌”在一起，同时由于被黏物表面粗糙增加了接触面积，从而增加了黏结力。

四、常用胶黏剂的品种

胶黏剂的生产厂家很多，品种性能各异，如何根据材料性质及环境条件正确选用胶黏剂，是保证黏结质量的关键。以下仅介绍装饰工程中常用的几种胶黏剂，供设计和选用时参考。

1. 环氧树脂胶黏剂（EP）

环氧树脂胶黏剂的组成材料为合成树脂、固化剂、填料、稀释剂和增韧剂等。随着配方的改进，可以得到不同品种和用途的胶黏剂。环氧树脂未固化前是线型热塑性树脂，由于分子结构中含有极活泼的环氧基（$—CH—CH_2$）和多种极性基（特别是—OH）。故它可与多种类型的固化剂反应生成网状体型结构高聚物，对金属、木材、玻璃、硬塑料和混凝土都有很高的黏附力。

2. 不饱和聚酯树脂胶黏剂（UP）

不饱和聚酯树脂是由不饱和二元酸、饱和二元酸组成的混合酸与二元醇起反应制成线型聚酯，再用不饱和单体交联固化后，即成体型结构的热固性树脂，主要用于制造玻璃钢，也可黏接陶瓷、玻璃钢、金属、木材、人造大理石和混凝土。不饱和聚酯树脂胶黏剂的接缝耐久性和环境适应性较好，并有一定的强度。

3. 聚醋酸乙烯胶黏剂（PVAC）

聚醋酸乙烯乳液（常称白乳胶）由醋酸乙烯单体、水、分散剂、引发剂以及其他辅助材料经乳液聚合而得。是一种使用方便，价格便宜，应用普遍的非结构胶黏剂。它对于各种极性材料有较好的黏附力，以黏接各种非金属材料为主，如玻璃、陶瓷、混凝土、纤维织物和木材。它的耐热性在40℃以下，对溶剂作用的稳定性及耐水性均较差，且有较大的徐变，多作为室温下工作的非结构胶，如粘贴塑料墙纸、聚苯乙烯或软质聚氯乙烯塑料板以及塑料地板等。

4. 酚醛树脂胶黏剂（PF）

以酚醛树脂为基料，配以固化剂、改性剂后组成的一类胶黏剂。优点是工艺简单，成本低廉，黏接力强，耐电性、耐水性、电气绝缘性、耐热性能高，在较高温度下仍有一定的黏接强度。广泛用于木材、塑料、金属等材料的黏接，制造业及其他胶种的耐热改性。缺点是胶层脆性较大，抗剥离强度差，需加温加压固化。通过与其他树脂共混合加入助剂等途径来对酚醛树脂进行改性，以扩大其应用范围。改性后的酚醛树脂胶黏剂主要用于结构胶黏剂。

5. 丁腈橡胶胶黏剂（NBR）

丁腈橡胶是丁二烯和丙烯腈的共聚产物。丁腈橡胶胶黏剂主要用于橡胶制品，以及橡胶与金属、织物、木材的黏接。它的最大特点是耐油性能好，抗剥离强度高，接头对脂肪烃和非氧化性酸有良好的抵抗性，加上橡胶的高弹性，所以更适于柔软的或热膨胀系数相差悬殊的材料之间的黏接，如黏合聚氯乙烯板材、聚氯乙烯泡沫塑料等。为获得更大的强度和弹性，可将丁腈橡胶与其他树脂混合。

五、胶黏剂的使用

1. 选择合适的品种

选择胶黏剂时要根据实际情况选择，应考虑以下几点：

（1）所要黏结的材料品种和特性。

（2）被黏结材料对胶黏剂有什么特殊要求，如强度、颜色和韧性等。

（3）周围环境对胶黏剂的要求，如温度、湿度、防潮和防水等。

2. 胶黏剂的使用方法

（1）对被黏结物体进行表面处理，如清洁、干燥和打毛等。

（2）涂胶方法。常用涂胶工具有刷子、刮刀、喷涂机和滚涂机等。

（3）施加压力。压紧被黏结物使其表面互相紧密接触，排出空气。

（4）储存与安全。多数胶黏剂可燃，且燃烧时会放出毒气，因此应按照说明书规定的条件储存，以保证安全和避免胶黏剂失效。

第十章 建筑功能材料

【本章提要】 为满足人们对建筑物的各种要求，在建筑结构中使用的可以实现某一方面特定功能的材料被称为建筑功能材料。本章将简要介绍目前建筑工程中常用的绝热材料、防水材料、吸音隔声材料、灌浆材料和装饰材料等建筑功能材料。

第一节 绝热材料

凡是对热传导具有显著阻抗作用的材料称为绝热材料。在建筑中，习惯上把用于控制室内热量外流的材料叫做保温材料；把防止室外热量进入室内的材料叫做隔热材料。保温和隔热材料统称为绝热材料。在土木工程中，绝热材料主要用于墙体、屋顶，以及热工设备、采暖和空调管道的保温隔热。

建筑工程的能量损失主要取决于建筑物本身的绝热保温性能。在房屋建筑工程及各种热工构造物或设备中，特别是在寒冷地区和炎热地区的建筑工程中，科学选择和正确地使用绝热保温材料，对于改善建筑物使用功能和提高建筑物的质量水平，节约供热或制冷所需的能源具有重要的作用。

一、绝热材料的性能

1. 导热系数

在建筑材料中热量传导的性质用导热系数表示，导热系数越小，则通过材料传递的热量越少，其保温隔热性能越好。工程中，通常把导热系数小于0.23W/(m·K)的材料称为绝热材料。

影响材料导热系数的主要因素有材料的物质构成、微观结构、孔隙构造、温度、湿度和热流方向等。

2. 温度稳定性

材料在受热作用下保持原有性能不变的能力，称为绝热材料的温度稳定性。通常用其不致丧失绝热性能的极限温度来表示。

3. 吸湿性

绝热材料从潮湿环境中吸收水分的能力称为吸湿性。一般吸湿性越大，对绝热效果越不利。

4. 强度

绝热材料的力学强度和其他材料一样是用极限强度来表示的。通常采用抗压强度和抗折强度。由于绝热材料含有大量孔隙，故其强度一般均不大，因此不宜将绝热材料用于承受荷载部位。对于某些纤维材料，有时常用材料达到某一变形时的承载能力作为其强度代表值。

二、常用的绝热保温材料

按其化学组成，可分为无机、有机和复合3大类型。无机绝热材料是用矿物质原材料制成的材料，常呈纤维状、松散粒状和多孔状，可制成板、片、卷材或有套管型制品。有机绝热材料是用有机原材料（各种树脂、软木、木丝和刨花等）制成。一般说来，无机绝热材料的表观密度大，不易腐蚀，耐高温；而有机绝热材料吸湿性大，不耐久，不耐高温，只能用于低温绝热。绝热材料按其宏观结构又可分为纤维、粒状和多孔绝热材料；按其使用状态还可分为刚性绝热保温材料或柔性绝热保温材料等。现将土木工程中常用的绝热材料简介如下。

（一）纤维状绝热材料

这类材料主要是以矿棉、石棉、玻璃棉及植物纤维等为主要原料，制成板、筒、毡等形状的制品，广泛用于住宅建筑和热工设备、管道等的保温隔热。这类绝热材料通常也是良好的吸声材料。

1. 石棉及其制品

石棉是一种纤维状无机结晶材料，石棉纤维具有极高的抗拉强度，并具有耐高温、耐腐蚀、绝热和绝缘等优良特性，是一种优质绝热材料。通常将其加工成石棉粉、石棉板和石棉毡等制品。由于石棉中的粉尘对人体有害，因此民用建筑中已很少使用，目前主要用于工业建筑的隔热、保温及防火覆盖等。

2. 矿棉及其制品

矿棉一般包括岩石棉和矿渣棉。岩棉是由玄武岩、火山岩等矿物在冲天炉或电炉中熔化后，用压缩空气喷吹法或离心法制成；矿渣棉是以工业废料矿渣为主要原料，熔融后，用高速离心法或压缩空气喷吹法制成的一种棉丝状的纤维材料。矿棉具有质轻、不燃、耐火、绝热、消音和电绝缘等性能，价格较低，且具有优越的防火性能等特点，是建筑围护结构和工业设备理想的保温建筑材料，是目前石棉替代品之一。

3. 玻璃棉及其制品

玻璃棉是以石灰石、萤石等天然矿物为主要原料，在玻璃窑炉中熔化后，通过不同技术（如拉丝、吹丝和离心等）制成的人造无机纤维。

玻璃棉作为一种新型的无机非金属材料，具有绝热、隔音、耐高温、抗腐蚀、强度高、密度小、柔软回弹性强、吸声强以及防潮性好等性能。建筑业中常用的玻璃棉分为两种，即普通玻璃棉和超细玻璃棉。普通棉的纤维长度一般长50～150mm，纤维直径12μm，而超细玻璃棉一般直径在4μm以下，其外观洁白如棉，表观密度可小至18kg/m^3，导热系数为0.028～0.037W/(m·K)，绝热性能更为优良。用来制作玻璃棉毡、玻璃棉板、玻璃棉套管及一些异形制品。广泛应用在热力设备和房屋建筑的保温隔热，同时它还是良好的吸声材料。

4. 植物纤维复合板

植物纤维复合板是以植物纤维为主要材料加入胶结料和填料而制成。其表观密度为200～1200kg/m^3，导热系数为0.058W/(m·K)，可用于墙体、地板和顶棚等，也可用于冷藏库和包装箱等。

5. 陶瓷纤维绝热制品

陶瓷纤维是以氧化硅、氧化铝为主要原料，经高温熔融、蒸汽（或压缩空气）喷吹或离心喷吹（或溶液纺丝再经烧结）而制成，表观密度为 140～150kg/m³，导热系数为 0.1160～0.186W/(m·K)，最高使用温度为 1100～1350℃，耐火度大于等于 1770℃，可加工成纸、绳、带、毯和毡等制品，供高温绝热或吸声之用。

（二）散粒状保温隔热材料

1. 膨胀蛭石及其制品

膨胀蛭石是由天然矿物——蛭石，经烘干、破碎和焙烧（850～1000℃），在短时间内体积急剧膨胀（6～20 倍）而成的一种金黄色或灰白色的颗粒状材料，具有表观密度低、热导率小、防火、防腐、化学性能稳定、无毒无味等特点，是一种优良的保温、隔热建筑材料。在建筑工程中，除用作绝热填充材料外，还可用胶结材料将膨胀蛭石胶结在一起制成膨胀蛭石制品，如水泥膨胀蛭石制品、水玻璃膨胀蛭石制品等。

2. 膨胀珍珠岩及其制品

珍珠岩是一种酸性火山玻璃质岩石，内部含有 3%～6%的结合水，当受高温作用时，玻璃质由固态软化为黏稠状态，内部水则由液态变为一定压力的水蒸气向外扩散，使黏稠的玻璃质不断膨胀，当被迅速冷却达到软化温度以下时就形成一种多孔结构的物质称为膨胀珍珠岩。其具有表观密度低、热导率低、化学稳定性好、使用温度范围广（－200～800℃）、吸湿能力小，且无毒、无味、吸声等特点。建筑上广泛用作围护结构、低温及超低温保冷设备、热工设备等的绝热保温材料，也可用于制作吸声制品。

（三）多孔性绝热材料

1. 微孔硅酸钙制品

微孔硅酸钙制品是用粉状二氧化硅材料（硅藻土）、石灰、纤维增强材料及水等经搅拌、成型、蒸压和干燥处理等工序而制成。以托贝莫来石为主要水化产物的微孔硅酸钙表观密度约为 200kg/m³，导热系数为 0.047W/(m·K)，最高使用温度约为 650℃。以硬硅钙石为主要水化产物的微孔硅酸钙，其表观密度约为 230kg/m³，导热系数为 0.056W/(m·K)，最高使用温度可达 1000℃。用于围护结构及管道保温，效果较水泥膨胀珍珠岩和水泥膨胀蛭石为好。

2. 泡沫玻璃

泡沫玻璃是由玻璃粉和发泡剂等经配料、烧制而成。气孔率为 80%～95%，气孔直径为 0.1～5.0mm，且大量为封闭而孤立的小气泡。因此，具有良好的防水抗渗性、不透气性、耐热性、抗冻性、防火性和耐腐蚀性。其表观密度为 150～600kg/m³，导热系数为 0.058～0.128W/(m·K)，抗压强度为 0.8～15.0MPa。采用普通玻璃粉制成的泡沫玻璃最高使用温度为 300～400℃，若用无碱玻璃粉生产时，则最高使用温度可达 800～1000℃，耐久性好，易加工，可用于多种绝热需要。

3. 泡沫混凝土

泡沫混凝土由水泥、水、松香泡沫剂混合后，经搅拌、成型、养护而制成的一种多孔轻质材料。也可用粉煤灰、石灰、石膏和泡沫剂制成粉煤灰泡沫混凝土。泡沫混凝土的表观密度为 300～500kg/m³，导热系数为 0.082～0.186W/(m·K)。

4. 加气混凝土

加气混凝土是由水泥、石灰、粉煤灰和发泡剂（铝粉）配制而成。是一种保温绝热性能良好的轻质材料。加气混凝土的表观密度为 500～700kg/m^3，导热系数 0.093～0.164 W/(m·K)。

5. 泡沫塑料

泡沫塑料是以树脂为基料，加入辅助料经加热发泡制得的轻质保温隔热材料。具有表观密度小，热导率低、防震、吸声、耐腐蚀、耐霉变、加工成形方便、施工性能好等优点。目前我国生产的有：聚苯乙烯泡沫塑料，其表观密度为 20～75kg/m^3，导热系数为 0.038～0.047W/(m·K)，最高使用温度为 70℃；聚氯乙烯泡沫塑料，其表观密度为 12～75kg/m^3，导热系数为 0.031～0.045W/(m·K)，最高使用温度为 70℃，遇火能自行熄灭；聚氨酯泡沫塑料，其表观密度为 30～65kg/m^3，导热系数为 0.035～0.042W/(m·K)，最高使用温度可达 120℃，最低使用温度为－60℃。此外，还有脲醛树脂泡沫塑料及其制品等。

泡沫塑料除了用作围护结构保温层外，还可用于复合墙板及屋面板的夹芯层、冷藏及包装等绝热需要。由于这类材料具有可燃性，应作防火处理，达到消防要求方可用于房屋建筑，并根据建筑物火灾等级，合理选择泡沫塑料的品种。

（四）其他绝热材料

1. 碳化软木

碳化软木板是以一种橡树的外皮为原料，经适当破碎后再在模型中成形，在 300℃左右热处理而成。由于软木树皮层中含有无数树脂包含的气泡，所以成为理想的保温、绝热、吸声材料，且具有不透水、无味、无毒等特性，并有弹性，柔和耐用，不起火焰只能阴燃。

2. 蜂窝板

蜂窝板是由两块较薄的面板牢固地黏接在一层较厚的蜂窝状芯材两面而制成的板材，亦称蜂窝状夹层结构。蜂窝状芯材是用浸渍过合成树脂（酚醛、聚酯等）的牛皮纸、玻璃布和铝片等，经过加工黏合成蜂窝状的整块芯材。芯材的厚度在 15～45mm 范围内，空腔的尺寸在 10mm 以上。常用的面板为浸渍过树脂的牛皮纸、玻璃布或不经树脂浸渍的胶合板、纤维板、石膏板等。面板必须采用合适的胶黏剂与芯材牢固地黏合在一起，才能显示出蜂窝板的优异特性，即具有比强度高，导热性低和抗震性好等多种功能。

3. 窗用绝热薄膜

这种薄膜是以聚酯薄膜经紫外线吸收剂处理后，在真空中进行蒸镀金属粒子沉积层，然后与一层有色透明的塑料薄膜压制而成的，用于建筑物窗玻璃的绝热。其作用原理是将透过玻璃的大部分阳光反射出去，反射率最高可达 80%，从而起到了遮蔽阳光、防止室内陈设物褪色等作用，同时还可有效避免玻璃碎片伤人。

三、绝热材料的选用及基本要求

选用绝热材料应满足的基本要求是：导热系数不宜大于 0.23W/(m·K)，表观密度不宜大于 600kg/m^3，抗压强度大于 0.3MPa。由于绝热材料的强度一般都很低，因此，除了能单独承重的少数材料外，在围护结构中，通常把绝热材料层与承重结构材料层复合使用。如建筑外墙的保温层通常做在内侧，以免受大气的侵蚀，同时应选用不易碎的材料，如软木板和木丝板等；如果外墙为砖砌空斗墙或混凝土空心制品，则保温材料可填充在墙体的空隙内，此时可采用散粒材料，如矿渣、膨胀珍珠岩等；而高层建筑通常采用外保温，如在外墙的外面粘贴聚苯板保温层。屋顶保温层则以在屋面板上为宜，这样可以防止钢筋混凝土屋面板由于冬夏温差而裂缝，但保温层上必须加做效果良好的防水层。

总之，在选用绝热材料时，应结合建筑物的用途、围护结构的构造、施工难易、材料来源及经济性等因素综合考虑。对于一些特殊建筑物，还必须考虑绝热材料的使用温度条件、不燃性、化学稳定性及耐久性等。

第二节 防 水 材 料

防水材料是指能防止雨水、地下水及其他水渗入建筑物或构筑物的功能性材料。防水材料广泛应用于建筑工程、公路桥梁和水利工程等。

土木工程防水分为防潮和防渗（漏）两种。防潮是指应用防水材料封闭建筑物表面，防止液体物质渗入建筑物内部。防渗（漏）是指防止液体物质通过建筑物内部孔洞、裂缝及构件之间的接缝，渗漏到建筑物内部或建筑构件内部液体渗出。

防水材料是建筑工程不可缺少的功能性材料，目前防水材料的造价约占工程总造价的15%，地下室建筑则高达25%～30%。传统的防水材料是以纸胎石油沥青油毡为代表，它的抗老化能力差，纸胎的延伸率低，易腐烂。油毡胎体表面沥青耐热性差，当气温变化时，油毡与基底、油毡之间的接头容易出现脱离和开裂的现象，形成水路联通和渗漏。新型的防水材料，大量应用高聚物改性沥青材料来提高胎体的力学性能和抗老化性。应用合成材料、复合材料能增强防水材料的低温柔韧性、温度敏感性和耐久性，极大提高了防水材料的物理化学性能。

针对土木工程的使用要求，防水材料应具备如下性能：

（1）耐候性。对自然环境中的光、冷、热等具有一定的承受能力，冻融交替的环境下，在指标时间内不开裂、不起泡。

（2）抗渗性。特别在建筑物内外存在一定水压力差时，抗渗是衡量防水材料功能性的重要指标。

（3）整体性。防水材料按性质可分为柔性和刚性两种。在热胀冷缩的作用下，柔性防水材料应具备一定适应基层变形的能力。刚性防水材料应能承受温度应力变化，与基层形成稳定的整体。

（4）强度。在一定荷载和变形条件下，能够保持一定的强度，保持防水材料不断裂。

（5）耐腐蚀性。防水材料有时会接触液体物质，包括水、矿物水、溶蚀性水、油类和化学溶剂等，因此防水材料必须具有一定的抗腐蚀能力。

建筑防水材料种类繁多，特别是近年来，新型防水材料飞速发展，新品种不断问世。防水材料有以下的分类：

（1）按形态和功能可分为防水卷材、防水涂料和防水密封材料等几类。

（2）按材料组分可分为有机防水材料和无机防水材料两大类。有机防水材料又可分为沥青基防水材料、合成高分子防水材料及复合防水材料等。无机防水材料又可分为非金属防水材料（如防水混凝土、防水砂浆等）和金属防水材料（镀锌薄钢板、不锈钢薄版、紫铜止水片等）两大类。

（3）按力学特性可分为柔性防水材料和刚性防水材料两类。

本节主要介绍防水卷材、防水涂料和防水密封材料。

一、防水卷材

防水卷材是指可卷曲成卷状的柔性防水材料。

防水卷材主要包括沥青防水卷材、高聚物改性沥青防水卷材和合成高分子防水卷材 3 大类。20 世纪 80 年代以前沥青防水材料是主流产品，20 世纪 80 年代后逐渐向改性沥青、橡胶、树脂基发展。防水卷材按卷材的结构不同可分为有胎卷材和无胎卷材。有胎卷材是一种用玻璃布、石棉布、棉麻织品、厚纸等增强材料作胎体，浸渍或涂敷沥青、合成高分子材料，表面撒布粉状、粒状或片状防粘材料制成的卷材，也称作浸渍卷材。无胎卷材是将沥青、塑料或胶橡与填充料、添加剂等经配料，混炼、压延而成的防水材料，也称辊压卷材。

为了满足防水工程的要求，防水卷材必须具备以下性能：

（1）耐水性和不透水性：即在水作用下其性能基本不变，在压力水作用下不透水。

（2）温度稳定性：在一定温度变化条件下保持原有性能的能力，即在高温下不流淌、不起泡、不滑动，低温下不脆裂的性能。

（3）机械强度、延伸性和抗断裂性：即在承受建筑结构允许范围内荷载和变形条件下不断裂的性能。

（4）柔韧性：在低温下保持柔韧的性能，保证易于施工、不脆裂。

（5）大气稳定性：即在阳光、热、氧气及其他化学侵蚀介质、微生物侵蚀介质等因素的长期综合作用下抵抗老化、侵蚀的性能。

（一）沥青防水卷材

沥青防水材料虽然在性能上存在一些缺陷，但它价格低廉、货源充足、结构致密和防水性能良好，对腐蚀性液体、气体抵抗力强，黏附性好、有塑性，对基材的变形有较好的适应性。20 世纪 50～60 年代以来，我国防水材料一直以纸胎石油沥青油毡为代表。由于纸胎耐久性差，现在已基本上被淘汰，目前多用纤维织物、纤维毡等作为胎体。

沥青防水卷材按其胎体可分为有胎卷材和无胎卷材。有胎卷材是一种用玻璃布、石棉布、棉麻织品和厚纸等作胎体，浸渍石油沥青，表面撒布粉状、粒状或片状防黏材料制成的卷材，也称作浸渍卷材。无胎卷材是将橡胶粉、石棉粉等混合到沥青材料中，经混炼、压延而成的防水材料，也称辊压卷材。沥青防水卷材，是目前土木建筑中常用的柔性防水材料。

1. 石油沥青玻纤胎和玻璃布胎防水卷材

（1）石油沥青玻纤胎防水卷材。

石油沥青玻纤胎防水卷材，也称作玻纤胎沥青防水卷材或玻纤胎油毡，属弹性体沥青防水卷材之一。它是以玻璃纤维薄毡为胎芯，浸涂石油沥青，并在表面涂撒矿物粉料或覆盖聚乙烯膜等隔离材料，制成可卷曲的片状防水材料。

石油沥青玻纤胎防水卷材按其表面涂撒的材料不同，可分为膜面、粉面和砂面 3 个品种，按 $10m^2$ 卷材标称质量（kg）分为 15、25 和 35 三个标号，按油毡中可溶物含量及其物理性能分为合格品（C）、一等品（B）和优等品（A）3 个等级。

玻纤胎油毡具有较高的抗拉强度，防渗漏性能好，可达到A级防水标准。该材料防老化、抗腐蚀性、耐候性强，经与改性沥青复合后，弹性、柔软性、抗震性能都得到很大的提高，例如经SBS（苯乙烯-丁二烯-苯乙烯）改性的产品，能够在－15～－25℃低温下保持良好的柔韧性。石油沥青玻纤胎防水卷材物理力学性能要求，见表10－1。

表10－1　　石油沥青玻纤胎防水卷材物理力学性能（GB/T 14686—93）

标号		15号			25号			35号		
等级		优等	一等	合格	优等	一等	合格	优等	一等	合格
可溶物含量/(g·m^{-2}) ≥		800		700	1300		1200	2100		2000
不透水性	压力/MPa≥	0.1			0.15			0.2		
	保持时间/min	30								
耐热度/℃		(85±2)℃受热2h涂盖层无滑动								
拉力/N≥	纵向	300	250	200	400	300	250	400	320	270
	横向	200	150	130	300	200	180	300	240	200
柔度	温度/℃≤	0	5	10	0	5	10	0	5	10
	弯曲半径	绕 r=15mm弯板无裂纹						绕 r=25mm弯板无裂纹		

15号玻纤胎油毡适用于一般工业、民用建筑屋面的多层防水，也可做管道包覆。25号、35号适用于屋面、地下设施和水利工程的多层防水。

（2）石油沥青玻璃布胎防水卷材。

石油沥青玻璃布胎防水卷材，也称作石油沥青玻璃布胎油毡。它采用玻璃布为胎基，浸涂石油沥青并在两面撒布隔离材料制成。

石油沥青玻璃布胎防水卷材的性能特点与玻璃纤维胎油毡基本相同。石油沥青玻璃布胎油毡按物理性能分为一等品（B）和合格品（C）两个等级，其物理性能应符合表10－2的规定。

石油沥青玻璃布油毡适用于铺设地下防水、防腐层，并用于屋面作防水层及金属管道（热管道除外）的防腐保护层。

表10－2　　石油沥青玻璃布油毡物理性能

项目等级	一等品	合格品
可溶物含量/(g·m^{-1}) ≥	420	380
耐热度（85±2)℃2h	无滑动、起泡现象	
不透水性　压力（MPa）	0.2	0.1
时间不小于15min	无渗漏	
拉力（25±2)℃时纵向/N ≥	400	360
柔度　温度/℃ ≤	0	5
弯曲直径30mm	无裂纹	
耐霉菌腐蚀性　重量损失/% ≤	2.0	
拉力损失/% ≤	15	

2. 铝箔面沥青防水卷材

铝箔面沥青防水卷材，也称为铝箔面油毡。它采用玻纤毡为胎体，浸涂氧化石油沥青，在其上表面用压纹铝箔贴面，底面撒布细颗粒矿物材料或覆盖聚乙烯（PE）膜而制成的防水卷材。铝箔面油毡由于上表面用压纹铝箔贴面，因而具有热反射和装饰功能，且阻隔蒸汽能力强，抗拉强度高。

铝箔面油毡按物理性能可分为优等品（A）、一等品（B）和合格品（C），按 $10m^2$ 的标称卷重，分为30号和40号两种标号。30号铝箔面油毡，适用于外露屋面多层卷材防水工程的面层。40号铝箔面油毡，即适用于外露层面的单层防水，也适用于外露屋面的多层防水工程。铝箔面沥青防水卷材物理性能要求见表10-3。

表10-3　　铝箔面沥青防水卷材物理力学性能

标　号		30			40		
等级		优等	一等	合格	优等	一等	合格
可溶性物质含量/($g\cdot m^{-2}$)	≥	1600	1500	1500	2100	2050	2000
拉力/N　纵横向均	≥	500	450	400	550	500	450
断裂延伸率/%纵横向均	≥	2					
柔度/℃	≤	0	5	10	0	5	10
		绕半径35mm圆弧，无裂纹			绕半径35mm圆弧，无裂纹		
耐热度		(85±2)℃　受热2h涂层无滑动					
分层		(50±2)℃　浸水7d无分层现象					

（二）高聚物改性沥青防水卷材

以高聚物改性沥青为涂盖层，纤维毡、纤维织物或其他材料为胎体，表面覆以矿物质粉粒或薄膜为覆盖材料，制成的防水卷材，总称为高聚物改性沥青防水卷材。高聚物改性沥青防水卷材不但具有良好的高低温特性，而且还具有良好的弹塑性、憎水性和黏结性等。同时，使用新型胎体代替原纸作增强材料，大大提高了卷材的强度和延伸率，克服了纸胎油毡强度低、延伸率差、易吸水和腐烂等缺点。

常用的高聚物改性沥青防水卷材主要有弹性体SBS改性沥青卷材、塑性体APP改性沥青卷材、改性沥青聚乙烯胎卷材和自黏聚合物改性沥青防水卷材等。

1. 弹性体改性沥青防水卷材

弹性体改性沥青防水卷材是以沥青或热塑性弹性体（如SBS）改性沥青浸渍胎基，两面涂以弹性体改性沥青，上表面撒以细砂、矿物粒（片）或覆盖聚乙烯膜，下表面撒以细砂或覆盖聚乙烯膜所制成的一类防水卷材。

SBS防水卷材是弹性体改性沥青防水卷材中使用较广泛的一种，按胎基分为聚酯胎（PY）和玻纤胎（G）两类。按卷材表面覆盖材料可分为聚乙烯膜（PE）、细砂（S）与矿物粒（片）料（M）3种。按物理力学性能分为Ⅰ型和Ⅱ型。

SBS卷材和APP卷材物理力学性能应符合表10-4的规定。

表 10－4 **SBS 卷材、APP 卷材性能要求**

卷材类别			弹性体改性沥青 SBS 卷材				塑性体改性沥青 APP 卷材			
胎基			PY		G		PY		G	
型号			Ⅰ	Ⅱ	Ⅰ	Ⅱ	Ⅰ	Ⅱ	Ⅰ	Ⅱ
可溶物含量/(g·m^{-2})	卷材厚/mm	2	—		≥1300		—		≥1300	
		3	≥2100		≥2100		≥2100		≥2100	
		4	≥2900		≥2900		≥2900		≥2900	
不透水性（30min）压力/MPa			≥0.3		≥0.2	≥0.3	≥0.3		≥0.2	≥0.3
耐热度/℃ 无滑动、流淌、滴落			≥90	≥105	≥90	≥105	≥110	≥130	≥110	≥130
拉力/(N/50mm)	纵向		≥450	≥800	≥350	≥500	≥450	≥800	≥350	≥500
	横向				≥250	≥300			≥250	≥300
最大拉力时延伸率/%			≥30	≥40	—		≥25	≥40	—	
低温柔度/℃			−18	−25	−18	−25	−5	−15	−5	−15
			2mm 及 3mm 厚 r=15mm 弯板（4mm 厚 r=25mm），3s，弯 180 无裂纹							

注 PY 为聚酯胎；G 为玻纤胎。

SBS 卷材具备在常温下有弹性，在高温下有热塑性，低温柔性好，以及耐热性、耐水性和耐腐蚀性好的特性。其中聚酯毡的机械性能、耐水性和耐腐蚀性最优。玻纤毡价格低，但其强度较低、无延伸性。

SBS 卷材适用于工业与民用建筑的屋面和地下防水工程，尤其适用于较低气温环境的建筑防水。

2. 塑性体改性沥青防水卷材

塑性体改性沥青防水卷材是用沥青或热塑性弹性体（如无规聚丙烯 APP 或聚烯烃类聚合物 APAO、APO）改性沥青浸渍胎基，两面涂以塑性体沥青形成涂盖层，上表面撒以细砂、矿物粒（片）或覆盖聚乙烯膜，下表面撒以细砂或覆盖聚乙烯膜所制成的一类防水卷材。

APP 防水卷材按胎基分为聚酯胎（PY）和玻纤胎（G）两类。按上表面材料分为聚乙烯膜（PE）、细砂（S）与矿物粒（片）料（M）3 种。按物理力学性能分为 Ⅰ 型和 Ⅱ 型。APP 防水卷材物理力学性能应符合表 10－4 的规定。

APP 卷材耐热性优异，耐水性、耐腐蚀性好，低温柔性较好（但不及 SBS 卷材）。其中聚酯毡的机械性能、耐水性和耐腐蚀性性能优良。玻纤毡的价格低，但强度较低无延伸性。

APP 卷材适用于工业与民用建筑的屋面和地下防水工程，以及道路、桥梁等建筑物的防水，尤其适用于较高气温环境的建筑防水。

3. 改性沥青聚乙烯胎防水卷材

用改性沥青为基料，以高密度聚乙烯膜为胎体和覆面材料，经辊压、水冷、成型而制成的防水卷材。

改性沥青聚乙烯胎防水卷材国家标准《改性沥青聚乙烯胎防水卷材》（GB 18967—2003）规定：按基料分为有氧化改性沥青、丁苯橡胶改性氧化沥青和高聚物改性沥青

（SBS 或 APP）3 类，上表面覆盖材料有聚乙烯膜和铝箔两种，按基料及上表面覆盖材料的不同将卷材分为 5 个品种，每个品种按物理性能分为 Ⅰ 和 Ⅱ 两个型号。

改性沥青聚乙烯胎防水卷材物理力学性能见表 10－5。

表 10－5　　改性沥青聚乙烯胎防水卷材物理力学性能

上表面覆盖材料		聚乙烯膜（E）						铝箔（AL）			
基料		O		M		P		M		P	
型号		Ⅰ	Ⅱ	Ⅰ	Ⅱ	Ⅰ	Ⅱ	Ⅰ	Ⅱ	Ⅰ	Ⅱ
不透水性		0.3MPa，不透水									
耐热度/℃ 不流淌、不起泡		85		85	90	90	95	85	90	90	95
拉力/（N/50mm）≥	纵向	100	140	100	140	100	140	200	220	200	220
	横向		120		120		120				
断裂延伸率/%≥		200	250	200	250	200	250	—		—	
低温柔性/℃		0		−5		−10	−15	−5		−10	−15
		无裂纹									
尺寸稳定性	℃	85		85	90	90	95	85	90	90	95
	%≤	2.5									

改性沥青聚乙烯胎防水卷材具有防水、隔热、保温、装饰、耐老化和耐低温的多重功能，其抗拉强度高、延伸率大、施工方便和价格较低。适用于工业与民用建筑工程的地下工程防水、非暴露型屋面防水工程及隧道、水池、水坝等隐蔽工程的防水。

4. 自黏聚合物改性沥青防水卷材

自黏聚合物改性沥青防水卷材，是以高聚物、优质重交沥青、增塑剂、增黏剂和抗老化剂等为基料，以高弹高强高分子树脂膜、铝箔等为表面材料的无胎防水材料。它采用防黏纸作为隔离层，简称自黏卷材。

自黏聚合物改性沥青防水卷材，具有较高的不透水性、抗变形性、自愈性和低温柔性等。由于它施工简单、铺设速度快，已成为当今防水材料的“新宠”。

目前的卷材基料主要有橡胶 SBS 等弹性体，表面材料主要有聚乙烯膜（非外露防水工程）、铝箔（外露防水工程）和无膜（辅助防水工程）等。

自黏聚合物改性沥青防水卷材适用于屋面、墙体、地下室、卫生间、水池、地铁和水库等防水防漏工程。特别适用于油库、化工厂、纺织厂、粮库的防水，对构件变形部位、木结构、金属结构的防水有独到之处。

自黏聚合物改性沥青防水卷材施工要求较高，基层表面应该坚固、平整、干燥、无灰无油污；基层面要均匀涂刷专用处理剂；铺黏前要弹线定位，转角处应做成圆角；收头和四周末端，应采用密封膏封头；基层处理剂和密封膏要密封保存。

（三）合成高分子防水卷材

合成高分子防水卷材是除沥青基防水卷材外，近年来大力发展的防水卷材。合成高分子防水卷材是以合成橡胶、合成树脂或者两者共混体为基料，加入适量的化学助剂、填充料等，经混炼、压延或挤出成型、硫化、定型等加工工艺制成的防水卷材。

合成高分子防水卷材耐热性和低温柔韧性好，拉伸强度、抗撕裂强度高、断裂伸长率大，耐老化、耐腐蚀、耐候性好，适应冷施工，属高、中档防水卷材。

合成高分子防水卷材品种较多，一般基于原料组成和性能分为：橡胶类、树脂类和橡塑共混类3类。目前最具代表的有三元乙丙橡胶防水卷材、聚氯乙烯防水卷材和氯化聚乙烯——橡胶共混防水卷材。

1. 三元乙丙橡胶防水卷材

三元乙丙（EPDM）橡胶防水卷材，是以三元乙丙橡胶为主体，加入一定量的丁基橡胶、软化剂、补强剂、填充剂、促进剂和硫化剂等，经配料、密炼、拉片、过滤、压延或挤出成型、硫化等工序制成的高弹性防水卷材。

EPDM卷材具有耐老化、耐热性好（>160℃）、使用寿命长（30～50年以上）、拉伸强度高、延伸率大、冷施工、对基层开裂变形适应性强、重量轻、可单层施工等特点。美国、日本的1/3左右新建屋面和维修防水工程都是应用的EPDM防水卷材。

三元乙丙橡胶防水卷材适用于外露屋面、大跨度、振动大、年限要求长和防水质量要求高的工程。

2. 聚氯乙烯防水卷材

聚氯乙烯（PVC）防水卷材是以聚氯乙烯树脂为主要原料，掺加填充料（如铝矾土）和适量的改性剂、增塑剂（如邻苯二甲酸二辛酯）及其他助剂（如煤焦油），经混炼、压延或挤出成型的防水卷材。

聚氯乙烯防水卷材根据其有无复合层来分类，无复合层的为N类，用纤维单面复合的为L类，织物内增强的为W类。每类产品按理化性能分为Ⅰ型和Ⅱ型。

PVC防水卷材耐老化性能好（耐用年限25年以上）、拉伸强度高、断裂伸长率极大、原材料丰富、价格便宜。用热风焊铺黏施工方便，不污染环境。与三元乙丙橡胶防水材料卷材相比，综合性能差，但其原材料丰富、价格便宜，容易黏结。适用于我国南北方广大地区防水要求高、耐用年限长的工业与民用建筑的防水工程。用于屋面防水时，可做成单层外露防水。

3. 氯化聚乙烯—橡胶共混防水卷材

氯化聚乙烯—橡胶共混防水卷材是以氯化聚乙烯和合成橡胶共混物为主体，加入一定的稳定剂、软化剂、促进剂和硫化剂，经混炼、压延等工艺制得的防水材料。

根据共混材料的不同分为S型和N型，以氯化聚乙烯与合成橡胶共混体制成的防水卷材为S型；以氯乙烯与合成橡胶和再生橡胶共混体制成的防水卷材为N型。

氯化聚乙烯—橡胶共混防水卷材不但具有氯化聚乙烯特有的高强度、优异的耐臭氧、耐老化性能，还具备橡胶和塑料的高弹性、高延伸性和良好的低温柔性。从物理性能上看，氯化聚乙烯—橡胶共混防水卷材接近三元乙丙橡胶防水卷材的性能，最适应屋面单层外露防水。

4. 丁基橡胶防水卷材

丁基橡胶防水卷材是以三元乙丙橡胶与丁基橡胶为主要原料制成的弹性防水卷材。配以丁基橡胶的主要目的是为了降低成本但又能保持原来良好的性能。其抗拉强度为

7.5MPa 以上，伸长率 450%以上，撕裂强度 25kN/m 以上，低温冷脆温度达－35℃，各项性能与三元乙丙橡胶基本类似。这种卷材除了应用于高级建筑和高层建筑的防水工程外，在水利工程、工业与民用建筑工程中已推广使用。

5. 氯化聚乙烯（CPE）防水卷材

氯化聚乙烯防水卷材是以含氯量为 30%～40%的氯化聚乙烯树脂为主要原料，掺入适量的化学助剂和大量的填充材料，经过捏合、塑炼、压延等工序加工而成。聚乙烯经氯化改性后，其耐候性、耐臭性和耐老化性均明显提高，同时阻燃性与其他高聚物的相容性也大为提高，属于非硫化型高档防水卷材。

二、防水涂料

（一）防水涂料的特性及要求

保护建筑物构件不被水渗透或湿润，能形成具有抗渗性涂层的涂料，称为防水涂料。防水涂料是一种流态或半流态物质，涂布在基层表面，经溶剂或水分挥发或组分间的化学反应，形成有一定弹性和一定厚度的连续薄膜，使基层表面与水隔绝，起到防水防潮的作用。防水涂料既是防水层的主体，又是黏结剂，广泛适用于各类防水工程和地面防潮、防渗等。

防水涂料的品种很多，按成膜物质的主要成分可分为沥青基涂料、聚合物改性沥青防水涂料和合成高分子防水涂料 3 大类。各品种涂料性能差异很大，但作为涂料，要满足防水工程的要求，应具有良好的施工性能，成膜后必须具有良好的防水性、温度稳定性、大气稳定性、柔韧性和黏结力等性能。

（二）常用防水涂料

1. 沥青类防水涂料

沥青类防水涂料是以沥青为基料配制的水乳型或溶剂型防水涂料。沥青防水涂料除具有防水涂料的基本性能之外，还具有施工简单、容易维修，适用于特殊建筑物的特点。

直接将未改性或改性的沥青溶于有机溶剂而配制的涂料，称为溶剂型沥青涂料，例如冷底子油。将石油沥青分散在水中，形成稳定的水分散体而构成的涂料，称为水乳型沥青防水涂料。这里主要介绍乳化沥青。

乳化沥青是将沥青热熔后经强力机械作用，以细小的沥青微滴分散于含有乳化剂的水溶液中，形成水包油（O/W）型的沥青乳液，或者将微小的水滴稳定地分散在沥青中形成油包水（W/O）型的沥青乳液。

水是极性分子，沥青是非极性分子，两者不能相互溶合。仅靠强力机械作用所形成的沥青一水分散体系是不稳定的，沥青颗粒会自动聚集与水分离。当加入一定量的乳化剂时，由于乳化剂是表面活性物质，在两相界面上产生强烈的吸附作用，形成了吸附层。吸附层中的乳化剂分子基团的极性基团与水分子牢固结合，形成水膜，非极性基团朝沥青，形成乳化膜。当沥青颗粒相互碰撞时，水膜和乳化剂膜共同组成的保护膜就能阻止颗粒的聚结，使乳液稳定。乳化沥青涂刷于材料表面或与骨料拌合成型后，水分逐渐蒸发，沥青微粒靠拢将乳化膜挤破，相互团聚而黏结，这个过程叫乳化沥青成膜。成膜所需时间主要取决于所处环境的气温及通风情况，现场施工时，还可根据需要加入一定量的破乳剂，调整沥青成膜时间。

乳化沥青一般组分含量为沥青 50%～60%，含有乳化剂、稳定剂的水溶液 40%～50%，其中乳化剂的掺量约为 1%～3%。乳化沥青是棕黑色的冷用水乳液，无毒、无嗅、不燃、干燥快和黏结力强，在0℃以上温度下可流动，宜于涂刷和喷涂，特别是在潮湿基层上使用更为方便。在水利工程及道路工程中，可将乳化沥青与湿骨料混合，用于铺筑坝面、渠道和路面，是一种新型的筑坝铺路材料。

乳化沥青一般由工厂配制，其储存期一般不宜超过6个月，储存时间过长容易引起凝聚分层。不宜在0℃以下储存和−5℃以下施工，以免水分结冰而破坏防水层。

目前常用的厚质乳化沥青防水涂料有石灰乳化沥青防水涂料、膨润土乳化沥青防水涂料和石棉乳化沥青防水涂料等。

（1）石灰乳化沥青防水涂料。石灰乳化沥青以石油沥青为基料、石灰膏为分散剂、石棉绒为填充料与水在热状态下用机械强力搅拌而制成沥青膏体，是一种潮湿基层上冷施工的防水涂料。

石灰乳化沥青采用抹压法施工。涂抹应在嵌缝或其他工序完成涂刷冷底子油后涂抹，厚度控制在5～7mm，待表面吸水后，压实抹光，待上一道涂抹层干燥结膜后，方可涂抹下一道涂抹层。石灰乳化沥青施工气温为5～35℃。

（2）膨润土乳化沥青防水涂料。膨润土乳化沥青防水涂料是使用钙质膨润土作为乳化剂，水为分散介质，在高速搅拌下（1400r/min）得到的优质乳化沥青防水涂料。

（3）石棉乳化沥青防水涂料。石棉乳化沥青防水涂料又称水性石棉沥青防水涂料。它是以石油沥青为基料，石棉做分散剂，在强制搅拌下制成的厚质防水涂料。该防水涂料无毒、不燃、水性冷施工和无污染，可在潮湿基层上铺设。其耐水、耐热、耐候、抗裂和稳定性都优于一般的乳化沥青。由于填料采用了无机纤维矿物，它的乳化膜比化学膜更坚固。其不足之处在于施工环境温度一般在15℃以上。

石棉乳化沥青防水涂料目前在我国的应用较为广泛、效果也较好，配以玻纤布和无纺布等，可适用于钢筋混凝土屋面、地下室、厨池的防水层。

2. 聚合物改性沥青防水涂料

聚合物改性沥青防水涂料一般是以沥青为基料，用合成高分子聚合物进行改性，制成的水乳型或溶剂型防水涂料。与沥青基防水涂料相比，其低温柔性和抗裂性均有显著提高。有SBS橡胶改性沥青防水涂料和再生橡胶改性沥青防水涂料等。

（1）溶剂型SBS橡胶改性沥青防水涂料。该防水涂料是目前国内外第三代以SBS橡胶为改性材料生产的一种冷施工防水材料。它具有优良的耐腐蚀、高弹性、延展性和黏结性，对基层开裂适应性良好，高温不流淌、低温不开裂、产品性能稳定，可以在负温（−20℃）下施工，冷施工、省工省力、施工方便。主要适用于各种建筑物屋面、地下室、地沟、涵洞的防水以及防潮工程；可以作为防水卷材的冷施工黏合剂；也可以作为建筑物防水系统维修补漏及管道防腐等工程的材料。

（2）水乳型再生橡胶沥青防水涂料。水乳型再生橡胶沥青防水涂料是以石油沥青为基料和再生橡胶为改性材料复合而成的水性防水涂料。该防水涂料是由再生橡胶和石油沥青的微粒，借助阴离子型表面活性剂的作用，使阴离子型再生乳胶和沥青乳液稳定分散在水中形成乳状混合液。

水乳型橡胶沥青类防水涂料是国内外较通用的一种防水材料，与同类溶剂型产品比较，它以水代替了汽油，其安全性、环保性更胜一筹。这种涂料因以合成橡胶为原料，因此其价格相对较贵。

水乳型再生橡胶沥青防水涂料，能够在各种复杂表面形成防水膜，具有一定的柔韧性和耐久性。以水为分散剂，无毒、不燃、无异味、安全可靠。可在常温下施工，操作简单、维护方便，能够在潮湿无积水的表面施工，且原料来源广泛，价格较低。其缺点是一次涂刷成膜较薄，产品质量易受生产条件的影响，气温低于5℃不宜施工。产品使用于工业、民用混凝土基层屋面、浴厕、厨房间的防水，沥青珍珠岩保温层屋面防水、地下混凝土建筑防潮，旧油毡屋面翻修和刚性自防水屋面的维修。

3. 合成高分子防水涂料

我国20世纪70年代主要生产氯丁胶和橡胶改性沥青防水涂料，至20世纪80年代推出焦油聚氨酯防水涂料以来，各种高分子材料的防水涂料层出不穷。液态、粉末态、溶剂型、水乳型、反应型、纳米型、快速型以及美术型等新产品不断在工程建设中亮相。

合成高分子防水涂料是以合成橡胶或合成树脂为主要成膜物质的单组分或多组分防水涂料，按组成可分为橡胶型、树脂型（单组分与双组分）、有机无机复合型，主要有氯磺化聚乙烯涂料、有机硅橡胶防水涂料、聚氨酯防水涂料、丙烯酸酯防水涂料以及聚合物水泥基涂料等。这类涂料具有良好的黏结性，防水性、耐候性、柔韧性及优良的耐高低温性能，适用于各等级的屋面防水工程，以及重要的水利、道路等工程。

（1）聚氨酯防水涂料。聚氨酯防水涂料是一种化学反应型涂料，它是双组分化学反应固化型防水材料，将两种组分按一定的比例配合拌匀涂于基层后，在常温下即能交联固化，形成具有柔韧性、高弹性、耐水、抗震的整体防水厚质涂层。

聚氨酯防水涂料属于高档合成高分子防水涂料，它具有很多突出的优点：容易形成较厚的防水涂膜；能够在复杂的基层表面施工，其端头容易处理；整理性强，涂膜层无接缝；冷施工，操作安全；涂膜具有橡胶弹性，延伸性好，抗拉、抗撕裂强度高；防水年限可达10年以上。

聚氨酯防水涂料适用于各种地下、浴厕和厨房等的防水工程；污水池的防漏；地下管道的防水、防腐工程。

（2）丙烯酸酯防水涂料。丙烯酸酯防水涂料是以丙烯酸树脂乳液为主，加入适量的颜料、填料等配制而成的水乳型防水材料，并且有白色、黑色及多种浅色，使用寿命10～15年。具有耐高低温性能好、不透水性强、无毒、操作简单等优点，可在各种复杂的基层表面施工，广泛用于外墙防水装饰及各种彩色防水层。丙烯酸涂料的缺点是伸长率较小，为此可加入合成橡胶乳液予以改性，使其形成橡胶状弹性涂膜。

（3）有机硅橡胶防水涂料。有机硅橡胶防水涂料是以有机硅橡胶为基料配制而成的水乳性涂料。它具有良好的防水、耐候、弹性、耐老化性及耐高温和低温等性能，无毒无味，在干燥的混凝土基层上，渗透性好。有机硅防水涂料含固量高达50%，因此只需涂刷1道即可，且膜层较厚，其延伸率高，可达70%，故抗裂性很好。

有机硅橡胶防水涂料施工时需作基层表面处理，适当打底，以提高涂料对基层的黏结力，可用于混凝土、砂浆、钢材等表面防水或防腐，也可用于修补工程，用于修补时应涂刷4遍。

4. 水泥基渗透结晶型防水涂料

水泥基渗透结晶型防水涂料是由硅酸盐水泥、石英砂、特殊的活性物质及一些添加剂组成的无机粉末状防水材料，简称为CCCW。

水泥基渗透结晶型防水涂料是一种刚性防水材料，与水作用后材料中含有硅酸盐活性化学离子，通过载体向混凝土内部渗透、扩散，与混凝土孔隙中的钙离子进行化学反应，形成不溶于水的硅酸钙结晶体填塞毛细孔道，使混凝土结构致密、防水。

水泥基渗透结晶型防水涂料在土木工程施工建设中具有一些独特的性能。

（1）能够在迎水面和背水面上施工，与混凝土能够组成完整、持久的整体。

（2）可以在100％湿润或初凝混凝土基面上施工。

（3）易于施工，无需在混凝土表面做找平面，无需进行特别保护，可在处理48h后进行其他施工。

（4）能封闭不大于0.4mm的混凝土裂缝，抗海水、侵蚀性地下水、化学侵蚀性好。

（5）与混凝土、砖块、砂浆完全相容；允许混凝土透气，促使混凝土全面干燥；能够增强混凝土抗压性能。

（6）无毒无害，可应用于饮水工程领域。

三、防水密封材料

土木工程中为了保证建筑物的水密性和气密性，凡具备防水功能和防止液、气、固侵入的密封材料，称为防水密封材料。它的基本功能是填充构型复杂的间隙，通过密封材料的变形或流动润湿，使缝隙、接头不平的表面紧密接触或黏接，从而达到防水密封的作用。

建筑密封材料应具有弹塑性、黏结性、耐久性、水密性、气密性、储存及耐化学稳定性，以保证能经得起极度变形及较大温差而不破裂或不脱落，且使用简便可靠。

密封防水材料按组成材料分为聚合物改性沥青密封防水材料和合成高分子密封防水材料，按是否有一定形状和尺寸分定形与非定形两种。定形密封防水材料是具有一定形状和尺寸的密封材料，如止水带、密封条（带）和密封垫等；非定形密封材料又称密封膏或密封胶，如沥青嵌缝油膏、聚氯乙烯建筑防水接缝材料等。

（一）非定形防水密封材料

非定形密封材料是现场成形的密封材料，多数以橡胶、树脂和合成材料为基料制成，它填充于缝隙中起到密封作用。

1. 硅橡胶防水密封材料

硅橡胶防水密封胶是以聚硅氧烷为主要成分的非定形密封材料，是一种可以在室温下固化或加热固化的液态橡胶。

硅橡胶防水密封材料具有耐热、耐寒、绝缘、防水、防震、耐化学介质、耐臭氧、耐紫外线、耐老化、耐一些有机溶剂和稀酸，储存性稳定，密封性能持久，硫化后的密封胶在－50～250℃范围内长期保持弹性。

硅橡胶防水密封材料广泛适用于建筑工程的预制构件嵌缝密封、防水堵漏。

2. 丙烯酸酯防水密封材料

丙烯酸酯防水密封材料是以丙烯酸酯类聚合物为主要成分的非定形密封材料。丙烯酸酯密封胶具有橡胶的弹性和柔软性，有良好的耐水、耐溶剂性等。由于冷流动性差，不能用于伸缩大的变形缝，嵌缝时要用热施工方法。

乳液型聚丙烯酸酯密封胶的优点：固化时间快；含水量少，体积收缩小；柔软性、伸长率、复原性、耐水性、黏附性、耐候性优良；储存稳定性好等。

溶剂型丙烯酸酯密封胶的主要特性：通过溶剂蒸发常温下固化，固化时间较长、体积收缩大、复原性较差；对各种基材的黏接力良好；使用年限可达 20 年；常温储存稳定性 6 个月；施工时需加热到 50℃左右。

丙烯酸酯防水密封材料适用于钢、铝、木门窗与墙体、玻璃间的接缝密封；以及刚性屋面、内外墙、管道、混凝土构件的接缝密封。

3. 建筑防水沥青嵌缝油膏

建筑防水沥青嵌缝油膏是以石油沥青为原料，加入改性材料及填充材料制成的一种用于建筑防水接缝的冷用膏状材料。建筑防水沥青嵌缝油膏广泛用于各种屋面板、空芯板及墙板等的防水密封，也可用于水利工程、道路工程、桥梁及各种构筑物伸缩缝、施工缝等的防水密封。

根据《建筑防水沥青嵌缝油膏》(JC/T 207—1996) 规定，油膏按耐热度及低温柔性分为 702 和 801 两个标号，具体技术性能见表 10 - 6。

表 10 - 6　建筑防水沥青嵌缝油膏及聚氯乙烯建筑防水接缝材料的物理性能

项目		建筑防水沥青嵌缝油膏		聚氯乙烯建筑防水接缝材料	
		702	801	801	802
密度、产品说明书规定值/(g·cm⁻³)		±0.1		±0.1	
耐热性	温度/℃	70	80	80	80
	下垂值/mm	≤4.0		≤4.0	
低温柔性	温度/℃	−20	−10	−10	−20
	黏结状态	无裂纹		无裂纹	
拉伸黏结性	最大抗拉强度/MPa	—		0.02～0.15	
	最大延伸率/%	≥125		≥300	
浸水后拉伸黏结性	最大抗拉强度/MPa	—		0.02～0.15	
	最大延伸率/%	≥125		≥250	
渗出性	渗出幅度/mm	≤5		—	
	渗出张数/张	≤4		—	
挥发性/%		≤2.8		≤3（仅限于 G 型）	
施工度/mm		≥22.0	≥20.0	—	
恢复率/%		—		≥80	

4. 聚氯乙烯建筑防水接缝材料

聚氯乙烯建筑防水接缝材料系是以煤焦油为原料，按一定比例加入聚氯乙烯树脂、增塑剂、稳定剂及填充料，在 140℃温度下塑化而成的。

聚氯乙烯建筑防水接缝材料具有良好的黏结性、防水性、弹塑性、耐热性、低温柔性及抗老化性，对钢筋无锈蚀，延伸率较大，成本较低，属中低档防水密封材料。

聚氯乙烯建筑防水接缝材料，可以热用，也可以冷用。热用时将其先加热（加热温度不超过 140℃），达到塑化状态后，立即浇灌于缝隙或接头部位。冷用时，需加入适量溶剂稀释。具体技术性能见表 10－6。

5. 聚氨酯建筑密封膏

聚氨酯建筑密封膏是以聚氨酯为主要组分，加入固化剂、助剂等其他组分而成的高弹性建筑密封膏。

聚氨酯密封膏弹性高、延展率大、黏结力强、耐油、耐磨、耐酸碱、抗疲劳和低温柔韧性好，使用年限长。适用于各种装配式建筑的屋面板、楼地板、墙板、阳台、门窗框以及卫生间等部位的接缝及施工密封，混凝土裂缝的修补等。同时它还是贮水池、引水沟、公路及机场跑道补缝、接缝的好材料，亦可用于玻璃和金属材料的嵌缝。

6. 硅酮建筑密封膏

硅酮建筑密封膏是以聚硅氧烷为主要成分的单组分或双组分室温固化型弹性建筑密封材料。该类密封膏具有优良的耐热性、耐寒性（使用温度－50～250℃）和耐候性（使用寿命 30 年以上），与各种材料有着良好的黏结性能，耐油性、耐水性好，耐伸缩疲劳强度高，能适应基层较大的变形，外观装饰效果好。

硅酮建筑密封膏按用途分为建筑接缝用（F 类）和镶装玻璃用（G 类）。F 类适用于预制混凝土墙板、水泥板和大理石板的外墙接缝，高层建筑的玻璃幕墙黏结密封，建筑门窗周边密封等。G 类不适于制造中空玻璃用。

（二）定形防水密封材料

定形防水密封材料一般可分为弹性和非弹性型，它们是具有一定形状和尺寸的密封材料。适用于建筑工程的各种接缝，如伸缩缝、沉降缝、施工缝、构件接缝、门窗框接缝和窗墙管接缝等。主要应用的品种有止水带、密封垫和密封条等。

定型密封材料按材料性能分作刚性和柔性，刚性定型密封材料多采用金属制成，柔性定型密封材料一般用天然橡胶、合成橡胶、塑料、合成材料等制成。柔性密封材料按密封机理，又可分为遇水膨胀型非定形密封材料和遇水非膨胀型定形密封材料。

建筑定形密封材料的要求具有良好的水密性、气密性和耐久性；具有良好的弹性、塑性和强度；有耐热、耐低温、耐腐蚀的性能；要求制作尺寸精度高，不至在构件振动、变形等过程中脆裂、脱落。

下面主要介绍目前常用的合成高分子止水带。

1. 橡胶止水带

橡胶止水带是以天然橡胶或合成橡胶为主要原料，加入各种助剂和填充料，经塑炼、混炼、挤出成型或模压成型制得的各种形状、尺寸的止水密封材料。常用的橡胶材料有天然橡胶、氯丁橡胶、三元乙丙橡胶、再生橡胶等。止水带的断面形状有哑铃形、桥形、锯齿形，以及两边嵌有钢板的有钢边形止水带等。止水橡皮的断面形状有 P 形、无孔 P 形、W 形、V 形、L 形、U 形等，用于水利工程的闸门上，及治降缝上。

2. 塑料止水带

塑料止水带（PVC 止水带）是由聚氯乙烯树脂与各种添加剂，经混合、造粒、挤出等工序而制成的PVC塑料止水材料。PVC止水带利用弹性体材料具有的弹性变形特性在建筑构造接缝中起到防漏、防渗作用，且具有耐腐蚀、耐久性好的特点，主要用于混凝土浇筑时设置在施工缝及变形缝内与混凝土构成为一体的基础工程，如隧道、涵洞、引水渡槽、拦水坝、贮液构筑物和地下设施等。

3. 橡塑止水带

橡塑止水带所使用的橡塑材质是具有橡胶弹性又有塑料耐老化性能的高分子合成材料。其抗腐蚀抗低温性能强、拉断强度高、寿命比一般橡胶止水带提高3～5倍。加工工艺和橡胶材质从根本上不同，取消了原有的硫化工艺、高温一次成型。原材料全部采用天然材料，不含有再生成分，止水带材质的纯度高，质量容易保证。

4. 遇水膨胀型橡胶止水带

遇水膨胀型橡胶止水带是用改性橡胶制得的一种新型橡胶止水带。是将无机或有机吸水材料及高黏性树脂等材料作为改性剂，掺入到合成橡胶后制得的遇水膨胀的改性橡胶。这种橡胶既保留原橡胶的弹性、延伸性等，又具有遇水膨胀的特性。将遇水膨胀橡胶止水条嵌在地下混凝土管或衬砌的接缝中，通过止水条的遇水膨胀，使管道或衬砌的缝隙更为密封，即可达到完全不漏水的目的。

第三节 吸声隔声材料

一、吸声材料的作用原理

声音起源于物体的振动，发出声音的发声体称为声源。声源振动使邻近空气随之振动并产生声波，并通过空气介质向周围传播。声音沿发射的方向最响，称为声音的方向性。声音在传播过程中，一部分声能随距离的增大而扩散，另一部分声能则因空气分子的吸收而减弱。声能的这种减弱现象，在室外空旷处颇为明显。但在室内，如果房间的空间并不大，声能因扩散而减弱的现象就不起主要作用，更重要的是室内墙壁、天花板、地板等材料表面对声能的吸收。

当声波入射到建筑构件（如墙、顶棚）表面时，声能的一部分被反射，一部分穿透材料，还有一部分由于构件的振动或声音在其内部传播时介质的摩擦或热传导而被吸收。被吸收的声能 E（包括部分穿透材料的声能在内）与传递给材料的全部声能 E_0 之比称为吸声系数 α，是评定材料吸声性能好坏的主要指标。

$$\alpha=\frac{E}{E_0} \tag{10-1}$$

假如入射能的40%被吸收，60%被反射，则该材料的吸声系数就等于0.4。当入射声能的100%被吸收而无反射时，吸声系数等于1。当门窗开启时，吸声系数相当于1。一般材料的吸声系数在0～1之间。

材料的吸声性能除与声波方向有关外，还与声波的频率有着密切的关系，因此，吸声系数用声音从各个方向入射的平均值，并应指出是对哪一频率的吸收。同一种材料对高、中、低不同频率声波的吸声系数有着较大的差异，为了全面地反映材料的吸声频率特性，工程上通常将对125Hz、250 Hz、500Hz、1000 Hz、2000Hz和4000Hz等6个频率的平均吸声系数大于0.2的材料称为吸声材料。

一般来讲，坚硬、光滑、结构紧密的材料吸声能力差，反射能力强，如水磨石、大理石、混凝土和水泥粉刷墙面等；粗糙松软、具有互相贯穿内外微孔的多孔材料吸声能力好，反射性能差，如玻璃棉、矿棉、泡沫塑料、木丝板、半穿孔吸声装饰纤维板和微孔砖等。

二、吸声材料的类型及其结构形式

1. 多孔性吸声材料

多孔性吸声材料是一种常用的吸声材料，它具有良好的中、高频吸声性能。

多孔吸声材料从表到里具有大量内外连通的微小间隙和连续孔隙，有一定的通气性。当声波入射到多孔材料表面时，声波顺着微孔进入材料内部，引起孔隙内的空气振动，由于空气与孔壁的摩擦，空气的黏滞阻力，使振动空气的动能不断转化成微孔热能，从而使声能衰减；在空气绝热压缩时，空气与孔壁间不断发生热交换，由于热传导的作用，也会使声能转化为热能。

凡是符合多孔吸声材料构造特征的，都可以当成多孔吸声材料来利用。多孔吸声材料品种很多，有呈松散状的超细玻璃棉、矿棉、麻绒等，有已加工成毡状或板状材料，如玻璃棉毡、半穿孔吸声装饰纤维板、软质木纤维板、木丝板；另外还有微孔吸声砖、矿渣膨胀珍珠岩吸声砖、泡沫玻璃等。

多孔性吸声材料的吸声性能与材料的表观密度和内部构造有关。在建筑装修中，吸声材料的厚度、材料背后的空气层以及材料空隙特征等，都对其吸声性能有影响。

（1）材料内部孔隙率及孔隙特征：相互连通的、细小的、开放性的孔隙的吸声效果好，而粗大孔和封闭的微孔对吸声性能差。

（2）材料的厚度：增加材料的厚度，可提高材料的吸声系数，但厚度对高频声波系数的影响并不显著，不可盲目增加材料的厚度。

（3）材料背后的空气层：材料背后的空气层相当于增加了材料的有效厚度，吸声性能随空气层厚度增加而提高，特别是改善对低频的吸收，它比增加材料厚度更有效。当空气层厚度等于1/4波长的奇数倍时，可获得最大的吸声系数。

2. 薄膜、薄板共振吸声结构

薄膜、薄板共振吸声结构是将皮革、人造革、塑料薄膜等材料固定在框架上，背后留有一定的空气层而构成的一种吸声结构，建筑中常用胶合板、薄木板、硬质纤维板、石膏板、石棉水泥板或金属板等固定在墙或顶棚的龙骨上，并在背后留有空气层而形成薄板振动吸声结构。某些薄板固定在框架上后，也能与其后面的空气层构成薄板共振吸声结构。

当声波入射到薄膜、薄板结构时，声波的频率与薄膜、薄板的固有频率接近时，膜、板产生剧烈振动，由于膜、板内部和龙骨间摩擦损耗，使声能转变为机械运动，最后转变为热能，从而达到吸声的目的。由于低频声波比高频声波容易使薄膜、薄板产生振动，所以薄膜、薄板吸声结构是一种很有效的低频吸声结构。土木工程中常用的薄板共振吸声结构的共振频率约在80～300Hz之间，在此共振频率附近的吸声系数最大，约为0.2～0.5，而在其他共振频率附近的吸声系数就低。

3. 共振吸声结构

共振吸声结构又称共振器，它形似一个瓶子，结构中间具有一定体积的密闭空腔，并通过有一定深度的小孔与声场相联系。受外力激荡时，空腔内的空气会按一定的共振频率振动，此时开口颈部的空气分子在声波作用下，像活塞一样往复振动，因摩擦而消耗声能，起到吸声的效果。如腔口蒙一层细布或疏松的棉絮，可有助于加宽吸声频率范围和提高吸声量。也可同时用几种不同共振频率的共振器，加宽和提高共振频率范围内的吸声量。共振吸声结构在厅堂建筑中应用极广。

4. 穿孔板组合共振吸声结构

在各种穿孔板、狭缝板背后设置空气层形成吸声结构，其实也属于空腔共振吸声结构，其原理同共振器相似，它们相当于若干个共振器并列在一起。这类结构取材方便，并有较好的装饰效果，使用广泛。穿孔板具有适合于中频的吸声特性。穿孔板还受其板厚、孔径、穿孔率、孔距、背后空气层厚度的影响，它们会改变穿孔板的主要吸声频率范围和共振频率；若穿孔板背后空气层还填有多孔吸声材料，则吸声效果更好。

5. 帘幕

纺织品中除了帆布一类因流阻很大，透气性差而具有膜状材料的性质以外，大都具有多孔材料的吸声性能，只是由于它的厚度一般较薄，仅靠纺织品本身作为吸声材料使用得不到大的吸声效果。如果帘幕、窗帘等离开墙面和窗玻璃有一定的距离，恰如多孔材料背后设置了空气层，尽管没有完全封闭，对中高频甚至低的声波具有一定的吸声作用。帘幕的吸声效果与所有材料的种类有关。帘幕吸声体安装、拆卸方便，兼具装饰作用，应用价值极高。

6. 空间吸声体

空间吸声体是一种悬挂于室内的吸声结构。它与一般吸声结构的区别在于它不是与顶棚、墙体等壁面组成吸声结构，而是自成体系。由于声波与悬挂于空间的吸声体的两个或两个以上的面接触，增加了有效的吸声面积，产生边缘效应，加上声波的衍射作用，大大提高了吸声效果。空间吸声体常用形式有平板状、圆柱状和圆锥状等，它可以根据不同的使用场合和具体条件，因地制宜地设计成各种形状，既能获得良好的声学效果，又能获得建筑艺术效果。

三、吸声材料的选用及安装注意事项

在室内采用吸声材料可以抑制噪声，保持良好的音质，故在教室、礼堂和剧院等室内应当采用吸声材料。吸声材料的选用和安装必须注意以下各点：

(1) 为使吸声材料充分发挥作用，应将其安装在最容易接触声波和反射次数最多的表面上，而不应把它集中在天花板上或某一面的墙壁上，并应比较均匀地分布在室内各表面上。

(2) 吸声材料强度一般都比较低，应设置在护壁线以上，以免碰撞破损。

(3) 多孔吸声材料往往易于吸湿，安装时应考虑到湿胀干缩的影响。

(4) 选用的吸声材料应不易虫蛀、腐朽，且不易燃烧。

(5) 应尽可能选用吸声系数较高的材料，以便节约材料用量，降低成本。

(6) 安装吸声材料时应注意勿使材料的表面被油漆的漆膜堵塞而影响其吸声效果。

虽然有些吸声材料的名称与绝热材料相同，都属于多孔性材料，但在材料的孔隙特征上有着完全不同的要求。绝热材料要求具有封闭的互不连通的气孔，而吸声材料在要求具有开放的互相连通的气孔，在选用时要注意辨别。

四、隔声材料

能减弱或隔断声波传递的材料称为隔声材料。人们要隔绝的声音按其传播途径可分空气声（由于空气的振动）和固体声（由于固体撞击或振动）两种，二者隔声的原理不同。

对空气声的隔绝，主要是依据声学中的“质量定律”，即材料的密度越大，越不易受声波作用而产生振动，因此，对空气声的反射越大，透射越小，其隔声效果越好。同时还有利于防止发生共振现象和出现低频共振效应。因此，应选择密实、沉重的材料（如黏土砖、钢板和钢筋混凝土等）作为隔声材料，而吸声性能好的材料，一般为轻质、疏松、多孔材料，不宜用作隔声材料。当必须采用轻质材料时，则应辅以填充吸声材料或采用夹层结构，这样处理后的隔声量比相同质量的单层墙体的隔声量可以提高很多。但应使各层材料质量不等，以避免共振。

对固体声隔绝的最有效措施是断绝其声波继续传递的途径，即在产生和传递固体声波的结构（如梁、框架与楼板、隔墙，以及它们的交接处等）层中加入具有一定弹性的面层或垫层材料，如软木、橡胶、毛毡、地毯或设置空气隔离层等，以阻止或减弱固体声波的继续传播。

第四节 灌浆材料

灌浆是把适当的可以凝结的浆液灌入裂隙中，从而降低被灌体的渗透性并提高其强度，延长其使用寿命的方法，又称注浆。它在土木工程上应用非常广泛，是起防渗、补强、加固、增强、堵漏作用的一项很重要的技术。

灌浆材料一般可分为水泥浆材和化学浆材。其浆液的性质取决于组成成分及温度、时间和渗透速度等。根据灌浆的目的、岩土条件、工程性质、施工技术及造价高低等因素来选择适宜的浆材及合适的浆液配合比。

一、水泥灌浆材料

水泥灌浆材料的基本原料为各种硅酸盐水泥，在各类工程中应用广泛。但这种浆液容易离析和沉淀、稳定性较差，此外，因固体颗粒较大，使浆液难以注入细小裂隙或孔隙中。近年来，超细水泥的开发克服了以上的缺点，在封堵地下水、加固坝基及隧道防渗、堵漏，复杂地基的处理、深基坑开挖的基坑支护工程中，取得了良好的效果。为改善水泥材料的性质，以适应各种不同工程的需要，可在浆液中加入各种添加剂。

水泥灌浆材料主要用于岩石、基础或结构物的加固防渗、后张法预应力混凝土的孔道灌浆及制作压浆混凝土等。

二、化学浆材

化学浆液可注性好，能注入细小裂隙或孔隙，但通常化学浆材的结石体强度较低，耐久性较差，价格较贵。因此，对以加固为目的的工程，一般较少采用化学浆材。化学浆材有水玻璃化学灌浆材料、有机高分子化学灌浆材料和有机高分子复合化学灌浆材料3

大类。

（一）水玻璃化学灌浆材料

此类浆液由水玻璃与相应的胶凝固化剂组成，因水玻璃价格低廉、可灌性好，胶凝固化剂品种多，可配成不同类型的浆液，是比较实用的一类化学浆液。水玻璃分为碱性水玻璃和酸性水玻璃。碱性水玻璃浆材的主要缺点是凝胶体有脱水收缩和腐蚀现象、耐久性较差并对环境有污染。酸性水玻璃浆材可在中性区域内凝胶，凝胶体没有碱溶出，不存在碱性水玻璃的腐蚀和环境污染现象，耐久性较好。

（二）有机高分子化学灌浆材料

此类浆材具有渗透能力强、固结性能好、抗渗性高和凝胶时间可调的优点，可以解决水泥浆液无法解决的工程问题。通常按其用途可分为防渗止水型和加固补强型两大类。

1. 防渗止水型化学浆液

防渗止水型化学浆液常用丙烯酰胺类和聚氨酯类。

（1）丙烯酰胺浆液。丙烯酰胺浆液（又称为“丙凝”）亦即 MG646 浆液，是以丙烯酰胺为主剂，配合交联剂、引发剂、促进剂、缓凝剂和水配成。具有水溶性和可灌性、黏度低（接近水）、凝结时间可调，聚合体不溶于水且有一定弹性。

丙烯酰胺灌浆材料广泛应用于隧道、矿井和地下建筑等防渗堵漏工程，特别适用于细微裂缝和大量涌水情况下的堵漏。“丙凝”凝胶可封闭构筑物裂缝和孔隙中的漏水通道，从而达到堵漏的目的，和水泥一起用既可作为灌浆材料，也可用作抹面防水材料。

（2）聚氨酯类浆液。聚氨酯浆液（又称为“氰凝”）多由氰酸脂和多烃基化合物反应合成，是一种防渗堵漏能力较强、固结强度较高的新型聚氨基甲酸酯浆液材料，分为水溶性和非水溶性两种。

2. 加固补强型化学浆液

用于加固补强的化学浆液较多，这里主要介绍甲基丙烯酸酯和环氧树脂两类。

（1）甲基丙烯酸酯类浆液。甲基丙烯酸酯类浆液（甲凝）具有黏度比水还低、固化强度高（低温可聚合固化）、配液简单等特点，可灌入 0.05～0.1mm 细缝，广泛用于地下水位以下混凝土细裂隙补强灌浆。

（2）环氧树脂类浆液。环氧树脂类浆液通常由环氧树脂和固化剂组成。按工程特殊要求可加入稀释剂、增塑剂和其他外加剂。环氧树脂类浆液常温下有固化、聚合体强度高、黏结力大和化学稳定性好的特点，一般多用于岩缝固结补强灌浆中。

（三）有机高分子复合化学灌浆材料

高分子聚合物等除单独用作化学注浆材料以外，为了降低成本和满足单一浆液不能实现的性能，有时与水玻璃或水泥配制成高分子复合化学注浆材料。聚合物与水泥的复合物——聚合物水泥是目前世界各国非常感兴趣的建筑材料。聚合物作为水泥的添加剂，可提高水泥浆材的可注性和固结体的强度，用部分聚合物代替水泥组成聚合物水泥的复合胶结料，可显著提高水泥固结体的抗压强度和抗拉强度。在水泥中加入丙烯酸盐单体，能实现快速凝结。对于有激烈涌水的地方，用此法堵水很有效。在混凝土的裂缝中注入有机单体或聚合物溶液可使混凝土中的裂缝得到充分填充，从而显著提高混凝土的整体性和密实性。

第五节　装　饰　材　料

在建筑上，把铺设、粘贴或涂刷在建筑内外表面，主要起装饰美化作用的材料，称为装饰材料。装饰材料的质量和效果对装饰工程的质量和效果有着决定性的影响。因此，装饰设计及施工人员必须熟练掌握各类装饰材料的图案、规格、性能、质量标准和适用范围，从而合理地选用各类装饰材料。

装饰材料除了美化建筑空间和环境，满足人们的美感需要以外，还起着保护建筑物主体结构和改善建筑物使用功能的作用，使建筑物耐久性提高，并使其保温隔热、吸声隔声、采光等居住功能改善。

一、装饰材料的分类

装饰材料的具体品种繁多且换代速度异常迅速，有许多不同的分类方法，常见的分类方法如下。

1. 按材料的材质分类

按装饰材料的材质可分为无机材料、有机材料和有机—无机复合材料。无机材料，如石材、陶瓷、玻璃、不锈钢、铝型材和水泥等；有机材料，如木材、塑料和有机涂料等；有机—无机复合材料，如人造大理石、彩色涂层钢板、铝塑板以及铝合金—石材复合板等。

2. 按材料在建筑物中的装饰部位分类

外墙装饰材料，如天然石材、建筑陶瓷、玻璃制品、装饰混凝土、外墙涂料和铝塑板等；内墙装饰材料，如内墙涂料、墙纸、墙布和木制品等；地面装饰材料，如地毯、塑料地板、陶瓷地砖、石材和木地板等；顶棚装饰材料，如石膏板、矿棉吸音板、铝合金板、塑料装饰板及各类顶棚龙骨材料等；屋面装饰材料，如陶瓷、彩色涂层钢板、阳光板和玻璃钢板等。

二、装饰材料的基本要求

1. 材料的颜色、光泽和透明性

颜色是材料对光谱选择性反射的结果。不同的颜色给人以不同的心理感受，如红色给人一种温暖、热烈的感觉，有刺激和兴奋的作用；绿色、蓝色给人一种宁静、清凉、寂静的感觉，能消除精神紧张和视觉疲劳。

光泽是材料表面方向性反射光线的性质，用光泽度表示。材料表面越光滑，光泽度越高。当为定向反射时，材料表面具有镜面特征。光泽度对物体形象的清晰程度有决定性影响。同一种颜色，如果光泽度不同，即可显得鲜亮，也可显得晦暗，亮色使人感到轻松、欢快，暗色使人感到严肃、凝重或压抑。

透明性也是与光线有关的一种性质。既能透光又能透视的物体称为透明体，能透光而不能透视的物体称为半透明体，既不能透光又不能透视的称为不透明体。利用不同的透明度可以调整光线的明暗，造成不同的光学效果，可使物像清晰或朦胧。

2. 材料的质感

质感是材料的表面组织结构、花纹图案、颜色、光泽和透明性等给人的一种综合感觉。材料的质感能引起人的心理反应和联想，可加强情感上的气氛。一般而言，粗糙不平的表面能给人以粗犷豪迈的感觉，而光滑细致的表面则给人带来细腻精美的装饰效果。

3. 形状和尺寸

材料形状和尺寸能给人带来空间上和使用上是否舒适的感觉。设计人员在进行装饰设计时，一般要考虑到人体尺寸的需要，对装饰材料的形状和尺寸作出合理的规定。同时，材料的尺寸大小要满足强度、变形、热工和模数等方面的要求。

4. 立体造型

材料本身的形状、表面的凹凸及材料之间交接面上产生的各种线型有规律的组合易产生感情意味。水平线给人有安全感、垂直线显得稳定均衡、斜线有动感和不稳定感。装饰材料的选用需考虑造型的美观。

5. 功能性

装饰材料不仅要求表面的美观，而且还应具有一定功能。除了外观要求外，还应通过自身的强度、耐久性、防火性及耐腐蚀性等保护主体结构和延长使用寿命的作用。同时，装饰材料的绝热、吸声和防护等功能可以改善使用环境。

6. 耐久性

建筑外部装饰材料要经受日晒、雨淋、冰冻、霜雪、风化和介质侵蚀作用，建筑内部装饰材料要经受摩擦、冲击和洗刷等作用，因此，建筑装饰材料还要满足耐久性要求。

7. 环保性

装饰材料的生产、施工、使用中，要求能耗少、施工方便、污染低，满足环保要求。近些年的研究结果表明，现代建筑装饰材料的大量使用是引起室内外空气污染的主要因素之一。主要表现为材料表面释放出的甲醛、芳香族化合物、氨和放射性氡超标，通过呼吸和皮肤接触对人体造成危害。建筑装饰材料中的放射性元素限量，胶黏剂、涂料等材料中的有害物质限量应符合国家相关标准。

三、常用装饰材料

（一）天然石材

天然石材是指采自天然岩体经加工而成的块状或板状材料的总称。建筑装饰所用的石材主要是大理石和花岗石两大类。

1. 大理石

大理石是沉积或其变质的碳酸盐类岩石的商品名称。它包括下列岩石：大理岩、白云岩、石灰岩、砂岩、页岩和板岩。这类岩石构造致密，强度也较高，但硬度不大，易于加工和磨光。因所含杂质不同，而有不同颜色和花纹，这是评价其装饰性的主要指标。大理石多磨成光面以板材形式用作室内的饰面材料，如墙裙、柱面、栏杆、楼梯和地面等。大理石不宜用作室外饰面材料，因为在空气中的酸性气体腐蚀作用下，生成易溶于水的盐类，使表面失去光泽，变得粗糙，降低装饰效果。

目前在我国市场上经常可见的国际名牌石材产品有挪威红、印度红、南非红、意大利紫罗红、土耳其紫罗红、美利坚红、莎利士红、蓝宝石、白水晶、卡门红、黑金沙、美国红紫晶和玫瑰花岗等。多产于印度、美国、南非、意大利、挪威、土耳其和西班牙等国家。

2. 花岗石

花岗石也是商品名称，凡是作为石材开采而用作装修材料的各类岩浆岩均称为花岗石，它包括下列岩石：花岗岩、安山岩、辉绿岩、辉长岩和片麻岩等。应用最广的是花岗岩，它全部是结晶体，主要矿物成分为石英、长石及少量云母与暗色矿物。其颜色主要由长石的颜色及少量云母与暗色矿物的分布情况而定，通常呈灰、黄、红及蔷薇色。优质花岗岩晶粒细，构造密实，石英含量多，云母含量少，无风化迹象。花岗岩的强度、耐久性及耐磨性均高，但耐火性差，因石英在高温时发生晶型转变而膨胀。

花岗石板按用途可加工成不同的表面：

（1）剁斧板材：表面粗糙，具有规则的条状斧纹。

（2）机刨板材：表面平整，具有相互平行的刨纹。

（3）粗磨板材：表面平滑，无光。

（4）磨光板材：表面光亮，色泽鲜明，晶体裸露。

在建筑上，花岗石是一种高级饰面材料，适用于做勒脚、柱面、踏步、地面及外墙饰面等。

（二）人造石材

人造石材是使用无机或有机胶凝材料作为黏结剂，以天然砂、碎石、石粉等为粗、细填充料，经成型、固化、表面处理而成的一种人造材料。常见的有人造大理石和人造花岗岩。人造石材是模仿天然石板材的表面纹理和色彩人工合成的，因此具有大理石、花岗岩的机理特征，且色泽均匀、结构致密、重量轻、耐磨、耐水、耐腐、耐污染，可锯切、钻孔，还可以制作成弧形、曲面等天然石材难以加工的复杂形状。人造石材可用于立面、柱面、室内地面、卫生间台面、楼面板、窗台板、茶几等。人造石材不仅有类似于天然大理石、花岗岩的性质，而且有天然材料不具备的性能，高质量的人造石材的物理、力学性能可等于或优于天然石材。与天然石材相比，人造石材是一种经济的饰面材料。人造石材的其缺点是色泽、纹理不及天然石材美丽、自然、柔和，有的品种表面耐刻划能力差，有的板材在使用中易发生翘曲变形等。

随生产材料和制造工艺的不同，可把人造石材分成以下几类。

1. 水泥型人造石材

水泥型人造石材是以各种水泥为胶凝材料，天然石英砂为细骨料，碎大理石、碎花岗岩等为粗骨料，经配料、搅拌混合、浇筑成型、养护、磨光和抛光而制成的。水泥型人造石材成本低，但耐腐蚀能力较差，若养护不好，易产生龟裂，表面易返碱，不宜用于卫生洁具和外墙装饰。

2. 树脂型人造石材

树脂型人造石材多以不饱和树脂为胶凝材料，配以天然大理石、花岗岩、石英砂或氢氧化铝等无机粉状、粒状材料，经配料、搅拌和浇筑成型，在固化剂、催化剂作用下发生固化，再经脱模、抛光等工序制成。树脂型人造石材的主要特点是光泽度高、质地高雅、强度硬度较高、耐水、耐污染、基色浅、花色可设计性强。缺点是如果填料级配不合理，产品易出现翘曲。

3. 复合型人造石材

复合型人造石材的胶凝材料既有有机胶凝材料，又有无机胶凝材料。它是先用水泥、石粉等制成水泥砂浆的坯体，再将坯体浸于有机单体中，使其在一定条件下聚合而成。若为板材，则底层采用性能稳定而价廉的无机材料，面层采用树脂和大理石粉制作。复合型人造石材制品的造价较低，但它受温差影响后聚合面易产生剥落或开裂。

4. 烧结型人造石材

烧结型人造石材的生产工艺与陶瓷的相似，它是将长石、石英、辉绿石和方解石等粉料和赤铁矿粉以及一定量的高岭土混合，制备坯料，用半干压法成型，经窑炉1000℃左右的高温焙烧而成。该种人造石材因采用高温焙烧，能耗大，造价较高。

（三）陶瓷

凡以黏土、长石和石英为基本原料，经配料、制坯、干燥和焙烧而制得的成品，统称为陶瓷制品。陶瓷制品按其致密程度分为陶质、炻质和瓷质。

陶质多为多孔结构，吸水率大，表面粗糙无光，敲击时声音粗哑，有无釉和施釉两种制品。根据其原料土杂质含量的不同，又可分为粗陶和精陶两种。建筑上常用的烧结黏土砖、瓦为粗陶制品，釉面砖以及卫生陶瓷和彩陶属于精陶。瓷器的坯体致密，基本上不吸水，有半透明性，通常都施有釉层。瓷器制品多为日用品、美术用品等。炻器介于陶器与瓷器之间，炻器与陶器的区别在于陶器坯体是多孔的，而炻器坯体的孔隙率却很低，吸水率通常＜2%。炻器与瓷器的区别主要是炻器坯体多数带有颜色且无半透明性。建筑饰面用的外墙面砖、地面砖和陶瓷锦砖等均属炻器。

常用建筑陶瓷制品主要有以下几种。

1. 外墙面砖

外墙面砖也称外墙贴面砖或面砖。它是以焙烧后为白色的耐火黏土为主要原料，加入适量非可塑性掺料及助熔剂所制成的。外墙面砖表面有光平、粗糙或凹凸花纹的，上釉或不上釉的。上釉的外墙面砖也称彩釉砖。使用最多的是光平的无釉面砖。面砖背有助纹，便于与墙面黏接。外墙面砖应有较小的吸水率、较高的抗冻性和大气稳定性。

2. 内墙面砖

内墙面砖一般都上釉，所以有釉面砖、瓷砖或釉面瓷砖之称。釉面砖所用原料与外墙面砖基本相同。釉面砖有各种颜色，而以浅色居多，表面的釉层有不同类型：光亮釉、花釉、珠光釉和结晶釉等。釉面砖分为亮光釉面砖和亚光釉面砖。亮光釉面砖：砖体的釉面光洁干净，光的放射性良好，适合于铺贴在厨房的墙面；亚光釉面砖表面光洁度差，对光的反射效果差，给人的感觉比较柔和舒适。釉面砖按形状分为正方形、长方形及配件砖(圆边、阴角、阳角和压顶等)。釉面砖多用于卫生间、厨房、实验室、医院和精密仪器车间等墙面。由釉面砖组成的瓷砖壁画，以及一些彩色釉面砖可用作大型公共建筑的内部装饰。

3. 陶瓷地板砖

陶瓷地板砖的品种按铺贴位置分为室内地板砖和室外地板砖。

室内地板砖有釉面砖、抛光砖、玻化砖、印花砖、防滑砖和特种防酸地砖等。其中玻化砖（通体砖）是将岩石碎屑经过高压压制而成，表面抛光后坚硬度可与石材相比，吸水率更低，性能优于釉面砖。地板砖选用时除考虑色泽、质感外，还应检查吸水率、耐磨度、耐酸性和耐污染指标，以及放射性物质含量指标。

室外地板砖包括地坪砖、草坪砖和广场砖等，一般不上釉，颜色多为暗红、淡黄或彩色图案。有的地砖表面带有凹凸花纹，既美观又防滑，形状有方形、长方形和六边形。室外地板砖应具有较高的抗冻性。

4. 陶瓷锦砖

陶瓷锦砖是边长小于 40mm 的陶瓷砖板，旧称马赛克或铺地瓷砖。陶瓷锦砖过去仅用于铺地，现在也用于外墙或内墙的贴面。陶瓷锦砖是以优质黏土和高岭土为主要原料烧制而成的，有上釉与不上釉两种。目前生产的多为不上釉的。基本形状为正方形、长方形和六边形。按要求将陶瓷锦砖拼成各种图案，并反贴在牛皮纸（铺贴纸）上，每张纸尺寸为 30cm×30cm，故有纸皮砖之称。施工时将贴在纸上的锦砖铺在地面或墙面的砂浆上，然后用水将铺贴纸用毛刷刷水润湿，半小时后可将纸揭开。陶瓷锦砖质地坚实，经久耐用，色泽花色多样，耐磨，耐化学腐蚀，可在 －20～＋100℃ 温度下使用，适用于工业与民用建筑的洁净车间、门厅、走廊、餐厅、卫生间及实验室等处的地面和墙面也可用作建筑物的外墙饰面材料。

5. 琉璃制品

琉璃制品是我国首创的建筑装饰材料，由于多用于园林建筑中，故有园林陶瓷之称。琉璃制品多用难熔黏土为主要原料。制品表面上釉，釉料是以石英、铅丹为主要原料，加入着色剂而成。釉色有金黄色、蓝色和绿色，后来又发展有翠绿、孔雀蓝和紫晶等 10 多种。琉璃制品是我国独特的建筑艺术制品之一，使用历史悠久，造型古朴，富有传统的民族特色。琉璃制品具有使用、装饰等多种功能，其产品包括琉璃瓦、琉璃砖、建筑装饰制品（琉璃窗、线砖、栏杆等）及室内外陈设用工艺制品。

6. 卫生陶瓷

卫生陶瓷是用于卫生设施上的有釉炻质产品。是用耐火黏土或难熔黏土经配料制浆、灌浆成型、上釉焙烧而成。卫生陶瓷颜色为白色或彩色。卫生陶瓷制品有洗面器、大便器、小便器、水箱和洗涤槽等。

卫生陶瓷制品具有表面光亮、结构致密、气孔率小、强度较高、热稳定性好、不易玷污、便于清洗及耐化学腐蚀等特点。

（四）玻璃

玻璃是各种建筑材料中，唯一能用透光性来控制和隔断空间的材料。建筑玻璃正向多品种多功能方向发展，兼具装饰性与适用性的玻璃新品种不断问世，从而为现代建筑设计提供了更大的选择性，如平板玻璃已由过去单纯作为采光材料，而向控制光线，节约能源，控制噪音，提高装饰效果等多功能方向发展。在现代建筑中，愈来愈多地运用玻璃门窗、玻璃幕墙及玻璃制品，因而减轻了建筑结构的自重。

建筑玻璃按其功能一般分为以下几类。

1. 平板玻璃

这一类玻璃制品主要包括普通平板玻璃、磨砂平板玻璃、磨光平板玻璃、花纹平板玻璃和浮法平板玻璃，厚度通常为 2mm、3mm、5mm、6mm、8mm、10mm、12mm 直至

19mm 等，建筑中主要利用其透光性和透视性，用作建筑物的门窗、橱窗及屏风等装饰。

2. 饰面玻璃

饰面玻璃包括毛玻璃、彩色玻璃、花纹玻璃、镭射玻璃和玻璃锦砖等，建筑中主要利用其表面色彩、图案、花纹及光学效果等特性，用于立面装饰和地坪装饰。

3. 安全玻璃

安全玻璃是指具有良好安全性能的玻璃。主要特性为力学强度比较高，抗冲击能力较好，被击碎时，碎块不会飞溅伤人，并兼有防火的功能。安全玻璃有钢化玻璃和夹层玻璃，另外，夹丝玻璃也有一定的安全性。

4. 功能玻璃

功能玻璃是指具有保温绝热、防紫外线、光控或电控变色等特性的玻璃。吸热玻璃和热反射玻璃可克服温、热带建筑物普通玻璃窗的暖房效应，减少空调能耗，取得较好的节能效果，同时，能吸收紫外线，使刺目耀眼的阳光变得柔和，起到防眩的作用。

5. 玻璃砖

玻璃砖是块状玻璃制品，包括特厚玻璃、玻璃空心砖、玻璃锦砖和泡沫玻璃等，主要用于屋面和墙面装饰。玻璃空心砖一般是由两块压铸成凹形的玻璃经熔接或胶接成整块的空心砖。砖面可为平光，也可在内、外压铸多种花纹，砖内腔可为空气，也可填充玻璃棉等，其形状有方形、圆形等。玻璃空心砖绝热、隔声，光线柔和，可用来砌筑透光墙壁、隔断、门厅、通道等。

（五）金属材料

金属装饰制品坚固耐用，装饰表面具有独特的质感，同时还可制成各种颜色，表面光泽度高，庄重华贵，且安装方便。目前，建筑装饰工程中常用的金属制品主要有不锈钢板与钢管、彩色不锈钢板、彩色涂层钢板和彩色压型钢板以及镀锌钢卷帘门窗及轻钢龙骨、铝合金门窗等。

建筑装饰中常用的不锈钢制品主要是薄钢板，其中厚度小于 2mm 的薄钢板用得最多。不锈钢的主要特征是耐腐蚀，光泽度高。彩色不锈钢板是在不锈钢板上进行技术性和艺术性加工，使其表面成为具有各种绚丽色彩的不锈钢装饰板。

彩色压型钢板是以镀锌钢板为基材，经成型机轧制，并涂敷各种耐腐蚀涂层与彩色烤漆而制成的轻型围护结构材料。这种钢板具有质量轻、抗震性好、耐久性强、色彩鲜艳、易加工以及施工方便等优点，适用于工业与民用及公共建筑的屋盖、墙板及墙壁装饰等。

轻钢龙骨是用冷轧钢板（带）、镀锌钢板（带）或彩色涂层钢板（带）作原料，采用冷弯工艺生产的薄壁型钢，可与纸面石膏板、石膏板、胶合板等板材配套使用，适用于各类场所的隔断和吊顶的装饰。

铝合金门窗是将经过表面处理的铝合金型材，经加工制成的门窗框构件，再经与连接件、密封件、开闭五金件一起组合装配而成。铝合金门窗框料型材表面经过氧化着色处理，可着银白色、古铜色、暗红色等柔和的颜色，表面光洁，色泽牢固。

（六）塑料

塑料是以合成树脂或天然树脂为主要基料，加入添加剂后，在一定条件下经混炼、塑化、成型，且在常温下能保持形状不变的材料。塑料装饰材料主要有塑料地板、塑料壁纸、塑料地毯、塑料装饰板和塑料门窗等。

塑料地板是呈预制块状、卷材状或现场涂铺整体状的塑料制地面面层装饰材料，其表面可呈现丰富绚丽的图案，不但可以仿木材、石材等天然材料的纹理，而且可任意拼装组合成变化多端的几何图案。塑料地板还具有弹性好、脚感舒适、耐磨耐污，有一定保温吸声作用等优点。塑料地板施工为干作业，可直接粘贴，施工、维修、保养方便，广泛用于室内外地面的装饰。

塑料壁纸是以纸为基层，表面经过涂塑后，再经过压花、印花或发泡等多种工艺而制成的一种墙面装饰材料，具有装饰效果好、具有一定的伸缩性和耐裂强度、吸声、防霉、对酸碱有较强的抵抗能力，不怕水洗、不易受机械损伤、维修保养方便等特点。塑料壁纸是目前应用较为广泛的室内墙面装饰材料。

塑料地毯按其加工方法的不同可分为簇绒地毯、针孔地毯、印染地毯和人造草皮等4种，其中簇绒地毯是目前使用最为广泛的一种塑料地毯。地毯作为地面装饰材料具有绝热保温、吸声和防滑等特点，塑料地毯原料来源丰富，成本较低，使用比较普遍。

塑料装饰板是以树脂为浸渍材料或以树脂为基材，采用一定的生产工艺制成的具有装饰功能的普通或异型板材。塑料装饰板按其原材料的不同可以有塑料金属复合板、硬质PVC板、塑料贴面板、有机玻璃板和玻璃钢板等；按结构和断面形式可分为平板、波形板、实体异型板、中空异型板、格子板和夹芯板等。其特点是重量轻、装饰性强、生产工艺简单、施工简便、易于保养、便于与其他材料复合等，主要被用作护墙板、屋面板和平顶板。

塑料门窗是以聚氯乙烯（PVC）树脂为主要原料，加上一定比例的稳定剂、改型剂、填充剂和紫外线吸收剂等助剂经挤出加工成型材，然后通过切割焊接的方式制成门窗框、扇，配装上橡塑密封条、五金配件等附件而成。为增加型材的刚性，在型材空腔内添加钢衬，所以称之为塑钢门窗。

（七）木材与竹材

木材具有美丽的天然纹理，柔和温暖的视觉触觉特性，给人以古朴、雅致、亲切的质感，因此，木材作为装饰与装修材料，有其独特的魅力和价值。装饰用木材的树种包括杉木、红松、水曲柳、柞木、栎木、楠木和黄杨木等。常见的木制装饰品有木板、木线和木花格等。木制装饰板的种类很多，常用的有薄木贴面板、胶合板、纤维板、刨花板、细木工板和木地板等。

木装饰线条简称木线，其种类繁多，主要有楼梯扶手、压边线、墙腰线、天花角线、弯线、挂镜线、门窗镶边和家具装饰等。各类木线立体造型各异，每类木线又有多种断面形状，例如平线、半圆线、麻花线、鸠尾形线、半圆饰、齿形饰、浮饰、粘附饰、钳齿饰、十字花饰、梅花饰、叶形饰以及雕饰等多样。采用木线装饰可增加高雅、古朴和自然亲切之感。

竹材也可用于某些特色装修。竹地板采用天然原竹，经锯片、干燥、四面修平、上胶、拼板、开槽、砂光和涂漆等工艺，同时经过防霉、防蛀和防水处理而得。产品表面光洁、耐磨，花纹与色泽自然，不变形、防水、脚感舒适、易于维护和清理。

（八）建筑涂料

涂于建筑物表面并能干结成膜，具有保护、装饰、防腐、防火或其他功能的物质为涂料。

涂料的技术性能包括物理、化学性能和力学性能。主要有涂膜颜色、遮盖力、附着力、黏结强度、耐冻融性、耐污染性、耐候性、耐水性、耐碱性及耐刷洗性等。对不同类型的涂料，还有其对应的特殊要求。

建筑涂料品种繁多，有多种分类方法。常按在建筑物上的使用部位的不同来分类。

1. 墙面涂料

墙面涂料分为外墙涂料和内墙涂料，内墙涂料可作为顶棚涂料。墙面涂料的作用是保护墙体和装饰墙体的立面，提高墙体的耐久性或弥补墙体在功能方面的不足。但有些内墙涂料对室内环境会造成污染，国家标准《室内装饰装修材料内墙涂料中有害物质限量》（GB 18582—2001）对室内装饰装修用墙面材料中的对人体有害物质进行了规定。外墙涂料的要求比内墙涂料的更高些，因为它的使用条件严酷，保养更换也较困难。

墙面涂料具有以下特点：色彩丰富、细腻、协调；耐碱、耐水性好，且不易粉化；良好的透气性和吸湿排湿性；涂刷施工方便，可手工作业，也可机械喷涂。

2. 地面涂料

地面涂料对地面起装饰和保护作用，有的还有特殊功能如防腐蚀、防静电等。地面涂料需有以下性能：较好的耐磨性、良好的耐碱性、良好的耐水性、良好的抗冲击性，以及施工方便、重涂性能好。

3. 防水涂料

防水涂料是指所形成的涂膜能防止雨水或地下水渗透的涂料。用防水涂料来取代传统的沥青卷材可简化施工程序，加快施工速度。防水涂料应具有良好的柔性、延伸性，使用中不应出现龟裂、粉化。

4. 防火涂料

防火涂料又称阻燃涂料，是一种涂刷在易燃材料表面，提高易燃材料的耐火能力的涂料。可分为钢结构防火涂料、木结构防火涂料和混凝土防火涂料。

5. 特种涂料

特种涂料除具有保护和装饰作用外，还具有特殊功能，如卫生涂料、防静电涂料和发光涂料等。

第十一章　建筑材料试验

建筑材料试验是本课程的一个重要组成部分，是与课堂理论教学相配合的一个重要的实践性教学环节。学生通过建筑材料试验，不仅可以巩固所学的理论知识，还可以掌握各种主要建筑材料的检验技术与方法，加深对建筑材料性能的理解，熟悉仪器设备的性能与操作规程，培养基本试验技能和分析解决问题的能力，为将来从事本专业工作打好基础。

试验过程一般包括选取试样、确定试验方法、按规范和标准进行试验操作、处理试验数据、分析试验结果、填写标准化的试验报告（或表格）等过程。试验过程必须严格按照国家和行业颁布的技术标准进行。

为顺利地进行试验，还要注意如下各点：

（1）试验前必须认真预习教材中有关章节，弄清试验目的、基本原理以及操作要求，准备好记录表格。

（2）要认真、细心地按试验内容和试验方法要求，准确地完成试验工作，并随时做出详细记录。

（3）在试验过程中，要爱护试验设备，遵守试验室的规章制度，尤其要注意安全制度，严禁违规操作，杜绝发生人身伤亡事故或损坏仪器设备。

（4）应具有独立钻研精神，要仔细严密观察试验过程，注意发现问题和分析问题，以对试验结果做出正确结论。

（5）试验结束后，应将原始数据记录提交指导教师检查；课后及时、独立完成实验报告。

第一节　材料基本性质试验

试验要求：掌握材料的密度和表观密度的测定原理和方法，计算材料的孔隙率及空隙率，从而了解材料的构造特征；掌握材料吸水率的试验方法。

一、密度试验

材料的密度是指材料在绝对密实状态下，单位体积的质量，主要用来计算材料的孔隙率和密实度。

1. 主要仪器设备

密度瓶（又名李氏瓶，如图 11－1 所示）、筛子（孔径 0.20mm 或 900 孔/cm^2）、天平（称量 1kg，感量 0.01g）、恒温水槽、烘箱、温度计、量筒、干燥器、漏斗和小勺等。

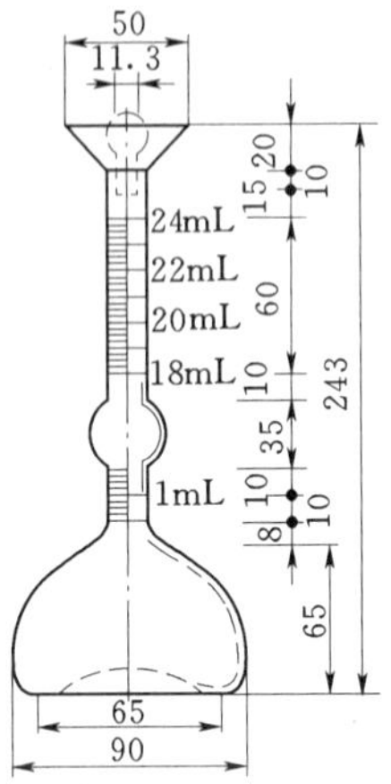

图 11-1　密度瓶
（单位：mm）

2. 试样准备

将试样研磨后，称取试样约 400g，用筛子筛分，除去筛余物，放在（110±5)℃的烘箱中，烘至恒重，再放入干燥器中冷却至室温备用。

3. 试验方法与步骤

（1）在密度瓶中注入与试样不起反应的液体（如无水煤油）至突颈下部刻度线零处，记下第一次液面刻度数 V_1（精确至 $0.05cm^3$），将李氏瓶放在恒温水槽中 30min，在试验过程中保持水温为（20±0.5)℃。

（2）用天平称取 60～90g 试样 m_1（精确至 0.01g），用小勺和玻璃漏斗小心地将试样徐徐送入密度瓶中，不准有试样粘附在瓶颈内部，且要防止在密度瓶喉部发生堵塞，直到液面上升到 20mL 刻度左右为止。再称剩余的试样质量 m_2（精确至 0.01g），计算出装入瓶内的试样质量 $m=m_1-m_2$（g）。

（3）用瓶内的液体将黏附在瓶颈和瓶壁上的试样洗入瓶内液体中，反复摇动密度瓶使液体中的气泡排出；记下第二次液面刻度 V_2（精确至 $0.05cm^3$），根据前后两次液面读数，算出瓶内试样所占的绝对体积 $V=V_2-V_1$。

4. 结果计算与数据处理

（1）按下式算出试样密度 ρ（计算至小数点后第二位）。

$$\rho=\frac{m_1-m_2}{V_2-V_1}=\frac{m}{V} \tag{11-1}$$

式中　m_1——备用试样的质量，g；

m_2——称剩余试样的质量，g；

m——装入瓶中试样的质量，g；

V_1——第一次液面刻度数，cm^3；

V_2——第二次液面刻度数，cm^3；

V——装入瓶中试样的绝对体积，cm^3。

（2）材料的密度试验应以两个试样平行进行，以其结果的算术平均值作为最后结果，但两个结果之差不应超过 $0.02g/cm^3$。否则应重新测试。

二、表观密度试验

试验目的：测定表观密度，为计算散粒材料的空隙率提供依据，也可估计材料的某些性质（如强度、吸水性及保温性等）。

本试验材料为几何形状规则的材料（如烧结砖等），对非规则几何形状的材料（如砂、石等）其表观密度试验方法见第三节砂、石表观密度试验。

（一）主要仪器设备

游标卡尺（精度 0.1mm）、天平（感量 0.1g）、烘箱、干燥器、漏斗和直尺等。

（二）试样准备

将规则形状的试件放入 105～110℃的烘箱中烘干至恒温，取出后放入干燥器中，冷却至室温备用。

（三）试验方法与步骤

（1）用天平称量出试件的质量 m（g）。

（2）用游标卡尺量出试件尺寸（在长宽高方向上测量上、中、下三处，取其平均值），并计算出其体积 V_0（cm^3）。

$$V_0=\frac{a_1+a_2+a_3}{3}\times\frac{b_1+b_2+b_3}{3}\times\frac{c_1+c_2+c_3}{3} \tag{11-2}$$

（四）结果计算与数据处理

（1）按式（11-3）计算材料的表观密度（g/cm^3）。

$$\rho_0=\frac{m}{V_0} \tag{11-3}$$

（2）以 3 次试验结果的平均值作为最后测定结果，精确至 $10kg/m^3$。

（3）将密度和表观密度的值带入公式计算孔隙率：

$$P=\left(1-\frac{\rho_0}{\rho}\right)\times100\% \tag{11-4}$$

三、吸水率试验

试验目的：材料吸水饱和时的吸水量与材料干燥时的质量或体积之比，叫做吸水率。材料吸水率通常小于孔隙率，因为水不能进入封闭的孔隙中。材料吸水率的大小对其堆积密度、强度、抗冻性的影响很大。

（一）主要仪器设备

天平、台秤（称量 10kg，感量 10g）、游标卡尺、水槽和烘箱等。

（二）试样准备

将试样（可采用黏土砖）通过切割修整，放在 105～110℃的烘箱中，烘至恒量，再放入干燥器中冷却至室温备用。

（三）试验方法与步骤

（1）称取试样质量 m（g）。

（2）将试样放入水槽中，试样之间应留 1～2cm 的间隔，试样底部应用玻璃棒垫起，避免与槽底直接接触。

（3）将水注入水槽中，使水面至试样高度的 1/3 处，24h 后加水至试样高度的 2/3 处，再隔 24h 加入水至高出试样 1～2cm，再经 24h 后取出试样，这样逐次加水能使试样孔隙中的空气逐渐逸出。

（4）取出试样后，用拧干的湿毛巾轻轻抹去试样表面的水分（不得来回擦拭），称其质量，称量后仍放回槽中浸水。

（5）以后每隔 1 昼夜用同样方法称取试样质量，直至试样浸水至恒定质量为止（1d 质量相差不超过 0.05g 时），此时称得的试样质量为 m_1（g）。

（四）结果计算与数据处理

（1）按下式计算质量吸水率 $W_{质}$ 及体积吸水率 $W_{体}$：

$$W_{质}=\frac{m_1-m}{m}\times100\% \tag{11-5}$$

$$W_{体}=\frac{V_1}{V_0}\times 100\%=\frac{m_1-m}{m}\times\frac{\rho_0}{\rho_{H_2O}}\times 100\%=W_{质}\times\rho_0 \tag{11-6}$$

式中　V_1——材料吸水饱和时水的体积，cm^3；

V_0——干燥材料自然状态时的体积，cm^3；

ρ_0——材料的表观密度，g/cm^3；

ρ_{H_2O}——水的密度，常温时 $\rho_{H_2O}=1g/cm^3$。

(2) 吸水性试验用 3 个试样平行进行，最后取 3 个试样的吸水率计算平均值作为最后结果。

第二节　水　泥　试　验

试验要求：掌握水泥细度的测定方法。掌握水泥标准稠度用水量的两种测定方法，并能较准确的测定水泥的凝结时间。了解造成水泥安定性不良的因素有哪些，掌握如何进行检测。掌握水泥胶砂强度试样的制作方法，了解标准养护的概念，水泥石强度发展的规律及影响水泥石强度的因素等知识，掌握水泥抗折强度测定仪、压力机等设备的操作和使用方法。

本节试验采用的标准及规范：

(1)《水泥细度检验方法 筛析法》(GB/T 1345—2005)。

(2)《水泥比表面积测定 勃氏法》(GB/T 8074—2008)。

(3)《水泥标准稠度用水量、凝结时间、安定性检验方法》(GB/T 1346—2001)。

(4)《水泥胶砂强度检验方法 (ISO 法)》(GB/T 17671—1999)。

(5)《通用硅酸盐水泥》(GB 175—2007)。

(6)《水泥取样方法》(GB/T 12573—2008)。

水泥技术指标检验的基准方法按照水泥检验方法（ISO 法）标准，也可采用 ISO 法允许的代用标准。当代用后结果有异议时以基准方法为准。

本节检验方法适用于硅酸盐水泥和普通硅酸盐水泥。

一、水泥检验的一般规定

1. 取样方法

以同一水泥厂、同一强度等级、同一品种、同期到达的水泥不超过 400t 为一个取样单位（不足 400t 者也可以作为一个取样单位）。取样应有代表性，可连续性，也可从 20 个以上不同部位分别抽取约 1kg 水泥，总数至少 11kg；水泥试样应充分拌匀，通过 0.9mm 方孔筛并记录筛余物情况，当试验水泥从取样至试验要保持 24h 以上时，应把它贮存在基本装满和气密的容器里，这个容器应不与水泥起反应。试验用水应是洁净的淡水，仲裁试验或其他重要试验用蒸馏水，其他试验可用饮用水。仪器、用具和试模的温度与试验室一致。

2. 养护条件

试验室温度应为 (20±2)℃，相对湿度应大于 50%。养护箱温度为 (20±1)℃，相对湿度应大于 90%。

3. 对试验材料的要求

(1) 水泥试样应充分拌匀。

(2) 试验用水必须是洁净的淡水。

(3) 水泥试样、标准砂和拌合用水等温度应与试验室温度相同。

二、水泥细度试验

试验目的：检验水泥颗粒的粗细程度。由于水泥的许多物理力学性质（凝结时间、收缩性和强度等）都与水泥的细度有关，因此必须检验水泥的细度，以它作为评定水泥质量的依据之一。

水泥细度可用筛析法和比表面积测定法检验。其中筛析法分为负压筛析法、水筛法和手工筛析法，负压筛析法、水筛法和手工筛析法测定的结果发生争议时，以负压筛析法为准。此处只介绍常用的负压筛析法。

比表面积测定法常用勃氏法。

(一) 负压筛析法试验

1. 主要仪器设备

试验筛是负压筛，由圆形筛框和筛网组成（筛网孔边长为 80μm），其结构尺寸如图 11-2 所示；负压筛析仪（装置示意图如图 11-3 所示）；天平（最大称量为 200g，感量 0.05g）；搪瓷盘、毛刷等。

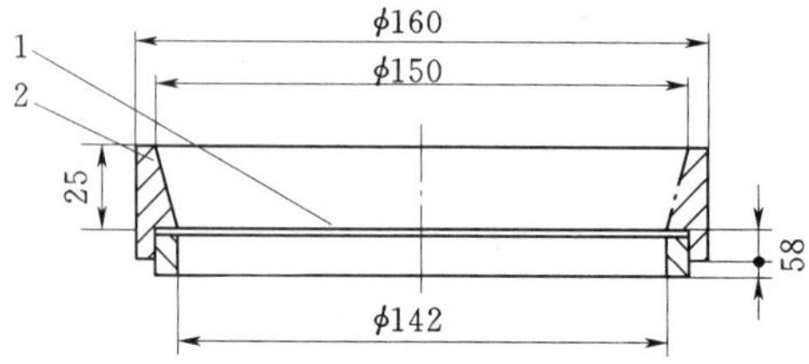

图 11-2　负压筛（单位：mm）

1—筛网；2—筛框

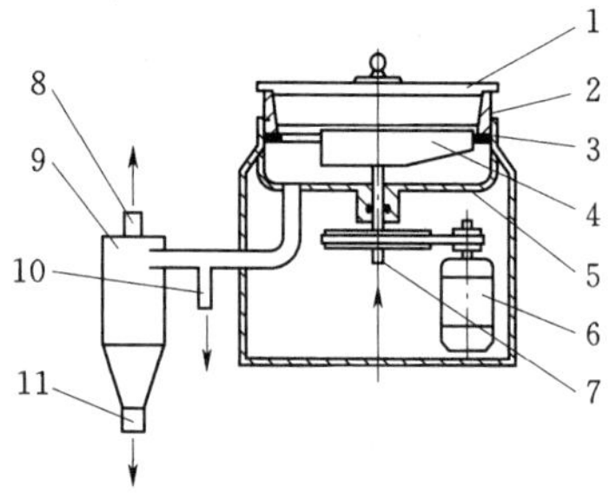

图 11-3　负压筛析仪示意图

1—有机玻璃盖；2—0.080mm 方孔筛；3—橡胶垫圈；4—喷气嘴；5—壳体；6—微电机；7—压缩空气进口；8—抽气口（接负压泵）；9—旋风收尘器；10—风门；11—细水泥出口

2. 试样准备

将用标准取样方法取出的水泥试样，取出约 200g 通过 0.9mm 方孔筛，盛在搪瓷盘中待用。

3. 试验方法与步骤

(1) 筛析试验前，应把负压筛放在筛座上，盖上筛盖，接通电源，检查控制系统，调节负压至 4000～6000Pa 范围内。

(2) 称取试样 25g，置于洁净的负压筛中，盖上筛盖，放在筛座上，开动筛析仪连续筛析 2min；在此期间如有试样附着在筛盖上，可轻轻地敲击，使试样落下。筛毕，用天平称量筛余物。

(3) 当工作负压小于 4000Pa 时，应清理吸尘器内水泥，使负压恢复正常。

4. 结果计算及数据处理

水泥试样筛余百分数用下式计算：

$$F=\frac{R_s}{m_c}\times 100\% \tag{11-7}$$

式中 F——水泥试样的筛余百分数，%；

R_s——水泥筛余的质量，g；

m_c——水泥试样的质量，g。

(二) 比表面积法

水泥比表面积是指单位质量的水泥粉末所具有的总表面积（m^2/kg）。根据一定量的空气通过具有一定空隙率和固定厚度的水泥层时，所受阻力不同而引起流速变化，来测定水泥的比表面积。本试验采用勃式法来测定水泥的比表面积。此法不适用于测定多孔材料及超细粉末物料。

1. 主要仪器设备

勃式比表面积透气仪、天平（感量为 1mg）、烘干箱（控制温度灵敏度±1℃）、秒表（分度值为 0.5s）、压力计液体（带有颜色的蒸馏水）、滤纸和汞。

2. 试样准备

水泥样品按《水泥取样方法》（GB/T 12573—2008）进行取样，先通过 0.9mm 方孔筛，再在（110±5）℃下烘干 1h，并在干燥器中冷却到室温待用。

3. 试验方法与步骤

(1) 按《水泥密度测定方法》（GB/T 208）测定水泥的密度。

(2) 空隙率（ε）的确定：PⅠ、PⅡ型水泥的空隙率采用 0.500±0.005，其他水泥或粉料的空隙率选用 0.530±0.005。

(3) 确定试样量。

试样量计算式为：

$$m=\rho V(1-\varepsilon) \tag{11-8}$$

式中 m——需要的试样量，g；

ρ——试样密度，g/cm^3；

V——试料层体积，cm^3；

ε——试料层空隙率。

(4) 试料层制备。将穿孔板放入透气圆筒的突缘上，用捣棒把一片滤纸放到穿孔板上，边缘放平并压紧。称取计算式（11-8）确定的试样量，精确到 0.001g，倒入圆筒。轻敲筒边使水泥层表面平坦，再放入一片滤纸，用捣器均匀捣实试料直至捣器的支持环与圆筒顶边接触，并旋转 1～2 周，慢慢取出捣器。

(5) 透气试验。把装有试料层的透气圆筒下锥面涂一薄层活塞油脂，然后把它插入压力计顶端锥形磨口处，旋转 1～2 圈。要保证连接紧密不漏气，并且不振动所制备的试料层。打开微型电磁泵从压力计一臂中抽出空气，直到压力计内液面上升到扩大部下端时关闭阀门。当压力计内液体的凹月液面下降到第一刻度线时开始计时，当液体的凹月液面下降到第二刻度线时停止计时，记录所用时间（以 s 计），并记录试验时温度（℃）。每次透气试验，应重新制备试料层。

4. 结果计算及数据处理

（1）当被测试样的密度、试料层中空隙率与标准样品相同，试验时的温度与校准温度之差小于等于 3℃时，可按下式计算：

$$s=\frac{S_s\sqrt{T}}{\sqrt{T_s}} \tag{11-9}$$

试验时的温度与校准温度之差大于 3℃时，则按下式计算：

$$s=\frac{S_s\sqrt{T}\sqrt{\eta_s}}{\sqrt{T_s}\sqrt{\eta}} \tag{11-10}$$

式中　s——被测试样的比表面积，cm^2/g；

S_s——标准样品的比表面积，cm^2/g；

T——被测试样试验时，压力计中液面降落测得的时间，s；

T_s——标准样品试验时，压力计中液面降落测得的时间，s；

η——被测试样试验温度下的空气黏度，$\mu Pa \cdot s$；

η_s——标准样品试验下的空气黏度，$\mu Pa \cdot s$。

（2）当被测试样的试料层中空隙率与标准样品试料层中空隙率不同，试验时的温度与校准温度之差小于等于 3℃时，可按下式计算：

$$s=\frac{S_s\sqrt{T}(1-\varepsilon_s)\sqrt{\varepsilon^3}}{\sqrt{T_s}(1-\varepsilon)\sqrt{\varepsilon_s^3}} \tag{11-11}$$

如果试验时的温度与校准温度之差大于 3℃时，则按下式计算：

$$s=\frac{S_s\sqrt{T}(1-\varepsilon_s)\sqrt{\varepsilon^3}\sqrt{\eta_s}}{\sqrt{T_s}(1-\varepsilon)\sqrt{\varepsilon_s^3}\sqrt{\eta}} \tag{11-12}$$

式中　ε——被测试样试料层中空隙率；

ε_s——标准试样试料层中的空隙率。

（3）当被测试样的密度和空隙率均与标准样品不同，试验时的温度与校准温度之差小于等于 3℃时，可按下式计算：

$$s=\frac{S_s\sqrt{T}(1-\varepsilon_s)\sqrt{\varepsilon^3}\rho_s}{\sqrt{T_s}(1-\varepsilon)\sqrt{\varepsilon_s^3}\rho} \tag{11-13}$$

如果试验时的温度与校准温度之差大于 3℃时，则按下式计算：

$$s=\frac{S_s\sqrt{T}(1-\varepsilon_s)\sqrt{\varepsilon^3}\rho_s\sqrt{\eta_s}}{\sqrt{T_s}(1-\varepsilon)\sqrt{\varepsilon_s^3}\rho\sqrt{\eta}} \tag{11-14}$$

式中　ρ——被测试样的密度，g/cm^3；

ρ_s——标准试样的密度，g/cm^3。

水泥比表面积应进行两次透气试验，实验结果由平均值确定。如果两次试验结果相差 2%以上，则应重新试验，计算结果保留至 $10cm^2/g$。

三、水泥标准稠度用水量测定（标准法和代用法）

试验目的：测定水泥标准稠度用水量，以便为进行水泥凝结时间和安定性试验做好准备。

水泥标准稠度用水量是指水泥净浆以标准方法测定，在达到统一规定的浆体可塑性时，所需加的用水量。水泥的凝结时间和安定性都与用水量有关，为了消除试验条件的差异而有利于比较，水泥净浆必须有一个标准的稠度。

1. 主要仪器设备

测定水泥标准稠度和凝结时间的维卡仪（图 11－4），试模：采用圆模（图 11－5）；水泥净浆搅拌机（图 11－6）；搪瓷盘；小插刀；量水器（最小可读为 0.1mL，精度 1%）；天平；玻璃板（150mm×150mm×5mm）等。

（1）标准法维卡仪，如图 11－4 所示。标准稠度测定用试杆有效长度为（50＋1）mm，由直径为（10±0.05）mm 的圆柱形耐腐蚀金属制成。测定凝结时间时取下试杆，用试针［图 11－4（d）、（e）］代替试杆。试针由钢制成，其有效长度初凝针为（50±1）mm，终凝针为（30±1）mm，直径为（1.13±0.05）mm 的圆柱体。滑动部分的总质量为（300±1）g。与试杆、试针联结的滑动杆表面应光滑，能靠重力自由下落，不得有紧涩和摇动现象。

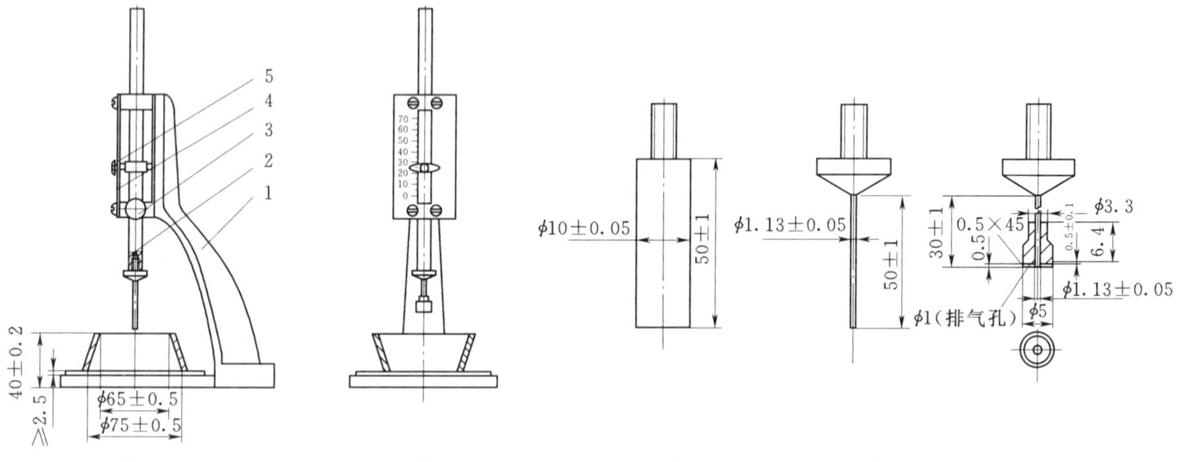

图 11－4 测定水泥标准稠度和凝结时间用的维卡仪（单位：mm）

（a）初凝时间测定用立式试模；（b）终凝时间测定；（c）标准稠度试杆；（d）初凝用试针；（e）终凝用试针

1—铁座；2—金属滑杆；3—松紧螺丝旋钮；4—标尺；5—指针

（2）盛装水泥净浆的试模（图 11－5）应由耐腐蚀的，有足够硬度的金属制成。试模为深（40±0.2)mm，顶内径为（65±0.5)mm，底内径为（75±0.5)mm 的截顶圆锥体。每只试模应配备一个大于试模、厚度大于等于 2.5mm 的平板玻璃底板。

（3）水泥净浆搅拌机。NJ—160B 型符合《水泥净浆搅拌机》（JC/T 729—2005）的要求。

2. 试样的准备

称取 500g 水泥，洁净自来水（有争议时应以蒸馏水为准）。

3. 试验方法与步骤

(1) 标准法测定。

1) 试验前必须检查维卡仪器金属棒应能自由滑动；当试杆降至接触玻璃板时，将指针应对准标尺零点；搅拌机应运转正常等。

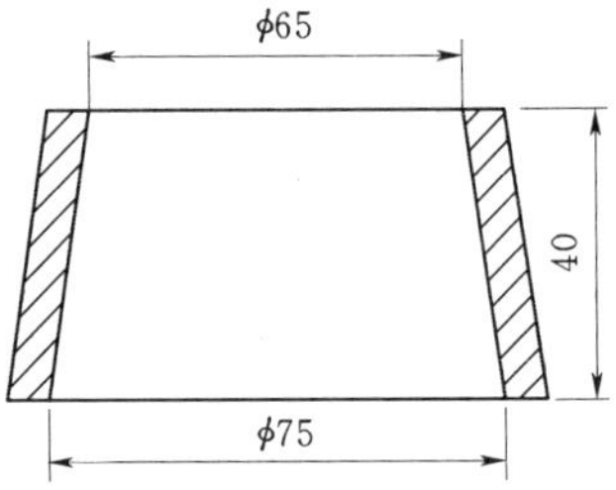

图 11-5 圆模（单位：mm）

2) 用水泥净浆搅拌机搅拌，搅拌锅和搅拌叶片先用湿布擦过，将拌合水倒入搅拌锅内，在 5～10s 内将称好的 500g 水泥全部加入水中，防止水和水泥溅出；拌合时，先将锅放在搅拌机的锅座上，升至搅拌位置，旋紧定位螺钉，连接好时间控制器，将净浆搅拌机右侧的快→停→慢扭拨到“停”；手动→停→自动拨到“自动”一侧，启动控制器上的按钮，搅拌机将自动低速搅拌 120s，停 15s，接着高速搅拌 120s 停机。

拌合结束后，立即将拌制好的水泥净浆装入已置于玻璃底板上的试模中，用小刀插捣，轻轻振动数次，刮去多余的净浆；抹平后速将试模和底板移到维卡仪上，并将其中心定在标准稠度试杆下，降低试杆直至与水泥净浆表面接触，拧紧松紧螺丝旋钮 1～2s 后，突然放松，使标准稠度试杆垂直自由地沉入水泥净浆中。在试杆停止沉入或释放试杆 30s 时记录试杆距底板之间的距离，升起试杆后，立即擦净；整个操作应在搅拌后 1.5min 内完成，以试杆沉入净浆并距底板 (6±1) mm 的水泥净浆为标准稠度净浆。此时的拌和水量为该水泥的标准稠度用水量 (P)，按水泥质量的百分比计。

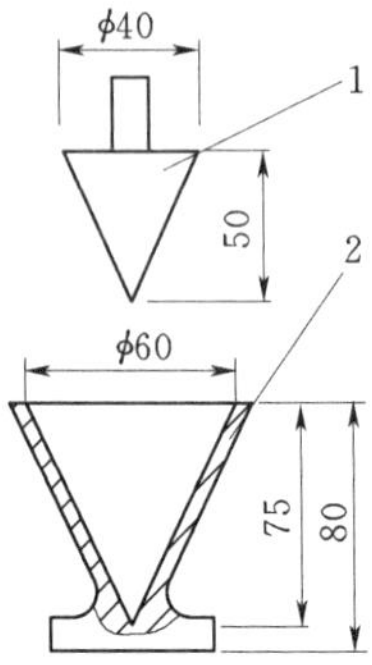

图 11-6 试锥和锥模 (mm)

1—试锥；2—锥模

(2) 代用法测定。

标准稠度用水量可用调整水量和不变水量两种方法中的任一种测定。如有争议，以前者为准。此处介绍不变用水量法。

1) 拌合步骤同标准法，只是固定用水量为 142.5mL。

2) 拌合完毕，立即将净浆一次装入锥模中（图 11-6），用小刀插捣并振动数次，刮去多余的净浆，抹平后，迅速放到测定仪试锥下面的固定位置上。将试锥降至净浆表面，拧紧螺丝 1～2s，然后突然放松螺丝，让试锥沉入净浆中，到停止下沉或释放试锥 30s 时记录下沉深度，整个操作应在 1.5min 内完成。

3) 记录试锥下沉深度 S (mm)。以锥下沉深度 S(mm)=(28±2)mm 为标准稠度净浆。若试锥下沉深度 S (mm) 不在此范围内，则根据测得的下深 S (mm)，按以下经验式计算标准稠度用水量 P (%)：

$$P=33.4-0.185S \tag{11-15}$$

这个经验公式是由调整水量法的结果总结出来的，当试锥下沉深度小于 13mm 时，应采用调整水量法测定。

4. 结果计算与数据处理

用标准法测定时，以试杆沉入净浆并距底板 (6±1)mm 的水泥净浆为标准稠度净浆。其拌合水量为该水泥的标准稠度用水量，按水泥质量的百分比计。

$$P=(\text{拌合用水量}/\text{水泥质量})\times 100\% \qquad (11-16)$$

如超出范围，须另称试样，调整水量，重做试验，直至达到杆沉入净浆并距底板（6±1）mm时为止。

四、水泥凝结时间测定

试验目的：测定水泥的初凝、终凝时间，用以评定水泥质量。

1. 主要仪器设备

测定仪与测定标准稠度用水量时所用的测定仪相同，只是将试杆换成试针［图11-4（d）、（e）］，试模（图11-5），湿气养护箱［养护箱应能将温度控制在（20±1）℃，湿度不低于90%］，玻璃板（150mm×150mm×5mm）。

2. 试样的制备

以标准稠度用水量制成标准稠度净浆，将标准稠度净浆一次装满试模，振动数次刮平，立即放入湿气养护箱中。将水泥全部加入水中的时间作为凝结时刻的起始时间（t_1）记录到试验报告中。

3. 试验方法与步骤

（1）将圆模内侧稍许涂上一层机油，放在玻璃板上，调整凝结时间测定仪的试针，当试针接触玻璃板时，指针应对准标尺零点。

（2）初凝时间的测定：试样在湿气养护箱中养护至加水后30min时进行第一次测定。测定时，从湿气养护箱中取出试模放到试针下，降低试针与水泥净浆表面接触。拧紧定位螺钉［图11-4（a）］1～2s后，突然放松（最初测定时应轻轻扶持金属棒，使徐徐下降，以防试针撞弯，但结果以自由下落为准），试针垂直自由地沉入水泥净浆。观察试针停止下沉或释放试针30s时指针的读数，临近初凝时，每隔5min测定一次。当试针沉至距底板（4±1）mm时，为水泥达到初凝状态，到达初凝时应立即重复测一次，两次结论相同时才能定为到达初凝状态。将此时刻（t_2）记录在试验报告中。

（3）终凝时间的测定：为了准确观测试针沉入的状况，在终凝针上安装了一个环形附件［图11-4（e）］。在完成初凝时间测定后，立即将试模连同浆体以平移的方式从玻璃板取下，翻转180°，直径大端向上，小端向下放在玻璃板上［图11-4（b）］，再放入湿气养护箱中继续养护，临近终凝时间时每隔15min测定一次，当试针沉入试体0.5mm时，即环形附件开始不能在试体上留下痕迹时，为水泥达到终凝状态，到达终凝时应立即重复测一次，两次结论相同时才能定为到达终凝状态。将此时刻（t_3）记录在试验报告中。

（4）注意事项：每次测定不能让试针落入原针孔，每次测试完毕须将试针擦拭干净并将试模放回湿气养护箱内，在整个测试过程中试针贯入的位置至少要距圆模内壁10mm，且整个测试过程要防止试模受振。

4. 结果计算与数据处理

（1）计算时刻t_1至时刻t_2时所用时间，即初凝时间$t_{初}=t_2-t_1$（用min表示）。

（2）计算时刻t_1至时刻t_3时所用时间，即终凝时间$t_{终}=t_3-t_1$（用min表示）。

五、水泥安定性检验

试验目的：测定水泥的体积安定性，用于评定水泥质量。

水泥安定性用雷氏夹法（标准法）或试饼法（代用法）检验，有争议时以雷氏夹法为准。雷氏夹法是观测由两个试针的相对位移所指示的水泥标准稠度净浆体积膨胀的程度，即水泥净浆在雷氏夹中沸煮后的膨胀值。试饼法是观察水泥净浆试饼沸煮后的外形变化来检验水泥的体积安定性。

1. 主要仪器设备

（1）沸腾箱。箱的内层由不易锈蚀的金属材料制成，能在（30±5）min 内将箱内的试验用水由室温加热到沸腾，并可始终保持沸腾状态 3h 以上。整个试验过程不需补充水量。

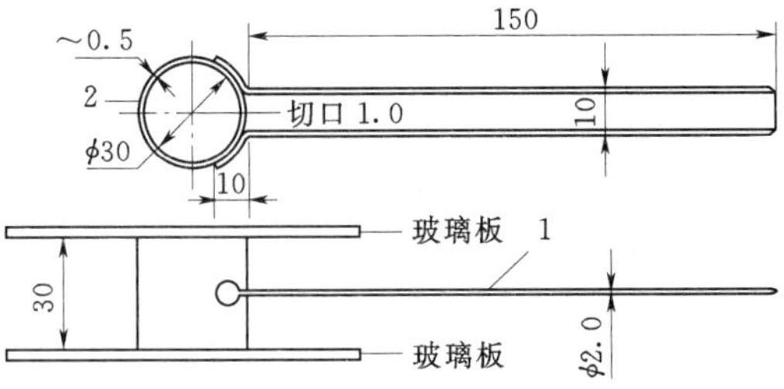

图 11－7　雷氏夹（单位：mm）

（2）雷氏夹。由铜质材料制成，其结构如图 11－7 所示。当一根指针的根部悬挂在一根金属丝或尼龙丝上，另一根指针的根部再挂上 300g 质量的砝码时，两根指针的针尖距离增加应在（17.5±2.5）mm 范围，当去掉砝码后针尖的距离能恢复到挂砝码前的状态。

（3）雷氏夹膨胀测定仪。雷氏夹膨胀测定仪标尺最小刻度为 0.5mm。

（4）玻璃板。每个雷氏夹需配备质量约 75～80g 的玻璃板两块。若采用试饼法（代用法）时，一个样品需准备两块约 100mm×100mm 的玻璃板。

2. 试样的制备

（1）雷氏夹试样（标准法）的制备。将雷氏夹放在已准备好的玻璃板上，并立即将已拌和好的标准稠度净浆装满试模。装模时一手扶持试模，另一手用宽约 10mm 的小刀插捣 15 次左右，然后抹平，盖上玻璃板，立刻将试模移至湿气养护箱内，养护（24±2)h。

（2）试饼法试样（代用法）的制备。

1）从拌好的净浆中取约 150g，分成两份，放在预先准备好的涂抹少许机油的玻璃板上，呈球形，然后轻轻振动玻璃板，水泥净浆即扩展成试饼。

2）用湿布擦过的小刀，由试饼边缘向中心修抹，并随修抹随将试饼略作转动，中间切忌添加净浆，做成直径为 70～80mm、中心厚约 10mm 边缘渐薄、表面光滑的试饼。接着将试饼放入湿气养护箱内。自成型时起，养护（24±2)h。

3. 试验方法与步骤

（1）雷氏夹法（标准法）。先测量试样指针尖端间的距离，精确到 0.5mm，然后将试样放入水中篦板上。注意指针朝上，试样之间互不交叉，在（30±5)min 内加热试验用水至沸腾，并恒沸（180±5）min。在沸腾过程中，应保证水面高出试样 30mm 以上。煮毕将水放出，打开箱盖，待箱内温度冷却到室温时，取出试样进行判别。

（2）试饼法（代用法）。先调整好沸煮箱内的水位，使能保证在整个沸煮过程中都超过试件，不需中途添补试验用水，同时又能保证在（30±5)min 内升至沸腾。脱去玻璃板取下试饼，在试饼无缺陷的情况下将试饼放在沸煮箱中的篦板上，在（30±5)min 内加热升至沸腾并沸腾（180±5)min。

4. 试验结果处理

(1) 雷氏夹法(标准法)。煮后测量指针端的距离,记录至小数点后一位。当两个试样煮后增加距离的平均值不大于 5.0mm 时,即认为该水泥安定性合格。当两个试样的增加距离值相差超过 5mm 时,应用同一样品立即重做一次试验。

(2) 试饼法(代用法)。煮后经肉眼观察未发现裂纹,用直尺检查没有弯曲,称为体积安定性合格。反之,为不合格(图 11-8)。当两个试饼判别结果有矛盾时,该水泥的体积安定性也为不合格。

安定性不合格的水泥禁止使用。

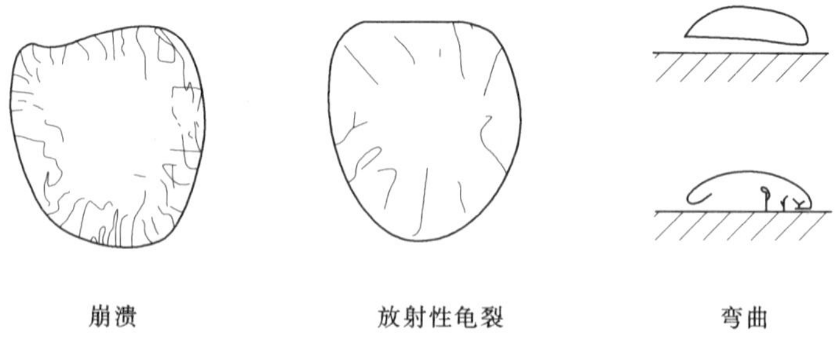

图 11-8 安定性不合格的试饼

六、水泥胶砂强度检验

试验目的:根据《水泥胶砂强度检验方法(ISO 法)》(GB/T 17671—1999)测定水泥抗压强度和抗折强度。通过检验水泥各龄期强度,以确定强度等级;或已知强度等级,检验强度是否满足原强度等级规定中各龄期强度数值。

1. 主要仪器设备

水泥胶砂搅拌机、水泥胶砂试体成型振实台、水泥胶砂试模、抗折试验机、抗压夹具、金属直尺、抗压试验机、抗压夹具和量水器等。

2. 胶砂试件成型步骤及养护

(1) 将试模擦净,紧密装配,内壁均匀刷一薄层机油。

(2) 每成型 3 条试样材料用量为水泥 (450±2)g,ISO 标准砂 (1350±5)g,水 (225±1)g。

(3) 先把水加入已擦湿的搅拌锅内,再加水泥,把锅安放在搅拌机固定架上,上升至上固定位置。然后立即开动机器,低速搅拌 30s 后,在第二个 30s 开始的同时,均匀地将砂子加入。搅拌机高速再拌 30s,停拌 90s,用刮具将叶片和锅壁上的胶砂刮入锅中间。再高速搅拌 60s。停机后,将粘在叶片上的胶砂刮下,取下搅拌锅。

(4) 在搅拌砂的同时,将试模和模套固定在振实台上。将胶砂分大致等量的两次装入试模,各振实 60 次。移开模套,从振实台上取下试模,用一金属直尺以近似 90°的角度架在试模模顶的一端,沿试模长度方向以横向锯割动作慢慢向另一端移动,一次将超过试模部分的胶砂刮去,并用同一直尺在近乎水平的情况下将试体表面抹平。

(5) 在试模上做标记或加字条标明试样编号。

(6) 试样成型试验室的温度应保持在 (20±2)℃，相对湿度不低于 50%。

(7) 试样养护。

1) 将做好标记的试模放入雾室或湿箱的水平架子上养护，湿空气［温度保持在(20±1)℃，相对湿度不低于 90%］应能与试模各边接触。一直养护到规定的脱模时间（对于 24h 龄期的，应在破型试验前 20min 内脱模；对于 24h 以上龄期的应在成型后 20～24h 之间脱模）时取出脱模。脱模前用防水墨汁或颜色笔对试体进行编号和其他标记，两个龄期以上的试体，在编号时应将同一试模中的 3 条试体分在两个以上龄期内。

2) 将做好标记的试样立即水平或竖直放在 (20±1)℃水中养护，水平放置时刮平面应朝上。养护期间试样之间间隔或试体上表面的水深不得小于 5mm。

3. 强度检验

不同龄期的试样强度试验必须在不同时间内进行见表 11-1。

表 11-1　　不同龄期的试样强度试验必须在下列时间内进行

24h	48h	3d	7d	28d
±15min	±30min	±45min	±2h	±8h

试样从养护箱或水中取出后，在强度试验前应用湿布覆盖。

(1) 抗折强度测试。

1) 取出 3 条试样先做抗折强度测定。测定前须擦去试样表面的水分和砂粒，消除夹具上圆柱表面粘着的杂物。试样放入抗折夹具内，应使试样侧面与圆柱接触。

2) 采用杠杆式抗折试验机时，在试样放入之前，应先将游动砝码移至零刻度线，调整平衡砣使杠杆处于平衡状态。试样放入后，调整夹具，使杠杆有一仰角，从而在试样折断时尽可能地接近平衡位置。然后，起动电机，丝杆转动带动游动砝码给试样加荷；试样折断后从杠杆上可直接读出破坏荷载和抗折强度。

3) 抗折强度测定时的加荷速度为 (50±10)N/s。

4) 抗折强度按下式计算，精确到 0.1MPa。

抗折强度值，可在仪器的标尺上直接读出强度值。也可在标尺上读出破坏荷载值，按下式计算，精确至 0.1N/mm²。

$$f_v=\frac{3F_pL}{2bh^2}=0.00234F_p \tag{11-17}$$

式中 f_v——抗折强度，MPa，计算精确至 0.1MPa；

F_p——折断时放加于棱柱体中部的荷载，N；

L——支撑圆柱中心距，即 100mm；

b、h——试样正方形截面宽，均为 40mm。

抗折强度测定结果取 3 块试样的平均值并取整数，当 3 个强度值中有超过平均值的±10%，应予剔除后再取平均值作为抗折强度试验结果。

(2) 抗压强度测试。

1）抗折试验后的两个断块应立即进行抗压试验，抗压试验须用抗压夹具进行。试样受压面为 40mm×40mm。试验前应清除试样的受压面与加压板间的砂粒或杂物，检验时以试样的侧面（非刮平面）作为受压面，试样的底面靠紧夹具定位销，并使夹具对准压力机压板中心。

2）抗压强度试验在整个加荷过程中以（2400±200）N/s 的速率均匀地加荷直至破坏。

3）试验结果计算。抗压强度按下式计算，计算精确至 0.1MPa。

$$f_c=\frac{F_p}{A}=0.000625F_p \tag{11-18}$$

式中　f_c——抗压强度，MPa；

F_p——破坏荷载，N；

A——受压面积，即 40mm×40mm=1600mm²。

抗压强度以一组 3 个棱柱体上得到的 6 个抗压强度测定值的算术平均值为试验结果。如果 6 个测定值中有一个超出 6 个平均值的±10%，应剔除这个结果，剩下 5 个的平均数为结果。如果 5 个测定值中有超过它们平均数±10%时，则此组结果作废。

第三节　混凝土用骨料试验

试验要求：学会骨料的取样方法；掌握骨料筛分析实验方法，评定骨料的颗粒级配和粗细程度；掌握测定砂子含水率的方法。

本节试验采用的标准及规范：

(1)《普通混凝土用砂、石质量及检验方法标准》(JGJ 52—2006)。

(2)《建筑用砂》(GB/T 14684—2001)。

(3)《建筑用卵石、碎石》(GB/T 14685—2001)。

一、骨料的取样方法

混凝土用细骨料一般以砂为代表；混凝土用粗骨料一般以碎石或卵石为代表。

从料堆上取样时，取样部位应均匀分布。取样前应先将取样部位表层铲除，然后由各部位抽取大致相等的砂 8 份（石子 16 份），组成各自一组样品。从皮带运输机上取样时，应用接料器在皮带运输机机尾的出料处，定时抽取大致等量的砂四份（石子 8 份）组成各自一组样品。从火车、汽车、货船上取样时，从不同部位和深度抽取大致等量的砂 8 份（石子 16 份）组成各自一组样品。骨料进行各单项试验的每组试样量应不小于表 11-2 的规定。

砂的样品用分料器直接缩分或人工四分法缩分。人工四分法缩分的步骤是将砂试样置于平板上，在潮湿状态下拌合均匀，并堆成厚度约为 20mm 的圆饼，然后沿互相垂直的两条直径把圆饼分成大致相等的四份，取其对角的两份重新拌匀，再堆成圆饼状。重复上述过程，直至缩分后的材料量略多于该项试验所需的数量为止。

碎石或卵石缩分时，应将试样置于平板上，在自然状态下拌均匀，并堆成锥体，然后沿互相垂直的两条直径把锥体分成大致相等的四份，取其对角的两份重新拌匀，再堆成锥体。重复上述过程，直至把样品缩分至试验所需量为止。

堆积密度检验和含水率检验所用试样可不经缩分，拌匀后直接进行试验。

表 11－2　　每一单项试验所需骨料的最少取样数量

试验项目	细骨料质量 m/g	粗骨料/kg							
		最大公称直径（mm）下的最少取样量							
		10.0	16.0	20.0	25.0	31.5	40.0	63.0	80.0
筛分析	4400	8	15	16	20	25	32	50	64
表观密度	2600	8	8	8	8	12	16	24	24
堆积密度	5000	40	40	40	40	80	80	120	120
含水率	1000	2	2	2	2	3	3	4	6

二、砂的筛分析试验

试验目的：测定普通混凝土用砂的颗粒级配，计算细度模数，评定砂的粗细程度，为混凝土配合比设计提供依据。

1. 主要仪器设备

（1）试验筛：公称直径分别为 150μm、300μm、600μm、1.18mm、2.36mm、4.75mm 及 9.5mm 的方孔筛各 1 只，筛的底盘和盖各 1 只。

（2）天平：称量 1000g，感量 1g。

（3）摇筛机，如图 11－9 所示。

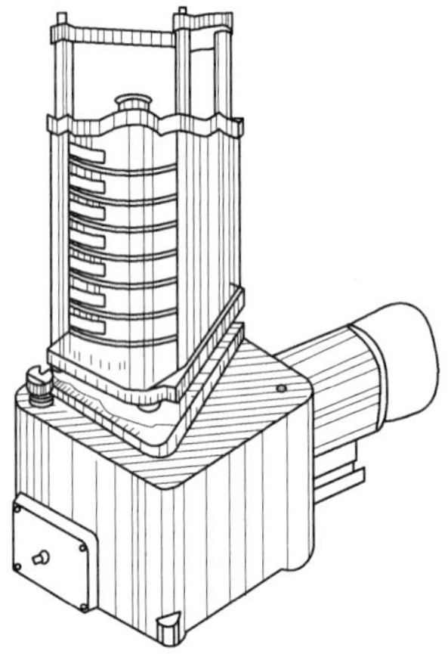

图 11－9　摇筛机

（4）烘箱：能使温度控制在（105±5）℃。

（5）浅盘和毛刷等。

2. 试样准备

试验前先将试样通过 9.5mm 筛，并算出筛余百分率。若试样含泥量超过 5%，应先用水洗净。称取每份不少于 550g 的试样两份，分别装入两个浅盘中，在（105±5）℃的烘箱中烘干至恒重，冷却至室温后待用。

3. 试验方法与步骤

（1）准确称取烘干试样 500g（特细砂可称 250g）。将筛子按筛孔大小自上而下顺序叠置，加底盘后将试样倒入最上层 4.75mm 筛内，加盖后将套筛置于摇筛机上摇筛约 10min。（如无摇筛机，可采用手筛）。

（2）取下套筛，按孔径从大到小，逐个用手在洁净浅盘上进行筛分，筛至每分钟的筛出量不超过试样总量 0.1%时为止。通过的颗粒并入下一个筛中，并和下一号筛中的试样一起过筛，按顺序进行，直至每个筛全部筛完为止。

（3）试样在各号筛上的筛余量均不得超过下式计算得出的剩余量，否则应将该筛的筛余试样分成两份或数份，再次进行筛分，并以其筛余量之和作为该筛的筛余量。

$$m_r = \frac{A\sqrt{d}}{300} \tag{11-19}$$

式中　m_r——某一个筛上的剩余量，g；

d——筛孔尺寸，mm；

A——筛的面积，mm^2。

（4）称量各筛筛余试样质量，精确至1g。所有各筛的分计筛余量和底盘中剩余量的总和与筛分前的试样总量相比，其差值不得超过1%。

4. 结果计算与数据处理

（1）计算分计筛余百分率和累计筛余百分率（精确至1%），评定该试样的颗粒级配分布情况。

（2）计算砂的细度模数（精确至0.01）：细度模数取两次试验结果的算术平均值作为测定值，如两次试验的细度模数之差大于0.20时，须重新取试样进行试验。

三、砂的表观密度试验（标准法）

试验目的：测定砂的表观密度，作为评定砂的质量和混凝土配合比设计的依据。

1. 主要仪器设备

（1）天平：称量1000g，感量1g。

（2）容量瓶：容量500mL。

（3）烘箱：温度控制范围为（105±5）℃。

（4）干燥剂、浅盘、铝制料勺和温度计等。

2. 试样准备

经缩分后不少于650g的样品装入浅盘，在温度为（105±5）℃的烘箱中烘干至恒重，并在干燥器内冷却至恒温。

3. 试验方法与步骤

（1）称取烘干的试样300g（m_0），装入盛有半瓶冷开水的容量瓶中。

（2）摇转容量瓶，是试样在水中充分搅动以排除气泡，塞紧瓶塞，静置24h；然后用滴管加水至瓶颈刻度线平齐，再塞紧瓶塞，擦干容量瓶外壁的水分，称其质量（m_1）。

（3）倒出容量瓶中的水和试样，将瓶的内外洗净，再向瓶内加入与本条文第2款水温相差不超过2℃的冷开水至瓶塞，擦干容量瓶外壁的水分，称其质量（m_2）。

（4）在砂的表观密度试验过程中应测量并控制水的温度，试验的各项称量可在15～25℃的温度范围内进行。从试样加水静置的最后2h起直至试验结束，其温度相差不应超过2℃。

4. 结果计算与数据处理

（1）表观密度（标准法）应按下式计算，精确10kg/m³：

$$\rho=\left(\frac{m_0}{m_0+m_1-m_2}-\alpha_t\right)\times 1000 \tag{11-20}$$

式中 ρ——表观密度，kg/m³；

m_0——试样的烘干质量，g；

m_1——试样、水及容量瓶总质量，g；

m_2——水及容量总质量，g；

α_t——水温对砂的表观密度影响的修正系数，见表11-3。

表11-3 不同水温对砂的表观密度影响的修正系数

水温/℃	15	16	17	18	19	20	21	22	23	24	25
修正系数	0.002	0.003	0.003	0.004	0.004	0.005	0.005	0.006	0.006	0.007	0.008

(2) 以两次试验结果算术平均值作为测定值。当两次结果之差大于 20kg/m^3 时，应重新取样进行试验。

四、砂的堆积密度和紧密密度试验

试验目的：测定砂的堆积密度、紧密密度及空隙率，作为配合比设计的依据。

1. 主要仪器设备

秤（称量 5kg，感量 5g）、容量筒、漏斗、烘箱、直尺和浅盘等。

2. 试样准备

先用孔径 4.75mm 的筛子过筛，然后取经缩分后的样品不少于 3L，装入浅盘，在温度为（105±5）℃烘箱中烘干至恒重，取出并冷却至室温，分成大致相等的两份备用。试样烘干后若有结块，应在试验前先予捏碎，见图 11-10。

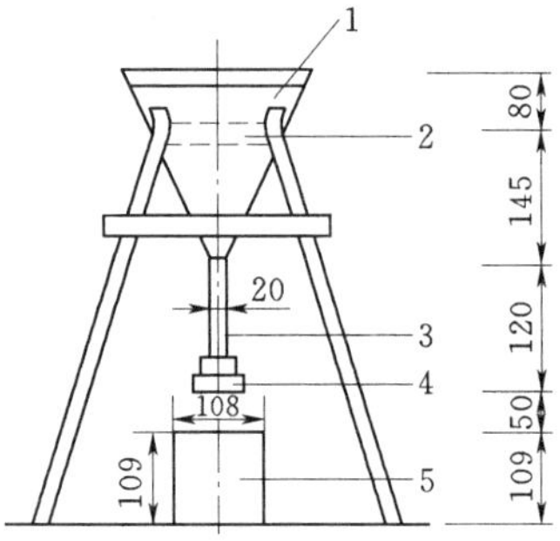

图 11-10 标准漏斗与容积筒
1—漏斗；2—筛子；3—导管；
4—活动门；5—容积筒

3. 试验方法与步骤

(1) 堆积密度：取试样 1 份，用漏斗或铝制勺，将它徐徐装入容量筒（漏斗出料口或料勺距容量筒筒口不应超过 50mm）直至试样装满并超出容量筒筒口，然后用直尺将多余的试样沿筒口中心线向相反方向刮平，称其质量（m_2）。

(2) 紧密密度：取试样 1 份，分两层装入容量筒。装完一层后，在筒底垫放一根直径为 10mm 的钢筋，将筒按住，左右交替颠击地面各 25 下，然后再装入第二层；第二层装满后用同样方法颠实（但筒底所垫钢筋的方向应与第一层放置方向垂直）；二层装完并颠实后，加料直至试样超出容量筒筒口，然后用直尺将多余的试样沿筒口中心线向两个相反方向刮平，称其质量（m_2）。

4. 结果计算与数据处理

(1) 堆积密度（ρ_L）及紧密密度（ρ_C）按下式计算，精确至 10kg/m^3：

$$\rho_L(\rho_C)=\frac{m_2-m_1}{V}\times 1000 \tag{11-21}$$

式中 $\rho_L(\rho_C)$——堆积密度（紧密密度），kg/m^3；

m_1——容量筒的质量，kg；

m_2——容量筒和砂的总质量，kg；

V——容量筒容积，L。

以两次试验结果的算术平均值作为测定值。

(2) 容量筒容积的校正方法：

以温度为（20±2）℃的饮用水装满容量筒，用玻璃板沿筒口滑移，使其紧贴水面。擦干筒外壁水分，然后称其质量。用下式计算筒的容积：

$$V=m_2'-m_1' \tag{11-22}$$

式中 V——容量筒容积，L；

m_1'——容量筒和玻璃板质量，kg；

m'_2——容量筒、玻璃板和水总质量，kg。

五、砂的含水率试验（标准法）

试验目的：测定砂的含水率，用于修正混凝土配合比中水和砂的用量。

1. 主要仪器设备

天平（最大称量2kg，分度值小于等于1g。）、烘箱［温度控制范围在（105±5）℃］、容器（如浅盘等）。

2. 试样准备

按砂取样方法，将新鲜的砂试样（湿砂）缩分为约1000g，大致分为两份，分别放入已知质量的干燥容器中备用。

3. 试验方法与步骤

由密封的样品中取各重500g的试样两份，分别放入已知质量的干燥容器（m_1）中称重，记下每盘试样与容器的总重（m_2）。将容器连同试样放入温度为（105±5）℃的烘箱中烘干至恒重，称量烘干后的试样与容器的总重量（m_3）。

4. 结果计算与数据处理

（1）砂的含水率按式（11－23）计算（精确至0.1%）：

$$\omega_{WC}=\frac{m_2-m_3}{m_3-m_1}\times 100\% \tag{11-23}$$

式中 ω_{WC}——砂的含水率，%；

m_1——干燥容器的质量，g；

m_2——未烘干的砂样与干燥容器的总质量，g；

m_3——烘干后的砂样与干燥容器的总质量，g。

（2）以两次检验结果的算术平均值作为测定值。

六、碎石或卵石的筛分析试验

试验目的：测定碎石或卵石的颗粒级配，为混凝土配合比设计提供依据。

1. 主要仪器设备

（1）试验筛：孔径为90.0mm、75.0mm、63.0mm、53.0mm、37.5mm、31.5mm、26.5mm、19.0mm、16.0mm、9.50mm、5.00mm 、4.75mm和2.36 mm的方孔筛以及筛的底盘和盖各一只，筛框直径为300mm。

（2）天平和秤：天平的称量5kg，感量5g；秤的称量20kg，感量20g。

（3）烘箱和浅盘等。

2. 试样准备

试验前，应将样品缩分至表11－4所规定的试样最少质量，并烘干或风干后备用。

表11－4　筛分析所需试样的最少质量

公称粒径/mm	9.50	16.0	19.0	26.5	31.5	37.5	63.0	75.0
试样最少质量/kg	2.0	3.2	4.0	5.0	6.3	8.0	12.6	16.0

3. 试验方法与步骤

（1）将试样按筛孔大小顺序过筛，当每只筛上的筛余层厚度大于试样的最大粒径值时。应将该筛上的筛余试样分成两份，再次进行筛分，直至各筛每分钟的通过量不超过试样总量的 0.1%；

(2) 称取各筛筛余的质量，精确至试样总质量的 0.1%。各筛的分计筛余量和筛底剩余量的总和与筛分前测定的试样总量相比，其相差不得超过 1%。

4. 结果计算与数据处理

计算分计筛余和计算累计筛余，精确至 1%；根据各筛的累计筛余，评定该试样的颗粒级配。

七、碎石或卵石的表观密度试验（标准法）

试验目的：测定碎石或卵石的表观密度，作为评定石子的质量和混凝土配合比设计的依据。

1. 主要仪器设备

(1) 液体天平：称量 5kg，感量 5g，其型号及尺寸应能允许在臂上悬挂盛试样的吊篮，并在水中称重。

(2) 吊篮：直径和高度均为 150mm，由孔径为 1～2mm 的筛网或钻有孔径为 2～3mm 孔洞的耐锈蚀金属板制成。

(3) 试验筛：筛孔公称直径为 4.75mm 的方孔筛一只。

(4) 烘箱、盛水容器、温度计、带盖容器、浅盘、刷子和毛巾等。

2. 试样准备

试验前，将样品筛除公称粒径 4.75mm 以下的颗粒，并缩分至略大于 2 倍于表 11-5 所规定的最少质量，冲洗干净后分成两份备用。

表 11-5　　表观密度试验所需的试样最少质量

最大公称粒径/mm	<26.5	31.5	37.5	63.0	75.0
最少试样质量/kg	2.0	3.0	4.0	6.0	6.0

3. 试验方法与步骤

(1) 取试样一份装入吊篮，并浸入盛水的容器中，水面至少高出试样 50mm。

(2) 浸水 24h 后，移放到称量用的盛水容器中，并用上下升降吊篮的方法排除气泡（试样不得露出水面）。吊篮每升降一次约为 1s，升降高度为 30～50mm。

(3) 测定水温（此时吊篮应全浸在水中），用天平称取吊篮及试样在水中的质量（m_2）。称量时盛水容器中水面的高度有容器的溢流孔控制。

(4) 提起吊篮，将试样置于浅盘中，放入 (105±5)℃ 的烘箱中烘干至恒重；取出来放在带盖的容器中冷却至室温后，称重（m_0）。

(5) 称取吊篮在同样温度的水中质量（m_1），称量时盛水容器的水面高度仍应由溢流孔控制。

(6) 试验的各项称重可以在 15～25℃ 的温度范围内进行，但从试样加水静置的最后 2h 起至试验结束，温度相差不应超过 2℃。

4. 结果计算与数据处理

(1) 表观密度应按下式计算，精确至 10kg/m^3：

$$\rho=\left(\frac{m_0}{m_0+m_1-m_2}-\alpha_t\right)\times 1000 \qquad (11-24)$$

式中 ρ——表观密度，kg/m^3；

m_0——试样的烘干质量，g；

m_1——吊篮在水中的质量，g；

m_2——吊篮及试样在水中的质量，g；

α_t——水温对表观密度影响的修正系数，见表 11-6。

表 11-6　不同水温下碎石或卵石的表观密度影响的修正系数

水温/℃	15	16	17	18	19	20	21	22	23	24	25
α_t	0.002	0.003	0.003	0.004	0.004	0.005	0.005	0.006	0.006	0.007	0.008

（2）以两次试验结果的算术平均值作为测定值。当两次结果之差大于 $20kg/m^3$ 时，应重新取样进行试验。对颗粒材质不均匀的试样，两次试验结果之差大于 $20kg/m^3$ 时，可取四次测定结果的算术平均值作为测定值。

八、碎石和卵石的堆积密度和紧密密度试验

试验目的：测定碎石和卵石的堆积密度、紧密密度及空隙率，为混凝土配合比设计提供数据。

1. 主要仪器设备

秤、容量筒、平头铁锹和烘箱。

容量筒的规格要求见表 11-7。

表 11-7　容量筒的规格要求

最大粒径/mm	容量筒容积/L	容量筒规格		
		内径/mm	净高/mm	壁厚/mm
10.0，16.0，20.0，25	10	208	294	2
31.5，40.0	20	294	294	3
63.0，80.0	30	360	294	4

注　测定紧密密度时，对最大公称粒径为 31.5mm、40.0mm 的骨料，可采用 10L 的容量筒，对最大公粒径为 63.0mm、80.0mm 的骨料，可采用 20L 容量筒。

2. 试样准备

按规定取样，放入浅盘，在（105±5）℃的烘箱中烘干或摊在洁净地面上风干，拌匀后把试样分为大致相等两份备用。

3. 试验方法与步骤

（1）按所测试样的最大粒径选取容量筒，称出容量筒质量 m_1。

（2）测堆积密度时，取试样一份，置于平整干净的地板（或铁板）上，用平头铁锹铲起试样，使石子自由落入容量筒内。此时，从铁锹的齐口至容量筒上口的距离应保持为 50mm 左右。装满容量筒除去凸出筒口表面的颗粒，并以合适的颗粒填入凹陷部分，使表面稍凸起部分和凹陷部分的体积大致相等，称取试样和容量筒共重 m_2。

（3）测紧密密度时，取试样一份，分 3 层装入容量筒。装完一层后，在筒底垫放一根直径为 25mm 的钢筋，将筒按住并左右交替颠击地面各 25 下，然后装入第二层。第二层装满后，用同样方法颠实（但筒底所垫钢筋的方向应与第一层放置方向垂直）然后再装入第三层，如法颠实。待 3 层试样装填完毕后，加料直到试样超出容量筒筒口，用钢筋沿筒口边缘滚转，刮下高出筒口的颗粒，用合适的颗粒填平凹处，使表面稍凸起部分的体积大致相等。称取试样和容量筒共重 m_2。

4. 结果计算与数据处理

（1）堆积密度（ρ_L）及紧密密度（ρ_C）按下式计算，精确至 $10kg/m^3$：

$$\rho_L(\rho_C)=\frac{m_2-m_1}{V}\times 1000 \tag{11-25}$$

式中 $\rho_L(\rho_C)$——堆积密度（紧密密度），kg/m^3；

m_1——容量筒的质量，kg；

m_2——容量筒和试样的总质量，kg；

V——容量筒容积，L。

以两次试验结果的算术平均值作为测定值。

（2）容量筒容积的校正方法：

以温度为（20±5）℃的饮用水装满容量筒，用玻璃板沿筒口滑移，使其紧贴水面。擦干筒外壁水分，然后称其质量。用下式计算筒的容积：

$$V=m_2'-m_1' \tag{11-26}$$

式中 V——容量筒容积，L；

m_1'——容量筒和玻璃板质量，kg；

m_2'——容量筒、玻璃板和水总质量，kg。

九、碎石或卵石的含水率试验

试验目的：测定碎石或卵石的含水率，用于修正混凝土配合比中水和石子的用量。

1. 主要仪器设备

（1）烘箱：温度控制范围为（105±5）℃。

（2）秤：称量 20kg，感量 20g。

（3）容器：浅盘等。

2. 试样准备

按规定的要求称取试样，分成两份备用。

3. 试验方法与步骤

（1）将试样置于干净的容器中，称取试样和容器的总质量（m_1），并在（105±5）℃的烘箱中烘干至恒重。

（2）取出试样，冷却后称取与容器的总质量（m_2），并称取容器的质量（m_3）。

4. 结果计算与数据处理

（1）含水率应按下式计算，精确至 0.1%：

$$\omega_{WC}=\frac{m_1-m_2}{m_2-m_3}\times 100\% \tag{11-27}$$

式中 ω_{WC}——含水率，%；

m_1——烘干前试样与容器总质量，g；

m_2——烘干后试样与容器总质量，g；

m_3——干燥容器的质量，g。

（2）以两次检验结果的算术平均值作为测定值。

第四节　普通混凝土试验

试验要求：了解影响普通混凝土拌合物工作性能的主要因素，学会根据给定的配合比进行各组成材料的称量和试拌，并测定其和易性。了解影响混凝土强度的主要因素，学会混凝土抗压强度试件的制作和标准养护，并能正确地进行抗压和抗拉（采用劈裂法）的测定。

本节试验采用的标准及规范：

（1）《普通混凝土拌合物性能试验方法标准》（GB/T 50080—2002）。

（2）《普通混凝土力学性能试验方法标准》（GB/T 50081—2002）。

（3）《混凝土强度检验评定标准》（GB/T 50107—2010）。

（4）《混凝土质量控制标准》（GB/T 50164—2011）。

（5）《普通混凝土配合比设计规程》（JGJ 55—2011）。

（6）《混凝土结构工程施工质量验收规范》（GB 50204—2002）。

一、混凝土拌合物试验室拌合

试验目的：掌握普通混凝土拌制方法，为确定混凝土配合比或检验混凝土各项性能提供试样。

1. 主要仪器设备

混凝土搅拌机、磅秤、天平、拌板、量筒、拌铲、直尺、抹刀等。

2. 试样准备

（1）取样方法。

1）同一组混凝土拌合物的取样应从同一盘混凝土或同一车混凝土中取样。取样量应多于试验所需量的1.5倍；且宜大于等于20L。

2）混凝土拌合物的取样应具有代表性，宜采用多次采样的方法。一般在同一盘混凝土或同一车混凝土中的约1/4处、1/2处和3/4处之间分别取样，从第一次取样到最后一次取样不宜超过15min，然后人工搅拌均匀。

3）从取样完毕到开始做各项性能试验不宜超过5min。

（2）拌制方法。

1）在试验室制备混凝土拌和物时，拌合时试验室的温度应保持在（20±5）℃，所用材料的温度应与试验室温度保持一致。

2）原材料应符合技术要求，并与施工实际用料相同，水泥若有结块现象，需用筛孔为0.9mm的方孔筛将结块筛除。

3）试验室拌制的混凝土制作试件时，其材料用量以质量计，称量的精度为：水、水泥、掺合料和外加剂均为±0.5%；骨料为±1%。

4）从试样制备完毕到开始各项性能试验不宜超过 5min。

3. 拌合方法

（1）人工拌合。

1）按所定的配合比备料，以全干状态为准。

2）将拌合钢板和拌铲用湿布润湿后，将砂倒在拌板上，加入水泥，用铲自拌板一端翻拌至另一端，然后再翻拌回来，如此反复，直至颜色混合均匀，再加上石子，翻拌至混合均匀为止，然后堆成锥形。

3）将干混合物锥形的中间作一凹槽，将已称量好的水，倒一半左右到凹槽中，然后仔细翻拌，并徐徐加入剩余的水，继续翻拌。每翻拌一次，用铲在混合料上铲切一次，直到拌合均匀为止。

4）拌合时力求动作敏捷，拌合时间从加水时算起，应大致符合下列规定：拌合物体积为 30L 以下时 4～5min；拌合物体积为 30～50L 时 5～9min；拌合物体积为 51～75L 时 9～12min。

5）拌好后，立即做和易性试验或试件成型，从开始加水时算起，全部操作须在 30min 内完成。

（2）机械搅拌法。

1）按所定的配合比备料，以全干状态为准。

2）拌前先对混凝土搅拌机挂浆，即用按配合比要求的水泥、砂、水和少量石子，在搅拌机中搅拌，然后倒去多余砂浆和石子。其目的在于防止正式搅拌时水泥浆挂失影响混凝土配合比。

3）将称好的石子、砂、水泥按顺序倒入搅拌机内，先搅拌均匀，再将需用的水徐徐倒入搅拌机内一起拌合，全部加料时间不得超过 2min，水全部加入后，再拌合 2min。

4）将拌合物自搅拌机中卸出，倾倒在拌板上，再经人工拌合 1～2min。

5）拌好后，根据实验要求，即可做和易性试验或试件成型。从开始加水时算起，全部操作须在 30min 内完成。

二、混凝土拌合物和易性试验

混凝土拌合物的稠度应以坍落度、维勃稠度和扩展度表示。坍落度法检验适用于坍落度不小于 10mm 的混凝土拌合物，维勃稠度法检验适用于维勃稠度 5～30s 的混凝土拌合物，扩展度适用于泵送高流动混凝土和自密实混凝土。

（一）坍落度法检验新拌混凝土和易性试验

试验目的：测定塑性混凝土拌合物的和易性，以评定混凝土拌合物的质量，供调整混凝土试验室配合比用。坍落度法适用于骨料最大粒径小于等于 40mm、坍落度大于等于 10mm 的混凝土拌合物和易性测定。

1. 主要仪器设备

（1）混凝土搅拌机。

（2）坍落度筒（图 11－11），筒的内部尺寸为：底部直径为（200±2)mm；顶部直径为（100±2)mm；高度为（300±2)mm；筒壁厚度大于等于 1.5mm。在坍落筒外 2/3 高度处安两个把手，下端应焊脚踏板。

(3) 铁制捣棒（图 11-11），直径 16mm、长 650mm，一端为弹头形。

(4) 钢尺和直尺（500mm，最小刻度 1mm）。

(5) 小铁铲、抹刀和喂料斗。

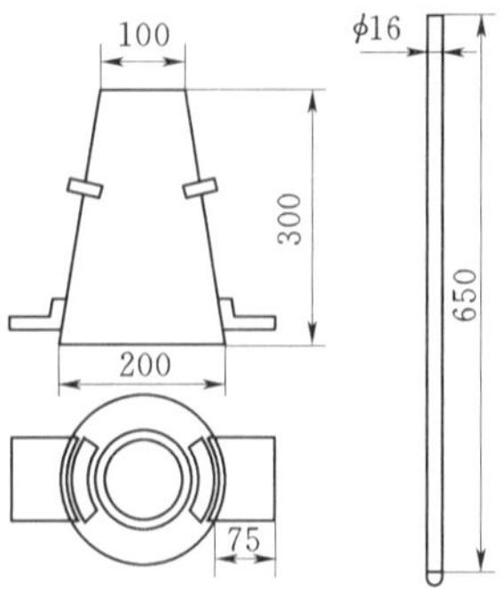

图 11-11　坍落度筒及捣棒（mm）

2. 试样准备

(1) 按拌合 15L 混凝土算试配拌合物的各材料用量，并将所得结果记录在试验报告中。

(2) 按上述计算称量各组成材料，同时另外还需备好两份为坍落度调整用的水泥、水、砂和石子。其数量可各为原来用量的 5%与 10%，备用的水泥与水的比例应符合原定的水灰比及砂率。拌合用的骨料应提前送入室内，拌合时试验室的温度应保持在（20±5)℃。

(3) 按照混凝土拌合试验方法拌制约 15L 混凝土拌合物。

3. 试验方法与步骤

(1) 湿润坍落度筒及底板，在坍落度筒内壁和底板上应无明水。底板应放置在坚实水平面上，并把筒放在底板中心，然后用脚踩住两边的脚踏板，坍落度筒在装料时应保持固定的位置。

(2) 把按要求取得的混凝土试样用小铲分 3 层均匀地装入筒内，使捣实后每层高度为筒高的 1/3 左右。每层用捣棒插捣 25 次。插捣应沿螺旋方向由外向中心进行，各次插捣应在截面上均匀分布。插捣筒边混凝土时，捣棒可以稍稍倾斜。插捣底层时，捣棒应贯穿整个深度，插捣第二层和顶层时，捣棒应插透本层至下一层的表面；浇灌顶层时，混凝土应灌到高出筒口。插捣过程中，如混凝土沉落到低于筒口，则应随时添加。顶层插捣完后，刮去多余的混凝土，并用抹刀抹平。

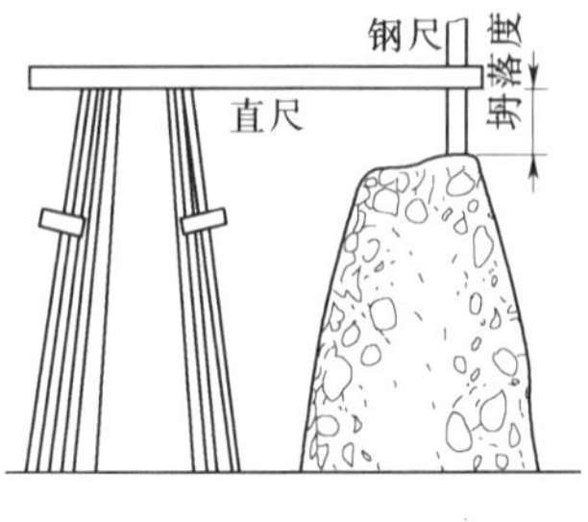

图 11-12　坍落度测定

(3) 清除筒边底板上的混凝土后，垂直平稳地提起坍落度筒。坍落度筒的提离过程应在 5～10s 内完成；从开始装料到提坍落度筒的整个过程应不间断地进行，并应在 150s 内完成。

4. 结果计算与数据处理

(1) 提起坍落度筒后，立即用直尺和钢尺测量出混凝土拌合物试体最高点与坍落度筒的高度之差（图 11-12），即为坍落度值，以 mm 为单位（测量精确至 1mm，结果表达修约至 5mm）。

(2) 坍落度筒提离后，如试体发生崩坍或一边剪坏现象，则应重新取样进行测定。如第二次仍出现这种现象，则表示该拌合物和易性不好，应予记录备查。

(3) 测定坍落度后，观察拌合物的黏聚性和保水性，并记入记录。

1) 黏聚性的检测方法：用捣棒在已坍落的拌合物锥体侧面轻轻击打，如果锥体逐渐下沉，表示拌合物黏聚性良好；如果锥体倒坍，部分崩裂或出现离析，即为黏聚性不好。

2) 保水性的检测方法为：提起坍落度筒后如有较多的稀浆从锥体底部析出，锥体部分的拌合物也因失浆而骨料外露，则表明拌合物保水性不好；如无这种现象，则表明保水性良好。

(4) 坍落度的调整：当测得拌合物的坍落度达不到要求，可保持水灰比不变，增加5%或10%的水泥和水；当坍落度过大时，可保持砂率不变，酌情增加砂和石子的用量；若黏聚性或保水性不好，则需适当调整砂率，适当增加砂用量。每次调整后尽快拌合均匀，重新进行坍落度测定。

(二) 维勃稠度法检验混凝土拌合物的和易性

试验目的：测定干硬性混凝土拌合物的和易性，以评定混凝土拌合物的质量。维勃稠度法适用于骨料最大粒径不大于40mm，维勃稠度在5～30s之间的混凝土拌合物和易性测定。测定时需配制拌合物约15L。

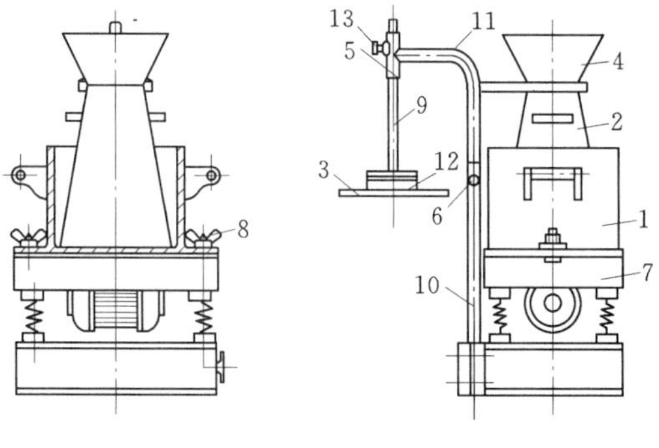

图 11-13 维勃稠度仪

1—容器；2—坍落度筒；3—透明圆盘；4—喂料斗；5—管；6—定位螺丝；7—振动台；8—固定螺丝；9—测杆；10—支柱；11—旋转架；12—荷重块；13—测杆螺丝

1. 主要仪器设备

维勃稠度仪（图11-13）；秒表；其他用具与坍落度测试时基本相同。

2. 试样准备

与坍落度测试时相同。

3. 试验方法与步骤

(1) 将维勃稠度仪放置在坚实水平的地面上，用湿布把容器、坍落度筒、喂料斗内壁及其他用具润湿。将喂料斗提到坍落度筒上方扣紧，校正容器位置，使其中心与喂料斗中心重合，然后拧紧固定螺丝。

(2) 把拌好的拌合物用小铲分3层经喂料斗均匀地装入坍落度筒内，装料及插捣的方法与坍落度测试时相同。

(3) 把喂料斗转离，垂直地提起坍落度筒，此时应注意不使混凝土试体产生横向的扭动。

(4) 把透明圆盘转到混凝土圆台体顶面，放松测杆螺丝，降下圆盘，使其轻轻地接触到混凝土顶面，拧紧定位螺丝并检查测杆螺丝是否已完全放松。

(5) 在开启振动台的同时用秒表计时，当振动到透明圆盘的底部被水泥布满的瞬间停止计时，并关闭振动台电机开关。由秒表读出的时间即为该混凝土拌合物的维勃稠度值，精确至1s。

(三) 混凝土拌合物表观密度测试

试验目的：测定混凝土拌合物捣实后的单位体积质量（即表观密度），供调整混凝土试验室配合比用。

1. 主要仪器设备

(1) 容量筒。对骨料最大粒径不大于40mm的拌合物采用容积为5L的容量筒；骨料最大粒径大于40mm时，容量筒的内径与筒高均应大于骨料最大粒径的4倍。

(2) 振动台。

(3) 捣棒（同上述）、直尺、刮刀和台秤（称量50kg，感量50g）等。

2. 试样准备

混凝土拌合物的制备方法同上。

3. 试验方法与步骤

(1) 用湿布把容积筒内外擦干净并称出筒的质量 m_1，精确至 50g。

(2) 混凝土的装料及捣实方法应根据拌合物的稠度而定。坍落度不大于 70mm 的混凝土，用振动台振实为宜，大于 70mm 的用捣棒捣实为宜。

采用捣棒捣实时，应根据容量筒的大小决定分层与插捣次数。用 5L 容量筒时，混凝土拌合物应分两层装入，每层的插捣次数应为 25 次。用大于 5L 的容量筒时，每层混凝土的高度不应大于 100mm，每层的插捣次数应按每 $100cm^2$ 截面不小于 11 次计算。各次插捣应均匀地分布在每层截面上，插捣底层时捣棒应贯穿整个深度，插捣第二层时，捣棒应插透本层至下一层的表面。每一层捣完后用橡皮锤轻轻沿容器外壁敲打 5～10 次，进行振实，直至拌合物表面插捣孔消失并不见大气泡为止。

采用振动台振实时，应一次将混凝土拌合物灌到高出容量筒口。装料时可用捣棒稍加插捣，振动过程中如混凝土沉落到低于筒口，则应随时添加混凝土，振动直至表面出浆为止。

(3) 用刮刀齐筒口将多余的混凝土拌合物刮去，表面如有凹陷应予填平。将容积筒外部擦净，称出混凝土与容积筒的总质量 m_2，精确至 50g。

4. 结果计算与数据处理

混凝土拌合物实测表观密度按下式计算（精确至 $10kg/m^3$）。

$$\rho_h=\frac{W_2-W_1}{V}\times 1000 \tag{11-28}$$

式中 ρ_h——混凝土拌合物实测表观密度，kg/m^3；

W_1——容积筒的质量，kg；

W_2——容积筒与试样的总质量，kg；

V——容积筒的容积，L。

试验结果的计算精确到 $10kg/m^3$。

(四) 混凝土立方体抗压强度检验

试验目的：测定混凝土立方体抗压强度，作为确定混凝土强度等级和调整配合比的依据，并为控制施工质量提供依据。

1. 主要仪器设备

(1) 压力试验机：测量精度为±1%，试件破坏荷载应大于压力机全量程的 20%且小于压力机全量程的 80%。

(2) 试模：试模由铸铁或钢制成，应具有足够的刚度，并且拆装方便。另有整体式的塑料试模，试模内尺寸为 150mm×150mm×150mm 或 100mm×100mm×100mm。

(3) 振动台。

(4) 养护室：标准养护室温度应控制在 (20±2)℃，相对湿度大于 95%。在没有标准养护室时，试件可在水温为 (20±2)℃的不流动的 $Ca(OH)_2$ 饱和溶液中养护，但须在报告中注明。

（5）捣棒、磅秤、小铁铲、平头铁锹和抹刀等。

2. 试件准备

（1）试件的制作。

1）混凝土立方体抗压强度试验应以 3 个试件为一组。每组 3 个试件应由同一盘或同一车的混凝土中取样制作。每次取样应至少制作一组标准养护试件。混凝土强度试样应在混凝土的浇筑地点随机抽取。试件的取样频率和数量应符合《混凝土强度检验评定标准》（GB/T 50107—2010）的规定。

2）试件的尺寸应根据混凝土中骨料的最大粒径按表 11－8 选用。

表 11－8　　　　混凝土试件尺寸选用表

试件横截面尺寸/mm	骨料最大粒径/mm		每层插捣次数/次
	劈裂抗拉强度试验	其他试验	
100×100	20	31.5	12
150×150	40	40	25
200×200	—	63	50

3）制作前，应拧紧试模的各个螺丝，擦净试模内壁并涂上一层矿物油或脱模剂。

4）用小铁铲将混凝土拌合物逐层装入试模内。试件制作时，当混凝土拌合物坍落度大于 70mm 时，宜采用人工捣实。混凝土拌合物分两层装入模内，每层厚度大致相等，用捣棒螺旋式从边缘向中心均匀进行插捣。插捣底层时，捣棒应达到试模底面；插捣上层时，捣棒要插入下层 20～30mm；插捣时捣棒应保持垂直，不得倾斜，并用抹刀沿试模内壁插捣数次，以防试件产生蜂窝麻面。每层插捣次数根据试件的截面而定，一般 $100mm^2$ 截面积上不少于 12 次（表 11－8）。然后刮去多余的混凝土拌合物，将试模表面的混凝土用抹刀抹平。

当混凝土拌合物坍落度不大于 70mm 时，宜采用振动台振实。将混凝土拌合物一次装入试模，装料时应用抹刀沿各试模壁插捣，并使混凝土拌合物高出试模口；试模应附着或固定在振动台上，振动时试模不得有任何跳动，开启振动台，振至试模表面的混凝土泛浆为止（一般振动时间为 30s），不得过振；然后刮去多余的混凝土拌合物，将试模表面的混凝土用抹刀抹平。

（2）试件的养护。

1）标准养护的试件成型后，立即用不透水的薄膜覆盖表面，以防止水分蒸发。并在（20±5）℃的环境中静置一昼夜至二昼夜，然后编号、拆模。

2）拆模后的试件应立即放入温度为（20±2）℃；相对湿度为 95％以上的标准养护室养护。无标准养护室时，混凝土试件可在温度为（20±2）℃的不流动的 $Ca(OH)_2$ 饱和溶液中养护。标准养护室内的试件应放在支架上，彼此间隔 10～20mm，试件表面应保持潮湿，并不得被水直接冲淋。

3）同条件养护试件成型后应覆盖表面。试件的拆模时间可与实际构件的拆模时间相同，拆模后，试件仍需保持同条件养护。

3. 试验方法与步骤

(1) 试件从养护地点取出后应及时进行试验，将试件表面与上下承压板面擦干净。

(2) 将试件安放在试验机的下压板或垫板上，试件的承压面应与成型时的顶面垂直。试件的中心应与试验机下压板中心对准，开动试验机，当上压板与试件或钢垫板接近时，调整球座，使接触均衡。

(3) 在试验过程中应连续均匀地加荷，混凝土强度等级小于C30时，其加荷速度为每秒0.3～0.5MPa；混凝土强度大于等于C30且小于C60时，取每秒0.5～0.8MPa；混凝土强度等级大于等于C60时，取每秒钟0.8～1.0MPa。

(4) 当试件接近破坏开始急剧变形时，应停止调整试验机油门，直至破坏，然后记录破坏荷载 P (N)。

4. 结果计算与数据处理

(1) 混凝土立方体试件抗压强度按式 (11－29) 计算 (精确至0.1MPa)，并记录在试验报告册中：

$$f_{cc}=\frac{P}{A} \tag{11-29}$$

式中　f_{cc}——混凝土立方体试件抗压强度，MPa；

P——破坏荷载，N；

A——试件承压面积，mm^2。

(2) 以3个试件测值的算术平均值作为该组试件的抗压强度值 (精确至0.1MPa)；3个测值中的最大值或最小值中如有一个与中间值的差值超过中间值的15%时，则把最大及最小值一并舍除，取中间值作为该组试件的抗压强度值；如最大值和最小值与中间值的差均超过中间值的15%，则该组试件的试验结果无效。

(3) 混凝土抗压强度是以150mm×150mm×150mm立方体试件的抗压强度为标准值，用其他尺寸试件测得的强度值均应乘以尺寸换算系数，200mm×200mm×200mm试件的换算系数为1.05，100mm×100mm×100mm试件的换算系数为0.95。

(4) 将混凝土立方体强度测试的结果记录在试验报告中，并按规定评定强度等级。

三、混凝土立方体劈裂抗拉强度检验

试验目的：混凝土立方体劈裂抗拉强度检验是在试件的两个相对表面中心的平行线上施加均匀分布的压力，使在荷载所作用的竖向平面内产生均匀分布的拉伸应力，达到混凝土极限抗拉强度时，试件将被劈裂破坏，从而可以间接地测定出混凝土的抗拉强度，以评价其抗裂性能。

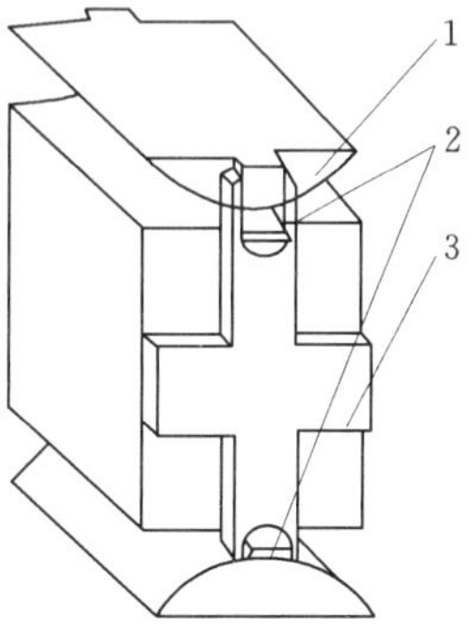

图11－14　支架示意

1—垫块；2—垫条；3—支架

1. 主要仪器设备

(1) 压力试验机、试模：要求如11－14所示。

(2) 垫条：3层胶合板制成，起均匀传递压力用，只能使用一次。其尺寸为：宽20mm，厚3～4mm，长度应大于立方体试件的边长。

(3) 垫块：采用半径为75mm的钢制弧形垫块，长度与试件相同。

（4）支架：钢支架（如图 11－14 所示为混凝土劈裂抗拉试验装置）。

2．试件准备

试件制作与养护同上。

3．试验方法与步骤

（1）试件从养护地点取出后应及时进行试验，测试前应先将试件表面与上下承压板面擦干净。在试件中部用铅笔画线定出劈裂面的位置。劈裂承压面和劈裂面应与试件成型时的顶面垂直。

（2）测量劈裂面的边长（精确至 1mm），检查外观，算出试件的劈裂面积 A。

（3）将试件放在试验机下压板的中心位置，劈裂承压面和劈裂面应与试件成型时的顶面垂直。在上、下压板与试件之间垫以圆弧形垫块及垫条各一条，垫块与垫条应与试件上、下面的中心线对准并与成型时的顶面垂直。宜把垫条及试件安装在定位架上使用。

（4）开动试验机，当上压板与圆弧形垫块接近时，调整球座，使接触均衡。加荷应连续均匀，当混凝土强度等级小于 C30 时，加荷速度取每秒钟 0.02～0.05MPa；当混凝土强度等级大于等于 C30 且小于 C60 时，取每秒钟 0.05～0.08MPa；当混凝土强度等级大于等于 C60 时，取每秒钟 0.08～0.10MPa。至试件接近破坏时，应停止调整试验机油门，直至试件破坏，然后记录破坏荷载。

4．结果计算与数据处理

（1）混凝土立方体劈裂抗拉强度按式（11－30）计算（精确至 0.01MPa），并记录在试验报告中：

$$f_{ts}=\frac{2P}{\pi a^2}=0.637\frac{F}{A} \qquad (11-30)$$

式中　f_{ts}——混凝土抗拉强度，MPa；

F——破坏荷载，N；

a——试件受力面边长，mm；

A——试件受力面面积，mm^2。

（2）以 3 个试件测值的算术平均值作为该组试件的劈裂抗拉强度值（精确至 0.01MPa）；3 个测值中的最大值或最小值中如有一个与中间值的差值超过中间值的 15%时，则把最大及最小值一并舍除，取中间值作为该组试件的抗压强度值；如最大值与最小值与中间值的差均超过中间值的 15%，则该组试件的试验结果无效。

（3）采用 100mm×100mm×100mm 非标准试件测得的劈裂抗拉强度值，应乘以尺寸换算系数 0.85；当混凝土强度等级大于等于 C60 时，宜采用标准试件；使用非标准试件时，尺寸换算系数应由试验确定。

第五节　建筑砂浆试验

试验要求：了解建筑砂浆和易性的概念、影响砂浆和易性的主要因素，掌握砂浆稠度和分层度的测定方法。了解影响砂浆强度的主要因素，掌握砂浆强度试样的制作、养护和测定方法。

本节试验采用的标准及规范：《建筑砂浆基本性能试验方法》(JGJ/T 70—2009)。

一、砂浆拌制和稠度测试

试验目的：通过砂浆稠度实验，可以测得达到设计稠度时的加水量，或在施工现场中控制砂浆稠度，以保证施工质量。

(一) 主要仪器设备

砂浆搅拌机；拌合铁板（约 1.5m×2m、厚度约 3mm）；磅秤（称量 50kg、感量 50g）；台秤（称量 10kg、感量 5g）；量筒（100mL 带塞量筒）；砂浆稠度测定仪（图11-15）；容量筒（容积 2L，直径与高大致相等），带盖；金属捣棒（直径 10mm、长 350mm、端部磨圆）；拌铲；抹刀和秒表等。

(二) 试样准备

(1) 取样方法。

1) 建筑砂浆试验用料应从同一盘砂浆或同一车砂浆中取样。取样量应不少于试验所需量的 4 倍。

2) 施工中取样进行砂浆试验时，其取样方法和原则应按相应的施工验收规范执行。一般在使用地点的砂浆槽、砂浆运送车或搅拌机出料口，至少从 3 个不同部位取样。现场取来的试样，试验前应人工搅拌均匀。

3) 从取样完毕到开始进行各项性能试验不宜超过 15min。

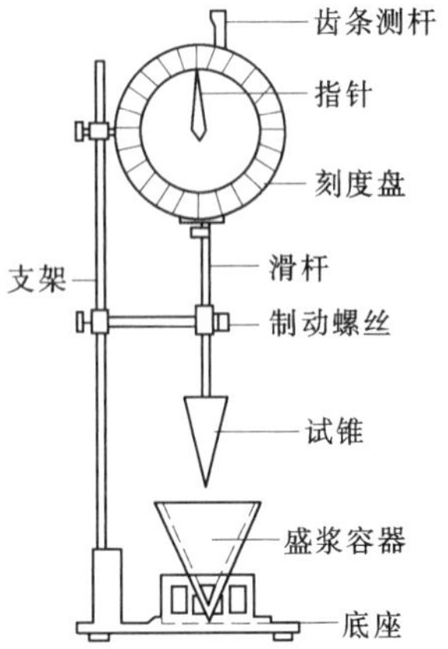

图 11-15　砂浆稠度测定仪

(2) 砂浆拌制方法。

1) 拌制砂浆所用的原料应符合各自相关的质量标准。在试验室制备砂浆拌合物时，所用材料应提前 24h 运入室内。拌合时试验室的温度应保持在 (20±5)℃。

2) 试验所用原材料应与现场使用材料一致。砂应通过公称粒径 5mm 筛。

3) 试验室拌制砂浆时，材料用量应以质量计。称量精度：水泥、外加剂和掺合料等为±0.5%；砂为±1%。

4) 在试验室搅拌砂浆时应采用机械搅拌，搅拌的用量宜为搅拌机容量的 30%～70%，搅拌时间不应少于 120s。掺有掺合料和外加剂的砂浆，其搅拌时间不应少于 180s 。

(三) 试验方法与步骤

(1) 用少量润滑油轻擦滑杆，再将滑杆上多余的油用吸油纸擦净，使滑杆能自由滑动。

(2) 用湿布擦净盛浆容器和试锥表面，将砂浆拌合物一次装入容器，使砂浆表面低于容器口约 10mm 左右。用捣棒自容器中心向边缘均匀地插捣 25 次，然后轻轻地将容器摇动或敲击 5～6 下，使砂浆表面平整，然后将容器置于稠度测定仪的底座上。

(3) 拧松制动螺丝，向下移动滑杆，当试锥尖端与砂浆表面刚接触时，拧紧制动螺丝，使齿条侧杆下端刚接触滑杆上端，读出刻度盘上的读数（精确至 1mm）。

（4）拧松制动螺丝，同时计时间，10s 时立即拧紧螺丝，将齿条测杆下端接触滑杆上端，从刻度盘上读出下沉深度（精确至 1mm），二次读数的差值即为砂浆的稠度值。

（5）盛装容器内的砂浆，只允许测定一次稠度，重复测定时，应重新取样测定。

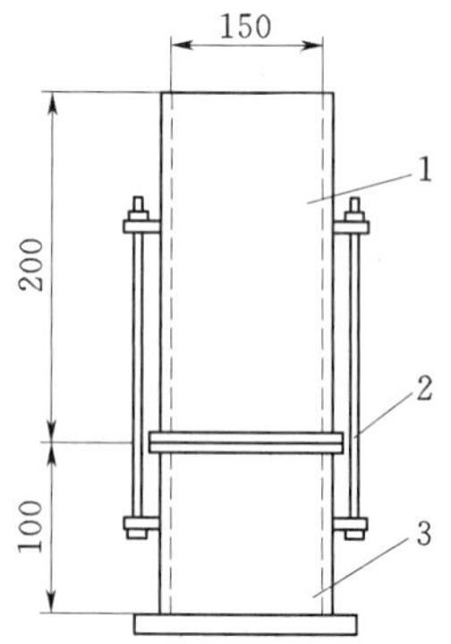

图 11－16　砂浆分层度仪

1—无底圆筒；2—连接螺栓；3—有底圆筒

（四）结果计算与数据处理

取两次测试结果的算术平均值作为试验砂浆的稠度测定结果（计算值精确至 1mm），如两次测定值之差大于 10mm，应重新取样测定。

二、砂浆分层度试验

试验目的：测定建筑砂浆分层度，以衡量砂浆拌合物在运输及停放时内部组分的稳定性，评定砂浆保水性。

1. 主要仪器设备

砂浆分层度仪（图 11－16）；砂浆稠度测定仪（图 11－15）；振动台［振幅（0.5±0.05)mm，频率（50±3)Hz］；木锤；一端为弹头形的金属捣棒等。

2. 试样准备（同上）

3. 试验方法与步骤

（1）首先将砂浆拌合物按稠度试验方法测定稠度。

（2）将砂浆拌合物一次装入分层度筒内，待装满后，用木锤在容器周围距离大致相等的 4 个不同部位轻轻敲击 1～2 下，如砂浆沉落到低于筒口，则应随时添加，然后刮去多余的砂浆并用抹刀抹平。

（3）静置 30min 后，去掉上节 200mm 砂浆，剩余的 100mm 砂浆倒出放在拌合锅内拌 2min，再按稠度试验方法测其稠度。前后测得的稠度之差即为该砂浆的分层度值（mm）。

4. 结果计算与数据处理

取两次试验结果的算术平均值作为该批砂浆的分层度值，若两次分层度测试值之差大于 10mm，则应重新取样测试。

三、砂浆保水性试验

试验目的：测定砂浆保水性，以判定砂浆拌合物在运输及停放时内部组分的稳定性。

（一）主要仪器和试验材料

（1）金属或硬塑料圆环试模（内径 100mm、内部高度 25mm）。

（2）可密封的取样容器，应清洁、干燥。

（3）两片金属或玻璃的方形或圆形不透水片，边长或直径大于 110mm。

（4）医用棉纱，尺寸为 110mm×110mm，宜选用纱线稀疏，厚度较薄的棉纱。

（5）超白滤纸，符合《化学分析滤纸》GB/T 1914 中速定性滤纸，直径 110mm，$200g/m^2$。

（6）天平：量程 200g，感量 0.1g；量程 2000g，感量 1g。

（7）烘箱。

（8）2kg 的重物。

（二）试验步骤

（1）称量不透水片与干燥试模质量 m_1 和 8 片中速定性滤纸质量 m_2。

（2）将砂浆拌合物一次性填入试模，并用抹刀插捣数次，当填充砂浆略高于试模边缘时，用抹刀以 45°角一次性将试模表面多余的砂浆刮去，然后再用抹刀以较平的角度在试模表面反方向将砂浆刮平。

（3）抹掉试模边的砂浆，称量试模、下不透水片与砂浆总质量 m_3。

（4）用两片医用棉纱覆盖在砂浆表面，再在棉纱表面放上 8 片滤纸，用不透水片盖在滤纸表面，以 2kg 的重物把不透水片压着。

（5）静止 2min 后移走重物及不透水片，取出滤纸（不包括棉砂），迅速称量滤纸质量 m_4。

（6）从砂浆的配比及加水量计算砂浆的含水率，若无法计算，可按规定的试验方法测定砂浆的含水率。

（三）结果计算与数据处理

砂浆保水率应按式（11－31）计算：

$$w=\left[1-\frac{m_4-m_2}{\alpha\times(m_3-m_1)}\right]\times 100\% \quad (11-31)$$

式中　w——保水率，%；

m_1——不透水片与干燥试模质量，g；

m_2——8 片滤纸吸水前的质量，g；

m_3——试模、下不透水片与砂浆总质量，g；

m_4——8 片滤纸吸水后的质量，g；

α——砂浆含水率，%。

取两次试验结果的平均值作为结果，如两个测定值中有 1 个超出平均值的 5%，则此组试验结果无效。

四、砂浆立方体抗压强度试验

试验目的：测试砂浆立方体的抗压强度。砂浆立方体抗压强度是评定强度等级的依据，它是砂浆质量的主要指标。

1. 主要仪器设备

试模（尺寸为 70.7mm×70.7mm×70.7mm 的带底试模）；振动台；压力试验机、垫板等。

2. 试样制备

（1）采用立方体试件，每组试件 3 个。

（2）应用黄油等密封材料涂抹试模的外接缝，试模内涂刷薄层机油或脱模剂，将拌制好的砂浆一次性装满砂浆试模，成型方法根据稠度而定。当稠度大于等于 50mm 时采用人工振捣成型，当稠度小于 50mm 时采用振动台振实成型。

1）人工振捣：用捣棒均匀地由边缘向中心按螺旋方式插捣 25 次，插捣过程中如砂浆沉落低于试模口，应随时添加砂浆，可用油灰刀插捣数次，并用手将试模一边抬高 5～10mm 各振动 5 次，使砂浆高出试模顶面 6～8mm。

2）机械振动：将砂浆一次装满试模，放置到振动台上，振动时试模不得跳动，振动 5～10s 或持续到表面出浆为止；不得过振。

（3）待表面水分稍干后，将高出试模部分的砂浆沿试模顶面刮去并抹平。

（4）试件制作后应在室温为（20±5）℃的环境下静置（24±2）h，当气温较低时，可适当延长时间，但不应超过两昼夜，然后对试件进行编号、拆模。试件拆模后应立即放入温度为（20±2）℃，相对湿度为 90％以上的标准养护室中养护。养护期间，试件彼此间隔不小于 10mm，混合砂浆试件上面应覆盖以防有水滴在试件上。

3. 试验方法与步骤

（1）将试样从养护地点取出后应及时进行试验，以免试件内部的温度和湿度发生显著变化。测试前先将试件表面擦拭干净，并以试块的侧面作承压面，测量其尺寸，检查其外观。试块尺寸测量精确至 1mm，并据此计算试件的承压面积。若实测尺寸与公称尺寸之差不超过 1mm，可按公称尺寸进行计算。

（2）将试件安放在试验机的下压板（或下垫板）上，试件的承压面应与成型时的顶面垂直，试件中心应与试验机下压板（或下垫板）中心对准。开动试验机，当上压板与试件（或上垫板）接近时，调整球座，使接触面均衡受压。承压试验应连续而均匀地加荷，加荷速度应为每秒钟 0.25～1.5kN（砂浆强度不大于 5MPa 时，宜取下限，砂浆强度大于 5MPa 时，宜取上限），当试件接近破坏而开始迅速变形时，停止调整试验机油门，直至试件破坏，然后记录破坏荷载 N。

4. 结果计算与数据处理

（1）砂浆立方体抗压强度按下式计算（精确至 0.1MPa）：

$$f_{m,cu}=\frac{P_u}{A} \tag{11-32}$$

式中　$f_{m,cu}$——砂浆立方体试件的抗压强度，MPa；

P_u——破坏荷载，N；

A——试块的受力面积，mm^2。

（2）以 3 个试件测值的算术平均值的 1.3 倍作为该组试件的砂浆立方体试件抗压强度平均值（精确至 0.1MPa）。当 3 个测值的最大值或最小值中如有一个与中间值的差值超过中间值的 15％时，则把最大值及最小值一并舍除，取中间值作为该组试件的抗压强度值；如有两个测值与中间值的差值均超过中间值的 15％时，则该组试件的试验结果无效。

第六节　砌墙砖试验

试验要求：掌握砌墙砖的外观质量、抗折强度和抗压强度的测定方法和强度等级的评定。

本节试验采用的标准及规范：

(1)《砌墙砖试验方法》(GB/T 2542—2003)。

(2)《烧结普通砖》(GB 5101—2003)。

(3)《砌墙砖检验规则》(JC 466—92)。

《砌墙砖试验方法》(GB/T 2542—2003) 适用于烧结砖和非烧结砖。烧结砖包括烧结普通砖、烧结多孔砖以及烧结空心砖和空心砌块（简称空心砖）；非烧结砖包括蒸压灰砂砖、粉煤灰砖、炉渣砖和碳化砖等。

一、烧结普通砖抽样方法及相关规定

各种砌墙砖的检验试样，需符合上述规范的要求。

砌墙砖检验批的批量，宜在 3.5 万～15.0 万块范围内，但不得超过一条生产线的日产量。抽样数量由检验项目确定，必要时可增加适当的备用砖样。有两个以上的检验项目时，非破损检验项目（如外观质量、尺寸偏差、体积密度和空隙率）的砖样，允许在检验后继续用作它项，此时抽样数量可不包括重复使用的样品数。

对检验批中可抽样的砖垛、砖垛中的砖层、砖层中的砖块位置，应各依一定顺序编号。编号不需标志在实体上，只做到明确起点位置和顺序即可。凡需从检验后的样品中继续抽样供它项试验者，在抽样过程中，要按顺序在砖样上写号，作为继续抽样的位置顺序。

根据砖样批中可抽样砖垛数与抽样数，由表 11-9 决定抽样砖垛数和抽样的砖样数量。从检验过的样品中抽样，按所需的抽样数量先从表 11-10 中查出抽样的起点范围及间隔，然后从其规定的范围内确定一个随机数码，即得到抽样起点的位置和抽样间隔并由此实施抽样。抽样数量按表 11-11 执行。

表 11-9　从砖垛中抽样的规则

抽样数量/块	可抽样砖垛数/垛	抽样砖垛数/垛	垛中抽样数/块
50	≥250	50	1
	115～250	25	2
	<115	10	5
20	≥100	20	1
	<100	10	2
10 或 5	任意	10 或 5	1

表 11-10　从砖样中抽样的规则

检验过的砖样数/块	抽样数量/块	抽样起点范围	抽样间隔/块
50	20	1～10	1
	10	1～5	4
	5	1～10	9
20	10	1～2	1
	5	1～4	3

表 11-11 抽样数量表

序号	检验项目	抽样数量/块	序号	检验项目	抽样数量/块
1	外观质量	50 ($n_1=n_2=50$)	5	石灰爆裂	5
2	尺寸偏差	20	6	吸水率和饱和系数	5
3	强度等级	10	7	冻融	5
4	泛霜	5	8	放射性	4

注 n_1、n_2 代表两次抽样。

抽样过程中不论抽样位置上砖样的质量如何，不允许以任何理由以其他砖样代替。抽取样品后在样品上标志表示检验内容的编号，检验时不允许变更检验内容。

二、尺寸测量

试验目的：检测砖试样的几何尺寸是否符合标准。

1. 主要仪器设备

砖用卡尺（分度值为 0.5mm），如图 11-17 所示。

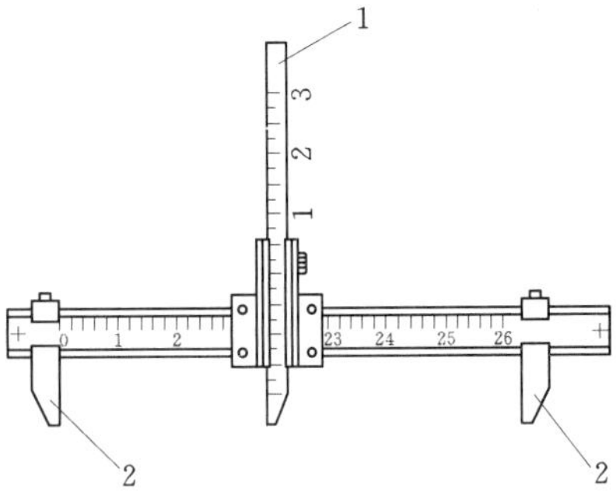

图 11-17 砖用卡尺

1—垂直尺；2—支脚

2. 测量方法

砖样的长度和宽度应在砖的两个大面的中间处分别测量 2 个尺寸，高度应在砖的两个条面的中间处分别测量 2 个尺寸，当被测处缺损或凸出时，可在其旁边测量，但应选择不利的一侧进行测量。精确至 0.5mm。

3. 结果计算与数据处理

本试验以 5 块砖作为一个样本。每一方向尺寸以两个测量值的算术平均值表示，精确至 1mm。

三、外观质量检查

试验目的：用于检查砖外表的完好程度。

1. 主要仪器设备

砖用卡尺（分度值 0.5mm）和钢直尺（分度值 1mm）。

2. 试验方法与步骤

（1）缺损。缺棱掉角在砖上造成的破损程度，以破损部分对长、宽和高 3 个棱边的投影尺寸来度量，称为破坏尺寸。缺损造成的破坏面，是指缺损部分对条面、顶面（空心砖为条面、大面）的投影面积，如图 11-18 所示。空心砖内壁残缺及肋残缺尺寸，以长度方向的投影尺寸来度量（图中 l 为长度方向投影量；b 为宽度方向的投影量；h 为高度方向的投影量）。

（2）裂纹。裂纹分为长度方向、宽度方向和高度方向 3 种，以被测方向上的投影长度表示。如果裂纹从一个面延伸至其他面上时，则累计其延伸的投影长度。多孔砖的孔洞与裂纹相通时，则将孔洞包括在裂纹内一并测量，如图 11-19 所示，裂纹长度以在 3 个方向上分别测得的最长裂纹作为测量结果。

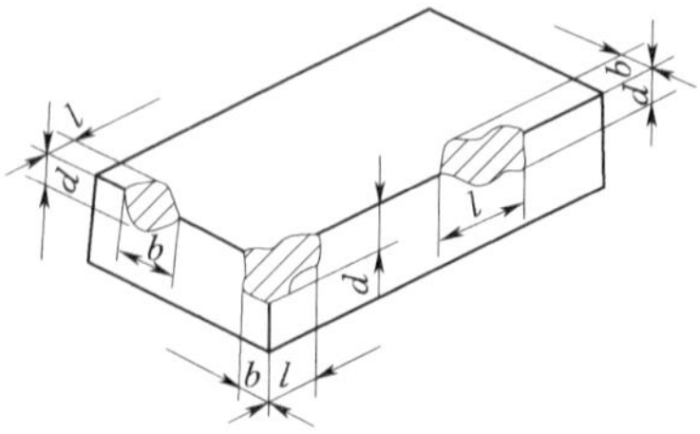

图 11－18　缺棱掉角破坏尺寸量法（单位：mm）

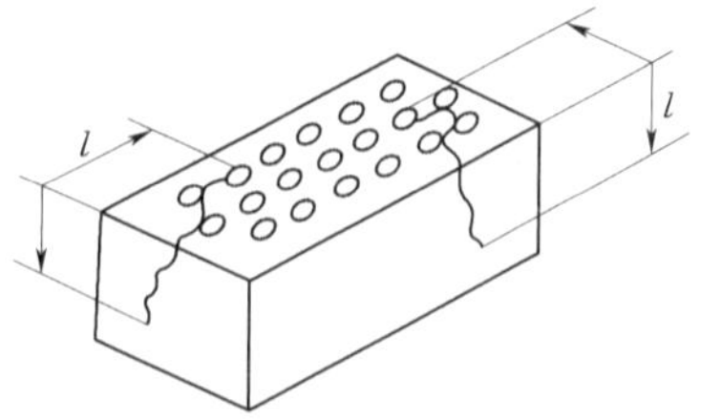

图 11－19　多孔砖裂纹通过孔洞时的尺寸量法

（3）弯曲。分别在大面和条面上测量，测量时将砖用卡尺的两支脚沿棱边两端放置，择其弯曲最大处将垂直尺推至砖面，如图 11－20 所示。但不应将因杂质或碰伤造成的凹陷计算在内。以弯曲测量中测得的较大者作为测量结果。

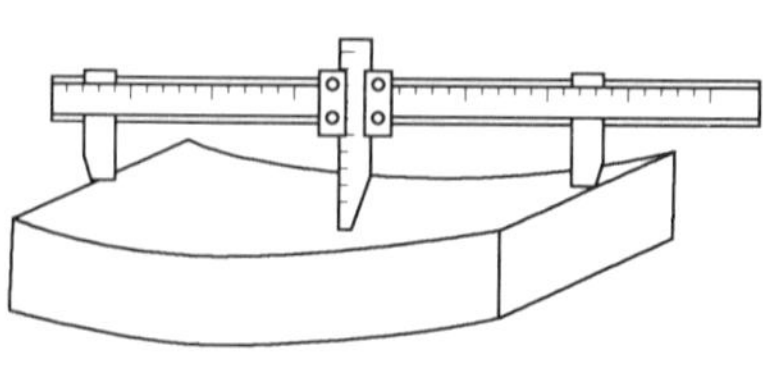

图 11－20　砖的弯曲量法

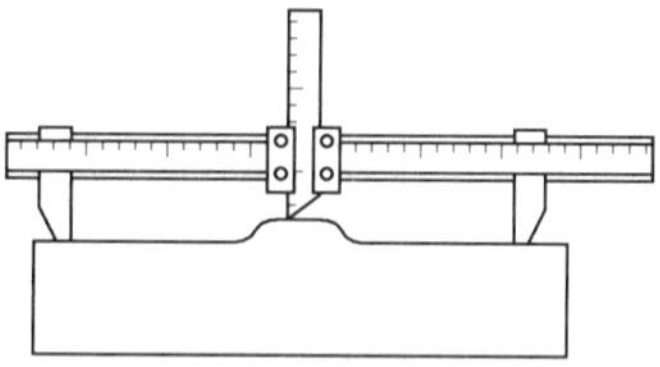

图 11－21　杂质凸出高度量法

（4）砖杂质凸出高度量法。杂质在砖面上造成的凸出高度，以杂质距砖面的最大距离表示。测量时将专用卡尺的两支脚置于杂质凸出部分两侧的砖平面上，以垂直尺测量，如图 11－21 所示。

3. 结果计算与数据处理

本试验以 5 块砖作为一个样本。外观测量以 mm 为单位，不足 1mm 者均按 1mm 计。

四、砌墙砖的抗折强度试验

试验目的：测定普通砖抗折强度，作为评定强度等级的依据。

1. 主要仪器设备

（1）材料试验机。试验机的示值相对误差不大于±1%，预期最大破坏荷载应在量程的 20%～80%之间。

（2）抗折夹具。抗折试验的加荷形式为 3 点加荷，其上下压辊的曲率半径为 15mm，下支辊应有一个为铰接固定。

（3）钢直尺（分度值为 1mm）。

2. 试样准备

试样数量及处理：烧结砖和蒸压灰砂砖为 5 块，其他砖为 10 块。非烧结砖应放在温度为（20±5）℃的水中浸泡 24h 后取出，用湿布拭去其表面水分进行抗折强度试验。烧结砖不需浸水及其他处理，直接进行试验。

3. 试验方法与步骤

（1）按尺寸测量的规定，测量试样的宽度和高度尺寸各 2 个，分别取其算术平均值（精确至 1mm）。

（2）调整抗折夹具下支辊的跨距为砖规格长度减去 40mm，但规格长度为 190mm 的砖样其跨距为 160mm。

（3）将试样大面平放在下支辊上，试样两端面与下支辊的距离应相同。当试样有裂纹或凹陷时，应使有裂纹或凹陷的大面朝下放置，以 50～150N/s 的速度均匀加荷，直至试样断裂，记录最大破坏荷载 P。

4. 结果计算与数据处理

（1）每块砖样的抗折强度按式（11－33）计算（精确至 0.01MPa）。

$$R_c = \frac{3PL}{2bh^2} \tag{11-33}$$

式中 R_c——砖样试块的抗折强度，MPa；

P——最大破坏荷载，N；

L——跨距，mm；

b——试样宽度，mm；

h——试样高度，mm。

（2）测试结果以试样抗折强度的算术平均值和单块最小值表示（精确至 0.01MPa）。

五、砌墙砖的抗压强度试验

试验目的：测定砖的抗压强度，作为评定强度等级的依据。

1. 主要仪器设备

（1）材料试验机。试验机的示值相对误差不大于±1%，预期最大破坏荷载应在量程的 20%～80%之间。

（2）试件制备平台。其表面必须平整水平，可用金属或其他材料制作。

（3）水平尺（规格为 250～350mm）、钢直尺（分度值为 1mm）、振动台、制样模具、砂浆搅拌机和切割设备。

2. 试样制备

试样数量：烧结普通砖、烧结多孔砖和蒸压灰砂砖为 5 块，其他砖为 10 块（空心砖大面和条面抗压各 5 块），非烧结砖也可用抗折强度测试后的试样作为抗压强度试样。

（1）烧结普通砖的试件制备。

将试样切断或锯成两个半截砖，断开后的半截砖长不得小于 100mm，如图 11－22 所示。在试样制备平台上将已断开的半截砖放入室温的净水中浸 10～20min 后取出，并使断口以相反方向叠放，两者中间抹以厚度不超过 5mm 的用强度等级 32.5 的普通硅酸盐水泥调制成稠度适宜的水泥净浆黏结，上下两面用厚度不超过 3mm 的同种水泥浆抹平。制成的试件上、下两面须相互平行，并垂直于侧面，如图 11－23 所示。

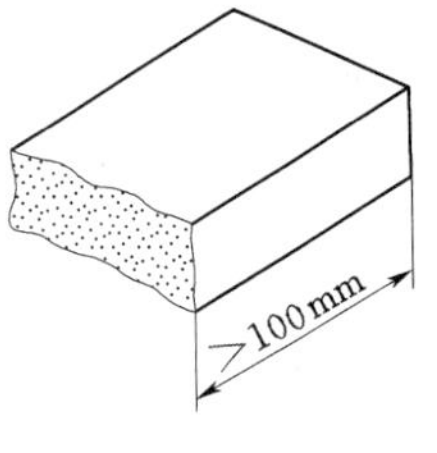

图 11－22 断开的半截砖

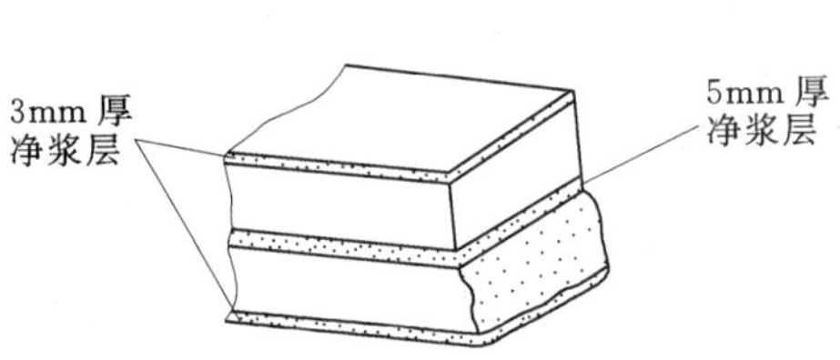

图 11－23 砖的抗压试件

（2）多孔砖、空心砖的试件制备。多孔砖以单块整砖沿竖孔方向加压，空心砖以单块整砖沿大面和条面方向分别加压。试件制作采用坐浆法操作，即用一块玻璃板置于水平的试件制备平台上，其上铺一张湿的垫纸，纸上铺一层厚度不超过5mm的用32.5强度等级普通硅酸盐水泥制成的稠度适宜的水泥净浆，再将试件在水中浸泡10～20min，在钢丝网架上滴水3～5min后，平稳地将受压面坐放在水泥浆上，在另一受压面上稍加压力，使整个水泥层与砖的受压面相互黏结，砖的侧面应垂直于玻璃板。待水泥浆适当凝固后，连同玻璃板翻放在另一铺纸放浆的玻璃板上，再进行坐浆，并用水平尺校正上玻璃板，使之水平。

（3）非烧结砖的试件制备。同一块试样的两半截砖切断口相反叠放，叠合部分不得小于100mm，如图11-24所示，即为抗压强度试件。如果不足100mm时，则应剔除，另取备用试样补足。

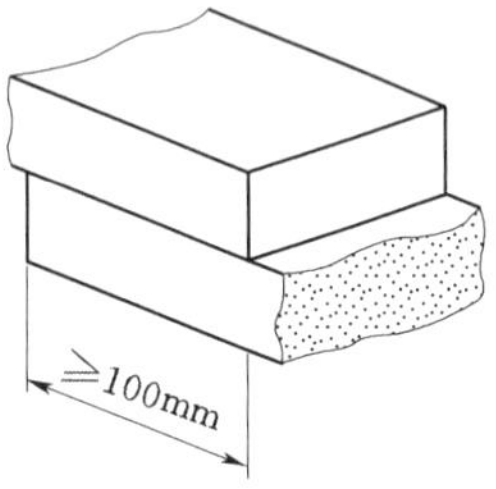

图11-24　半砖叠合

制成的抹面试件应置于温度不低于10℃的不通风室内养护3d，再进行强度测试。非烧结砖不需要养护，可直接进行测试。

3. 试验方法与步骤

测量每个试件连接面或受压面的长、宽尺寸各2个，分别取其平均值（精确至1mm）。将试件平放在加压板的中央，垂直于受压面加荷，加荷过程应均匀平稳，不得发生冲击或振动。加荷速度以4kN/s为宜，直至试件破坏为止，记录最大破坏荷载P。

4. 结果计算与数据处理

（1）每块试样的抗压强度按式（11-34）计算（精确至0.01MPa）。

$$R_p=\frac{P}{LB} \tag{11-34}$$

式中　R_p——砖样试件的抗压强度，MPa；

P——最大破坏荷载，N；

L——试件受压面（连接面）的长度，mm；

B——试件受压面（连接面）的宽度，mm。

试验结果以试样抗压强度的算术平均值和标准值或单块最小值表示，精确至0.1MPa。

（2）10块试件的强度等级评定。

1）试验后抗折和抗压按以下两式分别计算出强度变异系数、标准差S。

$$\delta=\frac{S}{\overline{f}} \tag{11-35}$$

$$S=\sqrt{\frac{1}{9}\sum_{i=1}^{10}(f_i-\overline{f})^2} \tag{11-36}$$

式中　δ——砖强度变异系数，精确至0.01；

S——10块试样的抗压强度标准差，MPa，精确至0.01；

$\overline{f}$——10块试样的抗压强度平均值，MPa，精确至0.01；

f_i——单块试样抗压强度测定值，MPa，精确至0.01。

2）当变异系数$\delta \leqslant 0.21$时，按抗压强度平均值$\overline{f}$、强度标准值f_k指标评定砖的强度等级。样本量$n=10$时的强度标准值按下式计算。

$$f_k=\overline{f}-1.8s \tag{11-37}$$

式中 f_k——强度标准值，MPa，精确至0.1MPa。

3）当变异系数$\delta > 0.21$时，按抗压强度平均值$\overline{f}$、单块最小抗压强度值f_{min}（精确至0.1MPa）指标评定砖的强度等级。

第七节 钢 筋 试 验

试验要求：了解钢筋拉伸过程的受力特性，仔细观察钢筋在拉伸过程中应力—应变的变化规律，掌握钢筋的屈服强度、抗拉强度与延伸率的测定。了解如何通过弯曲试验对钢筋的力学性能进行评价，掌握弯曲试验的不同方法。

本节试验采用的标准及规范：

（1）《金属材料拉伸试验 第1部分：室温试验方法》（GB/T 228.1—2010）。

（2）《金属材料 弯曲试验方法》（GB/T 232—2010）。

（3）《钢筋混凝土用钢 第1部分：热轧光圆钢筋》（GB 1499.1—2008）。

（4）《钢筋混凝土用钢 第2部分：热轧带肋钢筋》（GB 1499.2—2007）。

一、钢筋取样与验收的一般规定

（1）钢筋应按批进行检查与验收，每批的总量不超过60t。每批钢材应由同一牌号、同一炉罐号、同一尺寸的钢筋组成。

（2）钢筋应有出厂质量证明书或试验报告单，验收时应抽样做拉伸试验和弯曲试验。如两个项目中有一个项目不合格，则该批钢筋即为不合格。钢筋在使用中若有脆断、焊接性能不良或力学性能显著不正常时，还应进行化学成分分析其他专项试验。

（3）钢筋拉伸及弯曲试验的试件不允许进行车削加工，试验应在10～35℃的条件下进行，否则应在试验记录和报告中注明。

（4）取样方法和结果评定规定：验收取样时，自每批钢筋中任取两根，于每根距端部50mm处各取一套试样（2根试件），在每套试样中取一根作拉伸试验，另一根作弯曲试验。在拉伸试验的试件中，若有一根试件的屈服点、拉伸强度和伸长率3个指标中有一个达不到标准中的规定值，或冷弯试验中有一根试件不符合标准要求，则在同一批钢筋中再抽取双倍数量的试样进行该不合格项目的复检。复检结果中只要有一个指标不合格，则该试验项目判定不合格，整批钢筋不得交货。

二、钢筋拉伸试验

试验目的：测定低碳钢的屈服强度、抗拉强度与延伸率。注意观察拉力与变形之间的变化，确定应力与应变之间的关系曲线，评定钢筋强度等级。

1. 主要仪器设备

（1）万能材料试验机，试验达到最大负荷时，最好使指针停留在度盘的第三象限内

(即 180°～270°)，试验机的测力示值误差不大于 1%。

(2) 钢筋打点机或划线机、游标卡尺等。

2. 试样制备

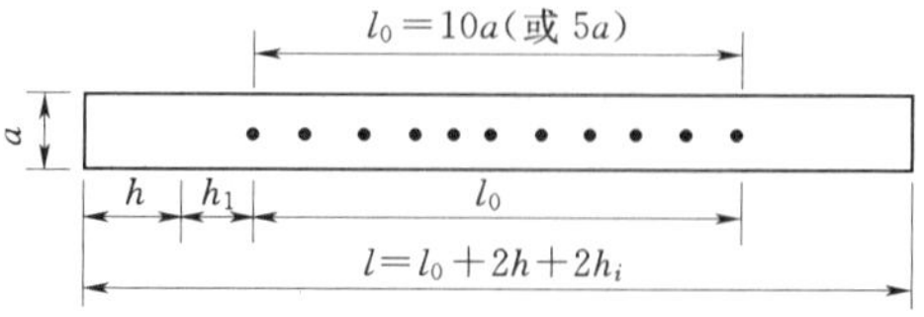

图 11-25　钢筋拉伸试样

抗拉试验用钢筋试样不进行车削加工，可以用钢筋试样标距仪标距出两个或一系列等分小冲点或细画线，标出原始标距(标记不应影响试样断裂)，测量标距长度 l_0 (精确至 0.1mm)，如图 11-25 所示。计算钢筋强度所用横截面积采用表 11-12 所列公称横截面积。

表 11-12　钢筋的公称横截面积

公称直径/mm	公称横截面积/mm^2	公称直径/mm	公称横截面积/mm^2
6	28.27	22	380.1
8	50.27	25	490.9
10	78.54	28	615.8
11	113.1	32	804.2
14	153.9	36	1018
16	201.1	40	1157
18	254.5	50	1964
20	314.2		

3. 试验方法与步骤

(1) 试验一般在室温 10～35℃范围内进行，对温度要求严格的试验，试验温度应为 (23±5)℃，应使用楔形夹头、螺纹夹头和套环夹头等合适的夹具夹持试样。

(2) 屈服强度和抗拉强度的测定。

1) 调整试验机测力度盘的指针，使其对准零点，并拨动副指针，使之与主指针重合。

2) 将试样夹持在试验机夹头内。开动试验机进行拉伸，试验机夹头的分离速率应尽可能保持恒定，并在表 11-13 规定的应力速率范围内，保持试验机控制器固定于这一速率位置上，直至该性能测出为止，屈服后或只需测定抗拉强度时，试验机活动夹头在荷载下的移动速度不宜大于 $0.5L_c$/min，直至试件拉断。

表 11-13　屈服前的应力速率

金属材料的弹性模量/MPa	应力速率/($MPa \cdot s^{-1}$)	
	最小	最大
<150000	2	20
≥150000	6	60

3) 加载时要认真观测，在拉伸过程中测力度盘的指针停止转动时的恒定荷载，或指针第一次回转时的最小荷载，即为所求的屈服点荷载 F_s (N)。将此时的指针所指度盘数记录在试验报告中。向试件继续施荷直至拉断，由测力度盘读出最大荷载 F_b (N)，记录

在试验报告中。

（3）伸长率测定。

1）将已拉断试样的两段在断裂处对齐，尽量使其轴线位于一条直线上。如拉断处由于各种原因形成缝隙，则此缝隙应计入试样拉断后的标距部分长度内。待确保试样断裂部分适当接触后测量试样断后标距 L_1（mm），要求精确到 0.1mm。L_1 的测定方法有以下两种：

a. 直接法。如拉断处到邻近的标距点的距离大于 $1/3L_0$ 时，可用卡尺直接量出已被拉长的标距长度 L_1（mm）。

b. 移位法。如拉断处到邻近的标距端点的距离小于或等于 $1/3L_0$，可按下述移位法确定 L_1：在长段上，从拉断处 O 取基本等于短段格数，得 B 点，接着取等于长段所余格数［偶数，如图 11－26（a）所示］之半，得 C 点；或者取所余格数［奇数，如图 11－26（b）所示］减 1 与加 1 之半，得 C 与 C_1 点。移位后的 L_1 分别为 $AO+OB+2BC$ 或者 $AO+OB+BC+BC_1$。

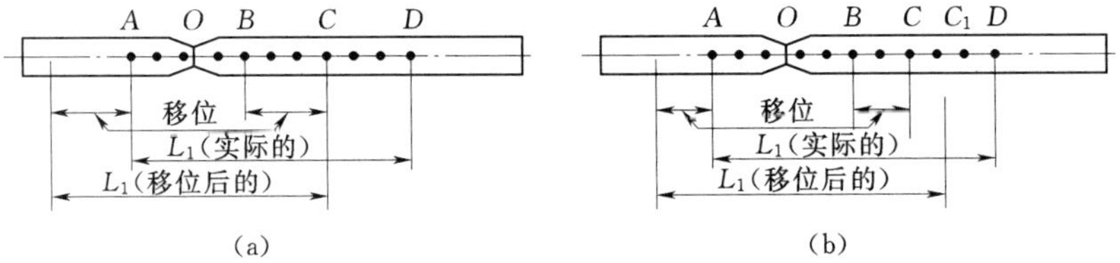

图 11－26　用移位法计算标距

（a）剩余段格数为偶数时；（b）剩余段格数为奇数时

将测量出的被拉长的标距长度 L_1 记录在试验报告中。

2）如果直接测量所求得的伸长率能达到技术条件的规定值，则可不采用移位法。

3）如果试件在标距点上或标距外断裂，则测试结果无效，应重做试验。

4. 结果计算与数据处理

（1）屈服点强度：按式（11－38）计算试件的屈服强度 σ_s。

$$\sigma_s=F_s/A \tag{11-38}$$

式中　σ_s——屈服点强度，MPa；

F_s——屈服点荷载，N；

A——试件的公称横截面积，mm^2。

当 $\sigma_s>1000$MPa 时，应计算至 10MPa；σ_s 为 200～1000MPa 时，计算至 5MPa；$\sigma_s\leqslant 200$MPa 时，计算至 1MPa。小数点数字按“四舍六入五单双法”处理。

（2）抗拉强度：按式（11－39）计算试件的抗拉强度。

$$\sigma_b=F_b/A \tag{11-39}$$

式中　σ_b——抗拉强度，MPa；

F_b——试样拉断后最大荷载，N；

A——试件的公称横截面积，mm^2。

σ_b 计算精度的要求同 σ_s。

(3) 也可以使用自动装置（例如微处理机等）或自动测试系统测定屈服强度 σ_s 和抗拉强度 σ_b。

(4) 伸长率：按式（11-40）计算（精确至 1%）：

$$\delta_{10}(\text{或}\ \delta_5)=\frac{L_1-L_0}{L_0}\times 100 \tag{11-40}$$

式中　δ_{10}、δ_5——$L_0=10a$ 或者 $L_0=5a$ 时的伸长率，%；

L_0——原标距长度 $10a$（$5a$），mm；

L_1——试样拉断后直接量出或按移位法确定的标距部分长度，mm，测量精确至 0.1mm。

三、钢筋弯曲试验

试验目的：测定钢筋在常温下承受静力弯曲时的弯曲变形能力，并显示其缺陷，以评定钢筋质量是否合格。

1. 主要仪器设备

压力机或万能材料试验机；支辊式弯曲装置（配有两支辊和一个弯曲压头），装置示意图如图 11-27 所示。

2. 试样准备

钢筋冷弯试件应去除由于剪切或火焰切割或类似的操作而影响了材料性能的部分，如试验结果不受影响，可不去除试样受影响的部分。试样表面不得有划痕和损伤。试样的宽度和厚度应符合《金属材料 弯曲试验方法》(GB/T 232—2010) 规定。试样长度应根据试样厚度（或直径）和使用的试验设备确定。试件不得进行车削加工。

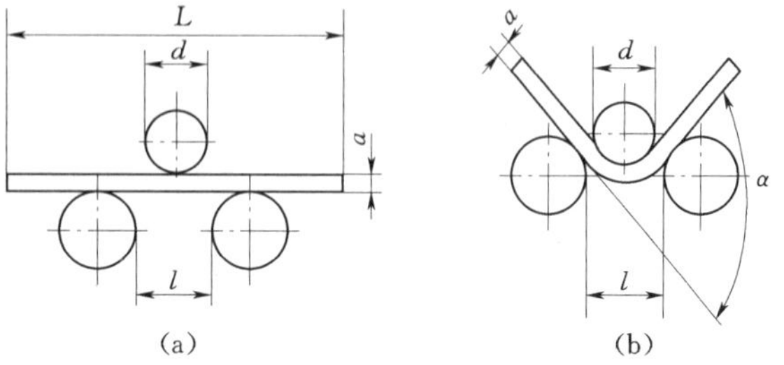

图 11-27　支辊式弯曲装置示意图

3. 试验方法与步骤

(1) 试验一般在 10～35℃的室温范围内进行，对温度要求严格的试验，试验温度应为 (23±5)℃。

(2) 试验前测量试件尺寸是否合格，根据钢筋的级别，确定弯心直径 d 和弯曲角度：Ⅰ级钢筋 $d=a$；热轧带肋钢筋 $d=3a$（$a=6\sim25$mm），具体选择见《钢筋混凝土用钢　第 2 部分：热轧带肋钢筋》（GB 1499.2—2007）。调整两支辊之间的距离。两支辊间的距离为：

$$l=(d+3a)\pm0.5a \tag{11-41}$$

式中　d——弯心直径，mm；

a——钢筋公称直径，mm。

此距离在试验期间应保持不变，如图 11-27 所示。

(3) 试样按照规定的弯心直径和弯曲角度进行弯曲。在作用力下的弯曲程度可以分为 3 种类型，如图 11-28 所示，应按相关产品标准规定，选择其中之一完成试验。

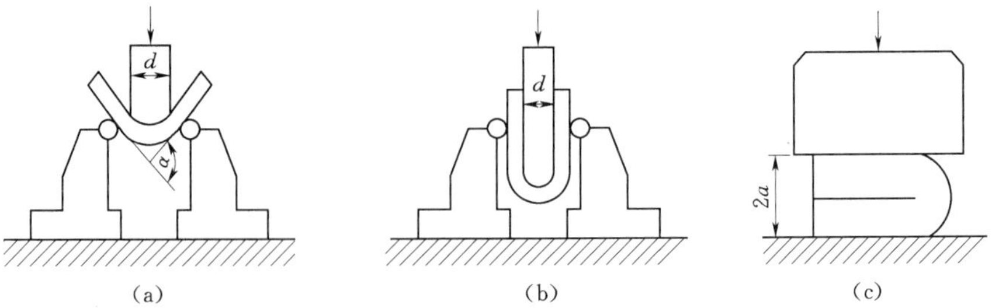

图 11-28 钢材冷弯试验的几种弯曲程度

(a) 弯曲至某规定角度；(b) 弯曲至两面平行；(c) 弯曲至两面重合

1) 在给定条件和力作用下达到某规定角度的弯曲，如图 11-28 (a) 所示。

2) 试样在力作用下弯曲至两臂相距规定距离且相互平行，如图 11-28 (b) 所示。

3) 试样在力作用下弯曲至两臂直接接触，如图 11-28 (c) 所示。

(4) 试样弯曲至规定弯曲角度的试验，应将试件放置于两支辊，试件轴线应与弯曲压头轴线垂直，弯曲压头在两支座之间的中点处对试件连续施加力使其弯曲，直至达到规定的弯曲角度。弯曲试验时，应当缓慢地施加弯曲力，以使材料能自由地进行塑性变形。当出现争议时，试验速率应为 (1±0.2)mm/s。

使用上述方法如不能直接达到规定的弯曲角度，可以将试件置于两平行压板之间，如图 11-29 (a) 所示，连续施加力压其两端使进一步弯曲，直至达到规定的弯度。

(5) 试样弯曲至两臂相互平行的试验，首先对试样进行初步弯曲，然后将试样置于两平行压板之间，连续施加力压其两端使进一步弯曲，至两臂平行，如图 11-29 (b)、(c) 所示。试验时可加或不加内置垫块，垫块厚度等于规定的弯曲压头的直径。

(6) 试件弯曲至两臂直接接触的试验，首先对试件进行初步弯曲，然后将其置于两平行压板之间，连续施加力压其两端使进一步弯曲，直至两臂直接接触，如图 11-29 (d) 所示。

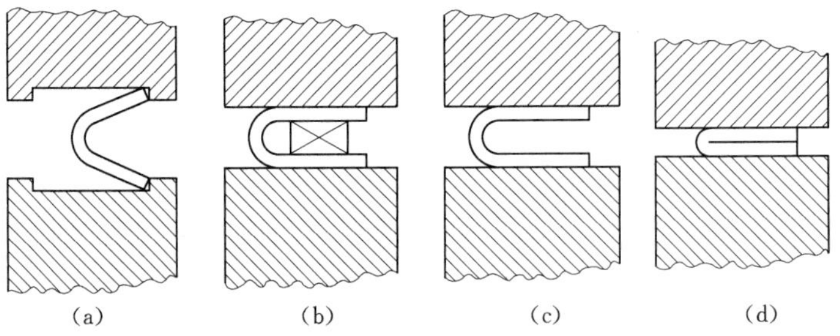

图 11-29 冷弯试验

4. 结果计算与数据处理

(1) 应按照相关产品标准的要求评定弯曲试验结果。如未规定具体要求，弯曲试验后不使用放大仪器观察，试件弯曲外表面无可见裂纹应评定为合格。

(2) 以相关产品标准规定的弯曲角度作为最小值；若规定弯曲压头直径，以规定的弯曲压头直径作为最大值。

第八节 石油沥青试验

试验要求：了解沥青3大指标的概念、掌握沥青3大指标的测定方法，并能根据测定结果评定沥青的技术等级。

本节试验采用的标准及规范：

(1)《建筑石油沥青》(GB/T 494—2010)。

(2)《石油沥青取样法》(GB/T 11147—2010)。

(3)《沥青针入度测定法》(GB/T 4509—2010)。

(4)《沥青延度测定法》(GB/T 4508—2010)。

(5)《沥青软化点测定法》(GB/T 4507—1999)。

(6)《公路工程沥青及沥青混合料试验规程》(JTJ 052—2000)。

一、石油沥青的针入度检验

试验目的：通过测定石油沥青的针入度来确定沥青的黏稠程度，并作为确定沥青牌号的依据之一。

本方法适用于测定针入度范围为0～500度(1/10mm)的固体和半固体沥青材料的针入度。

1. 主要仪器设备

(1) 针入度仪：针连杆质量应为(47.5±0.05)g，针和针连杆总质量应为(50±0.05)g。针入度计附带(50±0.05)g和(100±0.05)g砝码各1个，如图11-30所示。

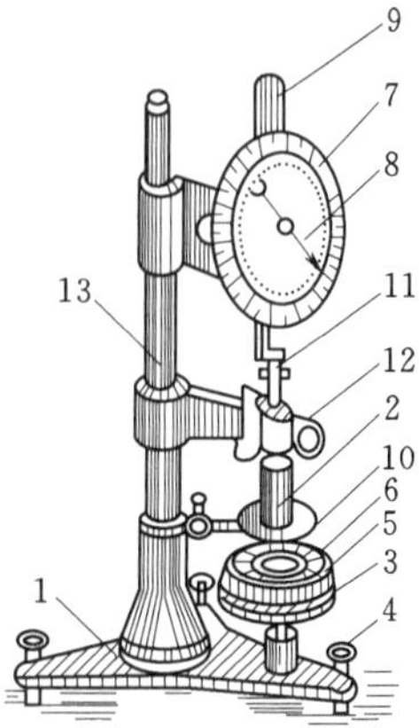

图11-30 针入度仪

1—基座；2—小镜；3—圆形平台；4—调平螺丝；5—保温皿；6—试样；7—刻度盘；8—指针；9—活杆；10—标准针；11—连杆；12—按钮；13—砝码

(2) 试样皿：金属或玻璃的圆柱形平底容器。沥青针入度小于40时，用直径33～55mm、深8～16mm的皿；针入度小于200度时，用直径55mm，深35mm的皿；针入度在200～350度时，用直径55～75mm、深45～70mm的皿；针入度在350～500度时，用直径50mm，深70mm的皿。

(3) 恒温水浴：容量不小于10L，能保持温度在试验温度的±0.1℃范围内。

(4) 平底玻璃皿：容量不少于350mL，深度要没过最大的试样皿。

(5) 秒表、温度计(液体玻璃温度计，刻度范围－8～＋55℃，分度值为0.1℃)等。

2. 试样准备

(1) 小心加热样品，不断搅拌以防局部过热，加热到使样品易于流动。加热时石油沥青的加热温度不超过软化点的90℃，加热时间在保证样品充分流动的基础上尽量少。加热搅拌过程中避免试样中进入气泡。

(2) 将试样倒入规定大小的试样皿中，试样深度应至少是预计锥入深度的120%。如果试样皿的直径小于65mm，而预期针入度高于200，每个实验条件都要倒3个样品。

（3）将试样皿松松地盖住以防灰尘落入。在 15～30℃的室温下静置冷却。热沥青静置的时间为：采用大试样皿时为 1.5 ～2h；采用中等试样皿时为 1～1.5h；采用小的试样皿时为 45min～1.5h。

（4）冷却结束后将试样皿和平底玻璃皿一起放入测试温度下的水浴中，水面应没过试样表面 10mm 以上。在规定的试验温度下恒温：小试样皿恒温 45min～1.5h，中等试样皿恒温 1～1.5h，大试样皿恒温 1.5～2h。

3. 试验方法与步骤

（1）调节针入度仪的水平，检查针连杆和导轨，以确认无水和其他外来物，无明显摩擦。先用合适的溶剂清洗针，再用干净布将其擦干，把针插入针连杆中固紧，按试验条件选择合适的砝码并放好砝码。

（2）如果测试时针入度仪是在水浴中，则直接将试样皿放在浸在水中的支架上，使试样完全浸在水中。如果实验时针入度仪不在水浴中，将已恒温到试验温度的试样皿放在平底玻璃皿中的三角支架上，用与水浴相同温度的水完全覆盖样品，将平底玻璃皿放置在针入度仪的平台上。

（3）慢慢放下针连杆，使针尖刚好与试样表面接触。必要时用放置在合适位置的光源反射来观察。拉下活杆，使与针连杆顶端相接触，调节针入度刻度盘使指针指零。

（4）在规定时间内快速释放针连杆，同时启动秒表，使标准针自由下落穿入沥青试样，到规定时间，使标准针停止移动。

（5）拉下活杆与针连杆顶端接触，此时刻度盘指针的读数即为试样的针入度。

（6）同一试样重复测定至少 3 次，各测定点及测定点与试样皿边缘之间的距离不应小于 10mm。每次测定前应将平底玻璃皿放入恒温水浴，每次测定换一根干净的针或取下针用合适的溶剂擦干净，再用干净布擦干。

（7）测定针入度大于 200 的沥青试样时，每个试样皿中扎一针，3 个试样皿得到 3 个数据。或者每个试样至少用 3 根针，每次测定后将针留在试样中，直至 3 次测定完成后，才能把针从试样中取出。

4. 结果计算与数据处理

（1）取 3 次测试所得针入度值的算术平均值，取至整数后作为最终测定结果。3 次测定值相差不应大于表 11 - 14 所列规定，否则应重做试验。

表 11 - 14　　针入度测定最大差值　　1/10mm

针入度/(°)	0～49	50～149	150～249	250～350
最大差值/(°)	2	4	6	10

（2）如果误差超过了这一范围，利用第二个样品重复试验。

（3）如果结果再次超过允许值，则取消所有试验结果，重新进行试验。

二、石油沥青的延度检验

试验目的：测定石油沥青的延度，以评定沥青的塑性，并作为确定沥青牌号的依据之一。

石油沥青的延度是用规定的试样，在一定温度下以一定速度拉伸至断裂时的长度。非经特殊说明，试验温度为（25±0.5)℃，拉伸速度为（5±0.25)cm/min。

1. 主要仪器设备

（1）延度仪。

（2）试样模具：由两个端模和两个侧模组成。试样模具由黄铜制造，其形状尺寸如图11－31所示。

（3）水浴：容量至少为10L，能够保持试验温度变化不大于0.1℃的玻璃或金属器皿，试样浸入水中深度不得小于10cm，水浴中设置带孔搁架，搁架距浴底部不得小于5cm。

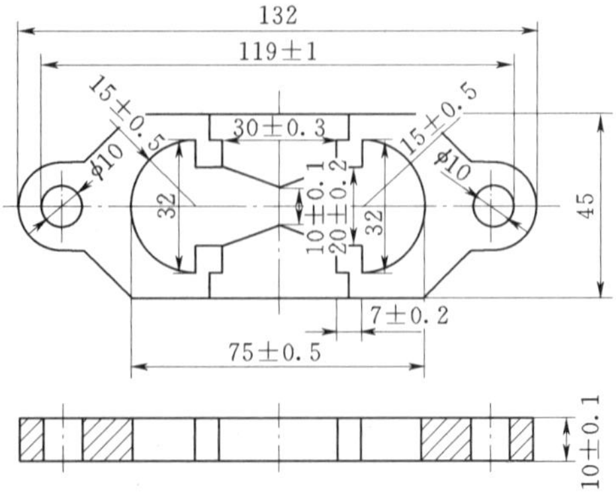

图11－31　沥青延度仪试模（单位：mm）

（4）温度计：0～50℃，分度0.1℃和0.5℃各一支。

（5）隔离剂：以质量计，由两份甘油和一份滑石粉调制而成。

（6）支撑板：黄铜板，一面必须磨光至表面粗糙度 *Ra* 0.63。

2. 试样准备

（1）将隔离剂涂于磨光的支撑板上及侧模的内侧面，以防沥青黏在模具上板上模具要水平放好。

（2）小心加热样品，充分搅拌以防局部过热，直到样品容易倾倒。石油沥青加热温度不超过预计石油沥青软化点90℃。样品加热的时间在不影响样品性质和保证样品充分流动的基础上尽量短。将熔化后的沥青充分搅拌后倒入模具中，注意搅拌过程中勿使混入气泡。然后将试样自试模的一端至另一端往返倒入，使试样略高出模具。

（3）将试件在空气中冷却30～40min，然后放入规定的温度水浴中保持30min取出。用热刀将高出模具部分的多余沥青刮去，使沥青试样表面与模具齐平。沥青刮法应自模具的中间刮至两边，表面应刮得平整光滑。刮毕将试件连同支撑板、模具一并放入水浴中，并在试验温度下保持8～95min，然后从板上取下试件，拆掉侧模，立即进行拉伸试验。

3. 试验方法与步骤

（1）检查延度仪滑板的拉伸速度是否符合要求，然后移动滑板使其指针正对着标尺的零点。将模具两端的孔分别套在实验仪器的柱上，然后以一定的速度拉伸，直到试件拉伸断裂。拉伸速度允许误差在±5%以内，测量试件从拉伸到断裂所经过的距离，以cm表示，如图11－32所示。试验时，试件距水面和水底的距离不小于2.5cm，并且温度保持在（25±0.5)℃。

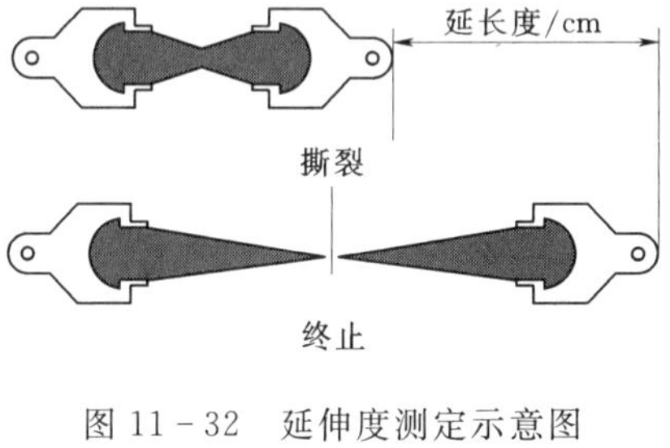

图11－32　延伸度测定示意图

（2）在测定时，如果沥青浮于水面或沉入槽底时，则应在水中加入乙醇或食盐调整水的密度，使沥青既不浮于水面，又不沉入槽底。

（3）在正常情况下，应将试样拉伸成锥形或线形或柱形，在断裂时实际横断面面积接近为零或一均匀断面。如果3次试验得不到正常结果，则报告在该条件下延度无法测定。

4. 结果计算与数据处理

若3个试件测定值在其平均值的5%内，取平行测定3个结果的平均值作为沥青试样延度的测定结果。若3个试件测定值不在其平均值的5%范围内，但其中两个较高值在平均值的5%以内时，则弃除最低测定值，取两个较高值的平均值作为测定结果，否则重新测定。

沥青延度测试两次测定结果之差，重复性不应超过平均值的10%，再现性不应超过平均值的20%。

三、石油沥青的软化点检验

试验目的：测定石油沥青的软化点，以确定沥青的耐热性及温度稳定性，并作为确定沥青牌号的依据之一。本试验是用环球法测定沥青软化点。沥青的软化点是试样在测定条件下，因受热而下坠达25mm时的温度，以℃表示。本方法适用于环球法测定软化点范围在30～157℃的石油沥青和煤焦油沥青试样，对于软化点在30～80℃范围内用蒸馏水做加热介质，软化点在80～157℃范围内用甘油做加热介质。

1. 主要仪器设备

（1）沥青软化点测定仪。

1）环：两只黄铜肩或锥环。

2）支撑板：扁平光滑的黄铜板，其尺寸约为50mm×75mm。

3）球：两只直径为9.5mm的钢球，每只质量为（3.50±0.05）g。

4）钢球定位器：两只钢球定位器用于使钢球定位于试样中央。

5）浴槽：可加热的玻璃容器，其内径不小于85mm，离加热底部的深度不小于120mm。

6）环支撑架和支架：一支铜支撑架用于支撑两个水平位置的环，支撑架上的肩环的底部距离下支撑的上表面为25mm，下支撑板的下表面距离浴槽底部为（16±3）mm。

（2）温度计。

1）测温范围在30～180℃，最小分度值为0.5℃的全浸式温度计。

2）合适的温度计应悬于支架上，使得水银球底部与环底部水平，其距离在13mm以内，但不要接触环或支撑架，不允许使用其他温度计代替。

（3）材料。

1）加热介质：新煮沸过的蒸馏水，甘油。

2）隔离剂：以重量计，两份甘油和一份滑石粉调制而成。

3）刀：切沥青用。

4）筛：筛孔为0.3～0.5mm的金属网。

2. 试样准备

（1）所有石油沥青试样的准备和测试必须在6h内完成，煤焦油沥青必须在4.5h内完成。小心加热试样，并不断搅拌以防止局部过热，直到样品变得流动。小心搅拌以免气泡进入样品中。

1）石油沥青样品加热至倾倒温度的时间不超过2h，其加热温度不超过预计沥青预计软化点 110℃。

2）煤焦油沥青样品加热至倾倒温度的时间不超过 30min，其加热温度不超过煤焦油沥青预计软化点 55℃。

3）如果重复试验，不能重新加热样品，应在干净容器中用新鲜样品制备试样。

（2）若估计软化点在 120℃以上，应将黄铜环与支撑板预热至 80～100℃，然后将黄铜环放到涂有隔离剂的支撑板上。否则会出现沥青试样从黄铜环中完全脱落。

（3）向每个环中倒入略过量的沥青试样，让试件在室温下至少冷却 30min。对于在室温下较软的样品，应将试件在低于软化点 10℃以上的环境中冷却 30min。从开始倒试样时起至完成试验的时间不得超过 240min。

（4）试样冷却后，用稍加热的小刀或刮刀干净地刮去多余的沥青，使得每一个圆片饱满且和环的顶部齐平。

3. 试验方法与步骤

（1）选择下列一种加热介质。

1）新煮沸过的蒸馏水适于软化点为 30～80℃的沥青，起始加热介质温度应为（5±1)℃。

2）甘油适于软化点为 80～157℃的沥青，起始加热介质温度应为（30±1)℃。

3）为了进行比较，所有软化点低于 80℃的沥青应在水浴中测定，而高于 80℃的在甘油浴中测定。

（2）把仪器放在通风橱内并配置两个样品环、钢球定位器，将温度计插入合适的位置，浴槽装满加热介质，并使各仪器出于适当位置。用镊子将钢球置于浴槽底部，使其同支架的其他部位达到相同的起始温度。

（3）如果有必要，将浴槽置于冰水中，或小心加热并维持适当起始浴温度达 15min，并使仪器出于适当位置，注意不要玷污浴液。

（4）再次用镊子从浴槽底部将钢球夹住并置于定位器中。

（5）从浴槽底部加热使温度以恒定的速率 5℃/min 上升。为防止通风的影响有必要时可用保护装置。试验期间不能取加热速率的平均值，但在 3min 后，升温速度应达到 5℃/min ± 0.5/℃min，若温度上升速率超过此限定范围，则此次试验失败。

（6）当两个试环的球刚触及下支撑板时，分别记录温度计所显示的温度。无需对温度计的浸没部分进行校正。取两个温度的平均值作为沥青软化点。如果两个温度的差值超过 1℃，则重新试验，如图 11－33 所示。

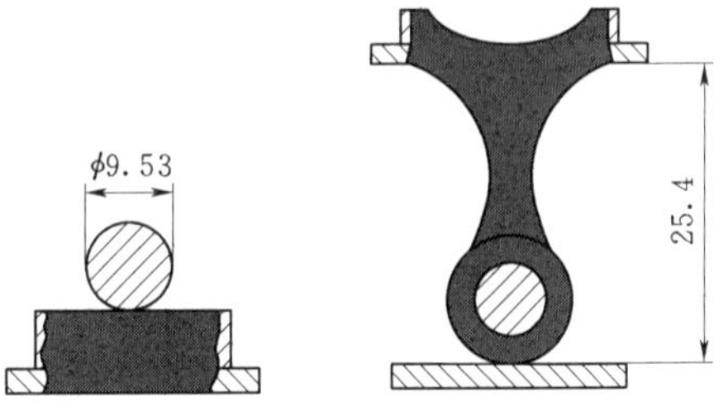

图 11－33　沥青软化点测定示意图（单位：mm）

4. 结果计算与数据处理

（1）取平行测定的两个结果的算术平均值作为测定结果，精确至 0.1℃。报告试验结果同时报告浴槽中所使用的加热介质种类。

（2）重复测定两次结果的差值不得大于 1.2℃。同一试样由两个实验室各自提供的实验结果之差不得超过 2.0℃。

第九节 沥青混合料试验

试验要求：沥青混合料是以沥青为胶结材料，与矿料（包括粗集料、细集料和填料）经混合拌制而成的混合料的总称。要求掌握沥青混凝土马歇尔稳定度和流值的测定，因为它是可以表征沥青混凝土温度稳定性和塑性变形能力的两个指标，已用于沥青混凝土配合比设计和现场质量控制。

本节试验采用的标准及规范：

（1）《公路工程沥青及沥青混合料试验规程》(JTJ 052—2000)。

（2）《公路沥青混凝土施工技术规范》(JTG F40—2004)。

一、沥青混合料试件制作方法（击实法）

试验目的：本试验方法适用于标准击实法或大型击实法制作沥青混合料试件，以供试验室进行沥青混合料物理力学性质试验使用。

标准击实法适用于马歇尔试验、间接抗拉试验（劈裂法）等使用的 ϕ101.6mm×63.5mm 圆柱体试件成型。大型击实法适用于 ϕ152.4mm×95.3mm 的大型圆柱体试件成型。

沥青混合料试件制作时的矿料规格及试件数量应符合《公路工程沥青及沥青混合料试验规程》(JTJ 052—2000) 的规定。沥青混合料配合比设计及在试验室人工配制沥青混合料制作试件时，试件尺寸应符合试件直径不小于集料公称最大粒径的 4 倍、厚度不小于集料公称最大粒径的 1～1.5 倍的规定。试验室成型的一组试件的数量不得少于 4 个，必要时增加至 5 或 6 个。

1. 主要仪器设备

（1）标准击实仪：由击实锤、ϕ98.5mm 平圆形击实头及带手柄的导向棒组成。用人工或机械将击实锤举起，从 (457.2±1.5)mm 高度沿导向棒自由落下击实，标准击实锤质量为 (4536±9)g。

（2）标准击实台：用以固定试模，在 200mm×200mm×457mm 的硬木墩上面有一块 305mm×305mm×25mm 的钢板，木墩用 4 根型钢固定在水泥混凝土地面上。人工或机械击实均必须有此标准击实台。

（3）自动击实仪：将标准击实仪及标准击实台安装为一体，并用电力驱动使击实锤连续击实试件且可以自动记数的设备，击实速度为 (60±5)次/min。

（4）沥青混合料拌合机：能保证拌和温度并充分拌和均匀，可控制拌和时间，容量不小于 10L。搅拌叶自转速度 70～80r/min，公转速度 40～50r/min。

（5）脱模器：电动或手动，可无破损地推出圆柱体试件。

（6）试模：由高碳钢或工具钢制成，每组包括内径 (101.6±0.2)mm，高 87mm 的圆柱形金属筒、底座和套筒各一个。

（7）烘箱：大、中型各一台，装有温度调节器。

（8）电子天平：用于称量矿料，感量不大于 0.5g；用于称量沥青，感量不大于 0.1g。

(9) 沥青运动黏度计：毛细管黏度计、塞波特重油黏度计或布洛克菲尔德黏度计。

(10) 温度计：0～300℃，分度为1℃。

(11) 其他：螺丝刀、电炉、拌合锅、标准筛、滤纸、胶布、卡尺、秒表和棉纱等。

2. 试验方法与步骤

(1) 确定制作沥青混合料试件的拌合与压实温度，可参考表11-15。针入度大、稠度小的沥青取低限，针入度小、稠度大的沥青取高限，一般取中值。常温沥青混合料的拌合及压实在常温下进行。

表11-15　　沥青混合料拌合与压实温度参考表

沥青混合料种类	拌合温度/℃	压实温度/℃
石油沥青	130～160	120～150
煤沥青	90～120	80～110
改性沥青	160～175	140～170

(2) 将沥青混合料拌合机预热至拌和温度以上10℃左右备用（对试验室试验研究、配合比设计及采用机械拌合施工的工程，严禁用人工炒拌法热拌沥青混合料）。

(3) 将预热的每个试件的粗细集料置于拌和机中，用小铲子适当混合，然后加入需要数量的已加热至拌合温度的沥青，开动拌和机一边搅拌一边使拌合叶片进入混合料中，拌和1～1.5min，然后暂停搅拌，加入单独加热的矿粉，继续搅拌至均匀为止，并使沥青混合料保持在规定的拌合温度范围内。标准的拌和时间为3min。

(4) 将拌好的沥青混合料，均匀称取一个试件需要的用量（标准马歇尔试件约1200g）。若已知沥青混合料的密度，可根据试件的标准体积乘以1.03的系数得到要求的沥青混合料的用量。

(5) 从烘箱中取出预热的试模和套筒，用沾有少许黄油的棉纱擦拭试模、底座及击实锤底面，将试模装在底座上并套上套筒，垫入一张圆形的滤纸，按四分法从四个方向用小铲将混合料铲入试模中，再用螺丝刀沿周边插捣15次，中间10次，插捣完成后将混合料表面平整成凸圆弧面。

(6) 插入温度计至混合料中心附近，检查混合料温度。混合料温度符合要求的压实温度后，将试模、套筒连同底座一起放在击实台上固定，在混合料表面上再放入一张滤纸，将装有击实锤的导向棒的击实头放入试模中。然后开动电动机或人工将击实锤从457mm的高度自由下落击实规定的次数（75次、50次或35次）。

(7) 试件击实完成一面后，取下套筒，将试模倒转向下，再装上套筒，以同样方法和次数击实另一面。

(8) 击实结束后，去除滤纸用卡尺量取试件距试模上口的距离。由此计算出试件的实际高度，如高度不符合要求，则试件应作废。并根据式（11-42）调整混合料的质量，以保证高度符合（63.5±1.3）mm（标准试件）的要求。

$$\text{调整后的混合料质量}=\frac{\text{要求试件高度}\times\text{原用混合料质量}}{\text{所得试件的高度}} \qquad (11-42)$$

(9) 试模横向放置冷却至室温后（≥12h），置脱模机上脱出试件。将试件仔细置于干燥洁净的平面上备用。

二、沥青混合料马歇尔稳定度试验

试验目的：马歇尔稳定度试验是对标准击实的试件在规定的温度和速度等条件下受压，测定沥青混合料的稳定度和流值等指标所进行的试验。

本方法适用于标准马歇尔稳定度试验和浸水马歇尔稳定度试验。标准马歇尔稳定度试验主要用于沥青混合料的配合比设计及沥青路面施工质量检验。浸水马歇尔稳定度试验主要是检验沥青混合料受水损害时抵抗剥落的能力，通过测试其水稳定性检验可行性。这里主要介绍标准马歇尔稳定度试验方法。

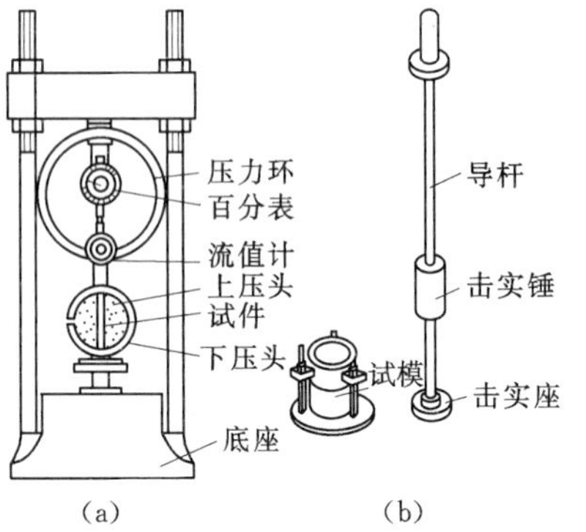

图 11－34　马歇尔实验设备
(a) 马歇尔试验机示意图；(b) 试模及击实器

1. 主要仪器设备

(1) 马歇尔试验仪，如图 11－34 (a) 所示。规范规定采用自动马歇尔试验仪，用计算机或 $X-Y$ 记录仪记录荷载一位移曲线，并具有自动测定荷载与试件垂直变形的传感器、位移计，能自动显示或者打印试验结果。

(2) 试模及击实器：标准试模为内径 ϕ101.6mm、高 (63.5±1.3)mm 的钢筒（配有套环及底板各 1 个）。击实器由金属锤和导杆组成，锤质量为 4.53kg，可沿导杆自由下落，落距为 45.7cm；导杆底端与一圆形击实座相固定。试模及击实器如图 11－34 (b) 所示。

(3) 恒温水槽：控温准确为 1℃，深度不小于 150mm。

(4) 真空饱水容器：包括真空泵及干燥器。

(5) 其他：烘箱、天平、温度计、卡尺、棉纱和黄油。

2. 试样准备

(1) 按试验一标准击实法成型马歇尔试件，标准马歇尔尺寸应符合直径 ϕ (101.6±0.2)mm、高 (63.5±1.3)mm 的要求。一组试件的数量最少不得少于 4 个。

(2) 量测试件的直径及高度：用卡尺测量试件中部的直径，用马歇尔试件高度测定器或用卡尺在十字对称的 4 个方向量测离试件边缘 10mm 处的高度，准确至 0.1mm，并以其平均值作为试件的高度。如试件高度不符合 (63.5±1.3)mm 要求或两侧高度差大于 2mm 时，此试件应作废。

(3) 测定试件的密度、空隙率、沥青体积百分率、沥青饱和度和矿料间隙率等物理指标。

(4) 将恒温水槽调节至要求的试验温度，对黏稠石油沥青或烘箱养生过的乳化沥青混合料为 (60±1)℃，对煤沥青混合料为 (33.8±1)℃，对空气养生的乳化沥青或液体沥青混合料为 (25±1)℃。

3. 试验方法与步骤

(1) 标准马歇尔试验方法。

1) 将试件置于已达规定温度的恒温水槽中保温，保温时间对标准马歇尔试件需 30～

40min。试件之间应有间隔，底下应垫起，离容器底部不小于5cm。

2）将马歇尔试验仪的上下压头放入水槽或烘箱中达到同样温度。将上下压头从水槽或烘箱中取出擦干净内面，为使上下压头滑动自如，可在下压头的导棒上涂少量黄油。再将试件取出置于下压头上，盖上上压头，然后装在加载设备上。

3）在上压头的球座上放妥钢球，并对准荷载测定装置的压头。

4）当采用自动马歇尔试验仪时，将自动马歇尔试验低度的压力传感器、位移传感器与计算机或 X—Y 记录仪正确连接，调整好适宜的放大比例。调整好计算机程序或将 X—Y 记录仪的记录笔对准原点。

5）当采用压力环和流值计时，将流值计安装在导体上，使导向套管轻轻地压住上压头，同时将流值计读数调零。调整压力环中百分表，对零。

6）启动加载设备，使试件承受荷载，加载速度为（50±5）mm/min。计算机或 X—Y 记录仪自动记录传感器压力和试件变形曲线并将数据自动存入计算机。

7）当试验荷载达到最大值的瞬间，取下流值计，同时读取压力环中百分表读数及流值计的流值读数。

8）从恒温水槽中取出试件至测出最大荷载值的时间，不得超过30s。

（2）浸水马歇尔试验方法。

浸水马歇尔试验方法与标准马歇尔试验方法的不同之处在于试件在已达规定温度恒温水槽中保温时间为48h，其余均与标准马歇尔试验方法相同。

4. 结果计算与数据处理

（1）试件的稳定度及流值。

1）当采用自动马歇尔试验仪时，将计算机采集的数据绘制成压力和试件变形曲线，或由 X—Y 记录仪自动记录的荷载—变形曲线，按如图11-35所示的方法在切线方向延长曲线与横坐标轴相交于 O，将 O_1 作为修正原点，从 O_1 起量取相应于荷载最大值时的变形作为流值（FL），以mm计，准确至0.1mm。最大荷载即为稳定度（MS），以kN计，准确至0.01kN。

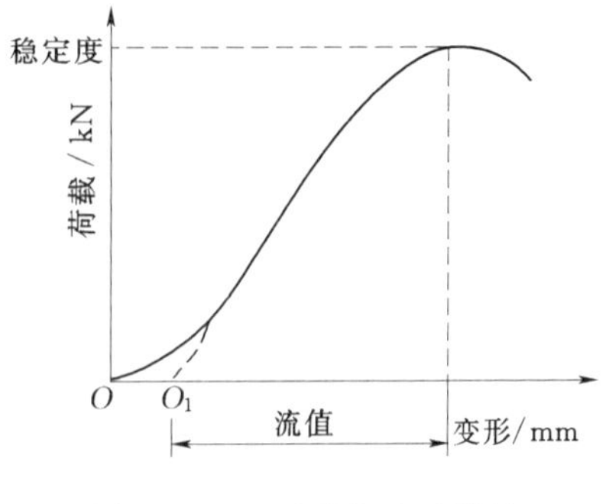

图11-35　马歇尔试验结果

2）采用压力环和流值计测定时，根据压力环标定曲线，将压力环中百分表的读数换算为荷载值，或者由荷载测定装置读取的最大值即为试样的稳定度（MS），以kN计，准确至0.01kN。由流值计及位移件感器测定装量读取的试件垂直变形，即为试件的流值（FL），以mm计，准确至0.1mm。

（2）试件的马歇尔模数计算。

$$T=\frac{MS}{FL} \tag{11-43}$$

式中　T——试件的马歇尔模数，kN/min；

MS——试件的稳定度，kN；

FL——试件的流值，mm。

（3）试件的浸水残留稳定度计算。

$$MS_0=\frac{MS_1}{MS}\times 100\% \tag{11-44}$$

式中　MS_0——试件的浸水残留稳定度，%；

MS_1——试件浸水48h后的稳定度，kN。

（4）试验结果分析处理。

1）当一组测定值中某个数据与平均值之差大于标准差的k倍时，该测定值应予舍弃，并以其余测定值的平均值作为试验结果。当试验数目n为3、4、5、6个时，k值分别为1.15、1.46、1.67和1.82。

2）采用自动马歇尔试验时，试验结果应附上荷载一变形曲线原件或自动打印结果，并报告马歇尔稳定度、流值、马歇尔模数，以及试件尺寸、试件的密度、空隙率、沥青用量、沥青体积百分率、沥青饱和度、矿料间隙率等各项物理指标。

参 考 文 献

[1] 李亚杰，方坤河．建筑材料［M］．6版．北京：中国水利水电出版社，2009.
[2] 宓永宁，娄宗科．建筑材料［M］．北京：中国农业出版社，2006.
[3] 张光碧．建筑材料［M］．北京：中国电力出版社，2006.
[4] 湖南大学，天津大学，等．土木工程材料［M］．北京：中国建筑工业出版社，2002.
[5] 宋少民，孙凌．土木工程材料［M］．武汉：武汉理工大学出版社，2006.
[6] 陈志源，李启令．土木工程材料［M］．武汉：武汉理工大学出版社，2003.
[7] 苏达根．土木工程材料［M］．2版．北京：高等教育出版社，2008.
[8] 王秀花，宋岩丽．土木工程材料［M］．北京：机械工业出版社，2003.
[9] 柳俊哲，宋少民，赵志曼．土木工程材料［M］．北京：科学出版社，2005.
[10] 李燕，任淑霞，等．建筑装饰材料［M］．北京：科学出版社，2006.
[11] 龚爱民．建筑材料［M］．郑州：黄河水利出版社，2009.
[12] 王元纲，李洁，周文娟．土木工程材料［M］．北京：人民交通出版社，2007.
[13] 吴科如，张雄．土木工程材料［M］．上海：同济大学出版社，2003.
[14] 李宏斌，任淑霞．土木工程材料［M］．北京：中国水利水电出版社，2010.
[15] 徐至钧．纤维混凝土技术与应用［M］．北京：中国建筑工业出版社，2003.
[16] 姚武．绿色混凝土［M］．北京：化学工业出版社，2006.
[17] 中华人民共和国国家标准．通用硅酸盐水泥（GB 175—2007）［S］．北京：中国标准出版社，2008.
[18] 中华人民共和国建设部．预拌砂浆（JG/T 230—2007）［S］．北京：中国建筑工业出版社．2007.
[19] 中华人民共和国国家质量监督检验检疫总局．混凝土外加剂（GB 8076—2008）［S］．北京．中国标准出版社，2008.
[20] 马鹏飞，李美兰．热处理技术［M］．北京：化学工业出版社，2009.
[21] 梁福康．现代钢材及其工程应用（7）［J］．建筑技术．2000（11）：779-781.
[22] 中华人民共和国国家标准．建筑石油沥青（GB/T 494—2010）［S］．北京：中国标准出版社，2011.
[23] 中华人民共和国行业标准．公路工程沥青及沥青混合料试验规程（JTJ 052—2000）［S］．北京：人民交通出版社，2000.
[24] 中华人民共和国行业标准．公路沥青路面施工技术规范（JTG F40—2004）［S］．北京：人民交通出版社，2004.
[25] 钱波，潘莉莎．防火内热混凝土的分类［J］．中外建筑，2007，(1)：94-95.
[26] 李悦．超高强混凝土的研究进展［J］．国外建材科技，2007，28（1）：15-19.
[27] 黄志辉，施养杭．高性能混凝土及其应用前景［J］．基建优化，2005，26（2）：94-97.
[28] 赵方冉，王起才，严捍东．土木工程材料［M］．上海：同济大学出版社，2004.
[29] 李惠，欧进萍．智能混凝土与结构［J］．工程力学，2007，24（12增）：45-61.
[30] 杜嘉鸿，王杰．注浆技术的发展与展望［J］．化工矿山技术，1996，25（4）：45-48.
[31] 黄新发，高春华．新型建筑材料及其应用［M］．北京：化学工业出版社，2012.